U0311040

实施绿色照明
保护生态环境

周光召

中国科学技术协会名誉主席、中国科学院院
士　　周光召

自主創新 大放光明

为《照明工程年鉴》题

癸巳初夏 陈士能

第十届全国人民代表大会常务委员会委员、中国轻工业联合会名誉会长、中国照明学会名誉理事长　陈士能

坚持科技创新
发展绿色照明

步正发

二〇一三年六月

全国政协委员、中国轻工业联合会会长
步正发

编好照明工程年鉴

贡献照明工程事业

王锦燧

记录进步历程，
促进照明工程发展。

徐光
2013.8.

中国照明工程年鉴 2013

组　　编：中国照明学会
主　　编：王锦燧
执行主编：高　飞
副 主 编：肖辉乾　邴树奎　章海骢

主要赞助：BPI 碧谱/碧谱照明设计(上海)有限公司

机 械 工 业 出 版 社

本年鉴是延续《中国照明工程年鉴(2011)》的内容基础上编辑出版的。内容包括综述篇，政策、法规篇，照明工程篇，地区照明建设发展篇，照明工程企事业篇，国际资料篇，照明工程运营及管理篇和附录。其中，汇集了近两年最新的照明工程相关的重要文献和典型照明工程案例，并对半导体照明技术的发展加以重点论述。

本年鉴可供相关政府职能机构、市政建设部门、各类相关建筑企业事业单位和检测认证机构以及相关高等院校、研究院所和照明工程技术人员参考。

图书在版编目（CIP）数据

中国照明工程年鉴. 2013/ 中国照明学会组编. —北京：机械工业出版社，2013. 12
ISBN 978-7-111-44870-9

Ⅰ. ①中… Ⅱ. ①中… Ⅲ. ①照明设计 – 中国 –
2013 – 年鉴 Ⅳ. ①TU113. 6 – 54

中国版本图书馆 CIP 数据核字（2013）第 278645 号

机械工业出版社（北京市百万庄大街22 号 邮政编码100037）
策划编辑：张沪光 责任编辑：张沪光 赵玲丽 赵 任 吕 潇
郑 彤 林 桢 瞿天睿
责任校对：薛 娜 封面设计：姚 毅
责任印制：乔 宇
北京汇林印务有限公司印刷
2014 年 1 月第 1 版第 1 次印刷
210mm×285mm·21. 75 印张·2 插页·844 千字
标准书号：ISBN 978-7-111-44870-9
定价：198.00 元

凡购本书，如有缺页、倒页、脱页，由本社发行部调换
电话服务 网络服务
社服务中心：（010）88361066 教材网：http://www.cmpedu.com
销售一部：（010）68326294 机工官网：http://www.cmpbook.com
销售二部：（010）88379649 机工官博：http://weibo.com/cmp1952
读者购书热线：（010）88379203 封面无防伪标均为盗版

中国照明学会简介

中国照明学会（China Illuminating Engineering Society，CIES）成立于 1987 年 6 月 1 日，是中国科学技术协会所属全国性一级学会。学会于成立当年，即以中国国家照明委员会（China National Commission on Illumination）的名义加入国际照明委员会（CIE），是在国际照明委员会中代表中国的唯一组织。

中国照明学会拥有一批国内照明领域的专家、学者，主要从事照明技术的科研、教学、设计、生产、开发以及推广应用工作。学会的宗旨是：组织和团结广大照明科技工作者及会员，积极开展学术交流活动；关心和维护照明科技工作者及会员的合法权益，为繁荣和发展我国照明事业，加速实现我国社会主义现代化建设做出贡献。其主要任务是，在照明领域开展学术交流、技术咨询、技术培训，编辑出版照明科学技术书刊、普及照明科技知识，促进国内外照明领域的学术交流活动和加强科技工作者之间的联系，并通过科技项目评估论证和举办照明科技博览会，积极为企业服务。

经国家科技奖励工作办公室正式批准，学会从 2006 年开始进行"中照照明奖"的评选工作。中照照明奖现设：①中照照明科技创新奖；②中照照明工程设计奖；③中照照明教育与学术贡献奖。从 2013 年起，增设中照照明城市照明建设奖。该奖项旨在奖励国内外照明领域中，在科学研究、技术创新、科技及设计成果推广应用、实现高新技术产业化、照明工程和照明教育方面以及在城市照明建设中做出杰出贡献的个人和组织。

经原国家劳动和社会保障部批准，学会从 2008 年开始，进行照明设计师、照明行业特有工种从业人员职业资格认证和职业培训的工作，对经过培训、考试合格的人员颁发国家认可的职业资格证书。

学会现有普通会员 8000 多名、高级会员 467 名、团体会员 786 个，设有《中国照明网》网站，以加强信息交流。《照明工程学报》、《中国照明工程年鉴》为其主办的刊物，面向全国发行。

学会设有七个工作委员会和十三个专业委员会，即组织工作委员会、学术工作委员会、国际交流工作委员会，编辑工作委员会，科普工作委员会，咨询工作委员会，教育培训工作委员会以及视觉和颜色专业委员会，计量测试专业委员会，室内照明专业委员会，交通运输照明和光信号专业委员会，室外照明专业委员会，光生物和光化学专业委员会，电光源专业委员会，灯具专业委员会，舞台、电影、电视照明专业委员会，图像技术专业委员会，装饰照明专业委员会，新能源照明专业委员会和半导体照明技术与应用专业委员会。

学会成立之后，经过 20 多年的艰苦奋斗和探索，坚持民主办会的原则，调整和健全了组织机构，完善了规章制度，建立了精干、高效、团结的常设办事机构，充分发挥学会集体领导和学会群体的作用，按照自主活动、自我发展、自我约束的改革思路，牢牢抓住机遇，在竞争中求生存、求发展，积极开展学会业务范围内的各项活动，使学会工作步入良性循环的轨道。由于多年来对我国照明科技事业做出了卓有成就的贡献，学会曾经两次被中国科协授予"先进学会"及第六届中国科协先进学会"会员工作奖"荣誉称号。

编 委 会

鸣谢：

BPI 碧谱/碧谱照明设计（上海）有限公司

北京广灯迪赛照明设备安装工程有限公司

品能光电技术（上海）有限公司

天津华彩电子科技工程集团有限公司

豪尔赛照明技术集团有限公司

北京海兰齐力照明设备安装工程有限公司

广州亮美集灯饰有限公司

序　言

随着我国经济社会的发展、科学技术的进步、城镇化进程的推进以及人居环境的改善，我国城市照明建设取得了巨大的发展。照明工程设计与建设作为我国城市建设的重要组成部分，近年来保持着平稳较快的发展，照明工程设计的水平和质量进一步得到明显提升。同时，节能减排已成为我国城市照明建设的主旋律。在城市照明建设中，统一规划先行、挖掘城市特色、创建城市夜景名片、注重节能减排、保护生态环境、坚持可持续发展已成为近年来城市照明工程建设的重点，这些都有力地推动着我国城市照明工程建设的健康发展。

开拓和持续推进我国照明工程建设的技术进步和发展是中国照明学会的职责所在。2013 年，中国照明学会在过去编纂《中国照明工程年鉴》基础上，组织编写的《中国照明工程年鉴（2013）》版又与照明科技工作者见面了，她总结了我国近两年在照明工程建设方面的成就与经验，尤其是半导体（LED）照明作为一种新型光源的出现，使城市照明发生了日新月异的变化，通过照明科技工作者对光环境的设计和照明工程的实施，让城市的照明更加绚丽多彩。她为今后我国城市照明建设的可持续发展提供了宝贵的参考资料。

本年鉴主要内容包括综述篇，政策、法规篇，照明工程篇，地区照明建设发展篇，照明工程企事业篇，国际资料篇，照明工程运营及管理篇和附录。这些内容将给照明科技工作者带来崭新的印象，并可作为有关高等院校、设计院所、研究单位、照明工程设计公司和照明企事业单位中从事照明工程设计、施工、管理人员的重要参考资料。

本年鉴在编纂过程中，得到有关单位、有关省市照明学会及照明工程设计公司、照明企事业单位的大力支持，在此表示深切谢意。

《中国照明工程年鉴（2013）》编委会

2013 年 10 月

编 辑 说 明

由中国照明学会组编《中国照明工程年鉴（2013）》即将出版发行。这是中国照明学会连续 7 年，出版反映近年中国照明工程发展权威性的图书，将面向国内外发行。

《中国照明工程年鉴（2013）》由中国照明工程领域专家对中国近两年照明工程建设与发展进行了全面的总结，内容涉及照明工程综述相关标准、法规以及室内外优秀照明工程案例，特别反映了 2011 ~ 2012 年中国照明学会颁发的"中照照明奖"的优秀获奖项目，以及国内外优秀的照明工程设计案例。

我们将努力为广大读者提供系列照明工程设计应用的实用图书，相信《中国照明工程年鉴（2013）》将成为您的必备的工具书。

《中国照明工程年鉴(2013)》

高 飞　2013 年 10 月

目　录

序言
编辑说明

第一篇　综述篇

中国绿色照明战略研究 ……………………………………………………………………… 2
2011～2012 年中国照明工程设计与建设综述 …………………………………………… 7
照明电器行业发展现状与趋势 …………………………………………………………… 11
抓住历史机遇，发展半导体照明产业 …………………………………………………… 14
照明科技事业发展的挑战和机遇 ………………………………………………………… 19
我国近期照明教育与人才培养综述 ……………………………………………………… 21

第二篇　政策、法规篇

"十二五"建筑节能专项规划（节选） ………………………………………………… 28
关于印发"十二五"城市绿色照明规划纲要的通知 …………………………………… 39
"十二五"城市绿色照明规划纲要 ……………………………………………………… 39
科技部关于印发半导体照明科技发展"十二五"专项规划的通知 …………………… 42
半导体照明科技发展"十二五"专项规划 ……………………………………………… 42
关于印发半导体照明节能产业规划的通知 ……………………………………………… 47
半导体照明节能产业规划 ………………………………………………………………… 47
国家发展改革委办公厅关于印发半导体照明应用节能评价技术要求（2012 年版）的通知 …… 52
半导体照明应用节能评价技术要求（摘录）（2012 年版） …………………………… 53
关于发布行业标准《城市道路照明工程施工及验收规程》的公告 …………………… 60
城市道路照明工程施工及验收规程（CJJ89 - 2012、备案号 J1431 - 2012） ………… 61
城市道路照明工程施工及验收规程（CJJ89 - 2012）条文说明 ……………………… 83
住房城乡建设部关于发布国家标准《建筑采光设计标准》的公告 …………………… 91
新版《建筑采光设计标准》（GB 50033）发布实施 …………………………………… 93
新版《建筑采光设计标准》主要技术特点解析 ………………………………………… 96
关于逐步禁止进口和销售普通照明白炽灯的公告 …………………………………… 103
中国逐步淘汰白炽灯路线图 …………………………………………………………… 104
《中国逐步降低荧光灯含汞量路线图》发布 ………………………………………… 105
全球汞公约发布 ………………………………………………………………………… 106
关于组织开展 2012 年度财政补贴半导体照明产品推广工作的通知 ……………… 107
国家发展改革委关于加大工作力度确保实现 2013 年节能减排目标任务的通知 …… 108

第三篇　照明工程篇

3.1　照明工程规划设计 ………………………………………………………………… 114
常州"三河三园"夜景照明工程 ……………………………………………………… 115
桂林市城市夜景照明规划 ……………………………………………………………… 116
3.2　室外照明工程 ……………………………………………………………………… 119
国家游泳中心夜景照明工程 …………………………………………………………… 120
西安"天人长安塔"夜景照明工程 …………………………………………………… 121
上海市浦江双辉大厦夜景照明工程 …………………………………………………… 123
北京东华门大街夜景照明工程 ………………………………………………………… 124
天津利顺德大饭店改造夜景照明工程 ………………………………………………… 126
郑州大学第一附属医院门诊楼夜景照明工程 ………………………………………… 128
上海南京西路 1788 号地块夜景照明工程 …………………………………………… 130

重庆园博园夜景照明工程 …………………………………………………………… 132

北京宛平城地区夜景照明工程 ……………………………………………………… 134

荆州市中心城区古城墙段夜景照明工程 …………………………………………… 136

西安楼观台道教文化区夜景照明工程 ……………………………………………… 137

"广州国际灯光节"夜景照明工程 ………………………………………………… 138

遵义湄潭县天壶公园及城区夜景照明工程 ………………………………………… 140

杭州西湖孤山夜景照明工程 ………………………………………………………… 143

江西婺源茶博府公馆夜景照明工程 ………………………………………………… 145

昆山莲湖公园夜景照明工程 ………………………………………………………… 146

杭州六和塔景区夜景照明工程 ……………………………………………………… 148

北京昌平草莓国际博览园夜景照明工程 …………………………………………… 150

北京阜石路立交桥夜景照明工程 …………………………………………………… 152

大同市云冈石窟园区夜景照明工程 ………………………………………………… 154

台儿庄古城重建项目夜景照明工程 ………………………………………………… 155

湖州喜来登月亮酒店建筑景观照明工程 …………………………………………… 157

郑州会展宾馆照明工程 ……………………………………………………………… 159

九华山地藏菩萨露天铜像景区夜景照明工程 ……………………………………… 160

昆山文化艺术中心景观照明工程 …………………………………………………… 161

无锡大剧院夜景照明工程 …………………………………………………………… 163

重庆金佛山天星小镇夜景照明工程 ………………………………………………… 165

北京门头沟定都峰景区定都阁夜景照明工程 ……………………………………… 166

天津文化中心夜景照明工程 ………………………………………………………… 168

海南香水湾君澜度假酒店夜景照明工程 …………………………………………… 170

天津光合谷（天沐）温泉度假酒店夜景照明工程 ………………………………… 172

抚顺生命之环夜景照明工程 ………………………………………………………… 174

北京门头沟区永定楼夜景照明工程 ………………………………………………… 179

上海电影博物馆夜景照明工程 ……………………………………………………… 181

沈阳赛特奥莱购物中心夜景照明工程 ……………………………………………… 183

上海东林寺寺外广场夜景照明工程 ………………………………………………… 184

福建世界客属文化交流中心夜景照明工程 ………………………………………… 185

武汉万达中心照明工程 ……………………………………………………………… 188

重庆市云阳县市民文化活动中心广场及重点建筑照明设计 ……………………… 189

台湾高雄佛光山佛陀纪念馆外观照明设计 ………………………………………… 191

临沂商业银行营业服务大楼建筑 A 区夜景照明工程 …………………………… 194

陕西榆林人民大厦夜景照明工程 …………………………………………………… 196

武汉中心建筑照明设计 ……………………………………………………………… 198

新乡市卫河中桥夜景照明工程 ……………………………………………………… 199

丹东鸭绿江大桥夜景照明工程 ……………………………………………………… 201

高新地产——高新水晶城照明工程 ………………………………………………… 203

3.3　室内照明工程 ………………………………………………………………… 205

天津港国际邮轮码头（客运大厦）室内照明工程 ………………………………… 206

人民大会堂万人大礼堂室内照明工程 ……………………………………………… 207

北京新清华学堂观众厅照明设计 …………………………………………………… 209

上海星联科研大厦 1 号楼室内照明工程 ………………………………………… 211

江苏无锡五印坛城室内照明设计 …………………………………………………… 214

昆明长水国际机场室内照明设计 …………………………………………………… 216

上海龙美术馆夜景及室内照明设计 ………………………………………………… 218

北京工人体育场国安训练场地照明设计 …………………………………………… 221

上海当代艺术博物馆展厅照明设计 ………………………………………………… 222

国家图书馆基本书库（A 栋）照明设计 ………………………………………… 225

福州三坊七巷民居建筑文化交流中心照明设计 …………………………………………………… 227

第四篇 地区照明建设发展篇

北京城市照明概况（2011～2012 年） ……………………………………………………………… 230
2012 年度上海城市照明发展与建设 ……………………………………………………………… 234
用光化城市、化人文、化心灵——天津市照明设计及照明建设发展概况综述 ………………… 239
2011～2012 年重庆地区城市照明建设回顾 ……………………………………………………… 244
南京市城市照明建设与可持续发展（2011～2012 年） …………………………………………… 251

第五篇 照明工程企事业篇

BPI 碧谱/碧谱照明设计有限公司 ………………………………………………………………… 268
天津华彩电子科技工程集团有限公司 …………………………………………………………… 270
豪尔赛照明技术集团有限公司 …………………………………………………………………… 271
北京海兰齐力照明设备安装工程有限公司 ……………………………………………………… 273
北京广灯迪赛照明设备安装工程有限公司 ……………………………………………………… 274
品能光电集团 ……………………………………………………………………………………… 276
广州亮美集灯饰有限公司 ………………………………………………………………………… 278

第六篇 国际资料篇

国际照明委员会（CIE）技术报告和指南（CIE Technical Reports and Guides）（2011～2012） … 282
国际照明委员会（CIE）2012 "照明质量和能效大会" 论文和海报目录 Proceedings of CIE 2012 "Lighting Quality and Energy Efficiency" ……………………………………………………………… 283

第七篇 照明工程运营及管理篇

2012 年全国城市照明节能专项检查情况介绍 …………………………………………………… 296
2012 广州国际灯光节组织与实施 ………………………………………………………………… 301
上海景观灯光的发展与管理 ……………………………………………………………………… 305
发展中的城市照明 ………………………………………………………………………………… 306
城市景观照明的价值取向 ………………………………………………………………………… 307

第八篇 附录

第七、八届中照照明奖获奖项目名单 …………………………………………………………… 314
2010～2012 年《照明工程学报》优秀论文获奖名单 …………………………………………… 321
地方照明学会名录 ………………………………………………………………………………… 322
2011～2012 年新增中国照明学会高级会员名单 ………………………………………………… 323
2011～2012 年新增中国照明学会团体会员名单 ………………………………………………… 323
2011～2012 年颁发证书的高级照明设计师名单 ………………………………………………… 325
2011～2012 年颁发证书的中级照明设计师名单 ………………………………………………… 325
2011～2012 年颁发证书的助理照明设计师名单 ………………………………………………… 327
《中国照明工程年鉴（2013）》编辑委员会委员名录 …………………………………………… 328

第一篇 综述篇

中国绿色照明战略研究

（中国照明学会，北京能环科技发展中心）

1. 前言

绿色照明意指利用节能照明系统提供安全、舒适、节能、环保的照明，有益于提高人们生产、工作、学习的效率和生活质量，保护身心健康。

2012年，我国照明用电量占全社会总用电量的13.79%，目前仍有大量白炽灯在使用，照明节能潜力大。通过编制中国绿色照明发展战略，指导国家绿色照明中长期规划的制定与实施，执行淘汰白炽灯、推广高效照明产品路线图，对于落实节能减排和可持续发展、建设生态文明和美丽中国、引导节能型消费行为、转变生活方式和消费模式，以及提高人们生活的幸福指数具有重要意义。

2. 我国绿色照明发展概况

（1）我国绿色照明工程已成为我国节能中长期规划的重点工程

我国照明产业的发展经历了从普通照明、传统高效照明到半导体照明等新光源的发展阶段，已成为世界上最大的照明产品生产、消费和出口国。2012年照明产品的销售额为4200亿元，出口额达300亿美元。

我国绿色照明工程从1996年实施以来，取得了巨大的成效，为我国的节能减排做出了贡献。国家有关部门先后将其列入"九五"、"十五"重点节能领域和"十一五"、"十二五"重点节能工程。从1996~2012年中国政府开展国际合作以来，共接受了3期绿色照明国际项目资助，经过多年的不懈努力，我国绿色照明工程取得显著进展，2012年，全国照明产品在用量达到85.88亿只，其中高效照明产品占有率超过81%。

（2）实施绿色照明的主要成果

1）绿色照明相关政策、法规和标准逐步完善：我国自1996年实施绿色照明工程以来，制定出台了一系列支持绿色照明的节能法规和政策，制定和完善了节能标准体系，建立照明产品的节能认证和标识制度，实施财政补贴推广高效照明产品政策，为推广高效照明产品奠定了良好的基础。

2）促进了节能减排：通过大力地普及节能照明产品，减少了电力的消耗，在生产及消费环节上带动了节能减排工作的开展，照明节能减排已经成为国家节能的一项重要手段。2008年以来，通过财政补贴方式推广节能灯——紧凑型荧光灯（Compact Fluorescent Lamp, CFL）等产品6.8亿只，形成年节电能力260亿kW·h，相当于减排二氧化碳2600万t。

3）绿色照明技术的迅速发展：我国绿色照明的实施，带动了绿色照明技术的迅速发展，节能光源产品的寿命等指标有了很大的提高。近年来，半导体照明技术快速发展，到2012年年底，半导体照明产品的光视效能已达到120~130lm/W，目前正向更高光效、更优良的光品质、更低成本、更可靠、更多功能和更广泛应用的方向发展。

4）照明行业向高效、低碳、绿色方向发展：中国绿色照明工程的实施推动了全行业向高效、低碳、绿色方向发展，主要体现在：第一，全行业重视节能减排工作，从生产环节到产品销售环节，行业的整体素质有了很大的提高；第二，推动照明产业规模不断扩大，产品结构趋于优化。高效照明产品产量增长迅猛，节能光源以每年20%~30%的速度发展，紧凑型荧光灯产品数量由1996年的2亿只增加到2011年的41.7亿只，高效照明产品生产企业的生产能力、产品质量和技术装备水平有了明显提高，提高了高效照明产品的市场供应能力，产品的质量也有所提升，节能灯和普通白炽灯生产比例由1995年的1:6.3提高到2011年的1:1（数据来源：2011年中国照明产品市场调查报告）。

5）节能环保意识增强：高效照明产品已经走进千家万户，具备进一步推广更高效绿色照明产品的群众基础。中国绿色照明工程自实施以来，广大人民群众的节能环保意识普遍增强，高效照明产品走进了千家万户，2011年高效照明产品的市场占有率为76%。"十一五"以来，国家发展和改革委员会、财政部组织实施了"节能产品惠民工程"，以财政补贴方式推广高效照明产品，扩大高效照明电器产品的市场需求，带动了价格下调，用户得到了实惠；提高了消费者对高效照明的认识，增强了全社会照明的节能意识。绿色照明工程的实施，催生了大宗采购、需求侧管理、合同能源管理、质量承诺等节能新机制，在示范项目中，广泛调动了生产商、经销商、消费者以及技术人员的积极性，为深入实施绿色照明工程打下了坚实的社会基础。

3. 我国绿色照明发展的优势及面临的挑战

（1）我国绿色照明发展的优势

1）中国照明行业的规模与技术水平在全球占据相当地位，为绿色照明的持续发展奠定了坚实基础。

① 产量出口均居世界第一。中国照明行业已经初步完成产业升级，产品种类规格齐全、制造工艺成熟，形成一批有影响力的照明品牌。照明行业的销售额从2000年的504亿元提高到2011年的3500亿元，增长了近6倍，4年左右翻一

番，节能灯、白炽灯等光源产品的产量和出口量均居世界第一，灯具产品的出口达到世界灯具贸易额的1/3。

② 中国照明行业的生产技术水平迅速提升。荧光灯、节能灯的生产技术和设备居世界先进水平，其关键指标均达到国际领先，金属卤化物灯等其他光源的生产和技术指标也接近国际水平，灯具的设备及设计水平逐年提高，在国际市场上占据了巨大的份额，随着照明控制技术的进步，中国在照明领域的科技水平迅速与国际接轨。

2）以半导体照明为代表的新型高效照明产业的发展已具规模，为引领更高效照明产品的发展创造了条件。

半导体发光二极管（Light Emitting Diode，LED）照明，简称为半导体照明亦称固态照明，是继白炽灯、荧光灯和高强度气体放电（High Intensity Discharge，HID）灯之后的又一次光源革命。LED因其节能环保、寿命长、应用广泛作为节能环保产业的重要领域，被列入我国战略性新兴产业。

绿色照明工程推动了半导体照明节能产业迅速发展，目前我国已成为半导体照明产品的第一大生产国。"十一五"期间，我国半导体照明节能产业年均增长35%，成为全球最重要的半导体照明产品生产基地和发展最快的地区之一。到2011年，我国具有一定规模的半导体照明生产企业约5000家，应用产品总产值近600亿元。

目前，我国半导体照明产业链完整，产业初具规模，战略性新兴产业已经形成。以城市景观照明为代表的户外半导体照明产品已广泛采用，以北京奥运会、上海世博会、广州亚运会为代表的半导体照明产品示范应用有力地促进了半导体照明产品创新和规模化发展。

3）政府积极推动节能照明产业发展，创新环境进一步完善。我国政府在推动绿色照明工程中发挥了巨大的作用，引导了照明产业的正确发展，使产业的创新环境得到了完善。2009年，我国政府有关部门发布了《半导体照明节能产业发展意见》，2011年10月国家发展和改革委员会公布了淘汰白炽灯路线图，2012年科学技术部公布了《半导体照明科技发展"十二五"专项规划》，2013年初国家发展和改革委员会等六部委联合发布了《半导体照明节能产业专项规划》等，为我国照明产业创新发展提供了条件。

（2）我国绿色照明面临的挑战

我国绿色照明产业发展正面临着重大历史机遇：一是我国城镇化进程不断加快，创造了巨大的市场空间；二是发展半导体照明产业是转变发展方式及培育战略性新兴产业的现实选择；三是我国不断加大半导体照明产品的应用推广力度，逐步扩大产品应用范围，市场规模日益扩大。同时，发展也面临着严峻的挑战，主要表现在：企业规模普遍偏小，产业集中度低；盲目投资、低水平重复建设现象较为严重；市场竞争无序，产品质量有待提高。

1）国家投入的经费还不充足，特别是对一些关键技术，投入经费与发达国家相比有很大的差距。如美国能源部2002 ~ 2012年投入10亿美元用于半导体照明的研发；韩国国家能源管理公司2000 ~ 2008年在LED和OLED（有机发光二极管）研发领域投入4.7亿美元，培育了三星、首尔半导体等具有全球竞争力的半导体照明公司。我国2003 ~ 2010年投入半导体照明的研发经费仅4.5亿元，缺乏高强度的持续投入，难以获得足够的核心技术。

2）国际照明巨头在专利、标准方面的垄断，影响了国内企业在高效照明技术产品的研发和创新，半导体照明材料（芯片）缺乏专利和核心技术。

3）目前产业集中度低，难以形成合力提升整体实力，出现盲目投入，产能低水平重复等现象，不利于提高产品质量和良性市场竞争。

4）高端人才队伍缺乏，在半导体照明科技、灯具开发及设计方面缺乏高端人才。

5）半导体照明的标准体系尚需规范，半导体照明的检测行业过热，缺少整体规划。

6）LED用于普通照明虽然还处于初级阶段，但已经出现了低质、低价产品混淆市场。半导体材料尚处于发展阶段，性能尚待不断优化，半导体照明产品还处于"替代"传统照明产品的应用阶段，能够发挥优势的产品尚处于研发中，不同企业产品的"互换"性仍需解决。

4. 世界绿色照明发展趋势及主要国家绿色照明发展战略

（1）世界绿色照明发展趋势

世界各国对能源安全和二氧化碳减排的重视，体现在照明中就是采用高效照明光源、电器和灯具实现照明节能。目前发达国家均实施了淘汰白炽灯、推广高效照明产品计划，并采用法律、法规、政策和市场手段推广节能照明产品。

随着半导体照明技术的兴起和快速发展，主要大国均实施了半导体照明发展战略，把LED和OLED作为未来实现照明节能最重要的光源。在半导体照明研发和产业化方面，美国、欧洲和日本掌握了核心技术，已占据未来照明产业竞争的先机。研究世界主要国家和地区的绿色照明发展战略，将对制订我国的绿色照明发展战略起到借鉴作用。减少照明产品中的有害物质填充，保护环境是一个趋势。

当今世界绿色照明发展趋势有如下三个特点：

1）传统照明光源的性能将继续改善、提高光效，减少或消除有害物质（如汞）。

2）半导体照明（LED、OLED）正在进行一场照明领域的革命，目前已经进入普通照明领域，随着性能的提高，价格的快速下降，未来10年将在照明市场上占据很大的份额（50%）。

3）照明既要节能又要舒适，有利于人的健康，照明既有视觉功能，也有生物功能，能有效地控制人体的生物节律，即人体的生物钟，智能化的动态照明将成为未来照明的发展方向。

（2）主要国家绿色照明发展战略

1）美国绿色照明发展战略。美国发展绿色照明战略在政策措施、运作架构、管理方法等方面有许多特点，值得我国参考借鉴。

主要归纳为：把发展半导体照明提升到国家战略；采取灵活机制始终跟踪技术前沿；注重研发与制造的协同发展；注重标准专利认证体系的建设；采用自愿者协议方式推广高效照明产品。

概括起来，实施国家战略、科学决策、紧跟前沿、协调合作、控制技术要点，注重制造业发展，实现全产业链发展，全面提高公众的照明节电意识和社会责任感是目前美国实施绿色照明战略要点。

2）欧盟绿色照明发展战略。欧盟绿色照明推广战略的基本思想和特色是确保欧洲所有的照明终端用户在使用高效照明产品器具时能得到及时的支持和帮助。目前欧盟实施绿色照明战略沿用的主要政策包括信息宣传、生态设计、能效标准、能效标识、生态标识、绿色采购等。

其战略行动包括：积极培养消费者正确的消费行为，促进节能环保消费；在绿色建筑行动中融入绿色照明行动，把高效照明标准与绿色建筑标准绑定在一起，使用更新的建筑法规；组织绿色采购，在绿色采购过程中施以适当的财政补贴，扩大高效照明产品的应用覆盖面；加强高效照明和绿色环保立法，形成可靠的绿色照明技术市场壁垒。

3）日本绿色照明发展战略。日本绿色照明计划的推广主要依照《节能法》要求执行。目前日本绿色照明的重点工作主要是组织实施半导体照明发展战略，其特点主要是突出技术创新，通过标准推动持续的技术进步，采取灵活多样的市场激励机制促进绿色照明消费。其战略特点包括：坚持走技术创新之路；瞄准标准化战略；加大政策性经济激励。

4）韩国绿色照明发展战略。韩国实施绿色照明的特点是把发展绿色照明技术作为国家绿色经济振兴的一部分，成立组织高效率的协调政府机构，制定战略规划，指导绿色照明产业发展。其战略特点包括：实现大公司大集团战略；采取产业集聚模式加速发展；以应用拉动市场。

5）澳大利亚绿色照明发展战略。澳大利亚绿色照明计划是以发布纲领性国家或地方政府项目文件的形式来组织实施的，因此计划行动可调用国家和社会力量，且社会涵盖范围广，组织管理具有权威性，行动方案具有综合性。

澳大利亚实施绿色照明战略的两个重要特点是：制定照明产品的最低能效标准，并把它作为进入本国照明市场的门槛，逐步提高本国照明光源的能源效率水平；运用高效照明产品标识提高消费者对高效照明产品的认知水平，拉动高效照明产品的消费。

5. 我国绿色照明发展的基本思路和战略目标

（1）我国绿色照明发展战略的基本思路

1）以节能环保为核心，全面支持产业政策调整，推动产业健康、有序、可持续发展。

2）以技术创新为手段，支持企业技术升级改造，加快企业产品升级换代，提升企业自主创新能力，强化企业树立品牌意识。

3）以生态文明建设为目标，倡导低碳生活，引导人们转变生活方式，推广普及绿色照明。

（2）我国绿色照明发展的战略目标

1）总体目标。继续推进绿色照明产业，满足我国经济和社会发展对安全、舒适、节能、环保的照明系统不断增长的需求，为全面建成小康社会提供绿色照明保障。到2020年，我国绿色照明工程需要实现的总体目标为：

① 通过照明节电实现大幅度的节能减排，促进社会的可持续发展，为2020年全面建成小康社会提供绿色照明产品支持，为2050年建成现代化国家提供具备中华文化特色的照明。

② 大幅度降低千流明能耗，将照明产业建设成为节能环保型战略新兴产业。保持荧光灯产业在国际上的优势地位，重点发展半导体照明产业，促进陶瓷金属卤化物灯的进一步推广应用，在特种照明产品上有所突破。普及智能控制，实现低碳照明。

③ 实现我国由绿色照明产品的制造大国转变为创新和制造强国，实现由量到质的转变。促进高效照明领域自主创新、掌握核心技术、提升装备水平。培育具备国际竞争力的照明企业，培育自主品牌，改变目前出口主要靠贴牌的企业经营方式。

2）具体目标（见表1）。

6. 我国绿色照明发展的战略重点

（1）调整照明产业结构，提升国际竞争力

2015年左右，我国传统光源数量将达到峰值，2020年后逐渐减少。半导体照明产品将以每年30%左右的速度持续增长。

1）淘汰白炽灯：严格执行淘汰白炽灯路线图。"十二五"末白炽灯产量将减少50%，支持大型白炽灯制造企业逐步转产。

表1　我国绿色照明发展的具体目标

具体目标	目标内容
立足传统优势，发展新兴产业	立足我国占优势地位的传统照明产业，对节能灯、直管荧光灯和陶瓷金属卤化物灯，注重提高质量、降低成本，提高产品的性价比；对无极荧光灯，建立标准体系，开展示范应用。重点投入新兴的半导体照明产业（LED 和 OLED）核心技术的研究开发，对成熟的产品开展示范和推广应用。随着半导体照明技术的提升，其在通信、农业、保健、生物等领域的创新应用将为中国照明产业提供更广阔的市场 目标： ● 照明系统的千流明平均能耗 2020 年比 2010 年降低 50% ● 照明电器销售额 2020 年比 2010 年翻一番，达到 8000 亿元，2020 年出口达 500 亿美元 ● 照明产业实现清洁生产，荧光灯低汞、微汞技术国际领先 ● 特种照明产品的性能达到国际先进水平 ● 发展自然光照明和智能控制技术
紧跟国际水平，研发核心技术	● 支持半导体照明材料核心技术的研发和产业化 ● 国产半导体照明产品的性能达到国际先进水平 ● 提高 OLED 光效和性能，降低生产成本
拓展国内，提高产业集中度	● 全面推广绿色照明产品，推广以低汞（微汞）节能灯、陶瓷金属卤化物灯和 LED 为主的绿色照明产品，不同地域根据实际情况有不同侧重 ● 适时调整产业结构，LED 照明产品在普通照明产品销售额中的比例，预计 2020 年占 50% ● 鼓励企业间的分工协作，提高产业集中度，对节能灯产业，2010 年前 20 家企业占到总产量的 60%，2020 年达 90%
树立品牌意识提高产品质量	● 培育具备国际竞争力的大型骨干企业，鼓励企业兼并重组，销售额 100 亿元以上，具备国际竞争力的照明企业达到 10 家 ● 建立提高产品质量的有效机制，为消费者提供安全舒适的照明产品
规范标准体系，规划检测机构	● 规范标准组织，加大标准研究投入 ● 规范检测网络，建立具有国际一流水平的权威检测机构

2）保持我国荧光灯产业的国际竞争力：支持发展 T5 三基色荧光灯。支持企业生产低汞、微汞荧光灯，停止液汞荧光灯生产，继续保持我国荧光灯产业的国际竞争力。2013 年后，LED 球泡灯逐步进入节能灯的应用场所，应适时指导节能灯生产企业逐步转产半导体照明产品。

3）积极稳妥推进 LED 的应用：政府和企业应集中做好 LED 的发展规划。2013 年国家发展和改革委员会等六部委联合出台了《半导体照明节能产业专项规划》，进一步明确阐述了"十二五"期间我国 LED 产业的发展目标、主要任务及扶持措施，并明确要促进 LED 照明节能产业值年均增长 30% 左右，2015 年达到 4500 亿元，其中 LED 产业应用产品达到1800 亿元。

（2）推动以企业为主体的绿色照明科技创新

充分利用我国集中力量办大事的体制优势、具备完整产业链的体系优势，发挥企业创新的能力，在关键技术上发挥企业掌握部分专利技术的优势，经过 10 年左右高强度国家资金支持，促进企业掌握核心技术和自主知识产权，培育出全球排名前 5 名的照明企业，积极参与国际竞争。

今后应在绿色照明产业各领域的产品生命周期、国外专利壁垒和国内外竞争等方面采取相应的措施：

1）在无专利壁垒领域，如荧光灯、高压钠灯，处于成熟期后期，应提升技术、巩固优势；

2）在弱专利壁垒领域，如陶瓷金属卤化物灯，特种光源，处于成熟期前期，应鼓励研发、获得优势；

3）在强专利壁垒领域，如 LED，处于成长期，加强竞争力，应全面投入、争取赶超；

4）在待竞争领域，如 OLED，处于引入期，由弱至强，待竞争，应重点支持、布局争先。

（3）发挥市场机制作用和财政补贴，推广绿色照明产品

以发挥市场机制的作用为主，继续实行财政补贴，主要用于促进西部地区、农村地区和城市贫困人口使用技术成熟的低汞（微汞）节能灯、T5 与 T8 直管型荧光灯，也将向更高效照明产品的示范、推广方向倾斜。在政府、学校、公共设施等场所推广 LED 球泡灯、LED 直管灯等高效照明产品。综合考虑光效、寿命、光通维持率、眩光等技术指标和系统可靠性，"十二五"期间主要推广陶瓷金属卤化物灯等技术成熟的道路照明产品，在有条件的地区鼓励开展 LED 路灯的试点示范工程；"十三五"期间主要推广技术成熟的 LED 路灯和隧道灯产品，普及道路照明节电系统和自动控制系统。

（4）实行清洁生产和环保应用

利用科技创新的手段加大荧光灯行业的低汞（微汞）填充和清洁生产，逐步降低荧光灯汞含量。

积极开展废旧气体放电灯管的回收处理工作。大宗用户统一回收后再处理，获得的钼、钨、汞、铝等金属和稀土荧光粉等可重复利用。

减少 HID 灯放射性物质的填充量。逐步用稀土—钨电极取代钍—钨电极，减少 Kr85 气体的填充量。

LED 光源和灯具中的铝或铜散热器用量很大，应回收利用。对气体放电灯电子镇流器和 LED 驱动器中的电子元器件，应开发出可靠的回收技术，尽量回收利用，减少废弃填埋后产生的环境污染。

（5）利用合同能源管理机制，推广普及节能照明产品

今后，采用合同能源管理的模式推广绿色照明产品将会更多地应用在照明工程中。在半导体照明产品的广泛应用下，合同能源管理机制具有巨大的优势。目前，由企业、节能服务公司以及业主共同参与，采用合同能源管理的模式，在各类照明工程中应用节能照明产品，在酒店照明改造、地下停车场照明等长时间照明的场合，广泛采用合同能源管理机制的市场推广模式推广半导体照明产品，为进一步实现节能减排指标奠定基础。

7. 我国绿色照明发展战略的保障措施

（1）加大国家资金投入，支持绿色照明科技创新

国家相关部委设立绿色照明专项，提供专项资金，支持 5～10 家大型骨干企业的研发和产业化；支持大型白炽灯制造企业转产；为荧光灯、高压钠灯、陶瓷金属卤化物灯和特种光源提升性能和产业化提供配套资金和贴息贷款；支持 LED 基础研究创新；支持 LED 核心装备的国产化和应用；支持 OLED 的基础理论、发光材料、制造技术、灯具系统的研发和产业化。设立产业发展基金和科技资金，鼓励、扶持相关企业的规模化发展，尽快缩短产业化周期；更新检测方法和设备，制定行业统一的检测标准。加大财政补贴力度，支持绿色照明产品的推广应用。

（2）落实照明教育和人才培养创新

教育是培养人才的基础。完善院系培养体系，增加大专院校照明相关专业的招生规模，提高培养素质，完善照明职业培训和认证体系，为照明产业的中长期发展提供足够的人才储备和支撑。支持高校为绿色照明产业培养大量理论与实践兼备的人才。

（3）严格市场准入，提高产品质量

市场的规范是照明市场健康发展的最根本要素，政府、协会、学会应发挥巨大作用。建立完善高效照明产品的质量监督管理方案，研究建立高效照明产品的市场监督机制，通过政府监管和市场监督两种渠道提高高效照明产品质量。从各级政府部门加大市场的监管力度，建立合理而严格的行业准入制度，提高高效照明产品生产企业的准入门槛，从根本上杜绝小作坊式的企业进入高效照明产品生产领域。

（4）建立优良的服务体系

完善扶持绿色照明发展的经济政策，加快完善促进照明行业发展的财政支持。在国家相关部委的支持下，选择 10 家以内骨干企业针对绿色照明技术组织产学研攻关。利用价格、税收政策体系，积极稳妥地推进绿色照明行业发展。加大各级政府对重点示范工程的财政支持，切实加大各类金融机构对绿色照明项目的信贷支持力度，实行鼓励商业银行和民间资本投入绿色照明产业的融资担保政策，引导绿色照明行业健康有序发展。

提供权威可信的光源光效与灯具效能分析。由国家出资，国家级电光源检测中心定期从市场上购置各种光源和灯具，测试初始参数和光通维持性能，在中国绿色照明网站上公布光源光效、灯具效能和各参数随时间的变化。

进一步加大绿色照明的宣传力度。特别要针对县、乡开展宣传活动，让更多的老百姓了解照明节电的意义和利益，为在三级和三级以下城镇及农村推广节能灯奠定知识和文化基础。对于大城市的绿色照明宣传，则要将使用节能灯与低碳生活方式结合起来，明确使用节能灯是低碳生活方式的组成部分，是最易施行的低碳行为方式，鼓励更多百姓以实际行动加入低碳行动。

（5）加强区域和国际合作

积极推动与联合国、世界银行、全球环境基金等国际组织和有关国家政府在逐步淘汰白炽灯、加快推广节能灯等领域的合作，鼓励我国照明相关的研究机构和科研人员，与国际领先的照明研究机构建立密切联系，开展学术交流，学习和引进国外先进的绿色照明技术，突破关键领域技术壁垒。

2011~2012年中国照明工程设计与建设综述

戴德慈

（清华大学建筑设计研究院有限公司）

2011~2012年是我国国民经济"十二五"规划实施的头两年，是我国发展进程极不平凡的两年。照明工程设计与建设作为我国工程设计与建设的一部分，历来与国家和整个国民经济的发展直接相关。过去的两年，照明工程设计与建设领域得益于国家面对国际经济形势复杂多变、持续低迷的严峻挑战所采取的一系列宏观经济政策，保持了平稳较快的发展，工程设计质量和工程效益进一步提升。

1. 照明工程设计行业概述

（1）专业技术人员情况

从全国看，目前我国照明工程设计队伍大致由三部分人员构成，一是建筑（或其他行业）设计研究院中与照明设计相关的电气工程师，二是各类照明公司的照明设计师，三是大专院校及科研院所中照明及相关专业的教师及科研人员。

照明设计是工程设计的重要组成部分。据住房和城乡建设部有关统计资料[1]分析，2011年全国各类工程设计企业共有14719个，其中建筑行业各级工程设计企业有4741个。此外，与照明设计相关的各类设计事务所及专项（建筑、机电、建筑装饰、照明等）设计企业有1753个（具有照明专项设计资质的企业共有65家，其中甲级有14家，乙级有51家）。上段所及电气工程师和部分照明设计师大多分布在上述各类各级设计企业中，也有部分在市政等其他20余个设计行业。截至2011年末，全国工程设计行业从业人员合计为157.7万人，其中电气工程师约为14万人（其中注册电气工程师为9085人），他们完成了全国各类工程中的照明工程设计，他们是伴随共和国的经济发展逐渐成长壮大并留下骄人业绩的工程设计队伍。

自中国照明学会取得国家人力资源和社会保障部培训"照明设计师"资格以来，2008~2012年，共培训1109人，而获得"照明设计师"证书者907人，其中，高级照明设计师211人，中级照明设计师574人，初级照明设计师122人，他们是我国照明工程设计的生力军。

全国大专院校及科研院所中，照明及相关专业的教师及科研人员是我国照明工程设计与研究领域中不可或缺和不可替代的力量。他们跟踪学科前沿，关注行业的热点与难点，开展科学研究，同时以多种方式参与实际照明工程设计，在具体工程中探索与实践，以最新的科研成果引领着我国照明工程设计与建设的创新发展。

同时，我们还应看到一大批从事照明光源及灯具研发、生产、检测、销售等照明企业及机构中的技术人员，他们在大量的照明工程设计中给予了许多技术支撑。

（2）业务完成情况

据住房和城乡建设部有关统计资料[1]分析，2011年全国各类工程设计完成合同额达2948.8亿元，比2010年增长23%。其中，初步设计完成投资额为58334亿元，建筑面积为179725万 m^2；施工图完成投资额为9300.5亿元，建筑面积为471224万 m^2。

单看建筑行业，工程设计完成合同额达885.8亿元，其中初步设计完成投资额为13124.5亿元，建筑面积为118939万 m^2；施工图完成投资额为36466.9亿元，建筑面积为370475万 m^2。而与照明设计相关的各类设计事务所及专项设计企业工程设计完成合同额为148.3亿元，其中初步设计完成投资额为163.5亿元，建筑面积为3494万 m^2；施工图完成投资额为309.8亿元，建筑面积为6334万 m^2。

由此从照明设计所占建筑的合同份额估算，全国照明工程设计（不含道路等照明设计）完成合同额约为24.8亿元，照明设计师们为完成国家固定资产投资、拉动国民经济持续发展、繁荣社会、改善环境质量贡献了力量。

（3）行业财税情况

据住房和城乡建设部有关统计资料[1]分析，2011年全国工程设计收入为2667.5亿元，比2010年增长了24%。其中，建筑行业工程设计收入为770.4亿元，与照明设计相关的各类设计事务所及专项设计企业的设计收入为81.6亿元，市政行业工程设计收入为146.6亿元。由此估算全国照明工程实现设计收入约为24.3亿元。全行业实现利税比2010年有较大幅度的增长。

2. 城市道路照明工程设计与建设

"十一五"期间，我国城市道路照明快速增长，据对全国811个城市统计资料表明[2]，全国城市照明"十一五"期间总投资约为650亿元，到2010年底811个城市的照明路灯达2166万余盏，五年净增1020万余盏。2009年4月由科学技术部在全国21个试点城市启动了"十城万盏"LED路灯推广示范项目，经2010年7~9月的调研分析，仍存在缺乏技术指导，LED灯具质量标准和工程建设全过程质量保证体系亟待建立等诸多问题，尽管如此，应该说推广项目还是在全国城市道路照明建设中释放了节能减排的强烈信号，引起了全社会的关注。

2011~2012年延续了"十一五"的良好发展势头，节能减排成为城市道路照明工程设计与建设的主旋律，我国城市道路照明质量和节能水平明显提高[3]。

（1）LED道路照明工程继续推广

为推动节能减排，有效引导我国半导体照明应用的快速发展，在前期试点示范的基础上，2011年科学技术部继续在北京等16个城市（地区）启动了第二批半导体照明工程推广试点，其中不少为城市道路照明工程。此外，部分城市已在城市支路以下的城市道路推广使用LED路灯。

（2）照明工程设计严格执行相关节能标准

照明工程节能设计实行CJJ45—2006《城市道路照明设计标准》中规定的各级机动车交通道路的照明功率密度值要求。在2012年住房和城乡建设部城市道路照明检查中，受检的59个城市的道路照明功率密度值达标率为90%，相比2011年的81%有较大提高，凡经具有设计资质的设计单位设计、又严格施工及招标管理的新建或改造的道路照明，一般其照明功率密度值均能符合要求。

（3）围绕道路照明应用LED的科研活动十分活跃

随着大功率白光LED光效的不断提高，LED路灯在各等级道路照明的应用越来越广泛，但满足照明标准是照明节能的前提，由此针对LED路灯应用中出现的照度均匀度差、眩光大、环境系数低等问题展开了关于LED路灯灯具配光及透镜的研究、LED光源色温对隧道照明影响的研究、由LED的易控性所引发的各种控制技术的研究，以及道路照明中间视觉评价体系的研究；节能评价方法从LED光源或灯具与传统光源与灯具的光效比较，到基于相同照明水平的不同照明系统功率的比较，还有以照明功率密度（LPD）值为目标同时满足道路照明各项标准的道路照明工程设计研究等，异彩纷呈。

（4）道路照明节能监管得到加强

各地重视道路照明节能，运用政策、法规、补贴、激励、检查、信息监管等各种手段提高道路照明节能监管。2012年，上述59个受检城市完成年节电率3%的目标的城市有52个，占88%；受检城市的道路照明质量达标率平均为91%，较2011年增长了2%。

3. 城市景观照明工程设计与建设

进入"十二五"，我国的城市景观照明建设在大中城市已从"亮起来"、"上规模"，逐步走向统一规划，挖掘城市特色，创城市夜景名片，注重节能减排，保护环境和可持续发展。

（1）城市照明规划明显改观[3]

2012年国家标准《城市照明规划规范》完成报批稿，即将出台；根据住房和城乡建设部2011年11月发布的《"十二五"城市绿色照明规划纲要》要求，各地要进一步落实城市照明规划的编制。2012年，上述59个受检城市有47个城市完成了城市照明规划编制，占80%，比2011年增加8%。35个省会城市（直辖市和计划单列市）中有31个完成城市照明规划，24个其他地级城市中有16个完成城市照明规划。

与此同时，城市照明规划设计不但任务繁重，而且规划设计队伍的非专业化倾向得到遏制，千篇一律的"轴—带—点"规划手法有所改观，规划设计的水平不断提升，一批具有较高水平的城市照明规划得以实现，如天津市海河夜景照明使天津的水、桥及万国建筑博览文化得到充分表现，已成为天津市的一张名片。

（2）夜景照明佳作特色鲜明

随着我国城市夜景照明建设从大城市向中、小城市的逐步拓展，如何克服"亮化"思维和模式，一直是照明设计界关注的问题。经历了多年的探索和磨砺，我国城市夜景照明设计队伍不断成长，设计水平不断提高，至2012年中照照明奖已连续七届评选，佳作不断涌现。

北京宛平城地区夜景照明采用合理的照明分级、恰当的光色和照（亮）度及独到的照明手法烘托出"先有宛平后有北京城"之历史感，再现了距今800多年的卢沟桥之"卢沟晓月"的经典美景。

西安世园会"天人长安塔"夜景照明尊重张锦秋院士"天人合一"的设计理念，充分理解和利用建筑构造及材质特点，突出汲取建筑的灵感，用光影创意自然，为西安又添一景。

重庆园博园夜景照明[4]与山、水之间的建筑结合，以暖白光为基调，辅以白色、琥珀色，运用了9000余套灯饰和中控系统，造就了低落有致、主次分明的夜景画卷。

以上仅列举的是2012年获中照照明一等奖的部分作品，它们共同的特点是特色鲜明、亮而不眩、彩而不俗、精致入境、值得回味。

（3）LED得到大规模应用

随着LED照明光源关键技术的不断突破，大功率LED照明产品成本逐渐下降，加之LED光色的可控性，使得LED向普通照明领域的发展呈增速态势，2012 年在 LED 照明的应用领域中，景观照明占 22%，景观照明应用 LED 已成为不争的事实。

广州电视塔塔高 450m，桅杆高 160m，为目前世界最高。整个照明设计采用 33 万大功率 LED，桅杆照明用 44 套 290W 的 LED 投光灯、塔身照明用 6696 套 LED 投光灯及其控制系统与钢结构塔体完美结合，将建筑"芊芊细腰"的完美形态和婀娜少女多彩多姿的光之韵表现得淋漓尽致，无愧为广州新地标。

大连普湾跨海大桥[4] 全长 2882m，宽 30.5m，其景观照明采用蓝、琥珀和冷白三色 LED 灯共 8044 盏，传统路灯 180 盏，设计用光诉说跨海大桥的恢弘和发展。

上述景观照明案例仅为一斑，在全国，有大量几百米高的超高层建筑、建筑面积为几十万平方米的综合体、占地几十公顷的公园及景区、城市立交桥及跨江跨海大桥等，LED 在城市景观照明中的突破性大规模应用前所未有。

（4）城市灯光节悄然兴起

谈到这两年的城市景观照明工程，不能不提及在我国悄然兴起的城市灯光节。在我国，元宵灯节的风俗起自汉朝[5]。当今，各地纷纷举办灯会，要说经照明设计师精心设计的具有一定规模和影响的灯光节，还要数广州国际灯光节。

首届广州国际灯光节[4] 于 2011 年国庆节前后 29 天在花城广场举行，从南到北游线长近 2km。灯光节的夜景照明工程采用大型光雕塑、灯饰、建筑物立面灯光投影表演、灯具展等，结合声光电形式，运用新的科技表现手法和艺术编排，强调灯光的趣味与互动，接待游客 500 万人次。第二届广州国际灯光节则更多地关注环境的最大化保护[6]，从灯光表达的人与环境的主题和意境，到制作材料的可回收性、施工的便捷性等，都避免了灯光节对环境造成的负面影响。

灯光节照明设计将照明与现代科技和艺术紧密结合，在传统灯节文化中加入时尚元素，为百姓所欣赏，它直接地影响着一座城市的经济和文化，做好了将是一件具有正能量的工程。

4. 建筑室内照明设计与建设

2011 年《国家经济和社会发展"十二五"规划纲要》发布，大力推进节能降耗是重要国策，其中绿色照明节能改造被列为节能的重要工程。在此大背景下，建筑工程设计面临节能降耗的巨大挑战和实施绿色策略的极好机遇，建筑绿色照明设计除了执行强制性标准、按相关能效标准选择节能光源、高效灯具和常用的照明控制方式这些必选项目外，绿色策略也有了新的拓展。

（1）执行强制性节能标准成为自觉行动

据住房和城乡建设部 2013 年 3 月 25 日通报[7]，2012 年 12 月住房和城乡建设部组织了对全国建筑节能工作的检查。检查范围涵盖除西藏自治区外的 30 个省（区、市）及新疆生产建设兵团，共抽查了 936 个工程建设项目的建筑节能施工图设计文件及施工现场。2012 年全国城镇新建建筑执行节能强制性标准基本达到 100%，新增节能建筑面积 10.8 亿 m^2。

照明节能设计是建筑节能设计的重要方面。针对具体建筑工程项目，如何在保证建筑照明质量的基础上满足 GB50034《建筑照明设计标准》中关于照明功率密度值的强制性要求及其他照明节能要求，是近年来建筑设计项目可行性研究、建筑方案设计、初步设计、施工图设计及建设全过程研究和把控的重点。无论是设计师的节能意识，还是设计所采取的节能技术与措施，均使项目实际的节能效果有大幅度的提升。

（2）充分利用自然光形式多样

许多建筑特别是新建航站楼、火车站、体育建筑、会展建筑、商业建筑、医疗建筑等具有大进深和高大空间的场所，除采用各类采光罩、采光板、采光膜等采光天窗及屋顶、内院式采光和呼吸式遮阳幕墙等外墙体系外，照明设计还配以光电控制，在自然光不满足使用场所的照度标准时开启人工照明系统，有的建筑采用导光管照明系统或太阳能光伏照明系统，不仅提供了健康的光环境，而且大大节约了建筑的照明用电。

（3）照明控制技术及其应用大发展

如果说前些年建筑照明采用智能照明控制系统还仅是部分建筑和局部场所的话，那么近两年在许多公共建筑中，内走道照明采用红外感应控制、房间靠外窗区域的照明采用光电感应控制、地下车库照明采用雷达或红外等人体感应控制系统、大空间或多功能场所采用多场景智能照明控制系统、办公和商业场所按作息时间设置的时钟控制、集中控制等，已逐渐被普遍采用和设置。

（4）半导体照明已不再是室内照明的禁区

随着 LED 照明产品标准化工作的开展，2012 年国家发展和改革委员会、科学技术部、财政部等三部委组织开展财政补贴推广 LED 照明产品共计 873 万只，其中室内照明产品达 785 万只，占推广数量的 90%，主要针对政府办公楼、商场超市、宾馆饭店、车站机场等建筑。目前，在节能降耗责任目标的推动下，不少单位和企业自发在新建建筑和既有建筑的照明节能改造工程中采用 LED 照明产品。

人民大会堂万人礼堂半导体照明改造工程[8]，在先期大会堂主席台照明改造取得经验的基础上，通过设计验算、专家论证、技术要求制定、实地检测验证等措施进行改造，万人礼堂采用各类 LED 灯具共计 6188 套，照明质量完全达到要求，重现了漫天繁星葵花向阳的壮丽景象，改造后照明用电节电率达 76.1%。

北京京东方光电科技有限公司厂房照明改造工程，在洁净厂房原有敞开式荧光灯灯具上，用 18W 管型 LED 灯替换

36W T8 荧光灯灯管 1742 只，保持原有色温 6500K，厂房平均照度 500lx，更换后节电率 50%。

北京三家新世界百货商场照明节能改造工程，用 LED 灯替换各种射灯、筒灯、格栅灯等。照明功率密度值为 7.73，远远低于国家标准中 16 的要求，改造后节电 61%。

其他如博览建筑、文化建筑、地铁车站、商业空间、工厂车间等，范例很多，半导体照明进入室内照明工程的速度已超出人们的预期。

（5）装饰照明更具时代风尚

建筑装饰照明历来是建筑照明重要的组成部分。进入新时代，我国的建筑装饰照明更赋个性，更人性化，更凸显建筑的风格和品味，更具时代风尚。近年来，医院的温馨照明、图书馆的静谧照明、办公空间的极简主义照明、博物馆艺术品的三维照明、售卖空间的体验照明、宾馆的品位照明……当建筑装饰透入人性化与时尚，现代审美与传统文化碰撞融合，现代照明技术与艺术完美结合时，便会诞生许多新颖别样的照明之作。

5. 存在问题与讨论

回顾 2011～2012 年我国照明工程设计与建设，成就巨大，但在新的历史条件下，仍存在一些问题。

（1）照明标准实施不均衡

在城市道路照明方面，随着城市化进程的加快、原有城市的拓展和新城的出现，城市道路建设日新月异，但不少地区道路照明水平较低，达不到标准要求，在 2012 年住房和城乡建设部检查的 59 个城市中，城市道路照明质量达标率低于 75% 的城市就有 7 个。而城市中心区或特定事件活动区的道路往往过度照明。

在城市夜景照明建设方面，一些地区仍将"亮起来"作为标准，或区域照明等级不分，或建筑性质不顾，或照明方式不讲究，光污染现象仍然存在。

在建筑照明工程方面，新建、扩建建筑执行建筑照明设计标准较好，监督环节落实，而建设后的室内装饰照明工程则随意性较大，其中综合商场内大量出租店面的装饰工程问题尤为突出，照度往往超出照明标准而"管不着"；也有工厂因照明节能要求而出现照明质量下降的现象。

（2）照明工程设计不到位

在道路照明工程中，不少在设计或选择光源时，习惯于根据道路的宽度来确定光源的功率，而忽视道路不同等级的需求；或简单地按普通路段标准化布灯，而忽略道路交会处等特殊路段和区域的设计，只凭经验简单增加灯数。在道路照明节能改造时，设计缺位，由建设单位自行更换光源或灯具等。

在城市夜景照明建设中，特别是小城市和偏远地区，忽视专业的作用时有发生，让不懂规划与设计的队伍承接照明工程项目。

在建筑照明节能改造工程和 LED 推广项目中，缺少设计复核、技术支撑或专家指导，有的只是简单更换，耗电量虽然减下来了，但色温、显色性、眩光、调光性能等照明质量有欠缺，甚至照明安全有隐患。

（3）照明节能仍有很大空间

尽管近两年我国照明工程节能降耗成绩很大，但面对全国节能降耗的严峻要求，照明节能绝不是短期行为，仍有许多事要做。

除上面提及的各类照明工程的种种问题外，一些地方在举办博览、论坛、赛事、地方节日等活动时要避免奢华，道路照明和景观照明不应随意拔高照明标准，不讲究节能；不应不考虑日后利用，活动时大建，过后大拆，浪费惊人；此类照明设计不应跟风。

应看到随着电光源产品，特别是普通照明用 LED 产品的迅速发展，我国 LED 照明的产品标准、能效标准的逐步出台，以及《建筑照明设计标准》等标准的修订，为我国各类照明工程设计与建设提供了前所未有的机遇和节能空间。当前，面对 LED 照明产品质量良莠不齐的现状，室内照明设计既要突破"不能应用"的禁锢，又要依据标准、坚持质量、积极慎重应用。

（4）设计创新是永恒的主题

无论是城市照明，还是建筑室内照明，没有重复，只有创新，设计创新是创建优秀照明工程的前提。而设计的基本目标是满足使用要求，注重人视觉的舒适度，但采取的一切措施（技术的、美学的、经济的、节能的等）都要以满足照明标准为前提。

当下，照明设计要面临"夺人眼球"的建筑造型和空间结构的挑战。近两年，这样的建筑在全国相继出现，有的还被老百姓调侃贴上了"外号"。这些建筑和空间对照明工程的布灯方案、灯具选型、照明标准、照明计算、供配电与控制系统以及安装与维护都提出了难题，需要照明设计从建筑方案设计阶段就要切入建筑工程设计，要突破成熟的套路，开拓创新。

无论室内照明还是室外照明，最终检验的是照明效果。照明设计师要把握和运用好光的基本要素；要与建筑师、艺术工作者以及电气、自控、机械等工程师紧密结合、共同创造。

在操作层面要注重全过程监控，重要照明工程一般都经历了方案比选、灯光试验、专家论证、方案修改、施工安装、系统调试、后评价及完善等阶段，才能使建设工程的照明质量、照明节能和照明艺术效果落到实处。

6. 结语

对我国的照明工程设计与建设的综述，本应由权威部门或机构积累大量统计资料或开展专项调研来完成。但由于照明领域学科的交叉性和行业的狭窄性，加之政府职能在不断改革，形成了多头管，而无部门统筹管理的现状。现中国照明学会拟采用年鉴撰文的方式记录我国照明工程设计与建设的历史瞬间，实为大好事。因首次撰写，又因实际工程建设周期较长，工程介绍及评价的资料相对滞后，加之篇幅有限，文中还会有不少疏漏和不妥，请予批评指正。

参 考 文 献

［1］住房和城乡建设部，建筑市场监管司．2011 年全国工程勘察设计企业统计资料汇编［G］．2012.
［2］张华．更新理念 继往开来——我国城市照明现状和发展趋势思考［N］．消费日报，2013 - 7 - 25.
［3］住房和城乡建设部办公厅．建办城函［2013］241 号．关于 2012 年城市照明节能工作专项监督检查情况的通报.
［4］中国照明学会．2012 年（第七届）中照照明奖获奖作品集［G］．2012.
［5］李大伟，等．灯光节历史初探［J］．照明设计，2012（10）.
［6］刘奕麟．亚洲照明．2013（1）.
［7］住房和城乡建设部办公厅．建办科函［2013］202 号．关于 2012 年全国住房城乡建设领域节能减排专项监督检查节能检查情况的通报.
［8］周伟良．人民大会堂万人礼堂及周边厅室照明节能改造示范工程［J］．照明工程学报，2012，23（6）.

照明电器行业发展现状与趋势

陈燕生

（中国照明电器协会）

1. 行业概况

（1）现状

我国照明电器行业近 20 年来保持了持续、快速、稳定发展的态势。2012 年全行业销售额为 4200 亿人民币，出口额达到 300 亿美元。

全国照明电器生产企业超过 1 万家，主要集中在广东、福建、浙江、上海、江苏等东南沿海省市，近年来有逐步向内地发展的趋势。我国照明电器生产企业已经能够生产各类照明电器产品，并且产品质量在稳步提高。我国是目前全球照明产品的生产大国和出口大国。

（2）企业特点

企业规模小、数量多是我国照明企业的特点。目前企业数量已超过 1 万家，规模最大的企业年销售额不到 50 亿人民币。

近年来，由于 LED 照明的快速发展，又涌现出一大批企业加入到照明行业中。目前从事 LED 照明产品生产的企业由三类构成，第一类是传统照明企业，第二类是 LED 中上游企业，即外延芯片或封装企业，第三类是此前与照明和 LED 均无关联的企业。

如何将照明产业做大做强是我国面临的挑战。我国鼓励企业兼并重组，扩大规模，壮大实力。也希望已上市的企业利用资本市场将企业做大做强。

（3）产品特点

电光源产品结构发生了巨大的变化，高效照明产品的市场占有率大幅度增加。随着逐步淘汰白炽灯路线图的发布和实施，预计未来国内外白炽灯市场将逐步萎缩。各类荧光灯仍然是当前照明光源的主流产品。高强度气体放电灯中金属卤化物灯和高压钠灯仍具有生命力，高压汞灯在不久的将来会面临被淘汰。陶瓷金属卤化物灯近年来得到快速发展，LED 作为照明光源已开始进入普通照明领域，且发展势头旺盛。

室内外灯具供需平衡，室内灯具中经典与现代风格并驾齐驱。家居用吸顶灯品种繁多，办公室、工业、商业照明用格栅灯、支架、筒射灯质量水平大幅提高。室外灯具中路灯、庭院灯、草坪灯内外销均衡。特殊场所照明灯具发展迅速，防爆灯、体育场馆用灯大部分实现国产化，应急灯、舞台影视用灯及汽车灯等用 LED 的比例大幅增加。

2. 产销情况

2012 年照明产品出口额突破 300 亿美元，创历史纪录，增幅达 34.5%，进口额为 26.3 亿美元，同比下降 11.2%。

在出口产品中，白炽灯出口 31.7 亿只，与 2011 年基本持平。卤钨灯出口 10.2 亿只，同比增长 6.7%。CFL 出口 27.5 亿只，同比下降 2.4%，其他荧光灯出口 7.1 亿只，同比下降 7.1%。

灯具产品出口达到 195.4 亿美元，占出口总额的三分之二，同比增长 54.5%。包括各类室内外灯具、圣诞灯及 LED 照明产品。其中增幅比较大的是灯具配件，玻璃和塑料配件增长数倍，金属配件也有成倍增长；其次是 LED 照明产品，增幅超过 30%。

对 LED 照明产品的进出口数据问题要专门说明一下。由于 LED 照明产品在海关进出口商品编码中没有对应的编码，因此目前很难给出准确的数据。世界海关组织（World Customs Organization，WCO）负责协调相关编码。该系统全称为协调商品类型和编码系统（Harmonized Commodity Description and Coding System，HS）。全球照明协会（Global Lighting Association，GLA）目前正在与 WCO 协调此事。预计不久的将来进出口商品编码中会将 LED 照明产品列入。

2012 年 LED 照明产品出口额为 35 亿美元。

3. 关于 LED 照明

2003 年 6 月 17 日，科学技术部成立"国家半导体照明工程"协调领导小组，正式启动"国家半导体照明工程"至今整整十年。十年来，举国上下大张旗鼓、轰轰烈烈，但至今并未达到像当初的一些预言所说的"2007 年 LED 取代白炽灯，2012 年 LED 取代荧光灯"。

（1）基本概念

"半导体照明"是中国人起的名词，国际上的称谓为固态照明（Solid State Lighting，SSL），固态照明是指采用 LED 或 OLED 等固态光源的照明。

LED 产业和半导体照明产业是相关的，但不是完全相同的。LED 照明是 LED 产业中照明应用的一部分。

LED 产业包括了外延芯片、封装及应用。这是一条纵向的产业链。

LED 产业的应用端包括照明、显示屏、背光源、信号指示、汽车等应用领域，不能将所有显示与指示归于半导体照明。

半导体照明或称为固态照明，是指 LED 在建筑照明、商业照明、工业照明、室外照明、家居照明、离网照明等照明领域的应用。

之所以谈这一问题，是因为近年来的各类统计数据将 LED 产业与半导体照明产业混淆在一起，造成一定程度的混乱。

（2）行业现状

2012 年全球市场封装型 LED 销售额为 137 亿美元，照明用 LED 为 31 亿美元，占 22.6%。

2012 年全球 LED 照明市场约为 100 亿美元。中国 LED 照明产品销售额约为 400 亿人民币，其中出口额约为 35 亿美元。

从全球范围来看，LED 照明应用普及率较高的是日本，近 3 年日本 LED 照明市场呈现快速增长趋势，先是以 LED 球泡为主，在 2010 年和 2011 年达到高峰，2012 年 LED 球泡市场趋缓，而 LED 灯具则呈快速增长趋势。2012 年日本 LED 照明市场销售额约为 12 亿美元。

其次为欧美市场，欧美市场相较日本市场对 LED 照明持更加慎重的态度，市场已经启动，但增长较为缓慢。美国能源部（DOE）积极推动 SSL、环保署（EPA）也将 LED 照明产品列入能源之星（Energy Star），并开展了十几轮的商业化可行 LED 产品评估及报告（Commercially Available LED Product Evaluation and Reporting，CALiPER）测试，将测试结果公布于众。欧盟为应对 LED 照明的发展，将原来的光源协会（ELC）和灯具协会（CELMA）合并为 Lighting Europe，对产品能效标识进行了重新修订。

其他发展中国家相对更慢一些，可以称为潜在市场。

值得一提的是，欧美及日本一些照明公司均将相当一部分 LED 照明产品放在中国生产，采用授权贴牌生产商（OEM）或委托设计制造商（ODM）形式，此外还有一些欧美大型连锁超市也采用自有品牌在中国生产。中国已经成为全球 LED 照明产品的生产基地。原因是在中国生产可以满足产品质量的要求，并同时降低成本。

（3）国内产业状况

近年来，由于 LED 照明的热潮，涌现出数千家从事 LED 照明的企业。在此将这些企业分为三类。一类是原先从事传统照明的企业，根据市场未来发展趋势，在生产传统照明产品的同时，开发生产 LED 照明产品。第二类是原先生产 LED 相关产品的企业，如生产 LED 外延芯片、封装等企业，转而向下游延伸，生产 LED 照明产品或生产 LED 显示屏、LED 背光源企业转产 LED 照明产品。第三类是原先与照明和 LED 不相关的企业，受到 LED 照明发展的诱惑，加入到这个行列中来，其中有一部分企业原来生产消费类电子产品。以上是从企业发展的历史及所从事的专业来划分的。

接下来，对上述三类企业现状做一简单的分析。第一类企业中既有原来生产电光源产品的企业，也有以前生产灯具的企业，均不同程度转向生产 LED 照明产品，规模大小不同，起步早晚不同，投入多少不同，但少有照明企业至今仍未涉足 LED。面向国内市场的企业利用工程和流通渠道，面向国际市场的企业大多采用 OEM、ODM 形式。比较典型的是厦门地区，原来生产 CFL 的企业，因国外客户对 LED 照明产品提出需求，利用原有客户渠道，加之各自有 CFL 电子镇流器的生产基础，LED 照明产品上得比较快，有些已初具规模。

第二类企业包括不少近几年上市的公司。有的生产外延芯片，有的只做封装，有的芯片、封装、应用从上到下称之为垂直组合，还有一些是做 LED 显示屏的企业，这些公司转做照明，基本还处于初级阶段。由于对照明市场了解不够，缺少渠道，形成规模比较难，没有体现出这类企业的优势。国际上 PHILIPS 和 OSRAM 公司作为传统照明的前两位，是从上到下通吃的。而作为 LED 照明则第二类企业更像是 CREE 和 SUMSUN 公司，未来哪些企业更具优势，我们将拭目以待。

第三类企业往往不被人们看好，因为他们以前既不从事照明产业，也与 LED 无关。但是有一批此前从事消费类电子产品的企业异军突起，他们有国外的客户资源，有生产电子产品的基础和经验，对产品的可靠性和产品的质量控制，是传统照明企业应该学习的。他们欠缺的是对照明的了解，对光的品质理解。如果能扬长避短，将是一支不可小视的力量。实际上，已有一些企业形成了一定规模，通过 OEM 或 ODM 形式，客户包括国外的一线品牌或大型超市品牌以及国内的品牌。这类企业具有代表性地出现在深圳及周边，如惠州、东莞等地。

（4）关于标准

近两年业内讨论比较多的一个问题是 LED 照明的标准，在这里谈一下个人观点。

一是现有照明标准大多适用于 LED 照明，并非没有标准，如道路照明标准，建筑照明标准等。

二是照明产品标准，目前大家谈的所谓"标准"，基本上是指国家标准或行业标准。但根据我国标准化法，很多人忽视了企业标准。当你作为 LED 照明产品生产企业大声疾呼没有标准时，首先应当问自己，你的企业生产的 LED 照明产品有无企业标准。当一个企业在实验室研究开发一种产品时，可以没有企业标准，但当这种产品投入批量生产并投放市场时，企业一定要有企业的产品标准。企业要依据这一标准进行生产和质量控制，否则就是对消费者和用户不负责任。

国家标准化法中明确提出："对没有国家标准、行业标准或地方标准的，企业应当制定企业标准作为生产、管理、贸易和服务的依据。对已有国家标准、行业标准或者地方标准的，鼓励企业制定严于国家标准、行业标准或地方标准要求的企业标准。"

LED 照明是一项新技术、新兴产业，需要进一步制定和完善一些标准，以适应这一产业的发展，无论 IEC TC34 还是全国照明电器标准化技术委员会均在抓紧这方面的工作。作为一项新技术、新产业，目前技术路线具有不确定性，产品升级换代很快，产品还不够成熟。如果仓促出台标准，一方面适用期短，另一方面可能会抑制技术和产业的发展。

照明产品的基本安全要求和性能要求是每一个照明产品生产企业应该熟知的。短期内没有统一的行业标准和国家标准不能成为生产劣质产品的理由。

国家有关 LED 照明产品的标准在陆续出台，企业要积极关注标准的要求，按照国家标准或行业标准生产出符合标准要求的产品，以满足市场和消费者的需求。

4. 照明行业发展趋势

随着 LED 照明的发展，未来 LED 照明产品将成为照明领域的主流产品，市场规模将会逐步扩大。这是一个总的趋势。

1）从 2007 年全球提出"逐步淘汰白炽灯"以来，经过六年多的时间，各国相应制定了逐步淘汰白炽灯路线图。未来白炽灯将逐步退出市场。在欧洲和美国市场将由 CFL、LED 和卤素灯取代，在其他市场将主要由 CFL 和 LED 取代。

2）根据联合国环境规划署（UNEP）全球汞公约的要求，到 2020 年高压汞灯将会退出照明市场。HID 灯中高压钠灯和金属卤化物灯将发挥其特有的功能。

3）由于 LED 的发展，使得传统照明中光源和灯具的概念变得模糊，光源灯具向一体化方向发展。因此欧洲的光源协会（ELC）与灯具协会（CILMA）于去年 12 月合并为 Lighting Europe。而日本电球工业会（JELMA）与日本照明器具工业会（JLA）于今年 4 月合并为日本照明制造商协会（JLMA）。

4）同样由于 LED 照明的发展，照明智能控制将成为未来的又一发展趋势。特别是采用无线网络控制。2012 年 9 月由全球 6 家著名照明公司发起的"全球互联照明联盟"（The Connected Lighting Alliance）正在积极推动这项工作。

5）最后需要引起国内企业注意的一点是，要充分重视照明产品的质量与照明工程应用的质量，不但要满足照明的功能性要求，同时要满足照明的舒适性要求。

照明事业是一项光明的事业，让我们为我国照明产业的健康发展而共同努力奋斗。

抓住历史机遇，发展半导体照明产业

吴　玲

（国家半导体照明工程研发及产业联盟）

1. 战略意义

半导体照明是用第三代半导体材料制作的光源和显示器件。20 世纪 60 年代末，美国 HP 公司首次量产红光 LED 产品，经过近半个世纪的发展，LED 已经从最初用于仪器仪表、交通信号灯和中小尺寸显示屏的光源，发展成为应用于室内外照明，大尺寸显示屏，医疗、农业、航空航天等多个领域的光源和照明产品。因其耗电少、寿命长、响应快、体积小、色彩丰富、耐振动、可动态控制等特点，成为继白炽灯、荧光灯之后又一个革命性的新型光源。

半导体照明产业链主要包括 LED 外延/芯片制造、器件封装和产品应用几个部分，此外还包括相关配套产业，其产品的主要应用方向是显示、照明、超越照明等。在当今能源危机日益严重，低碳经济受到全世界普遍关注的情况下，由于半导体照明具有显著的节能效果，对带动经济、技术发展也有较大的潜力，因此各国不仅将半导体照明产业作为节能减排的重要措施之一，更是将半导体照明产业作为战略性新兴产业加以重点培育和扶持。

当前，我国半导体照明产业具备了较好的研发基础，初步形成了完整的产业链，并在下游集成应用方面具有一定优势。"十二五"我国半导体照明产业将迎来新的发展机遇，对我国实现节能减排、拉动消费需求、带动传统产业的优化升级具有深远的战略意义。

（1）半导体照明是节能环保、发展低碳经济、实现可持续发展的重要途径

目前我国已经成为世界第一能源消费大国，在实现持续每五年 GDP 单位耗能下降 20% 的目标前提下，到 2020 年之后我国能源消费仍将占世界总消耗量的 30% 以上。用电需求很大，据国家能源局发布的数据，2012 年我国发电量已跃居世界第一位，2012 年全国发电量达到 4.98 万亿 kW·h，比上年增长 5.22%；我国全社会用电量达 4.96 万亿 kW·h，同比增长 5.5%。目前 LED 的光效已经高于传统的照明与显示光源，其产品在材料制备、产品制造和应用三个阶段的全生命周期能耗已低于传统产品，具备资源能耗低的优势。在景观照明方面节能可达 70%，液晶电视背光源节能可达 50%，道路照明节能达到 30% 以上。根据国家半导体照明工程研发及产业联盟（CSA）的预测，2015 年若中国 LED 照明市场份额占普通照明的 30%，则可达到年节电约为 1000 亿 kW·h。

半导体照明技术还是一项绿色照明技术。根据国家能源局的数据，2011 年，我国 CO_2 排放量为 89 亿 t，排名世界第一，占全球总排放量的 26%。电力行业是碳排放的重要领域，我国燃煤发电碳排放占全国总碳排放量的将近一半，发电使得大量煤炭资源消耗的同时，也成为空气和环境的首要污染源。通过半导体照明技术和产品的应用可以大幅度地减少电力使用，还可以有效保护环境。应用半导体照明产品，在年节电的同时，可减少 CO_2、SO_2、NO_x 粉尘排放。另外，LED 具有体积小、废弃物较少等特点，回收利用较为容易，并且没有荧光灯废弃物含汞的问题。

（2）发展半导体照明是转变经济发展方式、培育新的增长点的现实选择

半导体照明是一场成功的技术革命，目前已经确立了照明产业变革中的主导地位。我国是传统照明的生产、消费和出口大国，照明光源和灯具生产居全球第一，但我国照明产业国际市场竞争力不强。半导体照明以其技术的先进性和产品应用的广泛性，被公认为是 21 世纪最具发展前景的高技术领域之一，使百年传统照明工业迎来了电子化大规模的数字技术时代，把握住转型升级的机会，我国有可能成为世界照明强国。

同时，半导体照明技术应用已涵盖节能、环保、电子信息、航空航天、基础装备制造等诸多领域，产业关联性强。特别是我国已成为世界汽车、消费类电子（移动电话、MP3、MP4、电视机、电脑显示器、数码相机、摄像机）的制造、出口和消费大国，半导体照明的广泛应用，将显著提高这些产品的附加值。

半导体照明不仅带动了相关产业发展，还创造了新的市场需求，产生了新的应用。半导体照明技术的突破以及与其他功能的融合，将开发越来越多的应用领域，成为创新应用的引擎。半导体照明技术的出现不仅带来了光的革命，突破了传统照明的固有形态，而且其应用不再仅仅是显示和照明，超越照明的应用更具前景，如 LED 在农业、医疗、光通信等方面的创新应用正在蓬勃兴起；而且半导体照明数字化、智能化的特征以及与生物的紧密关联会在人类的生理和心理健康、舒适方面发挥更大的作用，将引发人类生产、生活方式的巨大变化。随着光通信技术的不断成熟，半导体照明将会成为未来智慧城市、云计算、物联网的重要应用载体，在我国集约、智能、绿色、低碳的新型城镇化发展的进程中，广泛应用于工作和生活的各个方面，成为万亿元规模的庞大新兴产业。

（3）半导体照明是第三代半导体材料及应用的突破口

半导体照明作为战略性技术，将带动整个第三代半导体材料及应用的发展，是攻克光电子（光传感、光通信、光网络、光存储、激光器）、电力电子（电动汽车、输变电、功率微波器件、无线基站）、国防（紫外探测器、雷达）等领域的重要切入点和突破口，对新一代信息技术的发展具有极其重要的战略意义。此外，发展半导体照明，对我国军民事业的发展也具有重大意义，并在能源、交通、信息、先进制造、新材料等领域的诸多应用均具有学科综合、领域交叉的特点，对相关高新技术的研发和产业化推广发挥积极的作用。

2. 全球产业发展态势

近年来，全球半导体照明产业发展迅猛，技术飞速发展，应用领域不断拓宽，世界各国都在全力抢占这一战略性新兴产业的制高点，半导体照明产业专利、标准、人才的竞争达到白热化程度，国际巨头强势进入该行业，使产业整合速度加快。

（1）各国政府高度重视

当前，发达国家纷纷将半导体照明作为新兴产业，立足国家战略推动技术研发和产业发展。美国将半导体照明产业作为能源战略的重要组成部分，实施《国家半导体照明研究计划》，确保美国公司在下一代照明技术领域继续保持强大的竞争力。能源部制定了《固态照明研究与发展计划》及《固态照明商业化支持五年计划》，加速半导体照明产品进入应用市场，最大限度地节约能源。欧盟 2009 年投入 4000 万欧元建设半导体照明共性技术研发平台，并在欧洲第七框架计划中将半导体照明技术列入优先发展主题；2011 年底发布《照亮未来——加快新型照明技术利用》绿皮书，制定了欧盟在通用照明领域加快高质量半导体照明应用的关键措施，是欧盟 2020 年战略中创新政策和工业政策在半导体照明领域的具体应用。日本 1998 年启动《21 世纪光计划》；2010 年，日本政府将 LED 球泡灯纳入环保点制度积分补贴范围，促进产品的应用推广，该优惠措施鼓励消费者使用节能照明灯，明确提出 2015 年 LED 灯将替代 100% 的白炽灯、普通荧光灯和汞灯，70% 的卤素灯，50% 的紧凑型荧光灯，2020 年替代率将达 100%。韩国 2002 年启动《GaN（氮化镓）半导体开发计划》，2009 年韩国政府批准通过应对气候变化及能源自立等三大战略，确定太阳能、半导体照明、混合动力汽车为绿色增长三大引擎，计划到 2012 年成为半导体照明产业世界前三强；并在政府主导下推行大企业战略，通过培育具有全球竞争力的企业群来提升产业竞争力。

另外，各国纷纷制定了严格的白炽灯淘汰计划（见图 1）：欧盟 2012 年后所有白炽灯将由节能照明灯具替代，到 2016 年卤素灯也将禁止销售。澳大利亚（2010 年）、加拿大（2012 年）、美国（2014 年）、日本（2012 年）等国家也都制定了限期的"白炽灯禁令"。我国也发布了《中国逐步淘汰白炽灯路线图》，明确规定从 2012 年 10 月 1 日起逐步禁止进口和销售 100W 以上普通照明白炽灯。

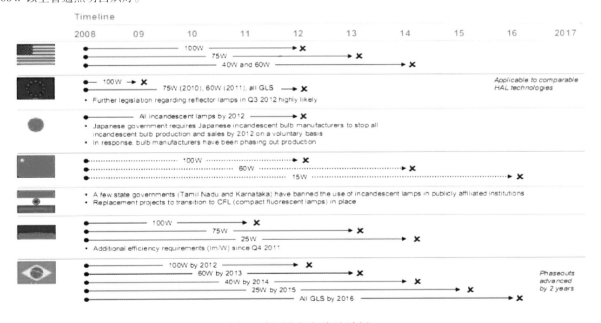

图 1　各国白炽灯淘汰计划

数据来源：国家半导体照明工程研发及产业联盟（CSA Consulting）

（2）技术进步日新月异

近年来 LED 技术不断取得突破性进展，速度远远超过预期。半导体照明产业正向更高亮度、更低成本、更多种类和更大应用范围方向发展。2011 年日本 Nichia 公司的小功率白光 LED 实验室光效达 249 lm/W，2012 年美国 Cree 公司大功率白光 LED 实验室光效在去年 231 lm/W 的基础上再次突破性地提高，达到 254 lm/W。目前国际上大功率白光 LED 产业化水平已经达到 160 lm/W，比美国半导体照明技术路线图的计划（2015 年产品光效将达到 150 lm/W）还要提前。

（3）市场规模不断增长

随着 LED 技术进步，LED 的应用领域不断拓宽，市场规模迅速增长（见图 2）。市场研究机构 Strategies Unlimited 公布的最新数据表明，2012 年全球高亮 LED 市场达到 137 亿美元，较 2011 年的 125 亿美元增长 9.6%。

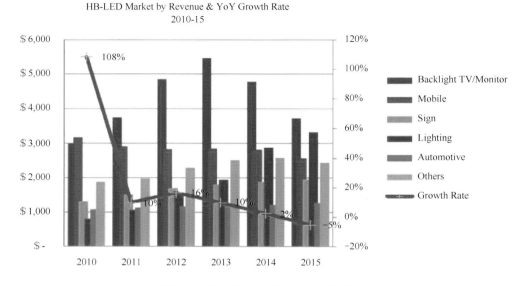

图 2　全球高亮 LED 市场发展规模预测
数据来源：Strategies Unlimited（2012）

LED 已经在景观照明、小尺寸液晶背光、大型显示屏、各种指示显示中得到广泛应用。在汽车照明、大尺寸液晶背光、景观照明领域的应用也已进入规模化阶段。而 LED 在通用照明领域的应用已经启动，并呈现出爆发式增长的态势。据统计，2012 年全球 LED 照明市场规模较 2011 年增长 28%，通用照明正在成为全球 LED 的最大应用领域。此外，LED 技术在农业、医疗、智能交通、信息智能网络、航空、航天等领域也不断开发出新的应用。

3. 我国产业发展态势

近年来，我国半导体照明产业形成了较完整的产业链和一定的产业规模，具备了较好的发展基础，已成为全球 LED 照明产业发展最快的区域之一；技术发展迅速，成本快速下降，产品示范应用逐步推开，节能减排效果日益明显，LED 照明已成为下一代新光源的发展方向。

（1）产业化关键技术不断进步

在国家科技计划的引导和市场需求的牵引下，我国已初步形成了从上游外延材料与芯片制备到中游器件封装及下游集成应用比较完整的技术创新产业链，半导体照明技术得到了迅速提升，关键技术与国际水平差距逐步缩小。LED 芯片技术从无到有，2012 年 LED 芯片国产化率超过 70%；具有自主知识产权的功率型硅基 LED 芯片产业化光效达到 120 lm/W；功率型蓝宝石衬底 LED 芯片产业化光效为 120～130 lm/W；功率型白光半导体照明封装接近国际先进水平，超过 130 lm/W；生产型金属有机物化学气相淀积（MOVCD）样机成功开发；应用技术具有一定优势，LED 室内照明产品平均光效超过 60 lm/W；LED 隧道灯、路灯平均光效超过 80 lm/W。

（2）产业规模迅速扩大

近年来，我国半导体照明产业发展迅速，产业链相对完整，产业初具规模（见图 3）。据 CSA 统计，"十一五"期间，我国半导体照明产业规模年均增长率接近 35%，2012 年我国半导体照明产值已接近 2000 亿元。预计"十二五"期间，年均增长率将超过 30%，2015 年产业总体规模将超过 5000 亿元。在区域分布上，珠三角、长三角、闽赣三大区域集中了80% 以上的 LED 照明企业和产值。

（3）应用市场快速增长

近年来，我国半导体照明应用市场规模不断扩大。2012 年，我国半导体照明应用领域的整体规模达到 1520 亿元，增长率达到 24%，是整个产业链中增长最快的环节（见图 4）。其中，照明应用产值增长 40%，产值超过 400 亿元，在整个应用中占 28%，成为市场份额最大的应用领域，但市场渗透率仍然较低，仅为 3.2%；背光应用增长 32%，占整个应用领域产值的 19%，其市场渗透率已接近 70%；原来较为成熟的景观照明和显示屏应用市场平稳增长（见图 5）。

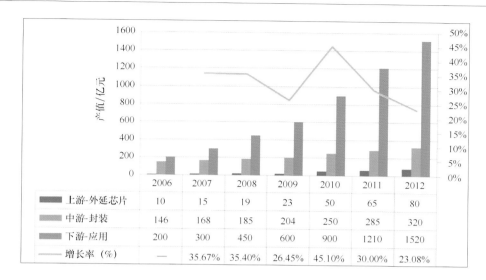

	2006	2007	2008	2009	2010	2011	2012
上游-外延芯片	10	15	19	23	50	65	80
中游-封装	146	168	185	204	250	285	320
下游-应用	200	300	450	600	900	1210	1520
增长率（%）	—	35.67%	35.40%	26.45%	45.10%	30.00%	23.08%

图 3　2012 年我国半导体照明产业各环节产业规模

数据来源：国家半导体照明工程研发及产业联盟（CSA Consulting）

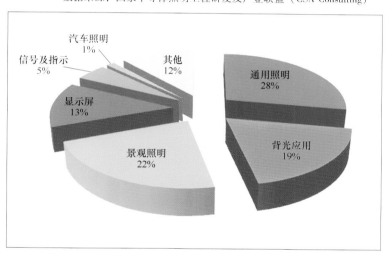

图 4　2012 年我国半导体照明应用领域分布

数据来源：国家半导体照明工程研发及产业联盟（CSA Consulting）

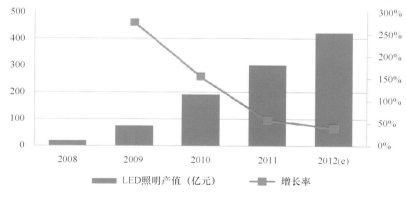

图 5　近几年我国 LED 照明产业规模及增长率

数据来源：国家半导体照明工程研发及产业联盟（CSA Consulting）

此外，我国半导体照明的示范应用在产品种类和应用规模上都居于全球领先地位，通过半导体照明产品集成创新与示范应用，显示了较好的节能环保效果。据 CSA 对"十城万盏"试点城市调研统计，目前 37 个试点城市已实施的示范工程超过 2700 项，应用的 LED 灯具（包括室内外功能性照明、景观照明等）超过 730 万盏，年节电超过 20 亿 kW·h。

（4）标准检测认证工作取得阶段性进展

标准、检测和认证体系建设持续推进。研究制定了名词术语、性能要求、检测方法等 21 项国家标准、11 项行业标准；建设了一批 LED 照明国家级检测机构，启动了射灯、筒灯、隧道灯、路灯、球泡灯等 LED 照明产品的节能认证工作。成立半导体照明（LED）标准领导小组，并组建设备及材料、器件及模块、光源及灯具和照明应用及能效工作组，2013 年立项的 48 项国标制定。CSA 成立标准化委员会（CSAS），在原来制定的 13 项技术规范的基础之上，发布 7 项联盟标准；其中，2010 年制定的 2 项技术规范上升成为的 4 项国家标准于 2012 年年底发布；道路照明规格接口、产品加速衰减等 3 项联盟标准被纳入国家发展和改革委员会、国家标准化管理委员会"百项能效标准"，因其技术先进性，在国内外引起重要影响。

（5）政府成为培育新兴市场的重要推力

我国政府出台了一系列相关政策和计划，支持我国半导体照明产业的发展。近年来，国内政策逐渐向应用端倾斜，政府不断加大半导体照明产品的应用推广力度，扩大应用范围，实施了绿色照明工程、"十城万盏"半导体照明应用试点示范工程、半导体照明应用产品示范工程、节能产品惠民工程及节能减排工程等，并发布了《中国淘汰白炽灯路线图》。进入 2012 年，更是有多项针对于应用的政策计划出台。如 2012 ~ 2013 年度半导体照明产品财政补贴推广项目、"百城千店"节能示范工程等，这些政策和计划的实施将为半导体照明产业健康有序发展起到极大的推动作用。

此外，政府支持学会、协会、联盟等行业组织积极探索新兴产业发展模式。如国家半导体照明工程研发及产业联盟（CSA）自 2004 年成立以来，通过有效整合国内外创新资源，在探索发展我国战略性新兴产业的体制机制"协同创新"模式方面成效显著。一是组建国内唯一一家依托联盟的"半导体照明联合创新国家重点实验室"（简称国家重点实验室），实现部分共性关键技术联合创新。二是发起并组建目前唯一一个总部设在我国的战略性新兴产业国际组织——"国际半导体照明联盟（ISA）"，并全票当选首届主席单位，树立了中国"新旗帜"，掌握国际话语权。三是在标准研制、专利战略、人才培养等方面进行了开创性的尝试，成立首个联盟标委会，建设首个联盟专利池及专利战略试点，取得首个人力资源和社会保障部认可行业技能人才资质授权，建立首个国家重点实验室海外分支——荷兰 Delft 研发中心。四是与照明学会、照明电器协会等行业组织共同围绕产业需求提供多样化的服务，为政府和企业提供支撑，形成了产业发展"助推器"。

（6）机遇和挑战并存

我国半导体照明产业有了一定基础，呈现出很好的发展势头，面临着重大历史机遇。一是我国城镇化进程不断加快，创造了巨大的市场空间。二是发展 LED 产业是转变发展方式及培育战略性新兴产业的现实选择。三是我国不断加大 LED 产品的应用推广力度，逐步扩大产品应用范围，市场规模日益扩大。但是面对激烈的国际竞争，我国仍然面临严峻挑战。一是产业资源不聚集，企业规模普遍偏小，产业集中度低，盲目投资、低水平重复建设现象较为严重。二是技术创新能力不足，核心专利尚需突破，研发投入有待加强，MOCVD 等关键设备仍然依赖进口。三是市场不规范，市场竞争无序，产品质量有待提高。四是发展环境不完善，标准、检测和认证体系建设仍待加强，商业模式急需探讨，服务支撑体系尚需完善。

4. 对策和建议

"国家半导体照明工程"启动十年来，我国半导体照明产品在光效提升、节能效果的显现方面已经非常明显，且从半导体照明产业发展的海兹定律来看，未来产品性价比还将大幅度提高，将来进入千家万户是毋庸置疑的。未来十年，我国半导体照明产业将步入新的发展阶段，LED 照明向智能化、数字化、多功能、更广泛领域应用的发展态势将更加明显，技术创新和应用空间也将随之不断增大。如何把握好下一个十年，对我国半导体照明产业能否在国际上形成具有影响力、竞争力的产业强国非常关键。我国半导体照明产业应当抓住这个千载难逢的机会，充分认识发展的紧迫性，在激烈的全球竞争形势下，围绕技术创新与商业模式创新形成突破，力争跻身国际半导体照明产业强国。

（1）系统布局技术创新

以超前的理念、开放式创新、集成化研发、实施超越发展的技术战略，构建特色的技术创新链，以协同创新的模式突破创新链中的短板，通过建立公共研发平台实现共性关键技术的突破与共享。在研发布局上，要在细分市场和资源优势上做足文章，同时在技术战略与技术路线上把好关。

一是在上游核心材料与装备方面另辟蹊径。加强下一代核心材料的研发，把握国际纳米、量子计算技术的发展趋势，结合第三代半导体材料及应用，进一步促进 LED 核心材料与器件的开发。着力组织开展 MOCVD 等核心装备及相关部件、耗材的开发，加强设备制造商、材料工艺研究机构及用户的研发与产业化合作。二是通过技术集成创新取得突破。把握好微电子技术与光电子技术的结合，通过模块、规格的标准化，实现先进技术支撑的规模化生产，实现低成本制造。此外，加强材料、组件、产品与系统的可靠性及寿命快速评估方法的研究，着力提高产品与系统的可靠性。三是在创新应用上抢占国际制高点。随着智能化、网络化的发展，半导体工业已经出现"硬件—软件—系统—服务"一体化的特点，LED 正在进入多功能、系统化、智能化的发展阶段，积极开展创新应用产品和系统开发以及智能照明系统与超越照明的系统解决方案；同时重视光品质，加强光度学、色度学、光生物安全等方面的研究工作。

（2）积极探索商业模式

LED 的广泛应用时代将会到来，传统的销售、推广模式也将会发生颠覆性改变，未来的竞争不仅体现在产品上，更多是在商业模式上的较量。LED 行业的发展需要创新商业模式来推动。需要建立高端现代服务平台，如 LED 应用展示体验平台网络，开展不同场景的应用示范和体验；建立应用设计中心，应用先进设计理念，开展创意设计服务，形成不同系统解决方案，进一步推动行业整体创新能力的提升；积极探索商业推广模式，引导企业加强渠道建设，促进半导体照明的市场推广应用。

（3）优化产业生态环境

以产业链优化整合、产业生态系统同步发展为战略，不断改善制约产业发展的体制机制与环境。强化公共政策的引导作用，开展科学持续的宣传与教育、培训，树立绿色消费理念，提高社会认知度，营造良好社会氛围。完善人才培养、引进和流动机制，加大行业亟待的相关人才培养力度。加强标准、检测及认证体系的建设，加强市场规范与监督，提升产品质量水平，构建公平、有序的市场环境，促进产业生态环境的优化，支撑产业的健康、协调、可持续发展。

照明科技事业发展的挑战和机遇

朱绍龙

（复旦大学电光源研究所）

1. 引言

近十年来照明科技面临着前所未有的巨大变革：首先，第三视觉的发现，使人们明白了照明不仅仅关系到视觉，还牵涉到生命的日夜节律和身体的健康，我们不得不重新审视原有的照明方式和技术是否合理。第二，固态照明技术，首先是半导体发光二极管（LED）有了突破性的进展，发光效率屡创新高，价格大幅走低。OLED 也初见曙光，为照明技术的革新和升级换代提供了条件。所以我们可以预期，照明科技在不远的将来将发生惊人的、根本性的变化，其程度可能远远超出我们的想象。

按惯例 2012 年照明年鉴即将面世，应主编的盛情邀请，本文将就过去一两年里照明科技界发生的重大事件做一个简要的评述。

2. 丰富多彩的学术交流活动

由于照明技术正面临着巨大的变革，2011～2012 年的学术交流活动必然也就非常活跃。2011 年 7 月在南非太阳城召开了国际照明委员会（CIE）第 27 届大会，这是照明界最高层次的国际会议，来自五大洲 40 多个国家和地区的 400 多名代表参加了会议。会议期间还同时举行了 CIE 成员大会（General Assembly），选举新一届执委会。由中国国家照明委员会提名，选举中国照明学会副理事长、东南大学崔一平教授为执委会成员、CIE 副主席，这标志着我国将更多地参与国际照明事务，也有了更多的话语权，可以发挥更大的作用。会上还决定下次中期会议将于 2013 年 4 月在法国巴黎举行，届时将同时庆祝 CIE 成立 100 周年纪念，中期会议的主题是新世纪之光（Toward a New Century of Light）。

2011 年 5 月在美国纽约召开了第 13 届国际光源科技研讨会，会议决定从本届会议起，将延续三十多年的会议名称国际光源科技研讨会改为国际照明科技研讨会，标志着会议的研讨范围将不仅仅局限于光源，而将扩大到照明科技和照明器具。

2012 年国际照明委员会（CIE）和中国照明学会在杭州举办了 CIE‑2012 照明质量和能效大会，这是继 2007 年国际照明委员会在北京举办第 26 届年会后，再一次在我国举办的重要会议。全世界顶级的照明专家，包括 CIE 现任主席、英国曼彻斯特大学教授 Ann Webb 女士，聚集在杭州研讨照明科技的最新成果和发展方向。面对当前照明科技的新发展，他们报道了各自的研究成果，讨论了传统照明的发展和转型，为我国照明科技的发展提供了宝贵的财富。

如果说 CIE‑2012 照明质量和能效大会的国内外专家大多是长期活跃在照明领域的传统、主流照明专家，那么 2011 年在广州举办的第 8 届中国国际半导体照明展览会暨论坛有更多的新加入到照明领域的半导体照明专家，包括蓝光 LED 的发明人、美国加州大学圣巴巴拉分校教授 Shuji Nakamura 先生和美国飞利浦 Lumileds 公司顾问 George Craford 先生，他们更富有前瞻性，交流了半导体照明的最新科技成果和发展前景。

2011～2012 年期间，东亚地区的学术活动也很频繁，第 4 届中日韩照明大会于 2011 年 9 月在中国大连举行，会议主题为"照明与节约能源"，第 5 届中日韩照明大会于 2012 年 8 月在日本东京举行，主题是"照明环境与节能"。两次会议都结合东亚地区照明发展的现状讨论了各自在照明设计的标准、节能照明产品和技术的提高及推广方面的经验。

海峡两岸照明科技和营销研讨会是已经延续近 20 年的传统会议，它见证了海峡两岸照明科技的发展，从早期的传统光源到后来的紧凑型荧光灯和 HID 灯，一直到今天的 LED，研讨内容也不断地发展。第 18、19 届海峡两岸照明科技和营销研讨会分别于 2011 年 11 月在贵州、2012 年在长沙举行，第 18 届会议主题是"高效照明系统与固态照明技术的新进展"，第 19 届会议主题是"高效照明系统与固态照明技术的新挑战"。通过交流，双方不断寻找合作的契机，取长补短，形成了双赢的局面。

　　2012 年中国照明学会还承办了"中国科协第 249 次青年科学家论坛"，主题是"照明对生态环境影响的量化观察与评价"。这是继 2006 年 4 月在厦门市举行的照明科技青年学术论坛之后，召开的有关照明科技的青年科学家论坛。照明对生态环境的影响是当前照明科学发展的前沿，论坛为从事照明科学的青年科学家们提供了一个交流平台。非常可喜的是本次论坛有 20 多位青年照明科学家报告了他们各自在这个领域的研究成果，内容涵盖了夜景照明对园林生态环境的影响、光污染对天文观测的影响、LED 照明的光生物安全性、光照治疗和健康光环境等，并邀请了 14 位资深照明科学家对此作出点评。论坛使青年照明科学家拓宽了学术视野，增长了知识才干，提高了学术水平。

　　2012 年中国照明电器协会、全国各地方照明学会、各专业委员会也都各自组织了许多学术交流活动，取得很大成功。其中影响较大的有在上海举行的京津沪渝四直辖市照明论坛、在杭州举行的长三角照明论坛等。因篇幅所限，本文对此不加评述。

　　在杭州举办的 CIE – 2012 照明质量和能效大会上，CIE 的现任主席、英国曼彻斯特大学教授 Ann Webb 女士提出了正确的光照必须在正确的时间（Right Light，Right Time）的概念。如果照明设计师没有搞清楚光的非视觉效应，自以为是、主观的照明很可能正在危害人们的健康。国际暗天空联合会（IDA）早在 2009 年就警告 LED 的蓝光可能危害健康，建议不在室内使用 3000K 以下的 LED，美国医药联合会（AMA）在 2012 年度代表会议科学与公众健康委员会报告（CSAPH Rep. 4 – A – 12）中指出，光污染造成激素分泌紊乱可能导致乳腺癌。超低色温照明（<2500K）对有睡眠障碍的人有利。

　　另一方面，蓝光也可以用来治病，例如由于北欧在冬季缺少光照，约有 8.2% 人患有季节性忧郁症，有报道称用富含蓝光的 17000 K LED，在 10000lx 下照射 30min 可以有效治疗。我国台湾台北大学研究了用光的非视觉效应来解决午餐后疲劳的问题：用动态 LED 照明方案，从吃午饭时用低色温照明开始，在饭后慢慢升高色温，取得良好效果。

　　光生物效应的研究，已经成为当前的照明研究热点之一，欧美、日本等国都有大量的研究报道，我国的照明科技工作者也不落后。例如，我国三色公司提出蓝光丰富的 LED 非视觉效应非常显著，他们发现了用 AC 驱动的 LED 照明，可能会导致眼疲劳等多种疾病，甚至诱发癫痫病。

3. 固态照明的新发展和瓶颈

　　LED 上游的芯片技术进展很快，性能快速提升，产能急剧提高，价格大幅下降。光效在每瓦 100lm 以上，色温在 3500K 以下，一般显色指数大于 80，R_9 大于零的芯片已能大量供应，并且其价格已经可以被用户接受。特别可喜的是小功率 LED 球泡灯，其性能指标和价格与紧凑型荧光灯相比，差距已经越来越小，并且已经进入市场，有可能成为紧凑型荧光灯的有力竞争者。

　　国际上芯片的成品率在不断提高，而且大尺寸的 8in（203.2mm）硅基氮化镓 MOCVD 生长设备已经开发成功，芯片成本有望进一步降低 25% ~ 30%。国产 MOCVD 设备也已经取得成功，价格比国外下降 20%。所以芯片价格有可能已经不再是 LED 进入通用照明的重大障碍。

　　目前 LED 在普通照明领域进一步推广的主要障碍是中下游系统解决能力不足、封装技术有待优化和提升、可靠性偏低等方面。当前应着重解决以下问题：开发简约的散热与结构设计，实现低成本、高光效、高耐候稳定性的先进封装技术，开发高效低成本驱动电源，以及开发标准化、通用化、规模化、低成本的集成模块。

　　近年来，固态照明新器件的研发也得到很大进展，量子点发光器件除了 CdSe 以外，Cu、Mn 掺杂的 ZnSe 也已经取得很大进展，不需要荧光粉就可以得到白光。有机发光二极管（OLED）也开始进入市场，我国第一有机等公司也将在 2013 年进入市场。

4. 新光源研发是照明科技发展的原动力

　　光源的发展是照明科技发展的原动力，白炽灯的发明开创了电气照明时代，气体放电灯的出现造就了 20 世纪的不夜城。21 世纪以来，半导体发光二极管（LED）的飞速发展，使照明科技又一次发生了巨大的变化，仅就它在景观照明中的应用来说，LED 大大丰富了景观照明的表现手法，其效果是传统照明光源难以实现的。

　　LED 还具有单灯功率小、使用方便灵活和即开即亮等特点，适合个性化照明、动态照明、艺术性照明。在 CIE – 2012 会议上，匈牙利 Pannonia 大学研究了 LED 用于梵蒂冈 Sistine 大教堂的照明，证实 LED 照明不仅可以节省能源，还完全符合艺术品保护的要求，能更好地展示它们。德国夫朗霍夫研究所和卡斯罗大学合作研究了在日光照明时，不同年龄组的人在观察电脑屏幕时对最小对比度的要求和对眩光的感受。

　　LED 的发展还推动了颜色科学的发展，例如，LED 的显色性评价方法，用现在常用的一般显色指数 R_a 已经不能很好地表示 LED 的显色性。目前已经初步达成共识，要用一般显色指数 R_a 加上红饱和色特殊显色指数 R_9 一起共同评价 LED 的显色性。

　　LED 的发展还对光测量技术提出了新的要求，在 CIE – 2012 会议上，德国国家物理技术研究院研发了一种用于光通量传递的高功率标准 LED 光源，希望由此解决没有标准 LED 光源所造成的测试误差。

由于 LED 的寿命很长，据有的 LED 专家说可达 6 万 h（将近 10 年），难以实际测试，所以 LED 的寿命测试是对光测量技术的另一个挑战。美国国家标准技术研究所（NIST）研究了可高准确度、长时间稳定、多个 LED 同时测试的自动光度参数测试仪，用于获得较长时间、大量 LED 光度参量变化的数据（例如，3000h、50 个 LED），根据这些数据寻找它们变化的规律，建立模型，从而预测 LED 的寿命。

5. 固态照明的发展有可能使照明技术、产业和销售模式发生根本性的变化

前面已经提到 2011 年 5 月在美国纽约召开的第 13 届国际光源科技研讨会，已更名为国际照明科技研讨会，这个变化不仅标志着会议研讨范围的变化，还包含有更深刻的含义：在传统照明领域，光源和灯具都是照明器具，它们有各自不同的功能、完全不同的设计和生产工艺。但是由于固态照明的发展，光源和灯具的界限已经变得非常模糊，灯泡厂的产品和灯具厂的产品相互交叉、重叠，作为照明器具已不可能再细分到光源或是灯具。所以日本电球工业会（JELMA）和日本照明器具工业会（JLA）将于 2013 年合并，欧洲光源协会（ELC）和灯具协会（CELMA）也已于 2012 年 12 月合并。这意味着照明器具的研发和生产面临着洗牌和重组，以及新的发展机遇。

在 13 届国际光源科技研讨会上，还有专家提出由于固态照明器具都是低电压直流驱动的，而建筑物内传统的供电方式是高电压交流电，所以在采用固态照明技术时，必须把高压交流电转变为低压直流电，带来许多不便和浪费。如果在建筑物内改变供电方式，直接配置低压直流电，是否更为合理？特别是固态照明器具模块化以后，可以把它做成和装饰墙面模块一样的尺寸，在建筑物内采用低压直流网络供电以后，就可以实现墙体装饰和照明的合一。

会上还讨论了一个有趣的话题：LED 的广泛使用可能使照明市场的运作模式发生变化。LED 的寿命长达几万小时，这就意味着一个灯可能用上十几年，用户换灯的次数就会很少。用户下一次换灯时，可能也就是房屋需要重新装修的时候了，那时买灯的可能不是住户个人而是装修公司。照明器具的生产商、销售商如何适应这个变化？

总而言之，当前照明科技正处在一个巨大变革的时代，这个变革带来的冲击是全方位的，而且可能超出单纯照明领域，甚至改变、影响我们的生活方式。我们照明科技工作者正面临着前所未有的挑战和机遇。

我国近期照明教育与人才培养综述

刘世平[1] 牟宏毅[2]

（1 中国照明学会，2 中央美术学院）

1. 引言

随着我国照明科技事业的迅猛发展，照明科技和技能型人才的培养已成为制约照明事业发展的重要瓶颈。这些年来，我国通过有关教育部门、设计院所、专业培训机构培养了一批从事照明技术研发、生产及照明工程设计的人才，为我国照明事业的发展做出了巨大贡献。但要使我国真正成为世界照明产业的强国，照明教育及其人才培养尤为重要。目前，我国开展照明教育的高等院校数量相对较少，现已设有照明相关课程的院校有：清华大学、北京大学、北京工业大学、北京理工大学、中央美术学院、天津大学、天津工业大学、复旦大学、同济大学、浙江大学、东南大学、重庆大学、华南理工大学、大连工业大学、河北联合大学、南京工业职业技术学院等近 20 所院校。近几年来，上述部分院校开展了不同层次的照明课程教育（培养目标为学士、硕士和博士），取得了可喜的成绩。

本文就上述有关院校及有关专业培训机构开展照明教育调查所搜集的资料，对我国实施照明教育的情况进行综述。

2. 学科设立与课程教育

照明是物理学、建筑学、生理学、心理学、艺术学等的交叉学科，在国民教育体系中，直接设为一级学科比较困难。因此，与照明相关联的学科尤显珍贵。已设立的一级学科有物理电子学（电子科学与技术）、光学工程等；已设立的二级学科有等离子物理、光电系流与控制。

开设的课程如下：

本科生：《光源理论》、《照明景观学》、《灯具设计》、《新材料》、《光源系统测试》、《建筑物理光环境》、《室内照明设计》、《照明设计》、《建筑环境控制》等。

硕士研究生：《建筑与城市光环境》、《室内光环境设计》、《照明与空间设计》、《照明设计基础》、《设计表达》、《媒体建筑与照明设计》。

博士研究生：《视觉工效与光环境设计》。

在本科教育中，复旦大学是国内高校中最早获教育部批准，培养光源与照明专门人才的高校。该校于 1984 年在复旦大学电光源研究所的基础上，成立了"光源与照明工程系"，至 2003 年 3 月，经教育部批准将"光源与照明专业"拓宽为"电气工程及其自动化专业"，并保留了光源与照明工程研究方向的特色。此外，同济大学建筑与城市规划学院、重庆大学建筑城规学院、天津大学建筑学院、清华大学建筑学院、中央美术学院建筑学院等均设有建筑光环境方面的本科教育。大连工业大学、河北联合大学也相继开设了培养以光源与照明为专业的本科生教育课程。

3. 教学模式

（1）照明教育与实验相结合

众所周知，建筑光环境是唯一产生视觉感知的课程。为了使学生能直观地认识和掌握光与视觉的知识，开展光环境实验性教学模式是行之有效的。因此，照明实验室的建设在教学环节中起到举足轻重的作用。如同济大学建筑与城市规划学院的"视觉与照明实验室"，重庆大学的"建筑物理实验室"等都是用于光环境的演示和实验，已经成为一流的教学与科研平台。中央美术学院建筑学院的"灯光实验室"配备了先进的灯具、光源、照明控制系统以及照明设计软件和电脑投影设备，已成为照明设计教学、科研和光艺术的创作基地。其主要功能是将光环境的数量与质量关系进行图示化演示，从而揭示出光与照明的建筑空间形态的艺术塑造，引导学生主动观察各种光照场景、了解照明技术的实验方法、研究视觉功效和光环境心理作用。

（2）照明教育与科研活动相结合

上述院校在硕士研究生和博士研究生的培养教学中，多数采取教学与科研活动相结合的模式，在教学互动中贯彻科研内容。他们在教学内容和作业设计上，考虑与科研项目相结合，充分调动学生学习积极性，使学生在自主学习、研究活动中逐步建立基于教师指导下的探索研究的学习模式。如同济大学建筑与城市规划学院学生在直接参与教师承担的国家 863 课题研究活动中，其研究成果经深化设计后，委托厂商试制，取得良好效果。天津大学建筑学院的学生参与了该校承担的北京市科委"颐和园古典园林夜景照明技术研究及示范"的重大项目的研究活动，学生们发挥自身知识优势，在导师的指导下，利用计算机三维模拟等方法，很好地完成了课题任务，又提升了学生的技能和思维能力，并取得了较好的教学效果。重庆大学建筑城规学院的教师带领学生参与国家自然科学基金项目和国家"十二五"科技规划课题的研究活动，都取得了显著成绩和可喜的教学成果。

4. 师资队伍建设

我国较早时期开展有关光环境与照明教育的院校，都十分重视师资队伍的培养。但过去由于照明学科在我国工程学科中的作用和地位并不显著，在一定程度上影响了照明学科师资队伍的建设，因此我国至今尚未有照明学科的工程院士。但这些年来也涌现了一批从事照明教育人才培养的著名教师，如清华大学的詹庆旋教授，复旦大学的蔡祖泉教授、何鸣皋教授，同济大学的杨公侠教授，浙江大学叶关荣教授，东南大学杨正铭教授、李广安教授，天津大学的沈天行教授及重庆大学的陈启育、杨光睿教授等。这批老教授现年事已高，甚至有的教授已经过世。目前在教学第一线从事教育及科研的学科带头人，大都是他们的学生或引进人才。如同济大学的郝洛西教授，重庆大学的杨春宇教授、严永红教授，东南大学崔一平教授，天津大学的王立雄、王爱英教授，北京工业大学的李农教授以及大连工业大学邹念育教授，复旦大学的梁荣庆教授等，这些年轻教授既是学科带头人，又是教书育人的骨干力量，甚至还兼有行政职务。但经过近几年的培养和建设，目前部分院校的师资队伍已逐渐形成了合理的人才梯队，基本上满足了这些院校教学和科研的需要，如下表所示的几个院校的师资队伍可以看出这种变化：

院　　校	教　　授	副教授	讲师
复旦大学	6	8	若干
重庆大学	6	9	6
大连工业大学	11（含客座）	4	3

5. 取得的教学成果

（1）在校学生连连获奖

这些年来，设有照明教育相关专业的学生，在校期间通过授课、实验和科研等形式的培养，不仅掌握了照明学科相关的跨学科专业的基础知识，而且在跨学科思维能力和应用多学科的研究能力及解决实际问题的综合能力等方面都有了一定的提高。在学校教师的专业指导下，学生在照明设计领域的竞赛和教师承担的科研课题中，都取得了不俗的成绩。如同济大学建筑与城市规划学院本科生的《光与材质》的设计作品，通过进一步深化后，应用于 2010 上海世博会文化中心的入口大厅，该作品得到应用单位的高度认可，获得良好的社会影响。重庆大学建筑学院的学生，在教师指导下，积极承担科研项目的工作，在数个项目中接连获奖。其中包括：

《建筑环境控制》本科课程学生作业获 2011 第九届中国环境艺术设计学年奖，银奖 1 项、铜奖 1 项、优秀奖 3 项。

获 2012 年"第五届全国大学生节能减排社会实践与科技竞赛"二等奖 1 项、三等奖 1 项；获 2009 年"第二届全国大学生节能减排社会实践与科技竞赛"二等奖 2 项、三等奖 1 项;获 2010 年重庆大学第五届大学生科研训练计划优秀项目一等奖 1 项;获 2009 年重庆大学大学生创新基金优秀项目一等奖 1 项。

大连工业大学依托光子学研究所建立的 10 余个产学研基地,面向企业的实际需求,多次组织学生举办创新创意大赛,为本科生和研究生搭建了施展才华和挖掘潜能的舞台。从而极大地激发了学生的动手兴趣和创新能力。学生累计获得国际级、国家级、省级、市级创新竞赛奖项 200 余人次,特别是 2012 年获得 ISA 首届全球大学生半导体照明创新大赛一等奖;学生获得国家、省级、校级创新项目资助 10 余项。

(2)毕业学生得到用人单位的认可

经过近几年的培养和积累,我国已有数百名照明专业毕业生被输送到社会的各个领域。复旦大学培养的研究生全部就业,就业去向包括信息企业、生产企业、服务行业及研究设计单位等,普遍得到用人单位的认可。中央美术学院培养的研究生,毕业去向主要是国内大中型设计院、房地产开发公司、国家博物馆等,主要从事照明设计和照明灯具的生产和销售工作。他们具备的专业基础知识、解决实际问题的能力,都深得用人单位的赏识,较好地解决了教育与实践相脱离的弊病。

(3)学术著作、科技成果硕果累累

学校在培养人才的同时,还完成了国家和省部级科技项目多项,出版了许多学术著作。通过教书育人,也实现了学术和科研成果的双丰收。如同济大学先后出版了《光 + 设计——照明教育的实践与发现》、《世博之光——中国 2010 年上海世博园区夜景照明走读笔记》。完成了国家高技术研究项目 863 课题"2010 上海世博会城市最佳实践区半导体照明的集成应用研究"。复旦大学承担了国家 9732 项目、863 项目、国家自然科学基金及省部级科研项目十余项。重庆大学自 2008 年以来,建筑光学学科方向教师承担国家级项目 18 项,获国家级奖励 5 项,省部级奖励 5 项,实用新型专利及外观专利 11 项,发表论文近 200 篇,参编国家标准 2 项,主编、参编地方标准 4 项。大连工业大学申请专利 150 余项,其中发明专利 20 余项,实用新型专利 100 余项,外观专利 30 余项,发表科技论文 240 余篇,其中被 SCI、EI 检索近 80 余篇,已获得国家级、省部级、市级科研成果 30 余项。

总之,我国开展的照明教育,虽然取得了一定的成绩,但在总体规模和培养的人数上,还不能满足目前蓬勃发展的市场需求。面对我国经济高速发展和人民生活水平迅速提高的趋势,人们对照明的质量和要求的水平不断提高,特别是对照明舒适性、照明健康和照明节能提出了更高的要求,因此对能完成上述专业水准的照明技术和设计人才的需求会越来越旺盛。当前,这些院校正在培养的研究生、博士生,虽还未离开学校,但已被用人单位早早签约,根本等不到毕业时刻的到来。所以,建议有条件的院校,适当增设照明技术与设计专业方向的专门人才的培养。这样做,一方面可以补充和提高高校师资队伍的建设需求,另一方面也可为照明企事业单位输送专业性强的急需人才,以提高我国照明技术与设计的整体水平。

6. 开展从业人员再教育,培养照明设计的急需人才

除了高等院校的相关院系培养了一批照明专业方向的实用人才外,中国照明学会根据国内照明事业的发展需要,不失时机地在国内率先独家开展了"照明设计师"职业资格的培训工作。

20 世纪 90 年代中期,我国已经发展成为照明电器的开发和生产大国,其产品的应用范围十分广泛,与之相关的照明设计师却是一个方兴未艾的全新职业。为了适应室内、外环境照明的需求,国内一大批承担室内、外环境照明工程设计和施工的工程公司相继成立,从业人员超过数万人。但能胜任专业照明设计的人员来自各行各业,其专业背景大不相同,其质量和数量与照明事业的发展需求差距很大,特别是缺乏高水平的照明设计人员。在此背景下,中国照明学会在中国科协的支持下,向原国家劳动与社会保障部申请建立"照明设计师"这个新的职业,并完成了该职业国家标准编制、培训大纲制定、培训教材及考试大纲编写、考试方式等工作。从 2008 年开始,组织开展了"照明设计师"职业资格认证工作。

(1)为使"照明设计师"纳入国家职业资格认证体系,做好前期准备工作

2005 年 9 月,中国照明学会教育与培训工作委员会成立,专门负责对照明领域的科技人员进行继续教育工作,此举为国家新职业申报和后续的相关工作做好了组织准备。

2005 年,学会根据中轻联人【2004】28 号文件精神,推荐了 甘子光 等 9 位专家作为"中国轻工业设计师(照明工程设计类)"专家考评委,负责中国轻工业设计师职业资格认证照明工程设计类设计师的考评工作。

在中轻联、中国轻工业设计师职业资格考试培训总站的指导下,中国照明学会根据照明事业发展需要,适时地向主管此项工作的原国家劳动和社会保障部递交报告,建议将"照明设计师"纳入国家职业资格认证体系。按照原国家劳动和社会保障部的要求,配合完成了下表所列的各项工作:

至此,学会完成了开展"照明设计师"国家职业资格培训、鉴定所需的各项基础工作,为具体组织实施该项目做好充分准备。

(2)针对不同层次的人员,有的放矢地开展培训工作

1)为保证"照明设计师"职业资格制度的顺利实施,对长期从事照明工作的高级专业技术人员进行高级照明设计师资格的考核认定。

时间	工作内容
2006 年 1 月	学会成立"照明设计师"国家职业标准编写委员会
2006 年 4 月	原国家劳动和社会保障部将"照明设计师"纳入国家职业资格认证体系，并向社会公布
2006 年 5 月	完成标准编写工作，并通过劳动和社会保障部初审
2006 年 8 月	成立由 12 位专家组成的"照明设计师培训教材"编写委员会
2006 年 9 月	"照明设计师"职业资格认证工作列入中国科协承接政府社会职能改革创新试点项目
2006 年 10 月	布置教材编写工作
2006 年 11 月	《照明设计师国家职业标准（试行）》经国家劳动和社会保障部国家标准终审会审查通过
2007 年 1 月	《劳动和社会保障部将照明设计师国家职业标准（试行）》正式列入国家职业标准名录并向社会公布
2007 年 3 月	完成劳动和社会保障部督导员培训与考核工作
2007 年 4 月	劳动和社会保障部召开"照明设计师"培训计划、培训大纲编制启动会
2007 年 5 月	完成培训计划、培训大纲编写，报劳动和社会保障部终审、《照明设计师国家职业标准（试行）》正式出版
2007 年 6 月	完成劳动和社会保障部考评员的培训与考核工作
2007 年 10 月	获劳动和社会保障部培训就业司职业技能鉴定许可证，成为全国唯一获准从事"照明设计师"职业资格鉴定的单位

此项工作主要是针对从事照明设计、规划、咨询与管理等相关业务工作，且 2007 年底以前具备高级专业技术职称的人员。为做好这项工作，学会专门发出报名通知，制定了考核认定办法。经认真组织并按照程序进行资格审查，对具备条件的人员进行专业测试，成绩合格者经认定领导小组评议审核后上报原国家劳动和社会保障部，颁发了首批"高级照明设计师"职业资格证书，首批共 46 人获得职业资格证书。

通过对这样一批"高级照明设计师"的认定，既解决了一大批长期从事照明设计的老科技工作者的职业资格认证问题，又为学会今后开展初、中级"照明设计师"的培训工作储备了师资力量。

2）对于那些虽不能全部满足首批"高级照明设计师"认定条件（主要是因为不具备高级专业技术职称），但从事设计工作 15 年以上、在业内有较大影响的人员，通过培训考试，颁发了"高级照明设计师"职业资格证书。

3）对符合相应级别的认定资格的人员进行培训、鉴定。

为保证参加培训学员的基本条件符合"照明设计师"国家职业标准要求，学会于 2007 年 8 月专门成立了"照明设计师"资格评审委员会，负责对报名参加"照明设计师"职业资格认证的人员进行资格评审。从报名参加照明设计师培训班开始，"资格评审委员会"就将对报名人员进行资格评审，不符合条件的不予录取。培训结束时，进行严格的理论知识考试和专业能力考核，以保证教学质量达到职业标准的要求。

（3）完善培训条件，满足培训要求

1）经学会申请，2007 年 10 月原国家劳动和社会保障部批准中国照明学会设立"照明设计师"特殊职业的职业技能鉴定站，主要承担：①依据原国家劳动和社会保障部的要求，完成"照明设计师"职业资格评定的基础工作，包括国家职业标准的编制，培训大纲的制定，培训教材的编写、出版，考试题库的建立；②根据"照明设计师"职业资格评定的要求，组织开展"照明设计师"的培训工作，包括培训基地的建立，师资队伍的培训，学员的授课、考试、评审、办理，并颁发由国家人力资源和社会保障部印制的《职业资格证书》。

2）师资队伍的建设是影响培训质量、数量的重要因素。为了保证"照明设计师"培训工作取得较好的效果，我们按照有关部门的要求，先对担任培训任务的讲课教师进行了选拔和培训，聘请了多位具有高级专业技术职称、并在研究院所和大专院校工作多年、具有丰富实际工作经验和教学经验的人员为讲课老师。随着培训规模的扩大，对师资队伍建设提出了更高的要求。几年来，学会也一直加强对师资的培养，将那些有能力、有水平、有责任心的专家学者纳入到师资队伍当中，满足培训人员不断增长的需求。

3）随着"照明设计师"新职业对社会影响的不断扩大，希望通过培训提高业务水平的从业人员越来越多。2008 ~ 2009 年，学会在全国只设了北京培训点，外地学员来北京参加培训需要额外负担交通和食宿费用，使很多希望参加培训的学员望而却步。为了解决这一问题，2010 年 4 月，学会决定在从业人员相对集中的华东、华南各开设一个培训点，方便学员就近入学，解决他们的后顾之忧。为此，中国照明学会在上海、广州各选择了两家单位作为合作备选单位，并组织考察组对四家进行了现场考察，最终委托上海照明学会承办华中培训点、"中国照明网"承办华南培训点，并签订了合作协议。任课教师由学会委派，也可以在本地聘请符合任课资格的教师，但需经学会审核认可。考试、出题、阅卷等工作由学会直接负责，保证了培训的质量和鉴定标准的一致性。两年间，上海培训点开办培训班 4 期，培训人员达 208 人，广州培训点开办培训班 8 期，培训人员达 230 人。

（4）成果及取得的成绩

学会承接政府社会职能，开展"照明设计师"的职业资格认证工作，是为照明工程设计部门培养专门人才的需要，也是照明科技事业自身发展的需要。同时，为国家人力资源和社会保障部规范我国劳动力市场，不断提高照明领域从业人员的专业素质做出卓有成效的工作。截至 2012 年底，学会共举办初、中、高级培训班 28 期，培训学员 1109 人，其中初级 139 人，中级 721 人，高级 249 人。现在，"照明设计师"职业资格的培训、鉴定工作已成为学会的品牌项目，并受到中国科协的重视和表扬，多次应邀为其他全国学会介绍经验。

感谢同济大学建筑与城市规划学院、复旦大学光源与照明工程系、天津大学建筑学院、重庆大学建筑城规学院、中央美术学院建筑学院、大连工业大学光子学研究所相关人员提供的宝贵资料。

第二篇 政策、法规篇

"十二五"建筑节能专项规划
（节选）

住房和城乡建设部建筑节能与科技司

2012.05

目　　录

一、发展现状和面临形势

（一）"十一五"期间建筑节能发展成就

（二）存在问题

（三）发展面临的形势

二、主要目标、指导思想、发展路径

（一）总体目标

（二）具体目标

（三）指导思想

（四）发展路径

三、重点任务

（一）提高能效，抓好新建建筑节能监管

（二）扎实推进既有居住建筑节能改造

（三）深入开展大型公共建筑节能监管和高耗能建筑节能改造

（四）加快可再生能源建筑领域规模化应用

（五）大力推动绿色建筑发展，实现绿色建筑普及化

（六）积极探索，推进农村建筑节能

（七）积极促进新型材料推广应用

（八）推动建筑工业化和住宅产业化

（九）推广绿色照明应用

四、保障措施

（一）完善法律法规

（二）强化考核评价

（三）创新体制机制

（四）实行经济激励

（五）提高技术标准

（六）增强能力建设

（七）推动技术进步

（八）严格市场监管

（九）加强组织协调

（十）做好宣传教育

五、组织实施

编制依据

依据《中华人民共和国节约能源法》、《中华人民共和国可再生能源法》、《民用建筑节能条例》等法律法规要求，根据《国民经济和社会发展第十二个五年规划纲要》、《可再生能源中长期发展规划》、《"十二五"节能减排综合性工作方案》等规划计划，以及国务院批准的住房和城乡建设部"三定"方案和住房和城乡建设部"十二五"发展规划编制工作安排，制定本规划。

为深入贯彻科学发展观，落实节约资源、保护环境基本国策，加快转变城乡建设模式和建筑业发展方式，提高人民生活质量，培育新兴产业，促进经济发展方式转变，实现节能减排约束性目标，积极应对全球气候变化，建设资源节约型、环境友好型社会，根据《民用建筑节能条例》、《"十二五"节能减排综合性工作方案》，制定本规划。

一、发展现状和面临形势

（一）"十一五"期间建筑节能发展成就

1. 实现了国务院对建筑节能提出的目标和要求

2. 建筑节能支撑体系初步形成

3. 建筑节能工作全面推进

——绿色建筑与绿色生态城区：截至 2010 年底，全国有 113 个项目获得了绿色建筑评价标识，建筑面积超过 1300 万平方米。全国实施了 217 个绿色建筑示范工程，建筑面积超过 4000 万平方米。通过对获得绿色建筑标识的项目进行统计分析，住宅小区平均绿地率达 38%，平均节能率约 58%[一]，非传统水资源平均利用率约 15.2%，可再循环材料平均利用率约 7.7%，综合效益显著。与此同时，北京市未来科技城、丽泽金融商务区、天津市滨海新区、深圳市光明新区、河北省唐山市曹妃甸新区、江苏省苏州市工业园区、湖南长株谭和湖北武汉资源节约环境友好配套改革试验区等正在进行绿色生态城区建设实践，对引导我国城市建设向绿色生态可持续发展方向转变，具有重要意义。

专栏八　　绿色建筑的"四节一环保"潜力[二]		
统计分析项目数量/个	79 个，其中 42 个公建，37 个住宅；	
星级	一星 17 个，二星 38 个，三星 24 个	
面积/万平方米	697.6	
开发利用地下空间/万平方米	151.1	
住区平均绿地率	37.6%	
建筑平均节能率	58.34%	
节能量[三]	0.45 亿千瓦时（折标煤 1.54 万吨/年）	
减排 CO_2	4.04 万吨/年	
非传统水源平均利用率	15.2%	
非传统水源利用量/（万吨/年）	140.05	
可再循环材料平均利用率	7.74%	
可再循环材料平均利用量/万吨	1812.62	
一星级	住宅项目增量成本/（元/m^2）	60
	公共建筑项目增量成本/（元/m^2）	30
	静态回收期	1~3 年
二星级	住宅项目的增量成本/（元/m^2）	120
	公共建筑项目增量成本/（元/m^2）	230
	静态回收期	3~8 年
三星级	住宅项目的增量成本/（元/m^2）	300
	公共建筑项目增量成本/（元/m^2）	370
	静态回收期	7~11 年

（二）存在问题

1. 部分地方政府对建筑节能工作的认识不到位。

2. 建筑节能法规与经济支持政策仍不完善。

3. 新建建筑执行节能标准水平仍不平衡。

4. 北方地区既有建筑节能改造工作任重道远。

　○　与节能 50% 的"参照建筑"相比较
　○　本表数据依据住房和城乡建设部科技发展促进中心绿色建筑评价标识管理办公室提供内容梳理形成
　○　与节能 50% 的"参照建筑"相比较

5. 可再生能源建筑应用推广任务依然繁重。

6. 大部分省市农村建筑节能工作尚未正式启动。

（三）发展面临的形势

1. 城镇化快速发展为建筑节能和绿色建筑工作提出了更高要求

我国正处在城镇化的快速发展时期，国民经济和社会发展第十二个五年规划指出 2010 年我国城镇化率为 47.5%，"十二五"期间仍将保持每年 0.8% 的增长趋势，到"十二五"末期，将达到 51.5%。一是城镇化快速发展使新建建筑规模仍将持续大幅增加。按"十一五"期间城镇每年新建建筑面积推算，"十二五"期间，全国城镇累计新建建筑面积将达到 40~50 亿平方米。要确保这些建筑是符合建筑节能标准的建筑，同时引导农村建筑按节能建筑标准设计和建造。二是城镇化快速发展直接带来对能源、资源的更多需求，迫切要求提高建筑能源利用效率，在保证合理舒适度的前提下，降低建筑能耗，这将直接表现为对既有居住建筑节能改造、可再生能源建筑应用、绿色建筑和绿色生态城（区）建设的需求急剧增长。

2. 人民对生活质量需求不断提高对建筑服务品质提出更高要求

城镇节能建筑仅占既有建筑面积 23%[○]，建筑节能强制性标准水平低，即使目前正在推行的"三步"建筑节能标准也只相当于 90 年代初的水平，能耗指标则是德国的 2 倍。

3. 社会主义新农村建设为建筑节能和绿色建筑发展提供了更大的发展空间

农村地区具有建筑节能和绿色建筑发展的广阔空间。每年农村住宅面积新增超过 8 亿平方米，人均住房面积较 1980 年增长了 4 倍多，农村居民消费水平年均增长 6.4%。将建筑节能和绿色建筑推广到农村地区，发挥"四节一环保"的综合效益，能够节约耕地、降低区域生态压力、保护农村生态环境、提高农民生活质量，同时能吸引大量建筑材料制造企业、房地产开发企业等参与，带动相关产业发展，吸纳农村剩余劳动力，是实现社会主义新农村建设目标的重要手段。

二、主要目标、指导思想、发展路径

（一）总体目标

到"十二五"期末，建筑节能形成 1.16 亿吨标准煤节能能力。其中发展绿色建筑，加强新建建筑节能工作，形成 4500 万吨标准煤节能能力；深化供热体制改革，全面推行供热计量收费，推进北方采暖地区既有建筑供热计量及节能改造，形成 2700 万吨标准煤节能能力；加强公共建筑节能监管体系建设，推动节能改造与运行管理，形成 1400 万吨标准煤节能能力。推动可再生能源与建筑一体化应用，形成常规能源替代能力 3000 万吨标准煤。

（二）具体目标

1. 提高新建建筑能效水平。

专栏九　　"十二五"期间建筑节能工作主要指标与节能减排综合性工作方案的比对			
项目	内容	属性	"十二五"节能减排综合性工作方案提出的目标和任务
新建建筑	北方严寒及寒冷地区、夏热冬冷地区全面执行新颁布的节能设计标准，执行比例达到 95% 以上；北京、天津等特大城市执行更高水平的节能标准；建设完成一批低能耗、超低能耗示范建筑	约束性	新建建筑严格执行建筑节能标准，提高标准执行率
既有居住建筑节能改造　北方采暖地区	实施既有居住建筑供热计量及节能改造 4 亿平方米以上	约束性	北方采暖地区既有居住建筑供热计量和节能改造 4 亿平方米以上
既有居住建筑节能改造　过渡地区、南方地区	实施既有居住建筑节能改造试点 5000 万平方米	约束性	夏热冬冷地区既有居住建筑节能改造 5000 万平方米
大型公共建筑节能监管　监管体系	加大能耗统计、能源审计、能效公示、能耗限额、超定额加价、能效测评制度实施力度	预期性	加强公共建筑节能监管体系建设，完善能源审计、能效公示
大型公共建筑节能监管　监管平台	建设省级监测平台 20 个，实现省级监管平台全覆盖，节约型校园建设 200 所，动态监测建筑能耗 5000 栋	约束性	—
大型公共建筑节能监管　节能运行和改造	促使高耗能公共建筑按节能方式运行，实施 10 个以上公共建筑节能改造重点城市，实施高耗能公共建筑节能改造达到 6000 万平方米，高校节能改造示范 50 所	约束性	公共建筑节能改造 6000 万平方米，推动节能改造与运行管理
大型公共建筑节能监管	实现公共建筑单位面积能耗下降 10%，其中大型公共建筑能耗降低 15%	预期性	—

○ 《关于 2010 年全国住房城乡建设领域节能减排专项监督检查建筑节能检查情况通报》（建办科〔2011〕25 号）

（续）

专栏九　"十二五"期间建筑节能工作主要指标与节能减排综合性工作方案的比对			
项目	内容	属性	"十二五"节能减排综合性 工作方案提出的目标和任务
可再生能源 建筑应用	新增可再生能源建筑应用面积 25 亿平方米，形成常规能源替代能 力 3000 万吨标准煤	预期性	推动可再生能源与建筑一体化应用
绿色建筑 规模化推进	新建绿色建筑 8 亿平方米。规划期末，城镇新建建筑 20% 以上达 到绿色建筑标准要求	预期性	制定并实施绿色建筑行动方案
农村建筑节能	农村危房改造建筑节能示范 40 万户	预期性	—
新型建筑 节能材料推广	新型墙体材料产量占墙体材料总量的比例达到 65% 以上，建筑应 用比例达到 75% 以上	约束性	推广使用新型节能建材和再生建材， 继续推广散装水泥
建筑节能 体制机制	形成以《节约能源法》和《民用建筑节能条例》为主体，部门规 章、地方性法规、地方政府规章及规范性文件为配套的建筑节能法 规体系。省、市、县三级职责明确、监管有效的体制和机制。建筑 节能技术标准体系健全。基本建立并实行建筑节能统计、监测、考 核制度	预期性	—

注：预期性指标是期望的发展目标，要不断创造条件，努力争取实现。约束性指标是在预期基础上进一步强化了责任的指标，要确保实现。

2. 进一步扩大既有居住建筑节能改造规模。

3. 建立健全大型公共建筑节能监管体系。

4. 开展可再生能源建筑应用集中连片推广，进一步丰富可再生能源建筑应用形式，实施可再生能源建筑应用省级示范、城市可再生能源建筑规模化应用和以县为单位的农村可再生能源建筑应用示范，拓展应用领域，"十二五"期末，力争新增可再生能源建筑应用面积 25 亿平方米，形成常规能源替代能力 3000 万吨标准煤。

5. 实施绿色建筑规模化推进。新建绿色建筑 8 亿平方米。规划期末，城镇新建建筑 20% 以上达到绿色建筑标准要求。

6. 大力推进新型墙体材料革新，开发推广新型节能墙体和屋面体系。

7. 形成以《节约能源法》和《民用建筑节能条例》为主体，部门规章、地方性法规、地方政府规章及规范性文件为配套的建筑节能法规体系。规划期末实现地方性法规省级全覆盖，建立健全支持建筑节能工作发展的长效机制，形成财政、税收、科技、产业等体系共同支持建筑节能发展的良好局面。建立省、市、县三级职责明确、监管有效的体制和机制。健全建筑节能技术标准体系。建立并实行建筑节能统计、监测、考核制度。

（三）指导思想

以邓小平理论和"三个代表"重要思想为指导，全面贯彻落实科学发展观，紧紧抓住城镇化、工业化、社会主义新农村建设的战略机遇期，以转变城乡建设模式为根本，以提高资源利用效率、合理改善舒适性为核心，以实现国家节能减排目标为目的，坚持政府主导，充分发挥市场作用，建立严格的管理制度，实施有效的激励引导，调动各方面的积极性，从政策法规、体制机制、规划设计、标准规范、科技推广、建设运营和产业支撑等方面全面推进建设领域节能减排事业，促进资源节约型、环境友好型社会建设。

（四）发展路径

1. 绿色化推进。促进建筑节能向绿色、低碳转型。根据不同建筑类型的特点，将绿色指标纳入城市规划和建筑的规划、设计、施工、运行和报废等全寿命期各阶段监管体系中，最大限度地节能、节地、节水、节材，保护环境和减少污染，开展绿色建筑集中示范，引导和促进单体绿色建筑建设，推动既有建筑的改造，试点绿色农房建设。

2. 区域化推进。引导建筑节能工作区域推进，充分评估各地区建筑用能需求和资源环境特点，结合实际制定区域内建筑节能政策措施，因地制宜的推动建筑节能工作深入开展。以区域推进为重点规模化发展绿色建筑，将既有建筑节能改造与城市综合改造、旧城改造、棚户区改造结合起来，集中连片的开展可再生能源建筑应用工作，发挥综合效益。

3. 产业化推进。立足国情，借鉴国际先进技术和管理经验，提高自主创新能力，突破制约建筑节能发展的关键技术，形成具有自主知识产权的技术体系和标准体系。推动创新成果工程化应用，引导新材料、新能源等新兴产业的发展，限制和淘汰高能耗、高污染产品，培育节能服务产业，促进传统产业升级和结构调整，推进建筑节能的产业化发展。

4. 市场化推进。引导建筑节能市场由政府主导逐步发展为市场推动，加大支持力度，完善政策措施，充分发挥市场配置资源的基础性作用，提升企业的发展活力，构建有效市场竞争机制，加大市场主体的融资力度。

5. 统筹兼顾推进。控制增量，提高新建建筑能效水平，加强新建建筑节能标准执行的监管。改善存量，提高建筑管理水平，降低运行能耗，实施既有建筑节能改造。注重建筑节能的城乡统筹，农房建设和改造要考虑新能源应用和农房保温隔热性能的提高，鼓励应用可再生能源、生物质能，因地制宜地开发应用节能建筑材料，改进建造方式，保护农房特色。

三、重点任务

（一）提高能效，抓好新建建筑节能监管

1. 继续强化新建建筑节能监管和指导。

2. 完善新建建筑全寿命期管理机制。

3. 实行能耗指标控制。强化建筑特别是大型公共建筑建设过程的能耗指标控制，应根据建筑形式、规模及使用功能，在规划、设计阶段引入分项能耗指标，约束建筑体型系数、采暖空调、通风、照明、生活热水等用能系统的设计参数及系统配置，避免片面追求建筑外形，防止用能系统设计指标过大，造成浪费。实施能耗限额管理。各省（区、市）应在能耗统计、能源审计、能耗动态监测工作基础上，研究制定各类型公共建筑的能耗限额标准，并对公共建筑实行用能限额管理，对超限额用能建筑，采取增加用能成本或强制改造措施。

（二）扎实推进既有居住建筑节能改造

（三）深入开展大型公共建筑节能监管和高耗能建筑节能改造

1. 推进能耗统计、审计及公示工作。

2. 加强节能监管体系建设。

3. 实施重点城市公共建筑节能改造。财政部、住房城乡建设部选择在公共建筑节能监管体系建立健全、节能改造任务明确的地区启动建筑节能改造重点城市。规划期内启动和实施10个以上公共建筑节能改造重点城市。到2015年，重点城市公共建筑单位面积能耗下降20%以上，其中大型公共建筑单位建筑面积能耗下降30%以上。原则上改造重点城市在批准后两年内应完成改造建筑面积不少于400万平方米。各地要高度重视公共建筑的节能改造工作，突出改造效果及政策整体效益。

4. 推动高校、公共机构等重点公共建筑节能改造。要充分发挥高校技术、人才、管理优势，会同财政部、教育部积极推动高等学校节能改造示范，高校建筑节能改造示范面积应不低于20万平方米，单位面积能耗应下降20%以上。规划期内，启动50所高校节能改造示范。积极推进中央本级办公建筑节能改造。财政部、住房城乡建设部将会同国务院机关事务管理局等部门共同组织中央本级办公建筑节能改造工作。

（四）加快可再生能源建筑领域规模化应用

1. 建立可再生能源建筑应用的长效机制。

2. 鼓励地方制定强制性推广政策。鼓励有条件的省（区、市、兵团）通过出台地方法规、政府令等方式，对适合本地区资源条件及建筑利用条件的可再生能源技术进行强制推广，进一步加大推广力度，力争规划期内资源条件较好的地区都要制定出台太阳能等强制推广政策。

3. 集中连片推进可再生能源建筑应用。

4. 优先支持保障性住房、公益性行业及公共机构等领域可再生能源建筑应用。

5. 加大技术研发及产业化支持力度。

（五）大力推动绿色建筑发展，实现绿色建筑普及化

1. 积极推进绿色规划。以绿色理念指导城乡规划编制，建立包括绿色建筑比例、生态环保、公共交通、可再生能源利用、土地集约利用、再生水利用、废弃物回用等内容的指标体系，作为约束性条件纳入区域总体规划、控制性详细规划、修建性详细规划和专项规划的编制，促进城市基础设施的绿色化，并将绿色指标作为土地出让转让的前置条件。

2. 大力促进城镇绿色建筑发展。在城市规划的新区、经济技术开发区、高新技术产业开发区、生态工业示范园区、旧城更新区等实施100个以规模化推进绿色建筑为主的绿色生态城（区）。政府投资的办公建筑和学校、医院、文化等公益性公共建筑，直辖市、计划单列市及省会城市建设的保障性住房，以及单体建筑面积超过2万平方米的机场、车站、宾馆、饭店、商场、写字楼等大型公共建筑，2014年起执行绿色建筑标准。引导房地产开发类项目自愿执行绿色建筑标准，鼓励房地产开发企业建设绿色住宅小区。到规划期末，北京市、上海市、天津市、重庆市、江苏省、浙江省、福建省、山东省、广东省、海南省，以及深圳市、厦门市、宁波市、大连市城镇新建房地产项目50%达到绿色建筑标准。积极推进绿色工业建筑建设。加强对绿色建筑规划、设计、施工、认证标识和运行监管，研究制定相应的鼓励政策与措施。建立和强化大型公共建筑项目的绿色评估和审查制度。

绿色生态城（区）示范实践及形成的指标体系

"十一五"期间，各地在绿色生态城（区）的实践不断扩大。初步形成了推进绿色生态城（区）规划建设的模式。一是摸索出了符合国情的绿色生态城（区）规划建设的程序与方法。首先制定战略，开发指标体系，因地制宜制定城镇发展的生态战略，并据此开发本土化的绿色生态城发展指标体系；其次根据指标体系进行规划，从总体规划到编制控制性详细规划和修建性详细规划，使指标体系分解到具体的地块，落实到能源供应、供水、污染治理、道路交通等各类

基础设施；第三绿色指标落地，通过土地招、拍、挂引导业主按绿色建筑进行设计与建造；第四认证与标识，通过建筑的绿色认证与标识，引导绿色消费，严把质量关。二是探索了制度保障体系。首先是城镇规划制度，从总规到详规、专项规划等把绿色生态指标贯入到每个地块；其次是土地出让转让制度，将各类生态绿色指标转化成土地的出让转让条件；第三是充分利用现有规划、设计、施工等许可制度，把绿色、生态的要求作为行政许可的条件，在不新增行政许可的前提下得到落实。三是推进以建立完善市场机制为导向的改革措施，如实行公共服务市场化、建设项目审计市场化、建造行政审批流程的行政审批制度改革，项目法人制、项目代建制、项目回报制的基本建设体制改革。

在此过程中，逐步形成了绿色生态城（区）指标体系框架：一是能源类，主要包括节能设计标准、可再生能源技术应用比例、能耗定额管理等；二是土地类，主要包括土地利用率、用地布局、地下空间利用以及综合街区数等；三是交通类，主要包括公共交通线网密度、清洁能源利用比例、出行方式构成等；四是绿色建筑，包括绿色建筑比例、"四节一环保"效果、绿色施工率等；五是生态环境类，主要包括空气、水、噪音、低热导效应等生态达标的环境以及处理污染物的能力；六是社会和谐类，主要包括公众的生活质量、便利度及完善的管理机制等。

3. 严格绿色建筑建设全过程监督管理。地方政府要在城镇新区建设、旧城更新、棚户区改造等规划中，严格落实各项绿色建设指标体系要求；要加强规划审查，对达不到要求的不予审批。对应按绿色建筑标准建设的项目，要加强立项审查，未达到要求的不予审批、核准和备案；加强土地出让监管，不符合土地出让规划许可条件要求的不予出让；要在施工图设计审查中增加绿色建筑内容，未通过审查的不得开工建设；加强施工监管，确保按图施工；未达到绿色建筑认证标识的不得投入运行使用。自愿执行绿色建筑标准的项目，要建立备案管理制度，加强监管。建设单位应在房屋施工、销售现场明示建筑的各项性能。

4. 积极推进不同行业绿色建筑发展。实现绿色建筑规模化发展要充分发挥和调动相关部门的积极性，将绿色建筑理念推广应用到相关领域、相关行业中。要会同教育主管部门积极推进绿色校园，会同卫生主管部门共同推进绿色医院，会同旅游主管部门共同推进绿色酒店，会同工业和信息化部门共同推进绿色厂房，会同商务部门共同推进绿色超市和商场。要建立和完善覆盖不同行业、不同类型的绿色建筑标准。会同相关部门出台不同行业、不同类型绿色建筑的推进意见，明确发展目标、重点任务和措施，加强考核评价。会同财政部门出台支持不同行业、不同类型绿色建筑发展的经济激励政策。地方建筑主管部门要积极与地方相关部门协调，出台适合本地的标准和经济激励政策，科学合理制定推进方案，完善评价细则，以绿色建筑引导不同行业、不同类型绿色建筑的发展。

（六）积极探索，推进农村建筑节能

鼓励农民分散建设的居住建筑达到节能设计标准的要求，引导农房按绿色建筑的原则进行设计和建造，在农村地区推广应用太阳能、沼气、生物质能和农房节能技术，调整农村用能结构，改善农民生活质量。支持各省（自治区、直辖市）结合社会主义新农村建设建设一批节能农房。支持40万农户结合农村危房改造开展建筑节能示范。

（七）积极促进新型材料推广应用

（八）推动建筑工业化和住宅产业化

（九）推广绿色照明应用

积极实施绿色照明工程示范，鼓励因地制宜地采用太阳能、风能等可再生能源为城市公共区域提供照明用电，扩大太阳能光电、风光互补照明应用规模。

四、保障措施

（一）完善法律法规

严格执行《节约能源法》、《可再生能源法》，加大力度落实《民用建筑节能条例》所规定的各项制度。出台《绿色建筑行动方案》等文件。

（二）强化考核评价

（三）创新体制机制

推动建筑节能和绿色建筑工作要依靠体制机制的创新。规划期内要着重建立和完善如下体制与机制。

1. 延伸建筑节能和绿色建筑的监管。一是前移新建建筑监管关口。在城市规划审查中增加对建筑节能和绿色生态指标的审查内容，在城市的控制性详规中落实相关指标体系，各级政府对不符合节能减排法律法规和强制性标准要求的规划不予以批准。在新建建筑的立项审查中增加建筑节能和绿色生态的审查内容，对不满足节能减排法律法规和强制性标准要求的项目不予立项。将建筑节能标准、可再生能源利用强度、再生水利用率、建筑材料回用率等涉及建筑节能和绿色建筑发展指标列为土地转让规划的重要条件。二是将新建建筑监管扩展到装修、报废和回收利用阶段。推行绿色建筑的项目实行精装修制度。建立建筑报废审批制度，不符合条件的建筑不予拆除报废；需拆除报废的建筑，所有权人、产权单位应提交拆除后的建筑垃圾回用方案，促进建筑垃圾再生回用。

2. 创新绿色建筑的监管模式。增加绿色建筑设计专项审查内容，地方各级建设主管部门在施工图设计审查中实施绿色建筑专项审查，达不到要求的不予通过。建立绿色施工许可制度，地方各级建设主管部门对不满足绿色建造要求的建筑不予颁发开工许可证。实行民用建筑绿色信息公示制度，建设单位在房屋施工、销售现场，根据审核通过的施工图设计文件，把民用建筑的绿色建筑方面的性能以张贴、载明等方式予以明示。加大绿色建筑评价标识实施力度。完善绿色建筑评价标准体系，制定针对不同地区、不同建筑类型的绿色建筑评价标识细则，科学地开展评价标识工作。鼓励地方制定适合本地区的绿色建筑评价标识指南。引导和规范科研院所、相关行业协会和中介服务机构开展绿色建筑技术研发、咨询、检测等各方面的专业服务。建立绿色建筑全寿命周期各环节资格认证制度，培训绿色生态城（区）规划和绿色建筑设计、施工、安装、评估、物业管理、能源服务等方面的人才，开展专业培训，实现凭证上岗。

3、加快形成建筑节能和绿色建筑市场机制。加快推进民用建筑能效测评标识工作。修订《民用建筑能效测评标识管理暂行办法》、《民用建筑能效测评机构管理暂行办法》。严格贯彻《民用建筑节能条例》规定，对新建国家机关办公建筑和大型公共建筑进行能效测评标识。指导和督促地方将能效测评作为验证建筑节能效果的基本手段以及获得示范资格、资金奖励的必要条件。加大民用建筑能效测评机构能力建设力度，完成国家及省两级能效测评机构体系建设。加强建筑节能服务体系建设，以国家机关办公建筑和大型公共建筑的节能运行管理与改造、建设节约型校园和宾馆饭店为突破口，拉动需求、激活市场、培育市场主体服务能力。加快推行合同能源管理，规范能源服务行为，利用国家资金重点支持专业化节能服务公司为用户提供节能诊断、设计、融资、改造、运行管理一条龙服务，为国家机关办公楼、大型公共建筑、公共设施和学校实施节能改造。研究推进建筑能效交易试点。

（四）实行经济激励

1. 加大建筑节能和绿色建筑领域投入。

2. 加大既有居住建筑节能改造支持力度。

3. 加大公共建筑节能监管体系建设和改造支持力度，中央财政支持有条件的地方建设公共建筑能耗监测平台和高校节能监管平台。

4. 加大可再生能源建筑应用推广支持力度。

5. 加大绿色建筑规模化推广应用的支持力度。

6. 建立多元化的资金筹措机制。

（五）提高技术标准

（六）增强能力建设

（七）推动技术进步

（八）严格市场监管

（九）加强组织协调

（十）做好宣传教育

五、组织实施

一是明确规划的实施主体与责任，做好统筹协调。

二是对规划的进度和完成情况进行评估考核。

附表

附表1　建筑节能领域主要法律法规

名　　称	审议通过时间	施行时间
中华人民共和国可再生能源法	2005 年 2 月 28 日	2006 年 1 月 1 日
中华人民共和国节约能源法	2007 年 10 月 28 日	2008 年 4 月 1 日
民用建筑节能条例	2008 年 7 月 23 日	2008 年 10 月 1 日

附表2　建筑节能领域主要地方性法规

省　　份	条 例 名 称	施 行 时 间
山西	《山西省建筑节能管理条例》	2008 年 10 月 1 日
陕西	《陕西省建筑节能条例》	2007 年 1 月 1 日
湖北	《湖北省建筑节能管理条例》	2009 年 6 月 1 日
湖南	《湖南省民用建筑节能条例》	2010 年 3 月 1 日
河北	《河北省民用建筑节能条例》	2009 年 10 月 1 日
青岛	《青岛市民用建筑节能条例》	2010 年 1 月 1 日
深圳	《深圳经济特区建筑节能条例》	2006 年 11 月 1 日

（续）

省份	条例名称	施行时间
大连	《大连民用建筑节能条例》	2010 年 10 月 1 日
上海	《上海市建筑节能管理条例》	2011 年 1 月 1 日
吉林	《吉林省民用建筑节能与发展应用新型墙体材料管理条例》	2010 年 9 月 1 日
广东	《广东省建筑节能管理条例》	2011 年 7 月 1 日
安徽	《安徽省发展新型墙体材料条例》	2008 年 1 月 1 日
重庆	《重庆市建筑节能条例》	2008 年 1 月 1 日
天津	《天津市建筑节能管理条例》	正在审核

注：附表 3 已删除。

附表 4　"十二五"期间中央财政支持建筑节能主要经济激励政策

文件名称	实施对象	补贴（贴息）方式和标准
财政部关于印发《国家机关办公建筑和大型公共建筑节能专项资金管理暂行办法》的通知（财建〔2007〕558 号）	国家机关办公建筑和大型公共建筑	✓ 中央财政支持国家机关办公建筑和大型公共建筑能耗监管体系建设（能耗统计、能源审计、能效公示） ✓ 中央财政对建立政府办公建筑和大型公共建筑能耗监测平台给予一次性定额补助
财政部关于印发《北方采暖地区既有居住建筑供热计量及节能改造奖励资金管理暂行办法》（财建〔2007〕957 号）	实施北方采暖地区既有居住建筑供热计量及节能改造。包括建筑围护结构节能改造，室内供热系统计量及温度调控改造，热源及供热管网热平衡改造	✓ 气候区奖励基准分为严寒地区和寒冷地区两类：严寒地区为 55 元/m²，寒冷地区为 45 元/m² ✓ 单项改造对应权重为：建筑围护结构节能改造、室内供热系统计量及温度调控改造、热源及供热管网热平衡：60%、30%、10%
财政部、建设部关于印发《可再生能源建筑应用示范项目评审办法》的通知（财建〔2006〕459 号）	开展可再生能源建筑应用示范工程，主要支持以下技术领域： ✓ 与建筑一体化的太阳能供应生活热水、供热制冷、光电转换、照明 ✓ 利用土壤源热泵和浅层地下水源热泵技术供热制冷 ✓ 地表水丰富地区利用淡水源热泵技术供热制冷 ✓ 沿海地区利用海水源热泵技术供热制冷 ✓ 利用污水源热泵技术供热制冷	✓ 根据增量成本、技术先进程度、市场价格波动等因素，确定每年不同示范技术类型的单位建筑面积补贴额度 ✓ 对可再生能源建筑应用共性关键技术集成及示范推广，能效检测、标识，技术规范标准验证及完善等项目，根据经批准的项目经费金额给予全额补助
财政部关于印发《太阳能光电建筑应用财政补助资金管理暂行办法》的通知（财建〔2009〕129 号）	开展太阳能光电建筑应用专项示范，主要支持具备以下条件项目： ✓ 单项工程应用太阳能光电产品装机容量应不小于 50kWp ✓ 优先支持太阳能光伏组件应与建筑物实现构件化、一体化项目 ✓ 优先支持并网式太阳能光电建筑应用项目 优先支持学校、医院、政府机关等公共建筑应用光电项目	✓ 2009 年补助标准原则上定为 20 元/瓦，实际标准将根据与建筑结合程度、光电产品技术先进程度等因素分类确定 ✓ 2010 年补贴标准为：对于建材型、构件型光电建筑一体化项目，补贴标准原则上定为 17 元/瓦；对于与屋顶、墙面结合安装型光电建筑一体化项目，补贴标准原则上定为 13 元/瓦
财政部、住房城乡建设部关于印发可再生能源建筑应用城市示范实施方案的通知（财建〔2009〕305 号） 财政部、住房和城乡建设部关于印发加快推进农村地区可再生能源建筑应用的实施方案的通知（财建〔2009〕306 号）	开展可再生能源建筑应用集中示范，主要支持具备以下条件的地区 ✓ 已对太阳能、浅层地能等可再生资源进行评估，具备较好的可再生能源应用条件 ✓ 已制定可再生能源建筑应用专项规划 ✓ 在今后 2 年内新增可再生能源建筑应用面积应具备一定规模	✓ 资金补助基准为每个示范城市 5000 万元，具体根据 2 年内应用面积、推广技术类型、能源替代效果、能力建设情况等因素综合核定，切块到省。推广应用面积大，技术类型先进适用，能源替代效果好，能力建设突出，资金运用实现创新，将相应调增补助额度，每个示范城市资金补助最高不超过 8000 万元；相反，将相应调减补助额度

（续）

文件名称	实施对象	补贴（贴息）方式和标准
财政部、住房城乡建设部关于印发可再生能源建筑应用城市示范实施方案的通知（财建〔2009〕305号） 财政部、住房和城乡建设部关于印发加快推进农村地区可再生能源建筑应用的实施方案的通知（财建〔2009〕306号）	✓ 可再生能源建筑应用设计、施工、验收、运行管理等标准、规程或图集基本健全，具备一定的技术及产业基础 ✓ 推进太阳能浴室建设，解决学校师生的生活热水需求 ✓ 实施太阳能、浅层地能采暖工程，利用浅层地能热泵等技术解决中小学校采暖需求	✓ 农村可再生能源建筑应用补助标准为：地源热泵技术应用60元/平方米，一体化太阳能热利用15元/平方米，以分户为单位的太阳能浴室、太阳能房等按新增投入的60%予以补助。以后年度补助标准将根据农村可再生能源建筑应用成本等因素予以适当调整。每个示范县补助资金总额最高不超过1800万元
财政部 国家发展改革委关于印发《高效照明产品推广财政补贴资金管理暂行办法》（财建〔2007〕1027号）	大宗用户和城乡居民用户①	✓ 大宗用户每只高效照明产品，中央财政按中标协议供货价格的30%给予补贴；城乡居民用户每只高效照明产品，中央财政按中标协议供货价格的50%给予补贴 ✓ 补贴资金采取间接补贴方式，由财政补贴给中标企业，再由中标企业按中标协议供货价格减去财政补贴资金后的价格销售给终端用户

① 大宗用户是指工矿企业、写字楼、医院、学校、宾馆、商厦、车站、机场、码头、道路等采用照明产品集中的场所，采用合同能源管理推广高效照明产品的节能服务公司可视为大宗用户；居民用户是指以社区或行政村为购买单位的用户。

附表5　部分省市出台的经济激励政策

山西	《山西省节能专项资金管理办法》。省级节能资金主要采用贴息、补助、拨款、以奖代补等四种支持方式。贴息额度按企业节能降耗项目贷款规模的一年或二年期利率核定。补助额度按企业节能降耗项目投资的3%~10%核定。拨款项目主要适用节能表彰奖励、社会公共节能、建筑节能、监测体系和技术服务体系建设、节能新技术、新工艺研发推广、节能示范工程、节能表彰奖励等方面的支出，奖励资金主要用于工作经费补助和节能减排工作成绩突出的班子成员以及工作人员的奖励。以奖代补适用于承担较大节能量项目的企业
江苏	《省政府关于印发推进节约型社会建设若干政策措施的通知》、江苏《省政府办公厅关于加强建筑节能工作的通知》。节能减排技改项目、资源综合利用项目予以减免所得税；将墙改资金返退与建筑节能相挂钩；对从事可再生能源设备生产、技术开发的企业，减征所得税；对全装修成品住宅给予适当补贴政策；对垃圾资源化再生利用企业、处理利用污水处理厂污泥的企业给予税费减免优惠等
上海	《上海市建筑节能专项扶持暂行办法》。通过积极落实建筑节能试点、示范项目，实现以点带面的目标。全年共落实试点示范项目44个，总计279.69万平方米，全年共安排建筑节能专项扶持资金8095万元，其中6755万元用于扶持建筑节能试点示范项目，1340万元为用于"建筑节能监管体系建设"地方财政配套资金
广西	《关于印发广西壮族自治区建筑节能财政奖励资金管理暂行办法的通知》、《关于印发广西壮族自治区新型墙体材料专项基金征收使用管理实施细则的通知》、《关于报送2010–2012年广西建筑节能工作财政资金需求规划的函》
天津	《天津市新型墙体材料专项基金》、《天津市发展循环经济资金》、《供热计量改造补助资金》。采暖费"暗补"变"明补"情况：天津市出台了采暖补贴标准和热费改革实施方案，停止福利用热制度，建立"谁用热、谁交费"的供热收费制度，实现了用热的商品化、货币化。低收入困难群体采暖保障情况：天津市对低收入困难群体都出台了保障措施，采取了发放补贴，减免热费等优惠政策
湖北	《湖北省新型墙材专项基金征收使用管理办法实施细则》。应按照规定缴纳新型墙体材料专项基金，工程开工前到墙体材料革新办公室办理缴纳手续。各级建设行政主管部门应将缴纳新型墙体材料专项基金手续列入办理建筑规划许可证和建筑施工许可证审查项目的管理程序。未按规定缴纳专项基金的，不予办理上述许可证，不得批准开工建设

附表 6　"十一五"期间建筑节能领域颁布执行的主要国家、行业标准规范

标　准	编　号	颁布年度
严寒和寒冷地区居住建筑节能设计标准	JGJ26—2010	2010
夏热冬冷地区居住建筑节能设计标准	JGJ134—2010	2010
民用建筑太阳能光伏系统应用技术规范	JGJ203—2010	2010
太阳能供热采暖工程技术规范	GB50495—2009	2009
地源热泵系统工程技术规范	GB－50366—2009	2009
供热计量技术规程	JGJ173—2009	2009
建筑节能施工质量验收规范	GB50411—2007	2007
绿色建筑评价标准	GB/T50378—2006	2006

注：附表 7 已删除。

附表 8　新建节能建筑、城镇既有建筑分省情况一览表$^{\ominus}$

省　份	"十一五"期间建成节能建筑面积（万平方米）	城镇既有建筑面积（万平方米）	公共建筑面积（万平方米）	节能建筑占城镇既有建筑的比例
宁夏	4413.96	13777.75	4580.46	32.04%
海南	3525.1	13359.7	4735.1	26.39%
广东	32167.4	246034.5	69950	13.07%
广西	8625	112000	16000	7.70%
湖北	14840	85669.53	26078.42	17.32%
浙江	13000	150000	26500	8.67%
云南	18000	113562	9685	15.85%
安徽	20133.3	64136.5	18024.5	31.39%
湖南	9600	58162.2	16093.5	16.51%
福建	18713	100849	20055	18.56%
江西	1189.48	65510.5	25844.5	1.82%
新疆	—	30223.11	10400.62	—
新疆生产建设兵团	1257.6802	5746.9014	1290.427	21.88%
贵州	243.98	34000	13600	0.72%
内蒙古	16565	45000	11894	36.81%
江苏	55765.84	194554.52	56733.1	28.66%
北京	12943.75	62631	24000	20.67%
天津	9873	31490.81	12006.17	31.35%
河北	19805.5	54621.8	12413.21	36.26%
河南	13800	83127	29315	16.60%
黑龙江	18900	73600	19100	25.68%
山东	22300	134700	36400	16.56%
山西	8099.31	50855.19	12667.04	15.93%
上海	20956.01	69172	18961	30.30%

$\ominus$　依据 2010 年度住房城乡建设领域节能减排检查地方上报基本信息表整理汇总得到，仅供参考。陕西省数据逻辑关系错误予以剔除。2010 年度未赴西藏检查，西藏数据待补充。

（续）

省　份	"十一五"期间建成节能建筑面积（万平方米）	城镇既有建筑面积（万平方米）	公共建筑面积（万平方米）	节能建筑占城镇既有建筑的比例
四川	27470	75537.52	23214.88	36.37%
甘肃	4728.98	28262.13	13510.79	16.73%
重庆	17617.92	53512.05	17123.86	32.92%
辽宁	28033	91624	25157	30.60%
吉林	20467.06	47157.46	9738	43.40%
青海	1988.95	5950.09	1267.01	33.43%
合计	445023.2202	2194827.261	586338.6	20.28%

注：附表9～附表12已删除。

关于印发"十二五"城市绿色照明规划纲要的通知

住房和城乡建设部文件

建城〔2011〕178 号

各省、自治区住房城乡建设厅，北京市市政市容委、住房城乡建设委，天津市市容委、城乡建设交通委，上海市城乡建设交通委，重庆市市容委、城乡建委，新疆生产建设兵团建设局：

为推进"十二五"时期我国城市绿色照明工作，提高城市照明节能管理水平，我部研究制定了《"十二五"城市绿色照明规划纲要》。现印发给你们，请结合实际，认真贯彻落实。

二○一一年十一月四日

"十二五"城市绿色照明规划纲要

根据《中华人民共和国国民经济和社会发展第十二个五年规划纲要》、《"十二五"节能减排综合性工作方案》和住房城乡建设事业"十二五"规划的有关要求，为推进全国城市绿色照明工作，提高城市照明节能管理水平，编制《"十二五"城市绿色照明规划纲要》。本纲要主要阐明城市绿色照明的指导思想、基本原则、发展目标和重点工作以及保障措施，是各地"十二五"期间实施城市绿色照明的依据。

1 "十一五"城市绿色照明发展回顾

城市绿色照明是指通过科学的照明规划与设计，采用节能、环保、安全和性能稳定的照明产品，实施高效的运行维护与管理，提升城市的品质，创造安全、舒适、经济、健康夜环境，体现现代文明的照明。

按照国务院关于节能减排的总体要求，"十一五"期间，各地积极推广城市绿色照明，强化节能管理，各项工作都取得了明显进展。城市照明设施迅速发展，2010 年末，全国 657 个城市共有道路照明灯约 1774 万盏，"十一五"期间净增道路照明灯 567 万盏；城市照明管理技术水平明显提高；城市照明节能任务基本完成，道路照明节能取得明显效果，实现节电 14.6%；支路以上道路照明基本淘汰了低效照明产品，景观照明中超标准、超能耗的现象得到了有效控制；《城市照明管理规定》、《城市夜景照明设计规范》颁布实施，城市照明节能管理制度和标准规范逐步完善；各地扎实稳妥地开展了城市照明节能新产品、新技术、新方法的应用示范；2010 年底，住房城乡建设部会同国家发展改革委开展了城市照明节能的专项监督检查。经过努力，初步建立了城市照明节能监督检查制度，全社会的城市照明节能意识明显提升。

从总体上看，城市绿色照明工作尚处于起步阶段，城市绿色照明发展的体制机制还不完善，存在薄弱环节，发展不平衡。"十一五"期间有40%的城市没有完成城市照明规划的编制或规划没有节能篇章或未按规划执行；城市照明管理方式还比较粗放，缺少精细化管理；公共服务水平还比较低，有路无灯现象仍然存在；对城市照明质量和节能缺乏有效监管，不能适应节能减排形势的要求。

"十二五"时期是全面建设小康社会的关键时期，是加快转变经济发展方式的攻坚时期。要充分认识城镇化快速发展和转变经济发展方式对城市照明发展提出的新要求，紧紧围绕城市社会生活和经济发展的需要，把推进城市绿色照明，促进城市照明节能，提升城市照明品质作为城市照明工作的核心。优先发展城市功能照明，合理设置景观照明，稳步提高照明能效水平，努力推进城市绿色照明的发展。

2 指导思想和基本原则

2.1 指导思想

以构建绿色生态与健康文明的城市照明光环境为目标，以保障和改善民生作为加快转变城市照明发展方式的基本出发点，倡导绿色照明消费方式，在满足城市照明基本功能的前提下降低照明的单位能耗，提高城市照明的质量和节能水平，实现城市照明发展方式的转变。

2.2 基本原则

1）科学规划，合理设计。发展城市照明要与城市经济社会发展水平相适应，注重高效、节能、环保，科学编制城市照明规划。城市照明设计应符合城市照明规划的要求，充分体现城市人文和风貌特色，并严格执行相关法律法规及标准规范。

2）完善法规，加强监管。完善城市照明法规体系，科学制定标准规范；强化城市照明设计、施工、验收与维护管理等重点环节的监管，全面提高城市照明管理水平。

3）以人为本，功能优先。优先发展和保障城市功能照明，消灭无灯区，做到路通灯亮，适度发展景观照明。注重城市照明质量的提高，不断提高城市照明的安全性和舒适性。

4）节能降耗，控制污染。积极应用高效照明节能产品及技术，加快城市绿色照明节能改造步伐。严格控制光污染，加强对照明产品的回收利用，降低有毒有害物质对环境的影响。

5）政府主导，社会参与。完善政策，加大投入，确保城市照明的公共服务功能。创新工作机制，鼓励和引导社会资源参与城市绿色照明建设、改造和管理。

3 发展目标

3.1 总体目标

发展城市绿色照明，建立有利于城市照明节能、城市照明品质提升的管理体制和运行维护机制；完善城市照明法规、标准和规章制度；建立和落实城市照明能耗管理考核制度；积极使用节能环保产品和技术，提高城市照明系统的节能水平。

3.2 具体目标

1）完成节能任务。以2010年底为基数，到"十二五"期末，城市照明节电率达到15%。

2）完成城市照明规划编制。2015年前，全国地级及以上城市和东中部地区县级城市，要按照国家有关规划编制要求，完成城市照明规划的编制或修编工作，并按法定程序批准实施。

3）完善城市绿色照明标准体系。完成《城市照明规划规范》、《城市照明节能评价标准》编制；修订《城市道路照明设计标准》等相关标准规范；研究制订城市绿色照明评价方法和标准。

4）提高城市照明设施建设和维护水平。完善城市功能照明，消灭无灯区；新建、改建和扩建的城市道路装灯率应达到100%；道路照明主干道的亮灯率应达到98%，次干道、支路的亮灯率应达到96%；道路照明设施的完好率应达到95%，景观照明设施的完好率应达到90%。

5）提高城市道路照明质量和节能水平。城市道路路面亮度或照度、均匀度、眩光限制值、环境比及照明功率密度值（LPD）应符合《城市道路照明设计标准》（CJJ45）的规定。照明质量达标率不小于85%；新建道路照明节能评价达标率应达到100%，既有道路照明节能评价达标率不小于70%。

6）实行景观照明规范化管理。景观照明应严格按城市照明规划实施，控制范围和规模，加强设计方案的论证和审查，并应满足《城市夜景照明设计规范》（JGJ/T163）等相关标准规范的规定。逐步实行统一管理，建立和落实运行维护的长效管理机制。

7）推进高效照明节能产品的应用。城市照明高光效、长寿命光源的应用率不低于90%。在满足配光要求的前提下，高压钠灯和金属卤化物灯光源的道路照明灯具的效率不低于75%，半导体路灯灯具的系统效能不低于90lm/W。高压钠灯、金属卤化物灯等光源及配套镇流器的能效指标应满足相关标准能效限定值的要求，优先采用节能型电感镇流器、电子镇流器。照明线路的功率因数不应低于0.85。严禁在新建项目中使用高耗、低效照明设施和产品，用两年时间全面淘汰城市照明低效、高耗产品。

4　重点工作

4.1　抓好城市照明规划的编制和实施

城市照明主管部门应会同城市规划等相关部门，组织具有城市规划编制资质的单位编制城市照明规划，对不符合城市发展、不满足节能环保要求的城市照明规划应及时修编。城市照明规划的内容应包括功能照明和景观照明，符合国家相关城市照明规划的要求，并有独立的节能篇章。省级城市照明主管部门应加强对本地区的城市照明规划编制、实施的监督和指导，确保规划编制质量和实施效果。

4.2　推进城市照明信息化平台建设

"十二五"期间，积极推进城市照明信息化平台建设，建立城市照明信息监管系统，统计城市照明设施的基本信息和能耗情况，进一步提高城市照明管理工作信息化水平。各级城市照明主管部门通过建立城市照明信息统计制度，及时掌握城市照明的建设运营情况，加强对城市照明指导工作的针对性和科学性。

4.3　加强城市照明能耗管理的监督考核

建立健全城市绿色照明节能评价体系，重点考核城市照明质量和节能减排水平，开展绿色照明示范城市创建活动，形成长效监督检查机制，逐步将城市照明考核纳入到政府工作考核体系中，明确责任，采取有效的奖惩措施，进一步推进节能减排工作。

4.4　落实城市照明建设全过程管理

加强城市照明建设全过程监管，严格按照建设程序规范管理，提高城市照明建设水平。严格以城市照明规划为依据，做好城市照明的年度项目计划工作，照明设计纳入施工图审查，施工与监理必须严格按照审批的设计方案实施，把好城市照明工程竣工验收关，保证照明设施安全稳定运行。

4.5　推广高效照明产品，加快城市照明节能改造

制订高效照明产品的技术规范和应用导则，制定高效照明产品推广实施方案和鼓励政策。以保证照明质量为前提，积极应用各种节能技术措施，优先选择国家认证的高效节能产品，推进城市照明节能改造。严格控制公用设施和大型建筑等景观照明能耗，严禁建设亮度、能耗超标的景观照明工程。加快淘汰高耗低效照明产品，在道路照明中禁止使用多光源无控光器的低效灯具，在景观照明中严禁使用强力探照灯和大功率泛光灯等产品。

4.6　积极开展城市照明新产品、新技术、新方法试点示范

根据本地情况和实际需要，加快开展半导体照明、可再生能源等新产品新技术的示范推广工作，研究制订相关应用技术条件或导则，条件成熟时，适时逐步扩大应用。建立应用新产品新技术的科学机制，积极探索合同能源管理在城市照明行业的应用。鼓励有资质的专业性节能公司，在保证城市照明质量的前提下，参与城市照明的节能改造。

4.7　开展城市绿色照明宣传教育

各级城市照明主管部门要认真组织业务培训，加强城市绿色照明政策法规和标准规范的宣传教育，提高从业人员的理论水平和技能素养。开展形式多样的主题宣传活动，倡导低碳节约的生产方式和绿色健康的生活方式，促进城市绿色照明健康有序发展。采取多种形式加强对全社会的宣传教育，引导全民树立城市绿色照明的观念。大力宣传城市绿色照明的各项政策措施和取得的工作成效，营造有利于推进城市绿色照明工作的舆论氛围。

5　保障措施

5.1　加强组织领导，完善管理机制

深化城市照明管理体制改革，按照"有利管理、集中高效"原则，建立完善的协调机制，努力实现城市功能照明和景观照明的集中管理。明确管理权限和责任，提高城市照明管理的整体性和高效性。坚持"建管并重、管养分开"的原则，完善管理机制，制定合理的管理流程，科学组织城市照明的规划、设计、建设、验收及运营维护等环节，使各参与主体协调配合，相关部门积极联动。

5.2　健全法规标准，加强行政执法

积极开展城市照明管理立法的基础性研究。督促地方结合本地实际制定相应的城市照明管理办法和城市照明节能规定，为管理和执法工作提供法律依据。不断完善城市照明标准规范建设，为城市照明建设提供技术保障。坚持依法行政、依法管理，严格执行强制性条文，依法查处违反城市照明各项管理规定的违法违规行为。

5.3　落实目标责任，强化监督管理

各级城市照明主管部门要围绕城市绿色照明工作的总体目标和要求，将城市照明节能工作纳入住房和城乡建设领域节能减排考核体系，严格实行目标责任制。要以照明节能为抓手，以信息系统为依托，定期开展城市绿色照明检查和通报，做好城市照明全方位、全过程的监管工作。

5.4　加大资金投入，提高保障能力

地方人民政府城市照明主管部门要会同有关部门研究制定支持城市绿色照明发展的经济政策，加大公共财政投入，保障城市绿色照明工作的经费，解决城市照明规划编制经费和节能改造经费。积极拓宽资金来源渠道，加大对照明技术研发的支持力度，加快照明新技术、新产品的应用研究，提高城市绿色照明技术和管理的科技创新能力。

科技部关于印发半导体照明科技发展"十二五"专项规划的通知

国科发计〔2012〕772 号

各省、自治区、直辖市、计划单列市科技厅（委、局），新疆生产建设兵团科技局，各国家高新技术产业开发区管委会，各有关单位：

为进一步贯彻落实《国家中长期科学和技术发展规划纲要（2006—2020 年）》、《国务院关于加快培育和发展战略性新兴产业的决定》和《国家"十二五"科学和技术发展规划》，加快推动半导体照明技术和产业创新发展，我部组织编制了《半导体照明科技发展"十二五"专项规划》。现印发你们，请结合本地区、本行业实际情况认真贯彻落实。

科技部
2012 年 7 月 3 日

半导体照明科技发展"十二五"专项规划

为加快推进半导体照明技术进步和产业发展，依据《国家中长期科学和技术发展规划纲要（2006—2020 年）》、《国务院关于加快培育和发展战略性新兴产业的决定》和《国家"十二五"科学和技术发展规划》等相关要求，制定本专项规划。

1 形势与需求

1.1 半导体照明技术及应用快速发展

近年来，半导体照明技术快速发展，正向更高光效、更优发光品质、更低成本、更多功能、更可靠性能和更广泛应用方向发展。目前，国际上大功率白光 LED（发光二极管）产业化的光效水平已经超过 130 lm/W（流明/瓦）。据报道，实验室 LED 光效超过 200 lm/W。虽然 LED 的技术创新和应用创新速度远远超过预期，但与 400 lm/W 的理论光效相比，仍有巨大的发展空间。半导体照明在技术快速发展的同时也不断催生出新的应用。目前，竞争焦点主要集中在 GaN 基 LED 外延材料与芯片、高效和高亮度大功率 LED 器件、LED 功能性照明产品、智能化照明系统及解决方案、创新照明应用及相关重大装备开发等方面。

OLED（有机发光二极管）作为柔和的平面光源，与 LED 光源可以形成互补优势，近年来发展同样迅速。据报道，实验室白光 OLED 光效已达 128 lm/W。与之相关的有机发光材料、生产装备和新型灯具的研发正顺势而上。目前，市场上已有少量 OLED 照明产品。

1.2 半导体照明产业爆发式增长

近年来，许多发达国家/地区政府均安排了专项资金，设立了专项计划，制定了严格的白炽灯淘汰计划，大力扶持本国和本地区半导体照明技术创新与产业发展。全球产业呈现出美、日、欧三足鼎立，韩国、中国大陆与台湾地区奋起直追的竞争格局。半导体照明产业已成为国际大企业战略转移的方向，产业整合速度加快，商业模式不断创新。瞄准新兴应用市场，国际大型消费类电子企业开始从产业链后端向前端发展；以中国台湾地区为代表的集成电路厂商也加快了在半导体照明领域的布局；专利、标准、人才的竞争达到白热化，产业发展呈爆发式增长态势，已经到了抢占产业制高点的关键时刻。

1.3 我国半导体照明技术和产业具备跨越式发展机会

在国家研发投入的持续支持和市场需求的拉动下，我国半导体照明技术创新能力得到了迅速提升，产业链上游技术创新与国际水平差距逐步缩小，下游照明应用有望通过系统集成技术创新实现跨越式发展。部分产业化技术接近国际先进水平，功率型白光 LED 封装后光效超过 110 lm/W，接近国际先进水平。指示、显示和中大尺寸背光源产业初具规模，产业链日趋完整，功能性照明节能效果已经显现。标准制定及检测能力有了长足进步，已制定并公布了 22 项国家标准和行业标准。

1.4 我国半导体照明发展需求明显

半导体照明产业具有资源能耗低、带动系数大、创造就业能力强、综合效益好的特点。"十二五"期间，随着人们对更高照明品质、更加节能环保的追求，以及半导体照明应用市场的快速发展，仍有很多技术问题亟待解决，迫切需要开展针对不同应用领域的高可靠、低成本的产业化关键技术研发，抢占下一代核心技术制高点。随着城市化进程加快，对照明产品的消费将进一步增加，节能减排的压力日益增大，急需规模应用半导体照明节能产品。伴随着信息显示、数字家电、汽车、装备、原材料等传统产业转型升级的压力，迫切需要应用新的半导体照明技术和产品。此外，随着我国就业压力日益严峻，迫切需要发挥半导体照明产业的技术、劳动双密集型特征，创造更多的就业岗位。

2 指导思想、发展原则

2.1 指导思想

深入贯彻落实科学发展观，根据《国家中长期科学和技术发展规划纲要（2006—2020年）》、《国家"十二五"科学和技术发展规划》确定的发展重点和《国务院关于加快培育和发展战略性新兴产业的决定》，紧密围绕基础研究、前沿技术、应用技术到产业化示范的半导体照明全创新链，以增强自主创新能力为主线，以促进节能减排、培育半导体照明战略性新兴产业为出发点，以体制机制和商业模式创新为手段，整合资源，营造创新环境，加速构建半导体照明产业的研发、产业化与服务支撑体系，支撑"十城万盏"试点工作顺利实施，提升我国半导体照明产业的国际竞争力。

2.2 发展原则

坚持统筹规划与市场机制相结合。加强统筹规划，推进相关部门的工作协调，形成产业创新发展的合力；突出市场需求，以企业为主体，通过产业技术创新战略联盟优化协同创新体制机制，加快推进技术创新、产品开发、示范应用和产业发展，形成一批龙头品牌企业。

坚持系统布局与重点突破相结合。系统布局半导体照明技术创新链和产业链，优化创新体系和发展环境；重点突破核心装备和商业推广模式两大瓶颈，形成具有自主知识产权的核心技术；将技术创新与示范应用相结合，支撑"十城万盏"，形成区域特色优势明显、配套体系齐全的产业集群。

坚持平台建设与人才培养相结合。建立具有自主知识产权并具备持续创新能力的创新体系和公共研发平台，为半导体照明产业的可持续发展提供支撑；鼓励高等院校开设相关学科，探索专业化的职业资格培训和认证，为产业人才供给提供保障。

坚持立足国内与面向国际相结合。统筹国内国际两种资源、两个市场，积极参与国际标准的制订，加强国际科技合作和开放创新；加强应用领域的创新突破，积极开拓国际市场，提升产业的国际竞争力。

3 发展目标

3.1 总体目标

到2015年，实现从基础研究、前沿技术、应用技术到示范应用全创新链的重点技术突破，关键生产设备、重要原材料实现国产化；重点开发新型健康环保的半导体照明标准化、规格化产品，实现大规模的示范应用；建立具有国际先进水平的公共研发、检测和服务平台；完善科技创新和产业发展的政策与服务环境，建成一批试点示范城市和特色产业化基地，培育拥有知名品牌的龙头企业，形成具有国际竞争力的半导体照明产业。

3.2 具体目标

1）技术目标：产业化白光 LED 器件的光效达到国际同期先进水平（150~200 lm/W），LED 光源/灯具光效达到130 lm/W；白光 OLED 器件光效达到90 lm/W，OLED 照明灯具光效达到80 lm/W；硅基半导体照明、创新应用、智能化照明系统及解决方案开发等达到世界领先水平；形成核心专利300项。

2）产品目标：80%以上的 LED 芯片实现国产化，大型 MOCVD（金属有机物化学气相沉积）装备、关键原材料实现国产化，形成新型节能、环保及可持续发展的标准化、规格化、系统化应用产品，成本降低至2011年的1/5。OLED 材料、基板、导电层、封装、测试和灯具的国产化程度达到60%。

3）产业目标：产业规模达到5000亿元，培育20~30家掌握核心技术、拥有较多自主知识产权、自主品牌的龙头企业，扶持40~50家创新型高技术企业，建成50个"十城万盏"试点示范城市和20个创新能力强、特色鲜明的产业化基地，完善产业链条，优化产业结构，提高市场占有率，显著提升半导体照明产业的国际竞争力。

4）能力目标：培育和引进一批学科带头人、创新团队和科技创业人才，建立国际化、开放性的国家公共技术研发平台，完善我国半导体照明标准、检测和认证体系，发挥产业技术创新战略联盟的作用，推动产学研用深度结合，切实保障我国半导体照明产业的可持续发展。

3.3 指标体系

表1 "十二五"科技发展主要指标

类 别	序 号	指 标	属 性
科技	1	白光 LED 产业化光效达到（150～200 lm/W），成本降低至 1/5	约束性
	2	白光 OLED 器件光效达到 90 lm/W	
	3	实现核心设备及关键材料国产化	
	4	LED 芯片国产化率达 80%	
	5	建立公共技术研发平台及检测平台	
	6	申请发明专利 300 项	
	7	发布标准 20 项	
经济	1	2015 年，国内产业规模达到 5000 亿元	预期性
	2	形成 20～30 家龙头企业	
	3	国家级产业化基地 20 个，试点示范城市 50 个	约束性
社会	1	LED 照明产品在通用照明市场的份额达到 30%	预期性
	2	实现年节电 1000 亿度，年节约标准煤 3500 万吨	
	3	减少 CO_2、SO_2、NO_x、粉尘排放 1 亿吨	
	4	新增就业 200 万人	

4 重点任务

4.1 基础研究

解决宽禁带衬底上高效率 LED 芯片的若干基础科学问题，研究高密度载流子注入条件下的束缚激子及其复合机制；探索通信调制功能和 LED 照明器件相互影响机理。重点研究方向：

1）超高效率氮化物 LED 芯片基础研究

研究大注入条件下 LED 的发光机理，建立功率 LED 器件的基本物理模型，研制高质量氮化物半导体量子阱材料和超高效率氮化物 LED 芯片并完成应用验证，提出提高氮化物 LED 发光效率的新概念、新结构、新方法，突破下一代白光 LED 核心技术。

2）新型微纳结构半导体照明

研究微纳材料和技术对白光 LED 效率的作用机理，掌握提高 LED 量子效率的方法，突破下一代白光照明核心微纳技术。研究纳米图形衬底的制备原理及对外延材料的影响机理；研究表面等离子体结构对半导体照明器件量子效率的提升作用；研究微纳结构的作用机理和出光效率的提升方法。

3）短距离光通信与照明结合的新型 LED 器件基础研究

重点开展载流子复合通道和寿命的关联性、掺杂机理、电流通路高速响应机制、外延芯片封装结构对照明及通信质量的调控、器件级通信质量分析验证、LED 芯片与探测器单片集成机理和工艺、高速短距离光通信单元组件等研究。开展新型 LED 器件相关物理问题的研究，研制出通信、照明两用的高速调制的创新型 LED 通信照明光源。

4）超高效 OLED 白光器件基础研究

重点开展载流子注入和激子复合机理、金属电极等离子体淬灭机理及其应对方法、表面等离子局域发光增强机理和方法、出光提取、新型发光材料和主体材料的设计、蓝色磷光材料的退化机理、高效长寿命叠层白光 OLED 器件等研究；力求制备出 1000 尼特条件下光效超过 120 lm/W 的有机白光器件。

4.2 前沿技术研究

突破白光 LED 专利壁垒，光效达到国际同期先进水平；研究大尺寸 Si 衬底等白光 LED 制备技术，加强单芯片白光、紫外发光二极管（UV-LED）、OLED 等新的白光照明技术路线研究；突破高光效、高可靠、低成本的核心器件产业化技术；提升 LED 器件及系统可靠性；实现核心装备和关键配套原材料国产化，提升产业制造水平与盈利能力。重点研究方向：

1）半导体照明用衬底制备技术研究

大尺寸蓝宝石衬底的制备及图形衬底加工工艺；高质量 SiC 单晶的生长、切割和晶片加工技术；GaN 同质衬底制备技术，同质衬底半导体照明外延及器件制备技术；高质量 AlN、ZnO 等宽禁带衬底制备关键技术。

2）外延芯片产业化关键技术研究

大尺寸 Si、蓝宝石、SiC 等衬底的外延生长、器件制备技术；LED 器件结构设计和内量子效率提升技术；基于图形衬底的高效 LED 器件关键技术；垂直结构 LED 产业化制备技术；高压交/直流（AC/HV）LED 外延、芯片及系统集成技术；高空穴浓度 P 型氮化物材料制备技术；高电流密度、大电流 LED 技术开发；基于氧化锌透明导电层的高效 LED 芯片技术；高效绿光 LED 外延、芯片技术；高显色指数白光 LED 用高效红光、黄光 LED 外延、芯片技术；结合集成电路工艺的 LED 芯片级光源技术；多片式 MOCVD、新型多片 HVPE（氢化物气相外延）及 ICP（等离子刻蚀）等生产型设备国产化关键技术。

3）封装及系统集成技术研究

高效白光 LED 器件封装关键技术、设计与配套材料开发；三维封装和多功能系统集成封装技术；有机硅、环氧树脂、固晶胶、固晶共晶焊料等封装材料与相关工艺开发；陶瓷、高分子、石墨等封装散热材料开发；LED 封装及集成系统的加速测试技术；高光效、高（小）色区集中率的荧光粉及其涂覆技术；嵌入式照明材料及技术研究。

4）照明系统关键技术研究

综合考虑照明系统的功能、易用性、兼容性、可替换性、可升级性和成本条件下，系统架构、界面及其优化方法研究；低成本、高可靠性、易于集成的环境与用户存在、位置、情感和视觉感知技术及其集成方法研究；具有前瞻性、通用性、低成本高可靠性的通信技术与色温实时、动态控制算法研究；照明与应用环境相结合并突出被照物特点的最佳色彩、色温、显色指数的照明配方与实现方法研究；以软件服务为导向的照明系统技术与解决方案研究。

5）OLED 半导体照明关键技术研究

高效、高可靠性、低成本 OLED 材料的成套性、创新性开发及其纯化技术；白光 OLED 器件及大尺寸 OLED 照明面板开发；高亮度 OLED 照明器件效率、显色指数、稳定性以及大面积均匀性等技术研究；新型透明电极开发；柔性基片发光器件及其封装技术；装备国产化研究。

6）探索导向类白光半导体照明研究

高 Al 组分 AlGaN 材料的外延生长研究，深紫外 LED 芯片制备和器件封装技术；无荧光粉白光 LED 技术开发；类太阳光谱白光 LED 照明器件开发。

7）其他相关技术研究

高纯 MO 源、氨气等原材料制备技术；高效、高可靠、低成本 LED 驱动芯片关键技术；半导体照明光度、色度和健康照明研究，半导体照明产品亮度分布、眩光、显色性及中间视觉等光品质评价技术研究；半导体照明在农业、医疗和通信等创新应用领域的非视觉照明技术及照明系统研究；半导体照明材料、器件、灯具及系统可靠性技术，可靠性设计及加速测试方法研究。

4.3　应用技术研究

以抢占创新应用制高点为目标，以工艺创新、系统集成和解决方案为重点，开发高光色品质、多功能创新型半导体照明产品及系统，实现规模化生产；开发出具有性价比优势的半导体照明产品，替代低效照明产品；开展办公、商业、工业、农业、医疗和智能信息网络等领域的主题创新应用。重点研究方向：

1）高效、低成本 LED 驱动技术开发

高效、低成本、高可靠的 LED 驱动电源开发，驱动电源产品优化设计、制造工艺关键技术；高集成度、低成本、高可靠的 LED 驱动电源芯片开发；驱动电源系统和电源内部器件的失效机理研究、失效分析模型开发。

2）LED 室外照明光源、灯具及系统集成技术研究

大功率室外 LED 照明灯具系统集成技术，完善 LED 灯具结构、散热、光学系统设计，提高灯具的效率、散热能力和可靠性；多功能的新型 LED 室外照明灯具及散热材料开发；室外 LED 照明灯具的防水、防震、防电压冲击、防紫外、防腐蚀、防尘等技术研究；LED 光源、灯具模块及控制设备化、标准化、系列化研究；规模化生产工艺及在线检测技术；环境及用户感知器件集成技术；加速测试的加速因子及测试方法研究。

3）LED 室内照明光源、灯具及系统集成技术研究

高效、低成本、替代型半导体照明光源技术，针对现代照明的调光控制和驱动技术；适合发挥 LED 优点的高光色品质、多功能新型照明灯具及系统开发；LED 模块化封装产业化关键技术；二次光学系统开发；高效率、高稳定性荧光材料及涂敷工艺开发；新型塑料、陶瓷、石墨、金属等灯具散热材料及散热结构开发，与封装工艺兼容的粘接材料开发；光源模块、电源模块等接口标准化研究。

4）OLED 室内照明灯具及系统集成技术研究

高效、长寿命 OLED 灯具的设计与开发；显色指数大于 90、无频闪、无紫外光的节能护眼读写作业台灯开发；超薄 OLED 灯具开发；透明装饰灯具开发；暖色健康夜灯开发；OLED 灯具驱动技术研究。

5）智能化、网络化 LED 照明系统开发

LED 的集群照明应用技术与可变色温的模组化 LED 照明系统开发；LED 照明系统自动配置技术研究及开发；降低照明节能管理与维护管理成本的系统集成技术研究；照明系统网络拓扑及网络性能优化技术研究；智能化照明控制系统的控制协议与标准开发；照明系统可靠性模型及优化方法研究；基于互联网及云技术的公共照明管理系统开发；基于物联网的

半导体照明控制系统及节能管理系统开发；照明系统与住宅、办公楼宇、交通等控制系统结合、集成的方法及技术研究；半导体照明系统可靠性评估及自修复技术。

6）LED 创新应用技术研究

LED 特种功能性照明产业化技术；影视舞台、剧场等演艺场所用 LED 灯具及照明系统开发；LED 在航空、航天、极地等特殊领域应用技术；LED 防爆照明灯具开发；超高亮度 LED 光源关键技术；LED 在现代农业、养殖、医疗、文物保护、微投影与微显示等领域应用技术及照明系统开发；远程光纤传输分布式照明系统开发；超越传统照明形式的 LED 灯具、控制系统及解决方案的设计开发；LED 灯具与系统的生态设计。

7）半导体照明检测技术开发

半导体照明外延与芯片测试方法及标准光源研究；高功率半导体照明产品光辐射安全研究；半导体照明光源及灯具耐候性、失效机理和可靠性研究；半导体照明灯具在线检测、光谱分布与现场测试方法及设备研究；加速检测设备及检测标准研究；半导体照明产品和照明系统检测技术和设备的研究及开发；照明控制设备的检测技术研究与设备开发；半导体照明产品检测与质量认证平台建设。

4.4　共性技术平台建设

以创新的体制机制建立开放的、国际化的公共研发平台，加强共性关键技术研究；探索以企业为主体，政府、研究机构及公共机构共同参与的技术创新投入与人才激励机制，促进半导体照明前沿技术及产业化共性关键技术的研发与应用，支撑产品的创新应用和产业的可持续发展。

1）国家重点实验室

依托半导体照明产业技术创新战略联盟，围绕产业技术创新链构建，推动产学研合作和跨产业联合攻关，通过契约式手段、所有权与使用权相结合以及产业界联合参与的投入方式，建立联合、开放和可持续发展的联合创新国家重点实验室。实验室在开展基础性、前沿性技术研究，抢占下一代白光核心技术制高点的同时，立足于解决产业急需的光、电、热、机械、智能化以及创新应用等共性关键技术，加强测试方法研究，建设成为产业的技术创新中心、人才培养中心、标准研制中心和产业化辐射中心，支撑技术规范和标准制定，引领产业发展。

2）国家工程技术研究中心

围绕衬底材料、外延及芯片制备、LED 光源及照明应用、检测方法及设备等半导体照明技术创新链，建设国家工程技术研究中心，加强推进科技成果向生产力转化；面向企业规模生产的需要，推动集成、配套的工程化成果向相关行业辐射、转移与扩散；培养一流的工程技术人才，建设一流的工程化实验条件，形成我国技术创新的产业化基地。

4.5　产业发展环境建设

支撑示范应用，推动"十城万盏"试点工作顺利实施，促进技术研发和产业链构建，完善产业发展环境。研究测试方法及开发相关测试设备，引导建立检测与质量认证体系，参与国际标准制定；开展知识产权战略研究，提升我国半导体照明产业专利分析和预警能力；积极探索 EMC（合同能源管理）等商业推广模式。

1）半导体照明产品检测与质量认证平台建设

LED 光谱检测设备开发；LED 外延及相关辅助原材料测试分析技术，LED 器件、模块、组件测试评价技术及标准光源开发，逐步建立量值传递体系；半导体照明产品性能评价方法研究，光生物安全性研究；失效评测技术研究；建立检测与质量认证平台与认证网络，开展检测数据共享机制研究；试点示范工程评估体系研究；建设企业与产品数据库，定期发布合格产品目录和合格供应商目录；建立一批半导体照明展示体验中心。

2）加快行业标准检测体系建设

研究并完善半导体照明标准体系，推动技术创新与标准化同步。加快研究制定标准和技术规范，支撑"十城万盏"示范应用；会同国家相关主管部门，加强分工合作，在产业链空白环节筹建标准化技术委员会，支撑相关标委会对不同环节标准的制、修订工作；发挥我国在应用领域和市场规模方面的优势，研究并推进国际标准的制订。

3）加强知识产权战略研究和商业推广模式研究

研究半导体照明知识产权战略，建立专利分析预警系统，通过集成技术部署专利战略；加强与国外专利组织的合作。促进及推动以软件、服务、解决方案为中心的商业模式，通过广泛调研和实际案例分析等探索 EMC 等商业推广模式；集中建立 EMC 展示交易服务平台，统一发布试点城市示范工程信息；编制"十城万盏"示范工程合格节能服务商推荐目录。

5　保障措施

5.1　加强政策引导与产业促进

联合有关部门，统筹规划，出台技术创新与产业发展相关政策。共同推进试点工作，出台推广应用指导意见，落实半导体照明应用产品中央财政补贴政策，促进中央与地方以及试点城市间的互动。继续加强半导体照明产业技术创新战略联盟建设。推进 EMC 模式在"十城万盏"城市的应用。

5.2　促进公共研发平台建设

加大研发投入，创新体制机制，建立健全联合创新国家重点实验室、国家工程技术研究中心等国家公共技术研发平台、促进产学研用各方加强实质合作；形成可持续发展的开放性的公共创新体系，支撑产品的创新应用、产业的可持续创新发展。

5.3 培育龙头品牌企业

重点支持有一定规模和技术实力，特别是拥有自主知识产权的企业，通过技术创新扩大生产规模，提升核心竞争力和产业化水平，支持优势企业兼并重组，提高产业集中度和规模化水平，培育形成一批龙头企业和知名品牌。

5.4 统筹标准检测认证工作

联合相关部门，从国家层面加快完善标准检测认证体系。加强标准检测认证工作的组织协调，推动半导体照明技术相关标委会的建设工作。结合"十城万盏"试点示范城市区域产业特色，协调国家级和地方检测机构，加强测试结果比对工作，建立网络式、不同层级的检测平台。加强试点示范工程评估评价，建立试点示范工程效果评估体系。

5.5 加强国际交流与合作

加强研发、标准检测、应用等实质性的两岸及国际合作；支持国际半导体照明联盟建设，搭建国际化的创新技术平台和标准检测平台，主动参与国际标准制订；通过技术交流、标准对话、示范应用、创新大赛等手段，拓展国际交流与合作的广度和深度。

5.6 开放式培养创新人才和团队

鼓励海外专家参与国内研究工作，加强海外人才及创新资源的引进工作；抓好创新人才与创新团队建设，支持高等院校、职业学校、研究机构开设相关学科教育；探索培育高端人才等方面的新机制与新模式，形成一整套可操作的标准化产业人才培养与供给方法，开展职业培训与认证；鼓励形成创新人才开发模式，为产业大规模输送创新创业人才，提升从业人员的整体素质和创新能力。

关于印发半导体照明节能产业规划的通知

发改环资〔2013〕188号

各省、自治区、直辖市及计划单列市、副省级省会城市、新疆生产建设兵团发展改革委、科技厅（科委）、工业和信息化主管部门（经贸委、经信委、工信厅）、财政厅（局）、住房和城乡建设厅（建委、建设交通委、建设局）、质检局：

为引导半导体照明节能产业健康有序发展，促进节能减排。国家发展改革委、科技部、工业和信息化部、财政部、住房城乡建设部、国家质检总局联合编制了《半导体照明节能产业规划》。现印发你们，请贯彻执行。

附：半导体照明节能产业规划

国家发展改革委
科 技 部
工业和信息化部
财 政 部
住房城乡建设部
国家质检总局
2013 年 1 月 30 日

半导体照明节能产业规划

1 前言

半导体（LED）照明亦称固态照明，是继白炽灯、荧光灯之后的又一次光源革命。因节能环保、寿命长、应用广泛，作为节能环保产业的重要领域，被列入我国战略性新兴产业。随着技术的不断突破、节能效果的日益显现、产业规模的持续扩大和应用领域的不断拓展，我国 LED 照明节能产业已经进入发展的关键期，需对行业进行有序引导，促进 LED 照明节能产业的健康发展，推动绿色照明工程，实现节能减排。

根据《国务院关于加快培育和发展战略性新兴产业的决定》、《"十二五"节能减排综合性工作方案》、《"十二五"节能环保产业发展规划》以及《半导体照明节能产业发展意见》等有关内容，制定本规划。本规划提出了 LED 照明节能产业到 2015 年的发展目标、任务和措施，是近期我国 LED 照明节能产业发展的指导性文件。

2 现状与形势

我国照明用电约占全国用电量的 13% 左右，推广使用高效照明产品，提高照明用电效率，节能减排潜力很大。我国从 1996 年启动实施绿色照明工程，2008 年开展财政补贴高效照明产品推广工作，2009 年印发了《半导体照明节能产业发展意见》，2011 年发布了 "中国逐步淘汰白炽灯路线图"，推动照明产业结构优化、持续发展。据测算，若将我国全部在用的白炽灯替换成节能灯，每年可节电 480 亿千瓦时，相当于减排二氧化碳近 4800 万吨，若进一步更换为 LED 照明产品，将带来更大的节能效果。

2.1 发展现状

2.1.1 我国照明产业发展现状

我国照明产业的发展经历了从普通照明、传统高效照明到 LED 照明等新光源的发展阶段，已成为世界最大的照明电器生产、消费和出口国。2008 年以来累计通过财政补贴方式推广节能灯等产品 6.8 亿只，形成年节电能力 260 亿千瓦时，相当于减排二氧化碳 2600 万吨，大幅提高了高效照明产品市场占有率。2010 年，全国照明产品在用量达到 71.55 亿只，其中高效照明产品占有率超过 70%，LED 照明产品逐步进入市场应用（见表 1）。

表 1　2010 年我国各类用户照明产品在用量及占有率

产　品	居民 /亿只	工业/亿只	商业、公共 /亿只	全　国	
				在用量/亿只	占有率（%）
普通照明产品	16.08	1.57	2.03	19.68	27.50
其中：白炽灯	12.84	0.56	0.53	13.93	19.46
卤钨灯	1.09	0.09	0.72	1.90	2.66
传统高效照明产品	25.73	7.47	18.53	51.73	72.30
其中：紧凑型荧光灯（节能灯）	19.35	2.23	7.77	29.35	41.02
直管荧光灯	6.38	4.33	10.62	21.33	29.81
高压钠灯	—	0.09	0.03	0.12	0.17
LED 照明产品	—	0.02	0.12	0.14	0.20
合计	41.81	9.04	20.56	71.55	100

2.1.2 我国 LED 照明产业发展现状

近年来，LED 照明技术发展迅速，成本快速下降，产品示范应用逐步推开，节能减排效果日益明显。LED 照明产品已成为下一代新光源的发展方向，我国 LED 照明节能产业形成了较完整的产业链和一定的产业规模，具备了较好的发展基础，已成为全球 LED 照明产业发展最快的区域之一。

产业化技术不断突破。LED 芯片技术从无到有，2010 年 LED 芯片国产化率达到 60%；具有自主知识产权的硅衬底功率型 LED 器件光效超过 90 流明/瓦（lm/W），处于国际领先水平。下游应用与国际技术水平基本同步，LED 射灯、筒灯、球泡灯等产品平均光效超过 60 lm/W，较白炽灯有 70% 以上的节能效果；LED 隧道灯、路灯平均光效超过 80 lm/W，通过智能控制已可实现一定节能效果。以生产型金属有机物化学气相沉积设备（MOCVD）为代表的关键设备进入试制阶段；部分关键原材料实现国产化。

产业规模迅速扩大。"十一五" 期间，我国 LED 照明节能产业年均增长 35% 以上。据不完全统计，截至 2010 年底，我国有半导体照明企业 5000 余家，其中规模以上企业约 1000 家。全行业年产值 1200 亿元，LED 照明应用产品产量占全球 60% 以上，产值超过 190 亿元。我国已成为 LED 功能性照明和景观照明等产品的全球制造基地。区域分布上，珠三角、长三角、闽赣三大区域集中了 80% 以上的 LED 照明企业和产值。

标准检测认证体系逐步完善。标准、检测和认证工作取得阶段性进展，成立了国家半导体照明标准领导小组，研究制定了名词术语、检测方法、性能要求等 21 项国家标准、11 项行业标准、7 项技术规范。建设了一批 LED 照明国家级检测机构，参与了国际 LED 照明产品测试比对，开展了两岸 LED 照明检测机构测试比对工作。启动了射灯、筒灯、隧道灯、路灯、球泡灯等 LED 照明产品的节能认证工作。

2.2 面临形势

随着技术日趋成熟和市场需求逐步启动，LED 照明节能产业将进入新一轮增长期，朝着更高光效、更低成本、更高可靠性和更广泛应用方向发展。

2.2.1 国际竞争日趋激烈

近几年，全球LED照明节能产业产值年增长率保持在20%以上。据统计，2010年全球照明市场规模为1340亿美元，其中LED照明市场约50亿美元，占全球照明市场份额3.7%左右。到2020年全球照明市场规模将超过1500亿美元，LED照明市场有望达到750亿美元，占全球照明市场份额50%。目前，美国、日本在LED芯片等核心器件方面具有竞争优势；欧洲在汽车照明及功能性照明方面具有竞争优势；我国台湾地区LED芯片制造、封装的产能最大；韩国凭借大企业战略显现出后发优势。专利、标准、人才竞争白热化，产业整合速度明显加快。

2.2.2 我国机遇与挑战并存

我国LED照明节能产业发展面临着重大历史机遇。一是我国城镇化进程不断加快，创造了巨大的市场空间。二是发展LED照明节能产业是转变发展方式及培育战略性新兴产业的现实选择。三是我国不断加大LED照明产品的应用推广力度，逐步扩大产品应用范围，市场规模日益扩大。同时，我国LED照明节能产业发展也面临严峻的挑战。一是企业规模普遍偏小，产业集中度低，盲目投资、低水平重复建设现象较为严重。二是核心专利尚需突破，研发投入有待加强，MOCVD等关键设备仍然依赖进口。三是市场竞争无序，产品质量有待提高。四是标准、检测和认证体系建设仍待加强，服务支撑体系尚需完善。当前，是我国LED照明节能产业发展的关键时期，加强规划引导，对促进行业有序发展，支持企业做强做大具有重要意义。

3 指导思想、原则和目标

3.1 指导思想

深入贯彻科学发展观，围绕转方式、调结构、促发展，把LED照明作为战略性新兴产业的发展重点，提升技术创新和产品质量水平，加大产品应用推广，完善产业支撑体系，加强行业指导和规范，促进LED照明节能产业健康有序发展，促进节能减排，提高生态文明水平。

3.2 基本原则

——坚持政府引导与市场配置相结合。加强产业发展宏观指导，形成有利于产业发展的政策及配套环境。充分发挥市场配置资源的基础作用，规范市场竞争行为。推动LED主导产品质量逐步达到国际先进水平。

——坚持协调发展与重点推进相结合。优化产业结构，推动LED照明节能产业协调发展。重点推动具有比较优势和较好基础的地区形成特色明显、体系完整的产业集群。

——坚持技术创新与产业升级相结合。推进LED照明技术创新，突破核心关键技术。解决共性技术问题，促进企业转型和产业升级，带动相关产业协同发展。

——坚持企业培育与应用推广相结合。培育具有自主知识产权和较强竞争力的龙头企业。以市场需求为导向、根据产品技术成熟度和经济性，逐步加大LED照明产品推广力度。

3.3 发展目标

到2015年，关键设备和重要原材料实现国产化，重大技术取得突破。高端应用产品达到国际先进水平，节能效果更加明显。LED照明节能产业集中度逐步提高，产业集聚区基本确立，一批龙头企业竞争力明显增强。研发平台和标准、检测、认证体系进一步完善。

3.3.1 节能减排效果更加明显，市场份额逐步扩大

到2015年，60W以上普通照明用白炽灯全部淘汰，市场占有率将降到10%以下；节能灯等传统高效照明产品市场占有率稳定在70%左右；LED功能性照明产品市场占有率达20%以上。此外，LED液晶背光源、景观照明市场占有率分别达70%和80%以上。与传统照明产品相比，LED道路照明节电30%以上，室内照明节电60%以上，背光应用节电50%以上，景观照明节电80%以上，实现年节电600亿千瓦时，相当于节约标准煤2100万吨，减少二氧化碳排放近6000万吨。

3.3.2 产业规模稳步增长，重点企业实力增强

LED照明节能产业产值年均增长30%左右，2015年达到4500亿元（其中LED照明应用产品1800亿元）。产业结构进一步优化，建成一批特色鲜明的半导体照明产业集聚区。形成10~15家掌握核心技术、拥有较多自主知识产权和知名品牌、质量竞争力强的龙头企业。

3.3.3 技术创新能力大幅提升，标准检测认证体系进一步完善

LED芯片国产化率80%以上，硅基LED芯片取得重要突破。核心器件的发光效率与应用产品的质量达到国际同期先进水平。大型MOCVD装备、关键原材料实现国产化，检测设备国产化率达70%以上。建立具有世界先进水平的研发、检测平台和标准、认证体系。

4 主要任务

4.1 逐步开展推广应用

逐步推广应用技术成熟、节能效果明显的LED照明产品（见专栏1）。优先推广室内商业照明产品及系统，积极推广室外公共照明产品及系统，适时推广家居照明产品，积极支持汽车、农业、医疗等领域的创新应用（见专栏2）。

专栏1　主要 LED 照明产品

LED 筒灯　属室内照明产品，主要应用在办公楼、酒店、商场、地铁等领域，产品综合光效≥65 lm/W，显色指数≥85。

LED 射灯　属室内照明产品，主要应用在酒店、商场等领域，产品综合光效≥60 lm/W，显色指数≥90。

LED 球泡灯　属室内照明产品，主要应用在办公楼、酒店、商场及家居照明等领域，产品综合光效≥60 lm/W，显色指数≥85。

LED 直管灯　属室内照明产品，主要应用在办公楼、酒店、商场、地下停车场及家居照明等领域，产品综合光效≥70 lm/W，显色指数≥80。

LED 平面灯　属室内照明产品，主要应用在办公楼、酒店、商场及家居照明等领域，产品综合光效≥60 lm/W，显色指数≥85。

LED 路灯/隧道灯　属室外照明产品，主要应用在道路（支/次道路为主）、隧道等照明领域，产品综合光效≥90 lm/W，显色指数≥70。

LED 创新应用产品　主要应用在农业、医疗、通信等领域。

OLED 照明产品　属室内照明产品，主要应用在大面积及平面照明领域，产品综合光效≥40 lm/W，显色指数≥85。

4.2　着力提升产业创新能力

围绕产业发展需求，加快 LED 照明核心材料、装备和关键技术的研发（见专栏2）。加强公共研发平台建设，建立以企业为主体，产学研紧密结合的技术创新体系。积极发挥企业技术研发中心作用，提升 LED 照明节能产业的整体创新能力。

专栏2　核心材料、装备和关键技术

LED 照明用衬底制备技术　新型衬底材料及大尺寸衬底技术与工艺。

核心装备制造技术　多片式 MOCVD 等生产型设备国产化关键技术。

外延芯片产业化关键技术　大尺寸衬底高效蓝光 LED 外延、芯片技术；高效绿光、红光及黄光 LED 外延、芯片技术；结合集成电路工艺的芯片级光源技术。

封装及系统集成技术　高效白光 LED 器件封装关键技术、设计与配套材料开发；多功能系统集成封装技术；荧光粉涂覆技术。

高效、低成本 LED 驱动技术　高效、高可靠、低成本的 LED 驱动电源开发（含驱动电源芯片）。

室内外照明产品集成技术　高品质、低成本、多功能 LED 模组、光源、灯具标准化、系列化研究；结构、散热、光学系统设计；新型散热材料开发。

智能化照明系统关键技术　控制协议与标准开发；基于互联网、物联网及云计算技术的智能化、多功能照明管理系统开发。

LED 创新应用技术　现代农业、养殖、医疗、通信等特殊领域应用技术及系统开发；超越传统照明形式的系统解决方案。

OLED 照明关键技术　高效、高可靠性、低成本 OLED 材料开发；白光 OLED 器件及大尺寸 OLED 照明面板开发；高效、长寿命 OLED 灯具的设计与开发。

4.3　加快完善产业服务支撑体系

完善 LED 照明标准、检测、认证等服务支撑体系（见专栏3）。梳理 LED 照明相关标准，建立和完善标准体系，加快规格接口等标准的研究制定。提升我国 LED 照明产品检测能力和水平。完善 LED 照明产品节能认证制度。建设行业技术资源和信息共享等服务平台。开展 LED 照明产品生态评估和废旧 LED 照明产品回收问题研究。

专栏3　标准检测认证等支撑体系

LED 照明标准体系研究　梳理 LED 照明相关标准，建立和完善以设备、材料、器件、模块、光源、灯具、照明应用、能效等为主要内容的标准体系框架；分阶段、有重点开展相关标准的制修订工作。

LED 照明产品检测与评价　LED 照明产品的质量评价体系研究；包括产品失效机理、寿命实验和可靠性评价在内的 LED 照明产品性能及照明质量的系统测试方法研究等。

LED 照明检测平台建设及检测设备开发　检测平台和信息网络建设；产品和系统测试设备开发；灯具在线测试系统开发；应用现场检测设备开发等。

LED 照明节能认证　结合已制定的标准或技术规范，制定相应认证技术规范和实施规则，开展 LED 照明产品节能认证。

5　重点工程

围绕规划目标和具体任务，结合现阶段 LED 照明产品的技术水平、市场现状及节能效果和潜力，着力在产品示范应用、技术研发、装备制造、标准化推进等方面实施四大重点工程。

5.1　照明产品应用示范与推广工程

逐步加大财政补贴 LED 照明产品推广力度。在商业照明、工业照明及政府办公、公共照明等领域，重点开展 LED 筒灯、射灯等室内照明产品和系统的示范应用和推广。适时进入家居照明领域。在户外照明领域，重点开展 LED 隧道灯、路灯等产品和系统的示范应用。

推动 LED 产品在医疗、农业、舞台、景观照明等专业和特殊场所的示范应用。有序推进实施"十城万盏"半导体照明应用示范工程。组织开展知名建筑照明应用、建筑智能照明节能改造、缺电地区离网照明应用示范工程。积极开展绿色照明示范城市创建活动。

5.2　产业化关键技术研发工程

大力发展大尺寸外延芯片制备、集成封装等产业化关键技术。优先发展基于大尺寸硅、蓝宝石、碳化硅衬底的 LED 芯片制备技术及三维、晶圆级等新型多功能集成封装技术的研发。重点支持 LED 照明应用的光、热、机、电、驱动、控制等产业化共性关键技术研发和新一代 LED 光源研究，解决 LED 光源与灯具的模块化、标准化问题。支持 LED 智能化系统管理等技术研究和 OLED 照明产品的制备技术开发。

5.3　核心装备及配套材料技术创新工程

着力推进核心装备的引进消化吸收和再创新，力争实现生产型 MOCVD 设备量产。促进生产设备、工艺装备、检测设备制造商与材料工艺研究机构及用户间的合作。重点支持高纯金属有机化合物（MO 源）、新型高效荧光粉、大尺寸衬底、图形衬底、封装材料、低成本散热材料等关键材料的开发及产业化。

5.4　标准检测及认证体系建设工程

加快制定与出台 LED 照明产品检测方法、性能、安全、规格、接口等国家标准、行业标准，结合国家相关政策实施，研究制定更高要求的技术规范。完善半导体照明标准体系，积极参与国际标准研究与制订。开展检测技术、检测方法研究，积极开展检测能力验证，严格检测机构资质认定，建设若干具有国际先进水平的产品检测平台。分重点、有步骤地开展 LED 照明产品的节能认证工作，根据产品成熟度，逐步扩大产品的节能认证范围，健全产品认证体系。

6　保障措施

6.1　统筹协调推进产业健康有序发展

贯彻落实发展改革委、科技部、工业和信息化部、财政部、住房城乡建设部、国家质检总局等部门联合印发的《半导体照明节能产业发展意见》（发改环资〔2009〕2441 号），强化组织实施与部门分工协作。加强对各地区发展 LED 照明节能产业的宏观指导，严格落实国家产业政策。研究设立 LED 照明行业准入门槛，避免盲目扩张和低水平重复建设。通过中央预算内投资，支持一批 LED 照明龙头企业；通过工业转型升级资金支持产业结构优化升级。加强市场规范与监督，提升 LED 照明产品质量水平。开展知识产权战略研究，探索建立知识产权预警机制和专利共享机制，建立完善专利池。

6.2　继续加大技术创新支持力度

通过 973 计划、863 计划支持 LED 照明基础技术、前沿技术研究；通过科技支撑计划、高技术产业化示范工程支持 LED 照明应用开发及系统集成示范和产业化示范项目建设；通过电子信息产业发展基金支持 LED 关键共性技术研究和产业化。加大对半导体照明领域的科学研究和产业共性关键技术联合研发。改进重大项目组织方式，提高攻关效率。鼓励建立以专业技术机构和企业为主体的产学研联合创新模式，统筹考虑现有科研布局，充分整合利用现有科技资源，形成技术研发的长效机制，探索建设可持续发展的国际化、开放性的公共研发平台和检测平台。

6.3　实施支持产业发展的鼓励政策

实施半导体照明生产设备关键零部件及原材料的进口税收优惠政策。建立 LED 照明产品能效"领跑者"制度，鼓励产品能效水平不断提升。将 LED 照明产品示范应用作为节能评估工作的重要内容。逐步扩大财政补贴推广力度，适时将球泡灯等量大面广、技术成熟的 LED 照明产品纳入补贴范围。推动实施一批政府办公楼、医院、宾馆、商厦、机场、轨道交通、道路等公共照明应用工程。落实节能产品政府采购政策，政府机关和公共机构带头采用 LED 照明产品。

6.4　广泛开展宣传教育和人才培养

加大宣传力度，面向社会宣传普及 LED 照明相关知识。通过组织开展照明创新设计大赛、建设 LED 照明展示体验中心等活动，培育绿色消费理念，营造良好社会氛围。完善人才培养、引进和流动机制，加大行业急需的相关人才培养力度。鼓励开展 LED 照明方面的专业培训，重点培养一批产业技术和管理高端人才以及专业技术工程师。

6.5 深化国际与区域交流合作

大力实施绿色照明工程，充分利用政府间在节能环保领域的多边、双边合作渠道，提高国际标准话语权。开展技术交流与产业合作，并不断拓展合作的领域和范围。积极推进海峡两岸在技术研发、标准检测、应用示范、产业化等方面的实质性合作。

国家发展改革委办公厅关于印发半导体照明应用节能评价技术要求（2012 年版）的通知

发改办环资 ［2012］ 3233 号

各省、自治区、直辖市及新疆生产建设兵团发展改革委、经信委（经贸委、工信委、工信厅）：

为做好固定资产投资项目节能评估和审查工作，完善建筑照明节能评价标准，提升半导体照明产品能效水平，我委组织有关单位制定了《半导体照明应用节能评价技术要求（2012 年版）》（以下简称《技术要求》）。《技术要求》包含了道路、隧道灯具和室内灯具等 LED 照明产品应用的节能评价技术要求，以及机场、铁路车站、城市轨道交通等场所的 LED 照明工程技术要求等内容。

现将《技术要求》印发你们，作为节能工作，特别是相关固定资产投资项目节能评估和审查工作的参考依据。

附件：半导体照明应用节能评价技术要求（2012 年版）

国家发展改革委办公厅

2012 年 11 月 19 日

半导体照明应用节能评价技术要求（摘录）
（2012 年版）

国家发改委环资司二〇一二年十一月

目　　录

1　总则
2　术语（略）
3　LED 照明产品应用技术要求
　3.1　室内灯具
　3.2　道路及隧道灯具
4　LED 照明工程应用技术要求
　4.1　机场候机楼
　4.2　铁路候车楼及站台
　4.3　城市轨道交通
　4.4　机场、铁路室外站场及隧道
　4.5　照明工程检测及验收
用词说明
引用标准
编制说明

半导体照明应用节能评价技术要求

1 总则

1.0.1 为了在照明设计中，贯彻落实节约能源基本国策，引导半导体照明产品有序发展，规范半导体照明产品市场，制定本技术要求。

1.0.2 本技术要求适用于新建、改建和扩建的机场、铁路、城市轨道交通采用半导体照明产品时的照明设计。

1.0.3 照明设计除应遵守本技术要求外，尚应符合国家现行相关标准的规定。

注：2 术语已删除。

3 LED 照明产品应用技术要求

3.1 室内灯具

3.1.1 适用范围

本部分规定的 LED 筒灯包括整体式 LED 筒灯或驱动装置分离式 LED 筒灯。

3.1.2 光电性能指标

1. 额定电压 220V，频率 50Hz。

2. 工作电压：额定电压 90% ~105% 范围内应能正常工作；特殊场所应满足使用场所的要求。

3. 适用环境要求：应能在 -10 ~40℃ 范围内正常工作。特殊场所应满足具体使用场所的环境温度、湿度和腐蚀性等其他特殊要求。

4. LED 筒灯的输入功率不应大于额定值的 110%。

5. LED 筒灯的初始光通量应不低于额定光通量的 90%，不高于额定光通量的 120%。

6. 功率因数

LED 筒灯的功率因数应满足表 1 的规定。

表 1 LED 筒灯的功率因数要求

实 测 功 率	功率因数
实测功率≤5 W	≥0.5
5 W < 实测功率≤15 W	≥0.7
实测功率 > 15 W	≥0.9

7. LED 筒灯的效能不应低于表 2 的规定。

表 2 LED 筒灯的效能（$R_a \geqslant 80$）

色 温	3000K		4000K	
灯具出光口形式	格栅	保护罩	格栅	保护罩
灯具效能（lm/W）	65	70	70	75

8. 光通维持率

LED 筒灯点燃 3000 小时后，光通维持率不低于 96%；点燃 6000 小时后，光通维持率不低于 92%；点燃 30000 小时后，光通维持率不低于 70%。

9. 初始色度要求

LED 筒灯的初始色度要求应满足表 3 的规定。

表 3 LED 筒灯的初始色度要求

额定相关色温	目标相关色温
2700K	2725 ± 145
3000K	3045 ± 175
3500K	3465 ± 245
4000K	3985 ± 275

10. 颜色空间分布均匀性

LED 筒灯在 CIE 1976（u'，v'）色度空间下，不同观测角度上测量被测灯具的色度坐标，各测试结果与平均色坐标的色差不超过 0.004。

11. 颜色漂移

LED 筒灯在 CIE 1976（u'，v'）色度空间下，在整个寿命周期内测试灯具的色度坐标的变化不应超过 0.007。

12. 色容差

LED 筒灯之间的色容差不应高于 5SDCM。

13. 显色指数

LED 筒灯一般显色指数 R_a 不应低于 80，R_9 应大于 0。

14. 灯具遮光角

LED 筒灯上应有适当的结构以形成遮光角，以遮挡灯具内光源亮度造成的眩光，根据光源的亮度水平，直接型灯具遮光角不应低于表 4 中的数值。

表 4　直接型灯具遮光角 *

灯具出光口平均亮度 L（kcd/m²）	最小遮光角（°）
$1 \leqslant L < 20$	10
$20 \leqslant L < 50$	15
$50 \leqslant L < 500$	20
$500 \leqslant L$	30

注：＊光源最边缘一点和灯具出光口的连线与水平线之间的夹角。

3.1.3　安全性能指标

1. 安全及认证要求

LED 筒灯应满足《灯具 第 1 部分：一般要求与试验》（GB7000.1－2007）、《灯具 第 2－1 部分：特殊要求 固定式灯具》（GB7000.201—2008）或《灯具 第 2－2 部分：特殊要求 嵌入式灯具》（GB7000.202—2008）的要求；通过国家强制性产品认证。

2. 骚扰电压

LED 筒灯骚扰电压应满足《电气照明和类似设备的无线电骚扰特性的限制和测量方法》（GB17743—2007）的要求。

3. 谐波电流

LED 筒灯谐波电流限值应满足《电磁兼容 限值 谐波电流发射限值（设备每相输入电流≤16A）》（GB17625.1—2003）的要求。

4. 光生物安全

LED 筒灯光生物安全应满足《灯和灯系统的光生物安全性》（GB/T20145—2006）要求。

3.1.4　其他要求

产品应提供额定光通量、额定相关色温、显色指数和额定寿命等信息。

3.1.5　售后服务要求

企业应当具有完善的售后服务能力，质量承诺不少于 3 年。

3.2　道路及隧道灯具

3.2.1　适用范围

本部分规定的 LED 道路、隧道灯具不包括直流或太阳能、风能供电的 LED 灯具。

3.2.2　光电性能指标

1. 额定电压 220V，频率 50Hz。

2. 工作电压：额定电压 90% ～105% 范围内应能正常工作；特殊场所应满足使用场所的要求。

3. 适用环境要求：应能够在 －25～50℃ 范围内正常工作。特殊场所应满足具体使用场所的环境温度、湿度和腐蚀性等其他特殊要求。

4. LED 道路、隧道灯具的输入功率不应超过额定值的 110%。

5. LED 道路、隧道灯具的初始光通量应不低于额定光通量的 90%，不高于额定光通量的 120%。

6. LED 道路、隧道灯具功率因数不应低于 0.95。

7. LED 道路、隧道灯具的效能不应低于表 5 的规定。

表5　LED 道路、隧道灯具的效能

色　　温	≤3300K	3300 K < CCT≤4300K	4300 K < CCT≤5300K
灯具效能（lm/W）	80	85	90

8. 光分布

LED 道路灯具的光分布应符合《城市道路照明设计标准》（CJJ45）的要求，制造商应标称灯的截光性能、光分布类型和光强表。

9. 光通维持率

LED 道路、隧道灯具点燃 3000 小时后，光通维持率不低于 96%；点燃 6000 小时后，光通维持率不低于 92%；点燃 30000 小时后，光通维持率不低于 70%。

10. 颜色空间分布均匀性

LED 道路、隧道灯具在 CIE 1976（u'，v'）色度空间下，不同观测角度上测量被测灯具的色度坐标，各测试结果与平均色坐标的色差不超过 0.004。

11. 显色指数

LED 道路、隧道灯具一般显色指数额定值 R_a 不宜低于 60。

12. 色容差

LED 道路、隧道灯具之间的色容差不应高于 7SDCM。

3.2.3　电气安全指标

1. 安全及认证要求

LED 道路灯具应满足《道路与街路照明灯具安全要求》（GB7000.5—2005）的要求；通过国家自愿性产品认证。

2. 骚扰电压

产品骚扰电压应满足《电气照明和类似设备的无线电骚扰特性的限制和测量方法》（GB17743—2007）的要求。

3. 谐波电流限值

产品谐波电流限值应满足《电磁兼容　限值　谐波电流发射限值（设备每相输入电流≤16A）》（GB17625.1—2003）的要求。

4. 电磁兼容抗扰度

产品电磁兼容抗扰度应满足《一般照明用设备电磁兼容抗扰度要求》（GB/T18595—2001）的要求。

3.2.4　重量

LED 道路、隧道灯具的重量（含驱动器）不应超过相关规定的要求。

3.2.5　其他要求

LED 道路、隧道灯具应满足采用《灯具　第 1 部分　一般要求与试验》（GB7000.1—2007）的相关规定；防尘、放固体异物和防水等级不低于 IP65，且标记除应满足上述标准规定外，尚应提供额定光通量、额定相关色温、显色指数、额定寿命、重量等信息。

3.2.6　售后服务要求

企业应当具有完善的售后服务能力，LED 道路灯具质量承诺不少于 4 年，LED 隧道灯具质量承诺不少于 3 年。

4　LED 照明工程应用技术要求

4.1　机场候机楼

4.1.1　机场候机楼照明质量、照明数量及照明节能应满足《建筑照明设计标准》（GB50034—2004）、《交通建筑电气设计规范》（JGJ243—2011）的要求。

4.1.2　机场到达（出发）大厅灯具安装高度小于 10m 时，可采用 LED 筒灯。

4.1.3　通道、电梯间、地下车库、地下通道及其附属商业设施等辅助场所宜采用 LED 筒灯。

4.1.4　LED 筒灯显色指数 R_a 不应低于 80、R_9 应大于 0；色温不宜高于 4000K。

4.1.5　LED 筒灯效能不应低于 65 lm/W。

4.1.6　照明配电线路应进行功率因数补偿，补偿后的功率因数不应低于 0.9。

4.1.7　LED 的使用寿命（光通量降至初始光通的 70% 的燃点时间）不应低于 30000 小时。

4.1.8　采用的产品宜具有中国节能产品认证标志，宜为入围政府招标。

4.1.9　企业应当具有完善的售后服务能力，质量承诺不少于 3 年。

4.1.10　机场的到达（出发）大厅地面平均水平照度不应低于 200 lx，且照明功率密度不应高于 10W/m²。

4.1.11　通道、电梯间地面水平照度不应低于 150 lx，地下车库地面水平照度不应低于 50 lx。

4.1.12　人员短暂逗留的空间应采用合理控制方式进行自动调节，减少照明运行能耗。

4.1.13　机场候机楼工程验收应包括照明与节能评价验收。

4.2　铁路候车楼及站台

4.2.1　铁路候车楼照明质量、照明数量及照明节能应满足《建筑照明设计标准》（GB50034—2004）、《交通建筑电气设计规范》（JGJ 243—2011）的要求。

4.2.2　候车室、站台、到达（出发）大厅灯具安装高度小于10m时，可采用LED筒灯。

4.2.3　通道、电梯间、地下车库、地下通道及其附属商业设施等辅助场所宜采用LED筒灯。

4.2.4　LED筒灯显色指数 R_a 不应低于80、R_9 应大于0；色温不宜高于4000K。

4.2.5　LED筒灯效能不应低于65 lm/W。

4.2.6　照明配电线路应进行功率因数补偿，补偿后的功率因数不应低于0.9。

4.2.7　LED的使用寿命（光通量降至初始光通的70%的燃点时间）不低于30000小时。

4.2.8　采用的产品宜具有中国节能产品认证标志，宜为入围政府招标。

4.2.9　企业应当具有完善的售后服务能力，质量承诺不少于3年。

4.2.10　铁路的候车室地面平均水平照度不应低于150 lx，且照明功率密度不应高于8W/m²；站台地面平均水平照度不应低于75lx，且照明功率密度不应高于7W/m²。

4.2.11　通道、电梯间地面水平照度不应低于150 lx，地下车库地面水平照度不应低于50 lx。

4.2.12　人员短暂逗留的空间应采用合理控制方式进行自动调节，减少照明运行能耗。

4.2.13　车站候机楼工程验收应包括照明与节能评价验收。

4.3　城市轨道交通

4.3.1　地铁出入口门厅、站厅（台）照明质量、照明数量及照明节能应满足《交通建筑电气设计规范》（JGJ243—2011）的要求。

4.3.2　地铁的出入口门厅、站厅可采用LED筒灯。

4.3.3　走廊、楼梯间、地下车库、地下通道等辅助场所宜采用LED筒灯。

4.3.4　LED筒灯显色指数 R_a 不应低于80、R_9 应大于0；色温不宜高于4000K。

4.3.5　LED筒灯效能不应低于65 lm/W。

4.3.6　照明配电线路应进行功率因数补偿，补偿后的功率因数不应低于0.9。

4.3.7　LED的使用寿命（光通量降至初始光通的70%的燃点时间）不应低于30000小时。

4.3.8　采用的产品宜具有中国节能产品认证标志，宜为入围政府招标产品。

4.3.9　企业应当具有完善的售后服务能力，质量承诺不少于3年。

4.3.10　地铁的出入口门厅、站厅（台）地面平均水平照度不应低于200 lx，且照明功率密度不应高于9W/m²。

4.3.11　走廊、楼梯间地面水平照度不应低于150 lx，地下车库地面水平照度不应低于50 lx。

4.3.12　人员短暂逗留的空间应采用合理控制方式进行自动调节，减少照明运行能耗。

4.3.13　地铁站台工程验收应包括照明与节能评价验收。

4.4　机场、铁路室外站场及隧道

4.4.1　机场、铁路站场室外场地照明质量、照明数量及照明节能应满足《室外作业场地照明设计标准》（GB50582—2010）的要求。

4.4.2　机场、铁路站场内的支路、次干道可采用LED路灯。

4.4.3　LED路灯显色指数不宜低于60。

4.4.4　LED路灯效能不应低于80 lm/W。

4.4.5　LED的使用寿命（光通量降至初始光通的70%的燃点时间）不应低于30000小时。

4.4.6　采用的产品宜具有中国节能产品认证标志，宜为入围政府招标产品。

4.4.7　企业应当具有完善的售后服务能力，质量承诺不少于4年。

4.4.8　人员短暂逗留的空间应采用合理控制方式进行自动调节，减少照明运行能耗。

4.4.9　铁路、城市轨道交通隧道选用的LED照明产品应满足3.2的要求；照明设计应满足相关标准要求。

4.5　照明工程检测及验收

4.5.1　工程竣工后应进行照明检测及验收。

4.5.2　照明检测及验收可依据《照明测量方法》（GB5700—2008）和《建筑节能工程施工质量验收规范》（GB50411—2007）执行。

用词说明

1.0.1 为便于在执行本标准条文时区别对待，对要求严格程度不同的用语说明如下：

1 表示很严格，非这样做不可的用词：

正面词采用"必须"；

反面词采用"严禁"。

2 表示严格，在正常情况下均应这样做的用词：

正面词采用"应"；

反面词采用"不应"或"不得"。

3 表示允许稍有选择，在条件许可时首先应这样做的用词：

正面词采用"宜"；

反面词采用"不宜"。

表示有选择，在一定条件下可以这样做的，采用"可"。

1.0.2 标准条文中，"条"、"款"之间承上启下的连接用语，采用"符合下列规定"、"遵守下列规定"或"符合下列要求"等写法表示。

引用标准

1. 《LED 筒灯节能认证技术规范》CQC3128—2010；
2. 《LED 道路隧道照明产品节能认证技术规范》CQC3127—2010；
3. 《灯具 第1部分：一般要求与试验》（GB7000.1—2007）；
4. 《灯具 第2-1部分：特殊要求 固定式灯具》（GB7000.201—2008）；
5. 《灯具 第2-2部分：特殊要求 嵌入式灯具》（GB7000.202—2008）；
6. 《电气照明和类似设备的无线电骚扰特性的限制和测量方法》（GB17743—2007）；
7. 《电磁兼容 限值 谐波电流发射限值（设备每相输入电流≤16A）》（GB17625.1—2003）；
8. 《一般照明用设备电磁兼容抗扰度要求》（GB/T18595—2001）；
9. 《灯和灯系统的光生物安全性》（GB/T20145—2006）；
10. 《城市道路照明设计标准》（CJJ45—2006）；
11. 《道路与街路照明灯具安全要求》（GB7000.5—2005）；
12. 《建筑照明设计标准》（GB50034—2004）；
13. 《交通建筑电气设计规范》（JGJ243—2011）；
14. 《室外作业场地照明设计标准》（GB 50582—2010）；
15. 《照明测量方法》（GB5700—2008）；
16. 《建筑节能工程施工质量验收规范》（GB50411—2007）。

编制说明

1. 背景

当前半导体照明产业已成为世界上许多国家未来发展新的经济增长点。半导体照明光源相对于传统光源具有发光效率高、寿命长、节能潜力大、绿色环保等优点，具有巨大的发展空间和广阔的应用前景。我国在半导体照明产业发展和应用方面采取了一系列重要措施，先后启动了半导体照明工程。2009 年 10 月发改委等六部委联合发布《半导体照明节能产业发展意见》（发改环资〔2009〕2441 号），确定半导体照明产品为重点发展领域，并将替代白炽灯、卤钨灯等节能效果显著、性价比高的半导体照明定型产品以及道路、隧道等性能要求高、照明时间长的功能性半导体照明定型产品作为开发和推广的重点。2010 年 9 月国家发展改革委、住房城乡建设部、交通运输部组织了半导体照明产品应用示范工程。目的在于促进半导体照明节能产业健康有序发展，对半导体照明产品的质量进行系统的检验，引导产品最终合理应用。示范工程进行一年多来，取得了阶段性的成功，对于半导体照明产品的应用积累了一定的经验。

根据国家发展改革委/联合国开发计划署/全球环境基金"中国逐步淘汰白炽灯，加快推广节能灯项目"（PILE-SLAMP）项目办的要求，由中国建筑科学研究院负责会同国家半导体照明工程研发及产业联盟等有关单位开展"半导体照明应用节能评估技术要求"研究，目的是为了在照明设计中，贯彻落实节约能源基本国策，引导半导体照明产品有序发展，规范半导体照明产品市场。

2．编制过程

（1）编制的原则

目前半导体照明技术正处于快速发展阶段，照明产品还不够成熟，照明应用还在探索之中，制定本技术要求时，应根据现有照明产品所能达到的性能指标，结合示范工程的使用经验、考虑各照明场所的应用特点，合理采用半导体照明产品。制定本技术要求应遵循以下原则：

1）应符合国家相关的政策法规要求，《认证认可条例》、《节能法》等；

2）应符合行业当前的发展状况：根据半导体照明产品（LED）的特点及性能指标，目前 LED 筒灯及应用于支路、次干道照明的 LED 路灯趋于成熟，可用于机场、火车站候机楼以及城市轨道交通等场所；

3）应与已颁布实施的相关产品标准相协调：筒灯、路灯、隧道灯标准或技术要求；

4）应与已颁布实施的照明标准相协调：照明设计标准、节能标准和检测验收标准。

（2）开展的工作

本技术要求由中国建筑科学研究负责会同国家半导体照明工程研发及产业联盟等有关单位起草。根据对国内外半导体照明的调研和相关评价指标的分析以及我国半导体照明应用现状的基础上，编制用于室内、道路及隧道等场所的半导体照明产品的节能应用技术要求，并结合场所的应用特点制定机场、火车站候机楼以及城市轨道交通等场所的半导体照明应用节能评估技术要求。编制工作包括以下内容：

1）收集国内外相关标准和资料。包括美国能源之星 SSL/LED 标准"整体式 LED 灯能源之星认证"、欧美"LED 室内照明光源认证"等；

2）对国家发展改革委、住房城乡建设部、交通运输部组织的半导体照明产品应用示范工程跟踪检测结果调查分析；

3）对我国目前 LED 筒灯、LED 道路/隧道灯的性能检测及调查分析；

4）北京地铁 LED 示范工程的检测与主观评价：车公庄站、北新桥站、传媒大学站和车公庄—阜成门隧道。评价项目包括照度水平、照度分布、光色舒适度、眩光感觉、环境对比度等、收回问卷共 599 份；

5）在修订《建筑照明设计标准》GB50034 中，对 LED 室内灯具在照明工程中的应用情况进行调查和照明检测，包括 LED 照明在国家博物馆中的应用等；

6）征询相关使用单位对 LED 照明的意见：包括首都机场、北京地铁运营公司、北京市政设计院等。

3．技术要求的审查

受国家发改委环资司委托，由中国建筑科学研究院会同有关单位完成的"半导体照明应用节能评价技术要求"（以下简称"技术要求"）送审稿审查会于 2012 年 7 月 12 日在北京金帝雅宾馆召开。来自政府部门、科研院所、检测认证机构、企业以及联盟、协会等单位的代表、专家以及编制组成员，共 22 人参加了审查会议。

会议成立了由汪猛教授级高级工程师为组长，共 16 位委员组成的"技术要求"审查委员会（名单见附件）。中国建筑科学研究院赵建平研究员代表编制组对"技术要求"的编写工作做了全面介绍。审查委员对"技术要求"送审稿进行认真的讨论和审查。审查意见如下：

1）该"技术要求"是在认真总结半导体照明技术应用现状、充分考虑未来半导体照明技术发展、通过调查研究和实验验证、及广泛征求意见的基础上，参考国内、外相关标准，根据相关场所的照明视觉要求完成的。内容依据充分，切实可行，章节构成合理，简明扼要，层次清晰，编写格式符合标准编写要求。

2）该"技术要求"结合半导体照明产品的相关标准及要求，结合机场、铁路候车楼及站台、城市轨道交通等场所的照明设计要求，提出了半导体照明应用节能评价技术要求，符合实际情况，也便于应用评价。

3）该"技术要求"技术先进，具有一定的创新性和前瞻性，符合半导体照明应用节能评价的实际需要，对半导体照明应用，创造良好光环境、节约能源、保护环境和构建绿色照明具有重要意义。可以作为半导体照明技术在机场、铁路车站、城市轨道交通等领域应用的依据，可作为在这些领域进行固定资产投资项目节能评估和审查的依据。

关于发布行业标准
《城市道路照明工程施工及验收规程》 的公告

中华人民共和国住房和城乡建设部公告第 1379 号

现批准《城市道路照明工程施工及验收规程》为行业标准，编号为 CJJ89 - 2012，自 2012 年 11 月 1 日起实施。其中，第 4.3.2、5.2.4、5.3.3、6.1.2、6.2.3、6.2.11、7.1.1、7.1.2、7.2.2、7.3.2、7.3.3、8.4.7 条为强制性条文，必须严格执行。原行业标准《城市道路照明工程施工及验收规程》CJJ89 - 2001 同时废止。

本规程由我部标准定额研究所组织中国建筑工业出版社出版发行。

中华人民共和国住房和城乡建设部

二〇一二年五月十六日

城市道路照明工程施工及验收规程

Specification for construction and inspection of urban road lighting engineering

（CJJ89 – 2012、备案号 J1431 – 2012）

目 次

1 总则
2 术语
3 变压器、箱式变电站
  3.1 一般规定
  3.2 变压器
  3.3 箱式变电站
  3.4 地下式变电站
  3.5 工程交接验收
4 配电装置与控制
  4.1 配电室
  4.2 配电柜（箱、屏）安装
  4.3 配电柜（箱、屏）电器安装
  4.4 二次回路接线
  4.5 路灯控制系统
  4.6 工程交接验收
5 架空线路
  5.1 电杆与横担
  5.2 绝缘子与拉线
  5.3 导线架设
  5.4 工程交接验收
6 电缆线路
  6.1 一般规定
  6.2 电缆敷设
  6.3 工程交接验收
7 安全保护
  7.1 一般规定
  7.2 接零和接地保护
  7.3 接地装置
  7.4 工程交接验收
8 路灯安装
  8.1 一般规定
  8.2 半高杆灯与高杆灯
  8.3 单挑灯、双挑灯和庭院灯
  8.4 杆上路灯
  8.5 其他路灯
  8.6 工程交接验收
本规程用词说明
引用标准名录
附：条文说明

注：本规程截取内容系规程起草者提供，仅供参考。规程全文请参阅国家正式出版物。

前　言

　　根据住房和城乡建设部《关于印发＜2010 年工程建设标准制订、修订计划＞的通知》（建标〔2010〕43 号）的要求，规程编制组经广泛调查研究，认真总结实践经验，参考有关国际标准和国外先进标准，并在广泛征求意见的基础上，修订本规程。

　　本规程的主要技术内容是：1. 总则；2. 术语；3. 变压器、箱式变电站；4. 配电装置与控制；5. 架空线路；6. 电缆线路；7. 安全保护；8. 路灯安装等。

　　本规程修订的主要技术内容是：适当地提高了城市道路照明设备安装施工质量标准，增加了箱式变电站、地下式变电站、架空电缆、智能监控系统、LED 路灯、高架路及桥梁路灯的安装要求等内容。

　　本规程中以黑体字标志的条文为强制性条文，必须严格执行。

　　本规程由住房和城乡建设部负责管理和对强制性条文的解释，由北京市城市照明管理中心负责具体技术内容的解释。执行过程中如有意见或建议，请寄送北京市城市照明管理中心。（地址：北京市丰台区方庄路 2 号，邮编：100078）

　　本规程主编单位：北京市城市照明管理中心
　　　　　　　　　　中国市政工程协会城市道路照明专业委员会
　　本规程参编单位：武汉市路灯管理局
　　　　　　　　　　沈阳市路灯管理局
　　　　　　　　　　深圳市灯光环境管理中心
　　　　　　　　　　常州市城市照明管理处
　　本规程主要起草人员：孙怡璞、佟岩冰、张华、冀中义、毛远森、朱晓珉、李振江、吴春海、李瑞吉。
　　本规程主要审查人员：李铁楠、孙卫平、陈光明、叶峰、黄海波、丁荣、陈其三、乔晨光、王小明、周智华、李达超。

1　总则

1.0.1　为适应城市道路照明工程建设的发展，保证城市道路照明工程的施工质量，促进技术进步，确保照明设施安全、经济的运行，制定本规程。

1.0.2　本规程适用于电压为 10kV 及以下城市道路照明工程的施工及验收。工程施工时应按批准的设计图纸进行施工。

1.0.3　城市道路照明所采用的设备和器材均应符合国家现行技术标准的规定，并应有合格证件和铭牌。到达现场后，应及时按下列要求进行验收检查：

1）设备、器材的包装和密封应完整良好；

2）技术文件应齐全，并有装箱清单；

3）按装箱清单检查清点，型号、规格和数量应符合设计要求；附件、配件应齐全。

1.0.4　城市道路照明工程的施工和验收，除应符合本规程外，尚应符合国家现行有关标准的规定。

2　术语

2.0.1　电力变压器（power transformer）

利用电磁感应的原理来改变交流电压的装置，主要构件是绕组（初、次级线圈）和铁心，有干式和油浸式电力变压器两种。简称变压器。

2.0.2　箱式变电站（box – type substation）

将变压器和用来控制及保护变压器运行的电器部件，组装在一个箱内的设备。

2.0.3　地下式变电站（underground substation）

将变压器和用来控制及保护变压器运行的电器部件，安装在防水密封的地坑内的设备。

2.0.4　爬电距离（creepage distance）

两导电体间、导电体与裸露的不带电的导体之间沿绝缘材料表面的最短距离。

2.0.5　工作井（working well）

在电缆线路的终端、接头等处，为方便电缆敷设和日后维修而设置的地下工作井，有手孔井和人孔井两种。

2.0.6　接地体（极）（ground conductor）

埋入地中并直接与大地接触的金属导体，称为接地体（极）。接地体分为水平接地体和垂直接地体。

2.0.7　接地线（ground wire）

电气设备、杆塔的接地端子与接地体或零线连接用的在正常情况下不载流的金属导体，称为接地线。

2.0.8　接地电阻（ground resistance）

接地体或自然接地体的对地电阻和接地线电阻的总和，称为接地装置的接地电阻。接地电阻的数值等于接地装置对地电压与通过接地体流入地中电流的比值。本规程系指工频接地电阻。

2.0.9　TN 系统（TN system）

电源中性点直接接地时电气设备外露可导电部分通过零线接地的接零保护系统。TN 系统主要有两种：TN – C 系统，工作零线与保护零线合一设置的接零保护系统；TN – S 系统，工作零线与保护零线分开设置的接零保护系统。

2.0.10　TT 系统（TT system）

电源中性点直接接地，电气设备外露可导电部分直接接地的接地保护系统，其中电气设备的接地点独立于电源中性点接地点。

2.0.11　不平衡电流（unbalanced electric current）

在三相四线制用电系统中，当三相负荷不均等时，就会发生中性点位移，在零线上产生电流，称为不平衡电流。

2.0.12　城市道路（urban road）

在城市范围内，供车辆和行人通行的、具备一定技术条件和设施的道路。按照道路在道路网中的地位、交通功能以及对沿线建筑物和城市居民的服务功能等，城市道路分为快速路、主干路、次干路、支路、居住区道路。

2.0.13　高杆照明（high mast lighting）

一组灯具安装在高度大于或等于 20m 的灯杆上进行大面积照明的一种照明方式。

2.0.14　半高杆照明（semi – height mast lighting）

一组灯具安装在高度为 15～20m 的灯杆上进行照明的一种照明方式（也称中杆照明）。

2.0.15　杆上路灯（on – pole lamp）

安装在电杆上的路灯。

2.0.16　引下线（download）

从架空线路到路灯灯具的绝缘导线称为引下线。

2.0.17　单挑灯（single – arm lamp）

由一只灯具在灯杆顶部向一侧横向伸长的常规照明，称为单挑灯。灯杆顶部横向伸长部分，多为弧形，所以也称为单弧灯。

2.0.18　LED 灯（light emitting diode lamp）

具有两个电极的半导体发光器件（发光二极管）的照明器具。

2.0.19　悬挑长度（overhang）

灯具的光源中心至邻近道路一侧缘石的水平距离，即灯具伸出或缩进缘石的水平距离。

2.0.20　防护等级（ingress protection rating）

按标准规定的检验方法，灯具外壳防止灰尘或固体异物、液态水等进入壳体内所采取的保护程度。用 IP 表示，I：表示防尘，P：表示防水。

2.0.21　灯具效率（luminaire efficiency）

在相同的使用条件下，灯具发出的总光通量与灯具内所有光源发出的光通量之比。

2.0.22　照度（illuminance）

表面上某点的照度是入射在该点面元上的光通量与该面元面积 dA 之比，即 $E = \dfrac{d\phi}{dA}$ 单位为 lx（勒克斯）。

2.0.23　眩光（glare）

由于视野中的亮度分布或亮度范围的不适宜，或存在极端的对比，以致引起不舒适感觉或降低观察目标或细部的能力的视觉现象。

2.0.24　高压（high pressure）

电力设备的电压等级（35～110kV）。本规程中使用的"高压"系 10kV 电压。

3　变压器、箱式变电站

3.1　一般规定

3.1.1　变压器、箱式变电站安装环境应符合现行国家标准《电力变压器》GB1094.1 和《高压/低压箱式变电站》GB/T17467 的有关规定。

3.1.2　道路照明专用变压器及箱式变电站的设置应符合下列规定：

1）应设置在接近电源、位处负荷中心，并应便于高低压电缆管线的进出，设备运输安装应方便；

2）应避开具有火灾、爆炸、化学腐蚀及剧烈振动等潜在危险的环境，通风应良好；

3）应设置在不易积水处。当设置在地势低洼处，应抬高基础并应采取防水、排水措施；

4）设置地点四周应留有足够的维护空间，并应避让地下设施；

5）对景观要求较高或用地紧张的地段宜采用地下式变电站。

3.1.3　设备到达现场后，应及时进行外观检查，并应符合下列规定：

1）不得有机械损伤，附件应齐全，各组合部件无松动和脱落，标识、标牌准确完整；

2）油浸式变压器应密封良好、无渗漏现象；

3）地下式变电站箱体应完全密封，防水良好，防腐保护层完整，无破损现象；高低压电缆引入、引出线无磨损、折伤痕迹，电缆终端头封头完整；

4）箱式变电站内部电器部件及连接无损坏。

3.1.4　变压器、箱式变电站安装前，技术文件未规定必须进行器身检查的，可不进行器身检查；当需进行器身检查时，环境条件应符合下列规定：

1）环境温度不应低于 0℃，器身温度不应低于环境温度，当器身温度低于环境温度时，应加热器身，使其温度高于环境温度 10℃；

2）当空气相对湿度小于 75% 时，器身暴露在空气中的时间不得超过 16h；

3）空气相对湿度或露空时间超过规定时，必须采取相应的保护措施；

4）进行器身检查时，应保持场地四周清洁并有防尘措施；雨雪天或雾天不应在室外进行。

3.1.5　器身检查应符合下列规定：

1）所有螺栓应紧固，并应有防松措施，绝缘螺栓应无损坏，防松绑扎应完好；

2）铁心应无变形，无多点接地；

3）绕组绝缘层应完整，无缺损、变位现象；

4）引出线绝缘包扎应牢固，无破损、拧弯现象；引出线绝缘距离应合格，引出线与套管的连接应牢固，接线正确。

3.1.6　变压器、箱式变电站在运输途中应有防雨和防潮措施。存放时，应置于干燥的室内。

3.1.7　变压器到达现场后，当超出三个月未安装时应加装吸湿器，并应进行下列检测工作：

1）检查油箱密封情况；

2）测量变压器内油的绝缘强度；

3）测量绕组的绝缘电阻。

3.1.8　变压器投入运行前应按现行国家标准《电力变压器》GB 1094.1 要求进行试验并合格，投入运行后连续运行24h 无异常即可视为合格。

3.2　变压器

3.2.1　室外变压器安装方式宜采用柱上台架式安装，并应符合下列规定：

1）柱上台架所用铁件必须热镀锌，台架横担水平倾斜不应大于 5mm；

2）变压器在台架平稳就位后，应采用直径 4mm 镀锌铁线将变压器固定牢靠；

3）柱上变压器应在明显位置悬挂警告牌；

4）柱上变压器台架距地面宜为 3.0m，不得小于 2.5m；

5）变压器高压引下线、母线应采用多股绝缘线，宜采用铜线，中间不得有接头。其导线截面积应按变压器额定电流选择，铜线不应小于 $16mm^2$，铝线不应小于 $25mm^2$；

6）变压器高压引下线、母线之间的距离不应小于 0.3m；

7）在带电情况下，应便于检查油枕和套管中的油位、油温、继电器等。

3.2.2　柱上台架的混凝土杆应符合本规程中架空线路部分的相关要求，并且双杆基坑埋设深度一致，两杆中心偏差不应超过 ±30mm。

3.2.3　跌落式熔断器安装应符合下列规定：

1）熔断器转轴光滑灵活，铸件和瓷件不应有裂纹、砂眼、锈蚀；熔丝管不应有吸潮膨胀或弯曲现象；操作灵活可靠，接触紧密并留有一定的压缩行程；

2）安装位置距离地面应为 5m，熔管轴线与地面的垂线夹角宜为 15°～30°。熔断器水平相间距离不应小于 0.7m。在有机动车行驶的道路上，跌落式熔断器应安装在非机动车道侧；

3）熔丝的规格应符合设计要求，无弯曲、压扁或损伤，熔体与尾线应压接牢固。

3.2.4　柱上变压器试运行前应进行全面的检查，确认其符合运行条件时，方可投入试运行。检查项目应符合下列规定：

1）本体及所有附件应无缺陷，油浸变压器不得渗油；

2）器身安装应牢固；

3）油漆应完整，相色标志应正确清晰；

4）变压器顶盖上应无遗留杂物；

5）变压器分接头的位置应符合道路照明运行电压额定值要求；

6）防雷保护设备应齐全，外壳接地应良好，接地引下线及其与主接地网的连接应满足设计要求；

7）变压器的相位绕组的接线组别应符合并网运行要求；

8）测温装置指示应正确，整定值应符合要求；

9）保护装置整定值应符合规定，操作及联动试验正确。

3.2.5　吊装油浸式变压器应利用油箱体吊钩，不得用变压器顶盖上盘的吊环吊装整台变压器；吊装干式变压器，可利用变压器上部钢横梁主吊环吊装。

3.2.6　变压器附件安装应符合下列规定：

1）油枕应牢固安装在油箱顶盖上，安装前应用合格的变压器油冲洗干净，除去油污，防水孔和导油孔应畅通，油标玻璃管应完好；

2）干燥器安装前应检查硅胶，如已失效，应在 115～120℃温度烘烤 8h，使其复原或更新。安装时必须将呼吸器盖子上橡皮垫去掉，并在下方隔离器中装适量变压器油。确保管路连接密封、管道畅通；

3）温度计安装前均应进行校验，确保信号接点动作正确，温度计座内或预留孔内应加注适量的变压器油，且密封良好，无渗漏现象。闲置的温度计座应密封，不得进水。

3.2.7　室内变压器就位应符合下列规定：

1）变压器基础的轨道应水平，轮距与轨距应适合；

2）当使用封闭母线连接时，应使其套管中心线与封闭母线安装中心线相符；

3）装有滚轮的变压器就位后应将滚轮用能拆卸的制动装置加以固定。

3.2.8　变压器绝缘油应按现行国家标准《电气装置安装工程电气设备交接试验标准》GB50150 的规定试验合格后，方可注入使用；不同型号的变压器油或同型号的新油与运行过的油不宜混合使用。当需混合时，必须做混油试验，其质量必须合格。

3.2.9　变压器应按设计要求进行高压侧、低压侧电器连接；当采用硬母线连接时，应按硬母线制作技术要求安装；

当采用电缆连接时，应按电缆终端头制作技术要求制作安装。

3.3 箱式变电站

3.3.1 箱式变电站基础应高出地面 200mm 以上，尺寸应符合设计要求，结构宜采用带电缆室的现浇混凝土或砖砌结构，混凝土标号不应小于 C20；电缆室应采取防止小动物进入的措施；应视地下水位及周边排水设施情况采取适当防水排水措施。

3.3.2 箱式变电站基础内的接地装置应随基础主体一同施工，箱体内应设置接地（PE）排和零（N）排。PE 排与箱内所有元件的金属外壳连接，并有明显的接地标志，N 排与变压器中性点及各输出电缆的 N 线连接。在 TN 系统中，PE 排与 N 排的连接导体为不小于 16mm^2 的铜线。接地端子所用螺栓直径不应小于 12mm。

3.3.3 箱式变电站起重吊装应利用箱式变电站专用吊装装置。吊装施工应符合现行国家标准《起重机械安全规程 第一部分：总则》GB 6067.1 的有关规定。

3.3.4 箱式变电站内应在明显部位张贴本变电站的一、二次回路接线图，接线图应清晰、准确。

3.3.5 引出电缆每一回路标志牌应标明电缆型号、回路编号、电缆走向等内容，并应字体清晰工整、经久耐用、不易褪色。

3.3.6 引出电缆芯线排列整齐，固定牢固，使用的螺栓、螺母宜采用不锈钢材质，每个接线端子接线不应超过两根。

3.3.7 箱体引出电缆芯线与接线端子连接处宜采用专门的电缆护套保护，引出电缆孔应采取有效的封堵措施。

3.3.8 二次回路和控制线应配线整齐、美观，无损伤，并采用标准接线端子排，每个端子应有编号，接线不应超过两根线芯。不同型号规格的导线不得接在同一端子上。

3.3.9 二次回路和控制线成束绑扎时，不同电压等级、交直流线路及监控控制线路应分别绑扎，且有标识；固定后不应影响各电器设备的拆装更换。

3.3.10 箱式变电站宜设置围栏，围栏应牢固、美观，宜采用耐腐蚀、机械强度高的材质。箱式变电站与设置的围栏周围应设专门的检修通道，宽度不应小于 800mm，围栏门应向外开启。箱式变电站和围栏四周应设置警示标牌。

3.3.11 箱式变电站安装完毕送电投运前应进行检查，并应符合下列规定：

1）箱内及各元件表面应清洁、干燥、无异物；

2）操作机构、开关等可动元器件应灵活、可靠、准确。对装有温度显示、温度控制、风机、凝露控制等装置的设备，应根据电气性能要求和安装使用说明书进行检查；

3）所有主回路、接地回路及辅助回路接点应牢固，并应符合电气原理图的要求；

4）变压器、高（低）压开关柜及所有的电器元件设备安装螺栓应紧固；

5）辅助回路的电器整定值应准确，仪表与互感器的变比及接线极性应正确，所有电器元件应无异常；

6）箱内应急照明装置齐全。

3.3.12 箱式变电站运行前应按下列规定进行试验：

1）变压器应按现行国家标准《电力变压器》GB 1094.1 要求进行试验并合格；

2）高压开关设备运行前应进行工频耐压试验，试验电压应为高压开关设备出厂试验电压的 80%，试验时间应为 1min；

3）低压开关设备运行前应采用 500V 绝缘电阻表测量绝缘电阻，阻值不应低于 0.5MΩ；

4）低压开关设备运行前应进行通电试验。

3.4 地下式变电站

3.4.1 地下式变电站绝缘、耐热、防护性能应符合下列规定：

1）变压器绕组绝缘材料耐热等级应达 B 级及以上；

2）绝缘介质、地坑内油面温升和绕组温升应符合国家现行标准《电力变压器》GB 1094.1 和《地下式变压器》JB/T 10544 要求；

3）设备应为全密封防水结构，防护等级应为 IP68；

4）当高低压电缆连接采用双层密封，可浸泡在水中运行。

3.4.2 地下式变电站应具备自动感应和手动控制排水系统，应具备自动散热系统及温度监测系统。

3.4.3 地下式变电站地坑的开挖应符合设计要求，地坑面积大于箱体占地面积的 3 倍，地坑内混凝土基础长宽分别大于箱体底边长宽的 1.5 倍；地坑承重应根据地质勘测报告确定，承重量不应小于箱式变电站自身重量的 5 倍。

3.4.4 地坑施工时应对四周已有的建（构）筑物、道路、管线的安全进行监测，开挖时产生的积水，应按要求把积水抽干，确保施工质量和安全。吊装地下式变压器，应同时使用箱沿下方的四个吊环，吊环可以承受变压器总重量，绳与垂线的夹角不应大于 30°。

3.4.5 地坑上盖宜采用热镀锌钢板或钢筋混凝土板，并应留有检修门孔。

3.4.6 地下式变电站送电前应进行检查，并应符合下列规定：

1）顶盖上应无遗留杂物，分接头盖封闭应紧固；

2）箱体密封应良好，防腐保护层应完整无损，接地可靠，无裸露金属现象；

3）高低压电缆与所要连接电缆及电器设备连接线相位应正确，接线可靠、不受力。外层护套应完整、防水性能良好；

4）监测系统和电缆分接头接线应正确；

5）地上设施应完整，井口、井盖、通风装置等安全标识应明显。

3.5 工程交接验收

3.5.1 变压器、箱式和地下式变电站安装工程交接检查验收应符合下列规定：

1）变压器、箱式和地下式变电站等设备、器材应符合规定，无机械损伤；

2）变压器、箱式和地下式变电站应安装正确牢固，防雷接地等安全保护合格、可靠；

3）变压器、箱式和地下式变电站应在明显位置设置，并应符合规定的安全警告标志牌；

4）变电站箱体应密封，防水应良好；

5）变压器各项试验应合格，油漆完整，无渗漏油现象，分接头接头位置应符合运行要求，器身无遗留物；

6）各部分接线应正确、整齐，安全距离和导线截面积应符合设计规定；

7）熔断器的熔体及自动开关整定值应符合设计要求；

8）高低压一、二次回路和电气设备等应标注清晰、正确。

3.5.2 变压器、箱式变电站安装工程交接验收应提交下列资料和文件：

1）工程竣工图等资料；

2）设计变更文件；

3）制造厂提供的产品说明书、试验记录、合格证件及安装图纸等技术文件；

4）安装记录、器身检查记录等；

5）具备国家检测资质的机构出具的变压器、避雷器、高（低）压开关等设备的检验试验报告；

6）备品备件移交清单。

4 配电装置与控制

4.1 配电室

4.1.1 配电室的位置应接近负荷中心并靠近电源，宜设在尘少、无腐蚀、无振动、干燥、进出线方便的地方，并应符合现行国家标准《10kV及以下变电所设计规范》GB 50053的相关规定。

4.1.2 配电室的耐火等级不应小于三级，屋顶承重的构件耐火等级不应小于二级。其建筑工程质量应符合国家现行标准的有关规定。

4.1.3 配电室门应向外开启，门锁应牢固可靠。当相邻配电室之间有门时，应采用双向开启门。

4.1.4 配电室宜设不能开启的自然采光窗，应避免强烈日照，高压配电室窗台距室外地坪不宜低于1.8m。

4.1.5 当配电室内有采暖时，暖气管道上不应有阀门和中间接头，管道与散热器的连接应采用焊接。严禁通过与其无关的管道和线路。

4.1.6 配电室应设置防雨雪和小动物进入的防护设施。

4.1.7 配电室内宜适当留有发展余地。

4.1.8 配电室内电缆沟深度宜为0.6m，电缆沟盖板宜采用热镀锌花纹钢板盖板或钢筋混凝土盖板。电缆沟应有防水排水措施。

4.1.9 配电室的架空进出线应采用绝缘导线，进户支架对地距离不应小于2.5m，导线穿越墙体时应采用绝缘套管。

4.1.10 配电设备安装投入运行前，建筑工程应符合下列规定：

1）建筑物、构筑物应具备设备进场安装条件，变压器、配电柜等基础、构架、预埋件、预留孔等应符合设计要求，室内所有金属构件应采用热镀锌处理；

2）门窗及通风等设施应安装完毕，房屋应无渗漏现象；

3）室内外场地应平整、干净，保护性网门、栏杆和电气消防设备等安全设施应齐全；

4）高低压配电装置前后通道应设置绝缘胶垫；

5）影响运行安全的土建工程应全部完成。

4.2 配电柜（箱、屏）安装

4.2.1 在同一配电室内单列布置高低压配电装置时，高压配电柜和低压配电柜的顶面封闭外壳防护等级符合IP2X级时，两者可靠近布置。

4.2.2 高压配电装置在室内布置时通道最小宽度，应符合表4.2.2的规定。

表 4.2.2　高压配电装置在室内布置时通道最小宽度（mm）

配电柜布置方式	柜后维护通道	柜前操作通道	
		固定式	手车式
单排布置	800	1500	单车长度 + 1200
双排面对面布置	800	2000	双车长度 + 900
双排背对背布置	1000	1500	单车长度 + 1200

注：1. 固定式开关为靠墙布置时，柜后与墙净距应大于 50mm，侧面与墙净距应大于 200mm。

　　2. 通道宽度在建筑物的墙面遇有柱类局部凸出时，凸出部位的通道宽度可减少 200mm。

　　3. 各种布置方式，其屏端通道不应小于 800mm。

4.2.3　低压配电装置在室内布置时通道最小宽度，应符合表 4.2.3 的规定。

表 4.2.3　低压配电装置在室内布置时通道最小宽度（mm）

配电柜布置方式	柜前通道	柜后通道	柜左右两侧通道
单列布置时	1500	800	800
双列布置时	2000	800	800

4.2.4　当电源从配电柜（屏）后进线，并在墙上设隔离开关及其手动操作机构时，柜（屏）后通道净宽不应小于 1500mm，当柜（屏）背后的防护等级为 IP2X，可减为 1300mm。

4.2.5　配电柜（屏）的基础型钢安装允许偏差应符合表 4.2.5 的规定。基础型钢安装后，其顶部宜高出抹平地面 10mm；手车式成套柜应按产品技术要求执行。基础型钢应有可靠的接地装置。

表 4.2.5　配电柜（屏）的基础型钢安装的允许偏差

项　目	允许偏差	
	mm/m	mm/全长
不直度	<1	<5
水平度	<1	<5
位置误差及不平行度	—	<5

4.2.6　配电柜（箱、屏）安装在振动场所，应采取防振措施。设备与各构件间连接应牢固。主控制盘、分路控制盘、自动装置盘等不宜与基础型钢焊死。

4.2.7　配电柜（箱、屏）单独或成列安装的允许偏差应符合表 4.2.7 的规定。

表 4.2.7　配电柜（箱、屏）单独或成列安装的允许偏差

项　目		允许偏差/mm
垂直度		<1.5
水平偏差	相邻两盘顶部	<2
	成列盘顶部	<5
盘面偏差	相邻两盘边	<1
	成列盘面	<5
柜间接缝		<2

4.2.8　配电柜（箱、屏）的柜门应向外开启，可开启的门应以裸铜软线与接地的金属构架可靠连接。柜体内应装有供检修用的接地连接装置。

4.2.9　配电柜（箱、屏）的安装应符合下列规定：

1）机械闭锁、电气闭锁动作应准确、可靠；

2）动、静触头的中心线应一致，触头接触紧密；

3）二次回路辅助切换接点应动作准确，接触可靠；

4）柜门和锁开启灵活，应急照明装置齐全；

5）柜体进出线孔洞应做好封堵；

6）控制回路应留有适当的备用回路。

4.2.10 配电柜（箱、屏）的漆层应完整无损伤。安装在同一室内的配电柜（箱、屏）其盘面颜色宜一致。

4.2.11 室外配电箱应有足够强度，箱体薄弱位置应增设加强筋，在起吊、安装中防止变形和损坏。箱顶应有一定落水斜度，通风口应按防雨型制作。

4.2.12 落地配电箱基础应用砖砌或混凝土预制，标号不得低于C20，基础尺寸应符合设计要求，基础平面应高出地面200mm。进出电缆应穿管保护，并应留有备用管道。

4.2.13 配电箱的接地装置应与基础同步施工，并应符合本规程第7.3节的相关规定。

4.2.14 配电箱体宜采用喷塑、热镀锌处理，所有箱门把手、锁、铰链等均应用防锈材料，并应具有相应的防盗功能。

4.2.15 杆上配电箱箱底至地面高度不应低于2.5m，横担与配电箱应保持水平，进出线孔应设在箱体侧面或底部，所有金属构件应热镀锌。

4.2.16 配电箱应在明显位置悬挂安全警示标志牌。

4.3 配电柜（箱、屏）电器安装

4.3.1 电器安装应符合下列规定：

1）型号、规格应符合设计要求，外观完整，附件齐全，排列整齐，固定牢固；

2）各电器应能单独拆装更换，不影响其他电器和导线束的固定；

3）发热元件应安装在散热良好的地方；两个发热元件之间的连线应采用耐热导线或裸铜线套瓷管；

4）信号灯、电铃、故障报警等信号装置工作可靠；各种仪器仪表显示准确，应急照明设施完好；

5）柜面装有电气仪表设备或其他有接地要求的电器其外壳应可靠接地；柜内应设置零（N）排、接地保护（PE）排，并应有明显标识符号；

6）熔断器的熔体规格、自动开关的整定值应符合设计要求。

4.3.2 配电柜（箱、屏）内两导体间、导电体与裸露的不带电的导体间允许最小电气间隙及爬电距离应符合表4.3.2的规定。裸露载流部分与未经绝缘的金属体之间，电气间隙不得小于12mm，爬电距离不得小于20mm。

表4.3.2 允许最小电气间隙及爬电距离（mm）

额定电压/V	电气间隙		爬电距离	
	额定工作电流		额定工作电流	
	≤63A	>63A	≤63A	>63A
$U \leq 60$	3.0	5.0	3.0	5.0
$60 < U \leq 300$	5.0	6.0	6.0	8.0
$300 < U \leq 500$	8.0	10.0	10.0	12.0

4.3.3 引入柜（箱、屏）内的电缆及其芯线应符合下列规定：

1）引入柜（箱、屏）内的电缆应排列整齐、避免交叉、固定牢靠，电缆回路编号清晰；

2）铠装电缆在进入柜（箱、屏）后，应将钢带切断，切断处的端部应扎紧，并应将钢带接地；

3）橡胶绝缘芯线应采用外套绝缘管保护；

4）柜（箱、屏）内的电缆芯线应按横平竖直有规律地排列，不得任意歪斜交叉连接。备用芯线长度应有余量。

4.4 二次回路接线

4.4.1 端子排的安装应符合下列规定：

1）端子排应完好无损，排列整齐、固定牢固、绝缘良好；

2）端子应有序号，并应便于更换且接线方便；离地高度宜大于350mm；

3）强弱电端子宜分开布置；当有困难时，应有明显标志并设空端子隔开或加设绝缘板；

4）潮湿环境宜采用防潮端子；

5）接线端子应与导线截面匹配，严禁使用小端子配大截面导线；

6）每个接线端子的每侧接线宜为1根，不得超过2根。对插接式端子，不同截面的两根导线不得接在同一端子上；对螺栓连接端子，当接两根导线时，中间应加平垫片。

4.4.2 二次回路接线应符合下列规定：

1）应按图施工，接线正确；

2）导线与电气元件均应采用铜质制品，螺栓连接、插接、焊接或压接等均应牢固可靠，绝缘件应采用阻燃材料；

3）柜（箱、屏）内的导线不应有接头，导线绝缘良好、芯线无损伤；

4）导线的端部均应标明其回路编号，编号应正确，字迹清晰且不宜褪色；

5）配线应整齐、清晰、美观；

6）强弱电回路不应使用同一根电缆，应分别成束分开排列。二次接地应设专用螺栓。

4.4.3 配电柜（箱、屏）内的配线电流回路应采用铜芯绝缘导线，其耐压不应低于 500V，其截面积不应小于 2.5mm^2，其他回路截面积不应小于 1.5mm^2；当电子元件回路、弱电回路采取锡焊连接时，在满足载流量和电压降及有足够机械强度的情况下，可采用不小于 0.5mm^2 截面积的绝缘导线。

4.4.4 对连接门上的电器、控制面板等可动部位的导线应符合下列规定：

1）应采取多股软导线，敷设长度应有适当裕度；

2）线束应有外套塑料管等加强绝缘层；

3）与电器连接时，端部应加终端紧固附件绞紧，不得松散、断股；

4）在可动部位两端应用卡子固定。

4.5 路灯控制系统

4.5.1 路灯控制模式宜采用具有光控和时控相结合的智能控制器和远程监控系统等。

4.5.2 路灯开灯时的天然光照度水平宜为 15 lx；关灯时的天然光照度水平，快速路和主干路宜为 30 lx；次干路和支路宜为 20 lx。

4.5.3 路灯控制器应符合下列规定：

1）工作电压范围宜为 180～250V；

2）照度调试范围应为 0～50lx，在调试范围内应无死区；

3）时间精度应为 ±1s/d；

4）应具有分时段控制开、关功能；

5）工作温度范围宜为 -35～65℃；

6）防水防尘性能不应低于现行国家标准《外壳防护等级（IP 代码）》GB4208 中 IP43 级的规定；

7）性能可靠，操作简单，易于维护，具有较强的抗干扰能力，存储数据不丢失。

4.5.4 城市道路照明监控系统应具有经济性、可靠性、兼容性和可拓展性，具备系统容量大、通信质量好、数据传输速率快、精确度高、覆盖范围广等特点。宜采用无线公网通信方式。

4.5.5 监控系统终端采用无线专网通信方式，应具有智能路由中继能力，路由方案可调，可实现灵活的通信组网方案。同时，可实现数/话通信的兼容设计。

4.5.6 监控系统功能应满足设计要求，可根据不同功能需求实现群控、组控，自动或手动巡测、选测各种电参数的功能。并应能自动检测系统的各种故障，发出语音声光、防盗等相应的报警，系统误报率应小于 1%。

4.5.7 智能终端应满足对电压、电流、用电量等电参数的采集需求，并应有对采集的各种数据进行分析、运算、统计、处理、存储、显示的功能。

4.5.8 监控系统具有软硬件相结合的防雷、抗干扰多重保护措施，确保监控设备运行的可靠性。

4.5.9 监控系统具有运行稳定、安装方便、调试简单、系统操作界面直观、可维护性强等特点。

4.5.10 城市照明监控系统无线发射塔设计应符合现行国家标准《钢结构设计规范》GB50017 的规定。

4.5.11 发射塔应符合下列规定：

1）塔的金属构件必须全部热镀锌；

2）接地装置应符合现行国家标准《电气装置安装工程接地装置施工及验收规范》GB50169 的要求，接地电阻不应大于 10Ω；

3）避雷装置设计应符合现行国家标准《工业与民用电力装置的过电压保护设计规范》GBJ64 的要求，避雷针的设置应确保监控系统在其保护范围之内。

4.6 工程交接验收

4.6.1 配电装置与控制工程交接检查验收应符合下列规定：

1）配电柜（箱、屏）的固定及接地应可靠，漆层完好，清洁整齐；

2）配电柜（箱、屏）内所装电器元件应齐全完好，绝缘合格，安装位置正确、牢固；

3）所有二次回路接线应准确，连接可靠，标志清晰、齐全；

4）操作及联动试验应符合设计要求；

5）路灯控制系统操作简单、运行稳定，系统操作界面直观清晰。

4.6.2 配电装置与控制工程交接验收应提交下列资料和文件：

1) 工程竣工图等资料；

2) 设计变更文件；

3) 产品说明书、试验记录、合格证及安装图纸等技术文件；

4) 备品备件清单；

5) 调试试验记录。

5 架空线路

5.1 电杆与横担

5.1.1 基坑施工前的定位应符合下列规定：

1) 直线杆顺线路方向位移不得超过设计档距的3%；直线杆横线路方向位移不得超过50mm；

2) 转角杆、分支杆的横线路、顺线路方向的位移均不得超过50mm。

5.1.2 电杆基坑深度应符合设计规定，当设计无规定时，应符合下列规定：

1) 对一般土质，电杆埋设深度应符合表5.1.2的规定。对特殊土质或无法保证电杆的稳固时，应采取加卡盘、围桩、打人字拉线等加固措施；

2) 电杆基坑深度的允许偏差应为+0.1m、-0.05m；

3) 基坑回填土应分层夯实，每回填0.5m应夯实一次。地面上宜设不小于0.3m的防沉土台。

表5.1.2 电杆埋设深度（m）

杆长	8	9	10	11	12	13	15
埋深	1.5	1.6	1.7	1.8	1.9	2.0	2.3

5.1.3 电杆安装前应检查外观质量，且应符合下列规定：

1) 环形钢筋混凝土电杆应符合下列规定：

① 表面应光洁平整，壁厚均匀，无露筋、跑浆、硬伤等缺陷；

② 电杆应无纵向裂缝，横向裂缝的宽度不得超过0.1mm，长度不得超过电杆周长的1/3（环形预应力混凝土电杆，要求不允许有纵向裂缝和横向裂缝）；杆身弯曲度不得超过杆长的1/1000。杆顶应封堵。

2) 钢管电杆应符合下列规定：

① 应焊缝均匀，无漏焊。杆身弯曲度不得超过杆长的2/1000；

② 应热镀锌，镀锌层应均匀无漏镀，其厚度不得小于65μm。

5.1.4 电杆立好后应垂直，允许的倾斜偏差应符合下列规定：

1) 直线杆的倾斜不得大于杆梢直径的1/2；

2) 转角杆宜向外角预偏，紧好线后不得向内角倾斜，其杆梢向外角倾斜不得大于杆梢直径；

3) 终端杆宜向拉线侧预偏，紧好线后不得向受力侧倾斜，其杆梢向拉线侧倾斜不得大于杆梢直径。

5.1.5 线路横担应为热镀锌角钢，高压横担的角钢截面积不得小于63×6；低压横担的角钢截面积不得小于50×5。

5.1.6 线路单横担的安装应符合下列规定：

1) 直线杆应装于受电侧；分支杆、十字形转角杆及终端杆应装于拉线侧；

2) 横担安装应平正，端部上下偏差不得大于20mm，偏支担端部应上翘30mm；

3) 导线为水平排列时，最上层横担距杆顶：高压担不得小于300mm；低压担不得小于200mm。

5.1.7 同杆架设的多回路线路，横担之间的垂直距离不得小于表5.1.7的规定。

表5.1.7 横担之间的最小垂直距离（mm）

架设方式及电压等级	直线杆		分支杆或转角杆	
	裸导线	绝缘线	裸导线	绝缘线
高压与高压	800	500	450/600	200/300
高压与低压	1200	1000	1000	—
低压与低压	600	300	300	200

5.1.8 架设铝导线的直线杆，导线截面积在240mm²及以下时，可采用单横担；终端杆、耐张杆/断连杆，导线截面积在50mm²及以下时可采用单横担，导线截面积在70mm²及以上时可采用抱担；采用针式绝缘子的转角杆，角度在15°~30°时，可采用抱担，角度在30°~45°时，可采用抱担断连型，角度在45°时，可采用十字形双层抱担。

　　5.1.9　安装横担，各部位的螺母应拧紧。螺杆丝扣露出长度，单螺母不得少于两个螺距，双螺母可与螺母持平。螺母受力的螺栓应加弹簧垫或用双母，长孔必须加垫圈，每端加垫不得超过两个。

　　5.2　绝缘子与拉线

　　5.2.1　绝缘子及瓷横担安装前应进行质量检查，且应符合下列规定：

　　1）瓷件与铁件组合紧密无歪斜，铁件镀锌良好无锈蚀、硬伤；

　　2）瓷釉光滑，无裂痕、缺釉、斑点、烧痕、气泡等缺陷；

　　3）弹簧销、弹簧垫完好，弹力适宜；

　　4）绝缘电阻符合设计要求。

　　5.2.2　绝缘子安装应符合下列规定：

　　1）安装时应清除表面污垢和各种附着物；

　　2）安装应牢固，连接可靠，与电杆、横担及金具无卡压现象；

　　3）悬式绝缘子裙边与带电部位的间隙不得小于 50mm，固定用弹簧销子、螺栓应由上向下穿；闭口销子和开口销子应使用专用品。开口销子的开口角度应为 30°~60°。

　　5.2.3　拉线安装应符合下列规定：

　　1）终端杆、丁字杆及耐张杆的承力拉线应与线路方向的中心线对正；分角拉线应与线路分角线方向对正；防风拉线应与线路方向垂直；拉线应受力适宜，不得松弛，繁华地区宜加装绝缘子或采用绝缘钢绞线；

　　2）拉线抱箍应安装在横担下方，靠近受力点。拉线与电杆的夹角宜为 45°，受环境限制时，可调整夹角，但不得小于 30°；

　　3）拉线盘的埋深应符合设计要求，拉线坑应有斜坡，使拉线棒与拉线成一直线，并与拉线盘垂直。拉线棒与拉线盘的连接应使用双螺母并加专用垫。拉线棒露出地面宜为 500~700mm。回填土宜每回填 500mm 夯实一次，并宜设防沉土台；

　　4）同杆架设多层导线时，宜分层设置拉线，各条拉线的松紧程度应一致；

　　5）在有人员、车辆通行场所的拉线，应装设具有醒目标识的防护管；

　　6）制作拉线的材料可采用镀锌钢绞线、聚乙烯绝缘钢绞线，以及直径不小于 4mm 且不少于三股绞合在一起的镀锌铁线。

　　5.2.4　当拉线穿越带电线路时，距带电部位不得小于 200mm，且必须加装绝缘子或采取其他安全措施。当拉线绝缘子自然悬垂时，距地面不得小于 2.5m。

　　5.2.5　跨越道路的横向拉线与拉线杆的安装应符合下列规定：

　　1）拉线杆埋深不得小于杆长的 1/6；

　　2）拉线杆应向受力的反方向倾斜 10°~20°；

　　3）拉线杆与坠线的夹角不得小于 30°；

　　4）坠线上端固定点距拉线杆顶部宜为 250mm；

　　5）横向拉线距车行道路面的垂直距离不得小于 6m。

　　5.2.6　采用 UT 型线夹及楔型线夹固定安装拉线，应符合下列规定：

　　1）安装前丝扣上应涂润滑剂；

　　2）安装不得损伤线股，线夹凸肚应在尾线侧，线夹舌板与拉线接触应紧密，受力后无滑动现象；

　　3）拉线尾线露出楔型线夹宜为 200mm，并应采用直径 2mm 的镀锌铁线与拉线主线绑扎 20mm；UT 型线夹尾线露出线夹宜为 300~500mm，并应采用直径 2mm 的镀锌铁线与拉线主线绑扎 40mm；

　　4）当同一组拉线使用双线夹时，其尾线端的方向应一致；

　　5）拉线紧好后，UT 型线夹的螺杆丝扣露出长度不宜大于 20mm，双螺母应并紧。

　　5.2.7　采用绑扎固定拉线应符合下列规定：

　　1）拉线两端应设置心形环；

　　2）拉线绑扎应采用直径不小于 3.2mm 的镀锌铁线。绑扎应整齐、紧密，绑完后将绑线头拧 3~5 圈小辫压倒。拉线最小绑扎长度应符合表 5.2.7 的规定。

　　5.3　导线架设

　　5.3.1　导线展放应符合下列规定：

　　1）导线在展放过程中，应进行导线外观检查，不得有磨损、断股、扭曲、金钩等现象；

　　2）放、紧线过程中，应将导线放在铝制或塑料滑轮的槽内，导线不得在地面、杆塔、横担、架构、瓷瓶或其他物体上拖拉；

　　3）展放绝缘线宜在干燥天气进行，气温不宜低于 -10℃。

　　5.3.2　导线损伤补修的处理应符合现行国家标准《电气装置安装工程 35kV 及以下架空电力线路施工及验收规范》GB50173 的规定。对绝缘导线绝缘层的损伤处理应符合下列规定：

表 5.2.7　拉线最小绑扎长度

钢绞线截面积/mm²	上段/mm	中段（拉线绝缘子两端）/mm	下段/mm		
			下端	花缠	上端
25	200	200	150	250	80
35	250	250	200	250	80
50	300	300	250	250	80

1）绝缘层损伤深度超过绝缘层厚度的 10%，应进行补修；

2）可采用自粘胶带缠绕，将自粘胶带拉紧拽窄至带宽的 2/3，以叠压半边的方法缠绕，缠绕长度宜超出损伤部位两端各 30mm；

3）补修后绝缘自粘胶带的厚度应大于绝缘层损伤深度，且不应少于两层；

4）一个档距内，每条绝缘线的绝缘损伤补修不宜超过 3 处。

5.3.3　不同金属、不同规格、不同绞向的导线严禁在档距内连接。

5.3.4　架空线路在同一档内导线的接头不得超过一个，导线接头距横担绝缘子、瓷横担等固定点不得小于 500mm。

5.3.5　导线紧线应符合下列规定：

1）导线弧垂应符合设计规定，允许误差为 ±5%。当设计无规定时，可根据档距、导线材质、导线截面积和环境温度查阅弧垂表确定弧垂值；

2）架设新导线宜对导线的塑性伸长采用减小弧垂法进行补偿，弧垂减小的百分数为：铝绞线为 20%；钢芯铝绞线为 12%；铜绞线为 7%～8%；

3）导线紧好后，同档内各相导线的弧垂应一致，水平排列的导线弧垂相差不得大于 50mm。

5.3.6　导线固定应符合下列规定：

1）导线的固定应牢固；

2）绑扎应选用与导线同材质的直径不得小于 2mm 的单股导线做绑线。绑扎应紧密、平整；

3）裸铝导线在绝缘子或线夹上固定应紧密缠绕铝包带，缠绕长度应超出接触部位 30mm。铝包带的缠绕方向应与外层线股的绞制方向一致。

5.3.7　导线在针式绝缘子上固定应符合下列规定：

1）直线杆：导线应固定在绝缘子的顶槽内。低压裸导线可固定在绝缘子靠近电杆侧的颈槽内；

2）直线转角杆：导线应固定在绝缘子转角外侧的颈槽内；

3）直线跨越杆：导线应双固定，主导线固定处不得受力出角；

4）固定低压导线可按十字型进行绑扎，固定高压导线应绑扎双十字。

5.3.8　导线在蝶式绝缘子上固定应符合下列规定：

1）导线套在绝缘子上的套长，以不解套即可摘掉绝缘子为宜；

2）绑扎长度应符合表 5.3.8 的规定。

表 5.3.8　导线在蝶式绝缘子上的绑扎长度

导线截面/mm²	绑扎长度/mm
LJ－50、LGJ－50 以下	≥150
LJ－70、LGJ－70	≥200
低压绝缘线 50mm² 及以下	≥150

5.3.9　引流线对相邻导线及对地（电杆、拉线、横担）的净空距离不得小于表 5.3.9 的规定。

表 5.3.9　引流线对相邻导线及对地的最小距离

线路电压等级		引流线对相邻导线/mm	引流线对地/mm
高压	裸线	300	200
	绝缘线	200	200
低压	裸线	150	100
	绝缘线	100	50

5.3.10 路灯线路与电力线路之间，在上方导线最大弧垂时的交叉距离和水平距离不得小于表 5.3.10 的规定。

表 5.3.10   路灯线路与电力线路之间的最小距离（m）

项目	线路电压/kV	≤1		10		35 ~ 110	220	500
		裸线	绝缘线	裸线	绝缘线			
垂直距离	高压	2.0	1.0	2.0	1.0	3.0	4.0	6.0
	低压	1.0	0.5	2.0	1.0	3.0	4.0	6.0
水平距离	高压	2.5	—	2.5	—	5.0	7.0	—
	低压							

5.3.11 路灯线路与弱电线路交叉跨越时，必须路灯线路在上，弱电线路在下。在路灯线路最大弧垂时，路灯高压线路与弱电线路的垂直距离不得小于 2m；路灯低压线路与弱电线路的垂直距离不得小于 1m。

5.3.12 导线在最大弧垂和最大风偏时，对建筑物的净空距离不得小于表 5.3.12 的规定。

表 5.3.12   导线对建筑物的最小距离（m）

类　别	裸绞线		绝缘线	
	高压	低压	高压	低压
垂直距离	3.0	2.5	2.5	2.0
水平距离	1.5	1.0	0.75	0.2

5.3.13 导线在最大弧垂和最大风偏时，对树木的净空距离不得小于表 5.3.13 的规定。当不能满足时，应采取隔离保护措施。

表 5.3.13   导线对树木的最小距离（m）

类　别		裸绞线		绝缘线	
		高压	低压	高压	低压
公园、绿化区、防护林带	垂直	3.0	3.0	3.0	3.0
	水平	3.0	3.0	1.0	1.0
果林、经济林、城市灌木林		1.5	1.5	—	
城市街道绿化树木	垂直	1.5	1.0	0.8	0.2
	水平	2.0	1.0	1.0	0.5

5.3.14 导线在最大弧垂时对地面、水面及跨越物的垂直距离不得小于表 5.3.14 的规定。

5.3.15 配电线路中的路灯专用架空线安装应符合下列规定：

1）可与其他架空线同杆架设，但必须是同一个配变区段的电源，且应与同杆架设的其他导线同材质；

2）架设的位置不应高于其他相同或更高电压等级的导线。

5.4   工程交接验收

5.4.1 架空线路工程交接检查验收应符合下列规定：

1）电杆、线材、金具、绝缘子等器材的质量应符合技术标准的规定；

2）电杆组立的埋深、位移和倾斜等应合格；

3）金具安装的位置、方式和固定等应符合规定；

4）绝缘子的规格、型号及安装方式方法应符合规定；

5）拉线的截面积、角度、制作和标志应符合规定；

6）导线的规格、截面积应符合设计规定；

7）导线架设的固定、连接、档距、弧垂以及导线的相间、跨越、对地、对树的距离应符合规定。

5.4.2 架空线路工程交接验收应提交下列资料和文件：

1）设计图及设计变更文件；

2）工程竣工图等资料；

3）测试记录和协议文件。

表 5.3.14　导线对地面、水面及跨越物的最小垂直距离（m）

线路经过地区		电压等级	
		高压	低压
居民区		6.5	6.0
非居民区		5.5	5.0
交通困难地区		4.5	4.0
至铁路轨顶		7.5	7.5
城市道路		7.0	6.0
至电车行车线承力索或接触线		3.0	3.0
至通航河流最高水位		6.0	6.0
至不通航河流最高水位		3.0	3.0
至索道距离		2.0	1.5
人行过街桥	裸绞线	宜入地	宜入地
	绝缘线	4.0	3.0
步行可以达到的山坡、峭壁、岩石		4.5	3.0

6　电缆线路

6.1　一般规定

6.1.1　电缆敷设的最小弯曲半径应符合表 6.1.1 的规定。

表 6.1.1　电缆敷设的最小弯曲半径

电缆类型		多芯	单芯
橡塑电缆	有铠装	15D	20D
	无铠装	12D	15D

注：表中的 D 为电缆外径。

6.1.2　电缆直埋或在保护管中不得有接头。

6.1.3　电缆敷设时，电缆应从盘的上端引出，不应使电缆在支架上及地面摩擦拖拉。电缆外观应无损伤，绝缘良好，不得有铠装压扁、电缆绞拧、护层折裂等机械损伤。电缆在敷设前应进行绝缘电阻测量，阻值应符合现行国家标准《电气装置安装工程电气设备交接试验标准》GB50150 的要求。

6.1.4　电缆敷设和电缆接头预留量宜符合下列规定：

1）电缆的敷设长度宜为电缆路径长度的 110%；

2）当电缆在灯杆内对接时，每基灯杆两侧的电缆预留量宜各不小于 2m；当路灯引上线与电缆 T 接时，每基灯杆电缆的预留量宜不小于 1.5m。

6.1.5　三相四线制应采用四芯电力电缆，不应采用三芯电缆另加一根单芯电缆或以金属护套作中性线。三相五线制应采用五芯电力电缆线，PE 线截面积应符合表 6.1.5 的规定。

表 6.1.5　PE 线截面积（mm²）

相线截面积（S）	PE 线截面积
$S \leqslant 10$	S
$16 \leqslant S \leqslant 35$	16
$S \geqslant 50$	S/2

6.1.6　直埋电缆在直线段每隔 50～100m 处、电缆接头处、转弯处、进入建筑物等处，应设置明显的方位标志或标桩。

6.1.7　电缆埋设深度应符合下列规定：

1）绿地、车行道下不应小于 0.7m；

2）人行道下不应小于 0.5m；

3）在冻土地区，应敷设在冻土层以下；

4）在不能满足上述要求的地段应按设计要求敷设。

6.1.8　电缆接头和终端头整个制作过程应保持清洁和干燥；制作前应将线芯及绝缘表面擦拭干净，塑料电缆宜采用自粘带、粘胶带、胶粘剂、收缩管等材料密封，塑料护套表面应打毛，粘接表面应用溶剂除去油污，粘接应良好。

6.1.9　电缆芯线的连接宜采用压接方式，压接面应满足电气和机械强度要求。

6.1.10　电缆标志牌的装设应符合下列规定：

1）在电缆终端、分支处，工作井内有两条及以上的电缆，应设标志牌；

2）标志牌上应注明电缆编号、型号规格、起止地点。标志牌字迹清晰，不易脱落；

3）标志牌规格宜统一，材质防腐、经久耐用，挂装应牢固。

6.1.11　电缆从地下或电缆沟引出地面时应加保护管，保护管的长度不得小于 2.5m，沿墙敷设时采用抱箍固定，固定点不得少于两处；电缆上杆应加固定支架，支架间距不得大于 2m。所有支架和金属部件应热镀锌处理。

6.1.12　电缆金属保护管和桥架、架空电缆钢绞线等金属管线应有良好的接地保护，系统接地电阻不得大于 4Ω。

6.2　电缆敷设

6.2.1　电缆直埋敷设时，沿电缆全长上下应铺厚度不小于 100mm 的软土或细沙层，并加盖保护，其覆盖宽度应超过电缆两侧各 50mm，保护可采用混凝土盖板或砖块。电缆沟回填土应分层夯实。

6.2.2　直埋电缆应采用铠装电力电缆。

6.2.3　直埋敷设的电缆穿越铁路、道路、道口等机动车通行的地段时应敷设在能满足承压强度的保护管中，应留有备用管道。

6.2.4　在含有酸、碱强腐蚀或有振动、热影响、虫鼠等危害性地段，应采取防护措施。

6.2.5　电缆之间、电缆与管道、道路、建筑物之间平行和交叉时的最小净距应符合表 6.2.5 的规定，如不能满足规程要求，应采取隔离保护措施。

表 6.2.5　电缆之间、电缆与管道、道路、建筑物之间平行和交叉时的最小净距

项目		最小净距/m	
		平行	交叉
电力电缆间及控制电缆间	10kV 及以下	0.1	0.5
	10kV 以上	0.25	0.5
控制电缆间		—	0.5
不同使用部门的电缆间		0.5	0.5
热管道（管沟）及电力设备		2.0	0.5
油管道（管沟）		1.0	0.5
可燃气体及易燃流体管道（沟）		1.0	0.5
其他管道（管沟）		0.5	0.5
铁路轨道		3.0	1.0
电气化铁路轨道	交流	3.0	1.0
	直流	10.0	1.0
公路		1.5	1.0
城市街道路面		1.0	0.7
杆基础（边线）		1.0	—
建筑物基础（边线）		0.6	—
排水沟		1.0	0.5

6.2.6　电缆保护管不应有孔洞、裂缝和明显的凹凸不平，内壁应光滑无毛刺，金属电缆管应采用热镀锌管、铸铁管或热浸塑钢管，直线段保护管内径应不小于电缆外径的 1.5 倍，有弯曲时不应小于 2 倍；混凝土管、陶土管、石棉水泥管其内径不宜小于 100mm。

6.2.7　电缆保护管的弯曲半径不应小于所穿入电缆的最小允许弯曲半径，弯制后不应有裂缝和显著的凹瘪现象，其

弯扁程度不宜大于管子外径的10%。管口应无毛刺和尖锐棱角,管口宜做成喇叭形。

6.2.8　硬质塑料管连接采用套接或插接时,其插入深度宜为管子内径的1.1～1.8倍,在插接面上应涂以胶合剂粘牢密封;采用套接时套接两端应采用密封措施。

6.2.9　金属电缆保护管连接应牢固,密封良好;当采用套接时,套接的短套管或带螺纹的管接头长度不应小于外径的2.2倍,金属电缆保护管不宜直接对焊,宜采用套管焊接的方式。

6.2.10　敷设混凝土、陶土、石棉等电缆管时,地基应坚实、平整,不应有沉降。电缆管连接时,管孔应对准,接缝应严密,不得有地下水和泥浆渗入。

6.2.11　交流单芯电缆不得单独穿入钢管内。

6.2.12　在经常受到振动的高架路、桥梁上敷设的电缆,应采取防振措施。桥墩两端和伸缩缝处的电缆,应留有松弛部分。

6.2.13　电缆保护管在桥梁上明敷时应安装牢固,支持点间距不宜大于3m。当电缆保护管的直线长度超过30m时,宜加装伸缩节。

6.2.14　当直线段钢制电缆桥架超过30m、铝合金电缆桥架超过15m或跨越桥墩伸缩缝处宜采用伸缩连接板连接。

6.2.15　电缆桥架转弯处的转弯半径,不应小于该桥架上的电缆最小允许弯曲半径。

6.2.16　采用电缆架空敷设时应符合下列规定:

1)架空电缆承力钢绞线截面积不宜小于$35mm^2$,钢绞线两端应有良好接地和重复接地;

2)电缆在承力钢绞线上固定应自然松弛,在每一电杆处应留一定的余量,长度不应小于0.5m;

3)承力钢绞线上电缆固定点的间距应小于0.75m,电缆固定件应进行热镀锌处理,并应加软垫保护。

6.2.17　过街管道两端、直线段超过50m时应设工作井,灯杆处宜设置工作井,工作井应符合下列规定:

1)工作井不宜设置在交叉路口、建筑物门口、与其他管线交叉处;

2)工作井宜采用M5砂浆砖砌体,内壁粉刷应用1:2.5防水水泥砂浆抹面,井壁光滑、平整;

3)井盖应有防盗措施,并应满足车行道和人行道相应的承重要求;

4)井深不宜小于1m,并应有渗水孔;

5)井内壁净宽不宜小于0.7m;

6)电缆保护管伸出工作井壁30～50mm,有多根电缆管时,管口应排列整齐,不应有上翘下坠现象。

6.2.18　路灯高压电缆的施工及验收应符合现行国家标准《电气装置安装工程电缆线路施工及验收规范》GB50168及有关国家现行标准的规定。

6.3　工程交接验收

6.3.1　电缆线路工程交接检查验收应符合下列规定:

1)电缆型号应符合设计要求,排列整齐,无机械损伤,标志牌齐全、正确、清晰;

2)电缆的固定间距、弯曲半径应符合规定;

3)电缆接头、绕包绝缘应符合规定;

4)电缆沟应符合要求,沟内无杂物;

5)保护管的连接防腐应符合规定;

6)工作井设置应符合规定。

6.3.2　隐蔽工程应在施工过程中进行中间验收,并应做好记录。

6.3.3　电缆线路工程交接验收应提交下列资料和文件:

1)设计图及设计变更文件;

2)工程竣工图等资料;

3)各种试验和检查记录。

7　安全保护

7.1　一般规定

7.1.1　城市道路照明电气设备的下列金属部分均应接零或接地保护:

1)变压器、配电柜(箱、屏)等的金属底座、外壳和金属门;

2)室内外配电装置的金属构架及靠近带电部位的金属遮拦;

3)电力电缆的金属铠装、接线盒和保护管;

4)钢灯杆、金属灯座、Ⅰ类照明灯具的金属外壳;

5)其他因绝缘破坏可能使其带电的外露导体。

7.1.2　严禁采用裸铝导体作接地极或接地线。接地线严禁兼做他用。

7.1.3　在同一台变压器低压配电网中,严禁将一部分电气设备或钢灯杆采用保护接地,而将另一部分采用保护接零。

7.1.4 在市区内由公共配变供电的路灯配电系统采用的保护方式，应符合当地供电部门的统一规定。

7.2 接零和接地保护

7.2.1 在保护接零系统中，当采用熔断器作保护装置时，单相短路电流不应小于熔断器熔体额定电流的4倍；当采用自动开关作保护装置时，单相短路电流不应小于自动开关瞬时或延时动作电流的1.5倍。

7.2.2 当采用接零保护时，单相开关应装在相线上，零线上严禁装设开关或熔断器。

7.2.3 道路照明配电系统宜选用TN－S接地制式，整个系统的中性线（N）应与保护线（PE）分开，在始端PE线与变压器中性点（N）连接，PE线与每根路灯钢杆接地螺栓可靠连接，在线路分支、末端及中间适当位置处作重复接地形成联网。

7.2.4 TT接地制式中工作接地和保护接地分开独立设置，保护接地宜采用联网TT系统，独立的PE接地线与每根路灯钢杆接地螺栓可靠连接，但配电系统必须安装漏电保护装置。

7.2.5 道路照明配电系统中，采用TN或TT系统接零和接地保护，PE线与灯杆、配电箱等金属设备连接成网，在任一地点的接地电阻不应大于4Ω。

7.2.6 在配电线路的分支、末端及中间适当位置做重复接地并形成联网，其重复接地电阻不应大于10Ω，系统接地电阻不应大于4Ω。

7.2.7 采用TT系统接地保护，没有采用PE线连接成网的灯杆、配电箱等，其独立接地电阻不应大于4Ω。

7.2.8 道路照明配电系统的变压器中性点（N）的接地电阻不应大于4Ω。

7.3 接地装置

7.3.1 接地装置可利用自然接地体，如构筑物的金属结构（梁、柱、桩）埋设在地下的金属管道（易燃、易爆气体、液体管道除外）及金属构件等。

7.3.2 人工接地装置应符合下列规定：

1) 垂直接地体所用的钢管，其内径不应小于40mm，壁厚3.5mm；角钢应采用∠50×50×5（mm）以上，圆钢直径不应小于20mm，每根长度不小于2.5m，极间距离不宜小于其长度的2倍，接地体顶端距地面不应小于0.6m。

2) 水平接地体所用的扁钢截面积不小于4×30（mm），圆钢直径不小于10mm，埋深不小于0.6m，极间距离不宜小于5m。

7.3.3 保护接地线必须有足够的机械强度，应满足不平衡电流及谐波电流的要求，并应符合下列规定：

1) 保护接地线和相线的材质应相同，当相线截面积在35mm² 及以下时，保护接地线的最小截面积不应小于相线的截面积，当相线截面积在35mm² 以上时，保护接地线的最小截面积不得小于相线截面积的50%；

2) 采用扁钢时不应小于4×30（mm），圆钢直径不应小于10mm；

3) 箱式变电站、地下式变电站、控制柜（箱、屏）可开启的门应与接地的金属框架可靠连接，采用的裸铜软线截面积不应小于4mm²。

7.3.4 明敷设接地体（线）应符合下列规定：

1) 敷设位置不应妨碍设备的拆卸和检修，接地体与构筑物的距离不应小于1.5m；

2) 接地体（线）应水平或垂直敷设，亦可与构筑物倾斜结构平行敷设；在直线段上不应起伏或弯曲；

3) 跨越桥梁及构筑物的伸缩缝、沉降缝时，应将接地线弯成弧状；

4) 接地线支持件的距离：水平直线部分宜为0.5～1.5m，垂直部分宜为1.5～3.0m，转弯部分宜为0.3～0.5m；

5) 沿配电房墙壁水平敷设时，距地面宜为0.25～0.3m，与墙壁间的距离宜为0.01～0.015m。

7.3.5 接地体（线）的连接应采用搭接焊，焊接必须牢固无虚焊。接至电气设备上的接地线，应采用热镀锌螺栓连接；对有色金属接地线不能采用焊接时，可用螺栓连接、压接、热剂焊等方式连接。

7.3.6 接地体搭接焊的搭接长度应符合下列规定：

1) 当扁钢与扁钢焊接时，焊接长度为扁钢宽度的2倍（4个棱边焊接）；

2) 当圆钢与圆钢焊接时，焊接长度为圆钢直径的6倍（圆钢两面焊接）；

3) 当圆钢与扁钢连接时，焊接长度为圆钢直径的6倍（圆钢两面焊接）；

4) 当扁钢与角钢连接时，其长度为扁钢宽度的2倍，并应在其接触部位两侧进行焊接。

7.3.7 接地体（线）及接地卡子、螺栓等金属件必须热镀锌，焊接处应做防腐处理，在有腐蚀性的土壤中，应适当加大接地体（线）的截面积。

7.4 工程交接验收

7.4.1 安全保护工程交接检查验收应符合下列规定：

1) 接地线规格正确，连接可靠，防腐层应完好；

2) 工频接地电阻值及设计的其他测试参数符合设计规定，雨后不应立即测量接地电阻。

7.4.2 安全保护工程交接验收应提交下列文件资料：

1）设计图及设计变更文件；

2）工程竣工图等资料；

3）测试记录。

8 路灯安装

8.1 一般规定

8.1.1 灯杆位置应合理选择，与架空线路、地下设施以及影响路灯维护的建筑物的安全距离应符合本规程第5.3.10、5.3.12条和第6.2.5条的规定。

8.1.2 同一街道、广场、桥梁等的路灯，从光源中心到地面的安装高度、仰角、装灯方向宜保持一致。灯具安装纵向中心线和灯臂纵向中心线应一致，灯具横向水平线应与地面平行。

8.1.3 基础顶面标高应根据标桩确定。基础开挖后应将坑底夯实。若土质等条件无法满足上部结构承载力要求时，应采取相应的防沉降措施。

8.1.4 浇制基础前，应排除坑内积水，并应保证基础坑内无碎土、石、砖以及其他杂物。

8.1.5 钢筋混凝土基础宜采用C20等级及以上的商品混凝土，电缆保护管应从基础中心穿出，并应超过混凝土基础平面30~50mm，保护管穿电缆之前应将管口封堵。

8.1.6 灯杆基础螺栓高于地面时，灯杆紧固校正后，应将根部法兰、螺栓现浇厚度不小于100mm的混凝土保护或采取其他防腐措施，其表面平整光滑且不积水。

8.1.7 灯杆基础螺栓低于地面时，基础螺栓顶部宜低于地面150mm，灯杆紧固校正后，将法兰、螺栓用混凝土包封或选择其他防腐措施。

8.1.8 道路照明灯具的效率不应低于70%，泛光灯灯具效率不应低于65%，灯具光源腔的防护等级不应低于IP54，灯具电器腔的防护等级不应低于IP43，且应符合下列规定：

1）灯具配件应齐全、无机械损伤、变形、油漆剥落、灯罩破裂等现象；

2）反光器应干净整洁、表面应无明显划痕；

3）透明罩外观应无气泡、明显的划痕和裂纹；

4）封闭灯具的灯头引线应采用耐热绝缘导线，灯具外壳与尾座连接紧密；

5）灯具的温升和光学性能应符合现行国家标准《灯具一般要求与实验》GB7000.1的规定，并应具备省级及以上灯具检测资质的机构出具的合格报告。

8.1.9 LED道路照明灯具除应符合本规程第8.1.8条的有关规定外，且应符合下列规定：

1）灯的额定功率分类应符合现行国家标准《道路照明用LED灯 性能要求》GB/T24907的规定；

2）灯在额定电压和额定频率下工作时，其实际消耗的功率与额定功率之差不应大于10%，功率因数实测值不应低于制造商标准值的0.05；

3）灯的安全性能应符合现行国家标准《普通照明用LED模块 安全要求》GB24819的要求，防护等级应达到IP65；

4）灯的无线电骚扰特性、输入电流谐波和电磁兼容要求属国家强制性标准，应符合现行国家标准《电气照明和类似设备的无线电骚扰特性的限值和测量方法》GB17743、《电磁兼容 限值 谐波电流发射限值（设备每相输入电流≤16A）》GB17625.1、《一般照明用设备电磁兼容抗扰度要求》GB/T18595的规定；

5）光通维持率在燃点3000h时不应低于95%，在燃点6000h时不应低于90%，同一批次的光源色温应一致；

6）灯的光度分布应符合现行行业标准《城市道路照明设计标准》CJJ45规定的道路照明标准值的要求，供应商应完整提供灯的光学数据等计算资料；

7）宜采用分体式道路照明用LED灯具，对于分体式LED灯中可替换的LED部件或模块光源，应符合现行国家标准《普通照明用LED模块 性能要求》GB/T24823和《普通照明用LED模块 安全要求》GB24819的规定。

8.1.10 灯泡座应固定牢靠，可调灯泡座应调整至正确位置。绝缘外壳应无损伤、开裂；相线应接在灯泡座中心触点端子上，零线应接螺口端子。

8.1.11 灯具引至主线路的导线应使用额定电压不低于500V的铜芯绝缘线，最小允许线芯截面积不应小于1.5mm²，功率400W及以上的最小允许线芯截面积不宜小于2.5mm²。

8.1.12 在灯臂、灯杆内穿线不得有接头，穿线孔口或管口应光滑、无毛刺，并应采用绝缘套管或包带扎（电缆、护套线除外），包扎长度不得小于200mm。

8.1.13 每盏灯的相线应装设熔断器，熔断器应固定牢靠，熔断器及其他电器电源进线应上进下出或左进右出。

8.1.14 气体放电灯应将熔断器安装在镇流器的进电侧，熔丝应符合下列规定：

1）150W及以下应为4A；

2）250W应为6A；

3）400W应为10A；

4）1000W 应为 15A。

8.1.15　气体放电灯应设无功补偿，宜采用单灯无功补偿。气体放电灯的灯泡、镇流器、触发器等应配套使用。镇流器、触发器等接线端子瓷柱不得破裂，外壳密封良好，无锈蚀现象。

8.1.16　灯具内各种接线端子不得超过两个线头，线头弯曲方向，应按顺时针方向并压在两垫圈之间。当采用多股导线接线时，多股导线不能散股。

8.1.17　各种螺栓紧固，宜加垫片和防松装置。紧固后螺钉露出螺母不得少于两个螺距，最多不宜超过 5 个螺距。

8.1.18　路灯安装使用的灯杆、灯臂、抱箍、螺栓、压板等金属构件应进行热镀锌处理，防腐质量应符合国家现行标准的相关规定。

8.1.19　灯杆、灯臂等热镀锌后，外表涂层处理时，覆盖层外观应无鼓包、针孔、粗糙、裂纹或漏喷区等缺陷，覆盖层与基体应有牢固的结合强度。

8.1.20　玻璃钢灯杆应符合下列规定：

1）灯杆外表面应平滑美观、无裂纹、气泡、缺损、纤维露出；并有抗紫外线保护层，具有良好的耐气候特性；

2）灯杆内部应无分层、阻塞及未浸渍树脂的纤维白斑；

3）检修门框尺寸允许偏差宜为 ±5mm，并应具备防水功能，内部固定用金属配件应采用热镀锌或不锈钢；

4）灯杆壁厚根据设计要求允许偏差为 0 ~ +3mm，并应满足本地区最大风速的抗风强度要求。

8.1.21　路灯单独编号时应符合下列规定：

1）半高杆灯、高杆灯、单挑灯、双挑灯、庭院灯、杆上路灯等道路照明灯都应统一编号；

2）杆号牌可采用粘贴或直接喷涂的方式，号牌高度、规格宜统一，材质防腐、牢固耐用；

3）杆号牌宜标注"路灯"二字和编号、报修电话等内容，字迹清晰、不易脱落。

8.2　半高杆灯与高杆灯

8.2.1　基础顶面标高应高于提供的地面标桩 100mm。基础坑深度的允许偏差应为 +100mm、-50mm。当基础坑深与设计坑深偏差在 +100mm 以上时，应符合下列规定：

1）偏差在 +100 ~ +300mm 时，采用铺石灌浆处理；

2）偏差超过规定值的 +300mm 以上时，超过部分可采用填土或石料夯实处理，分层夯实厚度不宜大于 100mm，夯实后的密实度不应低于原状土，然后再采用铺石灌浆处理。

8.2.2　地脚螺栓埋入混凝土的长度应大于其直径的 20 倍，并应与主筋焊接牢固，螺纹部分应加以保护，基础法兰螺栓中心分布直径应与灯杆底座法兰孔中心分布直径一致，偏差应小于 ±1mm，螺栓紧固应加垫圈并采用双螺母，设置在振动区域应采取防振措施。

8.2.3　浇筑混凝土的模板宜采用钢模板，其表面应平整且接缝严密，支模时应符合基础设计尺寸的规定，混凝土浇筑前，模板表面应涂脱模剂。

8.2.4　基坑回填应符合下列规定：

1）对适于夯实的土质，每回填 300mm 厚度应夯实一次，夯实程度应达到原状土密实度的 80% 及以上；

2）对不宜夯实的水饱和粘性土，应分层填实，其回填土的密实度应达到原状土密实度的 80% 及以上。

8.2.5　中杆灯和高杆灯的灯杆、灯盘、配线、升降电动机构等应符合现行行业标准《高杆照明设施技术条件》CJ/T3076 的规定。

8.2.6　半高杆灯和高杆灯宜采用三相供电，且三相负荷应均匀分配，每一回路必须装设保护装置。

8.3　单挑灯、双挑灯和庭院灯

8.3.1　钢灯杆应进行热镀锌处理，镀锌层厚度不应小于 65μm，表面涂层处理应在钢杆热镀锌后进行，因校直等因素涂层破坏部位不得超过两处，且修整面积不得超过杆身表面积的 5%。

8.3.2　钢灯杆长度为 13m 及以下的锥形杆应无横向焊缝，纵向焊缝应匀称、无虚焊。

8.3.3　钢灯杆的允许偏差应符合下列规定：

1）长度允许偏差宜为杆长的 ±0.5%；

2）杆身直线度允许误差宜小于 3‰；

3）杆身横截面直径、对角线或对边距允许偏差宜为 ±1%；

4）检修门框尺寸允许偏差宜为 ±5mm；

5）悬挑灯臂仰角允许偏差宜为 ±1°。

8.3.4　直线路段安装单挑灯、双挑灯、庭院灯时，无特殊情况时，灯间距与设计间距的偏差应小于 2%。

8.3.5　灯杆垂直度偏差应小于半个杆梢，直线路段单、双挑灯、庭院灯排列成一直线时，灯杆横向位置偏移应小于半个杆根。

8.3.6　钢灯杆吊装时应采取防止钢缆擦伤灯杆表面防腐装饰层的措施。

8.3.7　钢灯杆检修门朝向应一致，宜朝向人行道或慢车道侧，并应采取防盗措施。

8.3.8　灯臂应固定牢靠，灯臂纵向中心线与道路纵向成90°角，偏差不应大于2°。

8.3.9　庭院灯具结构应便于维护，铸件表面不得有影响结构性能与外观的裂纹、砂眼、疏松气孔和夹杂物等缺陷。镀锌外表涂层应符合本规程第8.1.18条和第8.1.19条的规定。

8.3.10　庭院灯宜采用不碎灯罩，灯罩托盘应采用压铸铝或压铸铜材质，并应有泄水孔；采用玻璃灯罩紧固时，螺栓应受力均匀，玻璃灯罩卡口应采用橡胶圈衬垫。

8.4　杆上路灯

8.4.1　杆上路灯（含与电力杆等合杆安装路灯，下同）的高度、仰角、装灯方向应符合本规程第8.1.2条的规定。

8.4.2　杆上路灯灯臂固定抱箍应紧固可靠，灯臂纵向中心线与道路纵向偏差角度应符合本规程第8.3.8条的规定。

8.4.3　引下线宜使用铜芯绝缘线和引下线支架，且松紧一致。引下线截面积不宜小于2.5mm²；引下线搭接在主线路上时应在主线上背扣后缠绕7圈以上。当主导线为铝线时应缠上铝包带并使用铜铝过渡连接引下线。

8.4.4　受力引下线保险台宜安装在引下线离灯臂瓷瓶100mm处，裸露的带电部分与灯架、灯杆的距离不应少于50mm。非受力保险台应安装在离灯架瓷瓶60mm处。

8.4.5　引下线应对称搭接在电杆两侧，搭接处离电杆中心宜为300~400mm，引下线不应有接头。

8.4.6　穿管敷设引下线时，搭接应在保护管同一侧，与架空线的搭接宜在保护管弯头管口两侧。保护管用抱箍固定，固定点间隔宜为2m，上端管口应弯曲朝下。

8.4.7　引下线严禁从高压线间穿过。

8.4.8　在灯臂或架空线横担上安装镇流器应有衬垫支架，固定螺栓不得少于两只，直径不应小于6mm。

8.5　其他路灯

8.5.1　墙灯安装高度宜为3~4m，灯臂悬挑长度不宜大于0.8m。

8.5.2　安装墙灯时，从电杆上架空线引下线到墙体第一支持物间距不得大于25m，支持物间距不得大于6m，特殊情况应按设计要求施工。

8.5.3　墙灯架线横担应用热镀锌角钢或扁钢，角钢不应小于∠50×5；扁钢不应小于−50×5。

8.5.4　道路横向或纵向悬索吊灯安装高度不宜小于6m，且应符合下列规定：

1）悬索吊灯采用16~25mm²的镀锌钢绞线或Φ4镀锌铁丝合股使用，其抗拉强度不应小于吊灯（包括各种配件、引下线铁板、瓷瓶等）重量的10倍；

2）道路横向吊线松紧应合适，两端高度宜一致，并应安装绝缘子。当电杆的刚度不足以承受吊线拉力时，应增设拉线；

3）道路纵向悬索钢绞线弧垂应一致，终端、转角杆应设拉线，并应符合本规程第5.2.3~5.2.5条规定。全线钢绞线应做接地保护，接地电阻应小于4Ω；

4）悬索吊灯的电源引下线不得受力。引下线如遇树枝等障碍物时，可沿吊线敷设支持物，支持物之间间距不宜大于1m；

5）墙灯、吊灯引下线和保险台的安装应符合本规程第8.4.3~8.4.7条的规定。

8.5.5　高架路、桥梁等防撞护栏嵌入式路灯安装高度宜在0.5~0.6m，灯间距不宜大于6m，并应满足照度（亮度）、均匀度的要求。

8.5.6　防撞护栏嵌入式路灯应限制眩光，必要时应安装挡光板或采用带格栅的灯具，光源腔的防护等级不应低于IP65。灯具安装灯体突出防撞墙平面不宜大于10mm。

8.5.7　高架路、桥梁等易发生强烈振动和灯杆易发生碰撞的场所，灯具应采取防振措施和防坠落装置。

8.5.8　防撞护栏嵌入式过渡接线箱应热镀锌，门锁应有防盗装置；箱内线路排列整齐，每一回路挂有标志牌，并应符合本规程第3.3.5条的规定。

8.6　工程交接验收

8.6.1　路灯安装工程交接检查验收时应符合下列规定：

1）试运行前应检查灯杆、灯具、光源、镇流器、触发器、熔断器等电器的型号、规格符合设计要求；

2）杆位合理，杆高、灯臂悬挑长度、仰角一致；各部位螺栓紧固牢靠，电源接线准确无误；

3）灯杆、灯臂、灯具、电器等安装固定牢靠。杆上安装路灯的引下线松紧一致；

4）灯具纵向中心线和灯臂中心线应一致，灯具横向中心线和地面应平行，投光灯具投射角度应调整适当；

5）灯杆、灯臂的热镀锌和涂层不应有损坏；

6）基础尺寸、标高与混凝土强度等级应符合设计要求，基础无视觉可辨识的沉降；

7）金属灯杆、灯座均应接地（接零）保护，接地线端子固定牢固。

8.6.2　路灯安装工程交接验收时应提交下列资料和文件：

1）设计图及设计变更文件；
2）工程竣工图等资料；
3）灯杆、灯具、光源、镇流器等生产厂家提供的产品说明书、试验记录、合格证及安装图纸等技术文件；
4）各种试验记录。

本规程用词说明

1）为便于在执行本规程条文时区别对待，对要求严格程度不同的用词说明如下：
①表示很严格，非这样做不可的：
正面词采用"必须"，反面词采用"严禁"。
②表示严格，在正常情况下均应这样做的：
正面词采用"应"，反面词采用"不应"或"不得"。
③表示允许稍有选择，在条件许可时首先应这样做的：
正面词采用"宜"，反面词采用"不宜"。
④表示有选择，在一定条件下可以这样做，采用"可"。
2）条文中指明应按其他有关标准执行的写法为，"应符合……的规定"或"应按……执行"。

引用标准名录

1．《钢结构设计规范》GB 50017—2003
2．《10kV 及以下变电所设计规范》GB 50053—1994
3．《工业与民用电力装置的过电压保护设计规范》GBJ64—1983
4．《电气装置安装工程电气设备交接试验标准》GB50150—2006
5．《电气装置安装工程电缆线路施工及验收规范》GB50168—2006
6．《电气装置安装工程接地装置施工及验收规范》GB50169—2006
7．《电气装置安装工程 35kV 及以下架空电力线路施工及验收规范》GB50173—1992
8．《电力变压器》GB 1094. 1—1996
9．《外壳防护等级（IP 代码）》GB4208—2008
10．《起重机械安全规程》GB6067. 1—2010
11．《灯具一般要求与实验》GB7000. 1—2007
12．《高压/低压箱式变电站》GB/T17467—1998
13．《电气照明和类似设备的无线电骚扰特性的限值和测量方法》GB17743—2007
14．《电磁兼容　限值　谐波电流发射限值（设备每相输入电流≤16A）》GB17625. 1—2012
15．《一般照明用设备电磁兼容抗扰度要求》GB/T18595—2001
16．《普通照明用 LED 模块　安全要求》GB24819—2009
17．《普通照明用 LED 模块　性能要求》GB/T24823—2009
18．《道路照明用 LED 灯　性能要求》GB/T 24907—2010
19．《城市道路照明设计标准》CJJ45—2006
20．《高杆照明设施技术条件》CJ/T3076—1998
21．《地下式变压器》JB/T 10544—2006

城市道路照明工程施工及验收规程
（CJJ89 - 2012）条文说明

目　　次

1　总则
3　变压器、箱式变电站
　3.1　一般规定
　3.2　变压器
　3.3　箱式变电站
　3.4　地下式变电站
4　配电装置与控制
　4.1　配电室
　4.2　配电柜（箱、屏）安装
　4.3　配电柜（箱、屏）电器安装
　4.4　二次回路接线
　4.5　路灯控制系统
5　架空线路
　5.1　电杆与横担
　5.2　绝缘子与拉线
　5.3　导线架设
6　电缆线路
　6.1　一般规定
　6.2　电缆敷设
7　安全保护
　7.1　一般规定
　7.2　接零和接地保护
　7.3　接地装置
8　路灯安装
　8.1　一般规定
　8.2　半高杆灯与高杆灯
　8.3　单挑灯、双挑灯和庭院灯
　8.4　杆上路灯

修订说明

　　《城市道路照明工程施工及验收规程》（CJJ89—2012），经住房和城乡建设部 2012 年 5 月 16 日以 1379 号公告批准发布。

　　本规程是在《城市道路照明工程施工及验收规程》CJJ89—2001 的基础上修订而成，上一版的主编单位是北京市路灯管理处，参编单位是武汉市路灯管理局、沈阳市路灯管理局、深圳市灯光环境管理中心、常州市路灯管理处。主要起草人员是孙怡璞、冀中义、曾祥礼、李炯照、鲍凯虹、张华。本次修订的主要技术内容是：1. 总则；2. 术语；3. 变压器、箱式变电站；4. 配电装置与控制；5. 架空线路；6. 电缆线路；7. 安全保护；8. 路灯安装。

　　本规程的修订过程中，编制组进行了城市道路照明行业的调查研究，总结了我国城市道路照明工程施工及维修工作的实践经验，同时参考了国外技术法规、技术标准。

　　为便于广大设计、施工、科研、学校等单位有关人员在使用本规程时能正确理解和执行条文规定，《城市道路照明工程施工及验收规程》编制组按章、节、条顺序编制了本标准的条文说明，对条文规定的目的、依据以及执行中需要注意的有关事项进行了说明。但是，本条文说明不具备与标准正文同等的法律效力，仅供使用者作为理解和把握标准规定的参考。

城市道路照明工程施工及验收规程

1 总　则

1.0.1　本条文明确了本规程的制定目的，本规程的制定可以有效地规范城市道路照明建设，指导全国业内在城市道路照明工程中采用经济实用、高效节能的路灯器材和设备，同时还能采用技术先进、科学合理的安装工艺，提高工程质量和经济效益。

1.0.2　我国城市道路照明专用变压器容量以500kVA及以下较为合适。故本规程适用于电压为10kV及以下的电力变压器。

1.0.3　照明器材使用前，应做好检查工作，尤其是超过规定保管期限或保管、运输中可能造成损坏者。

1.0.4　施工现场中的安全技术规程有住房和城乡建设部颁发的《安全生产法》、《建设工程安全生产管理条例》和电力行业有关的安全生产等管理规定，都是施工过程中必须遵守的现行安全技术规定。认真贯彻执行对施工人员的人身安全和设备安全是非常重要的。

注：2　术语已删。

3　变压器、箱式变电站

3.1　一般规定

3.1.1　我国道路照明主要由公用变压器供电。随着道路照明事业的发展，特别是经济发达地区对城市道路照明要求的提高，城市道路照明将由专用变压器供电。为配合城市景观，使用箱式变电站已成为城市道路照明供电的主流。在景观要求较高、用地紧张的地段，地下式变压器在小型化、美观化方面特点突出，也是较合适的选择。

本条符合《电力变压器　第一部分　总则》GB 1094.1和《地下式变压器》JB/T 10544的要求。地下式变压器运行环境温度一般允许比《电力变压器　第一部分　总则》GB 1094.1规定的正常环境温度高10℃。

3.1.2　道路照明专用变压器、箱式变电站布设在道路红线内方便日后的维护管理。在道路的城市电力通道一侧设置，可方便10kV电缆引接，降低10kV电缆工程量。为确保供电的可靠和安全，变压器的安装场所应该选择无火灾、爆炸危险的地点，应远离加油站、石油气供应站、有化学腐蚀影响以及剧烈震动的场所。箱式变电站的箱体是由钢板或其他材料制成的户外型箱体，内部电器组合紧凑，其安装场所是不易积水和通风良好的地方，避免电器受潮、箱体锈蚀以延长使用寿命。地下式变压器免维护，防护等级高，可置于专用地坑内，减少占地，地面低压配电部分可根据要求制作成灯箱广告，适用于环境景观要求较高、用地紧张的地段。

3.1.3　设备到达现场后应及时检查，以便发现设备存在的缺陷和问题并及时处理，为安装工程顺利进行创造条件。

本条规定对外观检查有无机械损伤，以判断设备在运输过程中有无受到冲击而使内部受损伤。

3.1.4　根据《电气装置安装工程电力变压器、油浸电抗器、互感器施工及验收规范》GB 50148规定，变压器、油浸电抗器到达现场后，当满足下列条件之一时，可不进行器身检查：

1）制造厂说明可不进行器身检查者。

2）容量为1000kVA及以下，运输过程中无异常情况者。

3）就地生产仅作短途运输的变压器、电抗器，当事先参加了制造厂的器身总装，质量符合要求，且在运输过程中进行了有效的监督，无紧急制动、剧烈振动、冲撞或严重颠簸等异常情况者。

3.1.5　本条参照国家相关规范，列出对500kVA及以下小容量变压器进行器身检查的项目。

3.2　变压器

3.2.1　室外变压器安装方式常用的有两种：杆上（柱上）式和落地式。落地式安全性比较差，占地面积大，整体形象不适宜在城市环境中使用，所以在本规程中不推荐室外落地方式。

杆上台架的横梁槽钢，其型号可以根据变压器的大小、重量合理配用。为了确保安全，100kVA以上的变压器可以在槽钢横梁中部加装一根槽钢支撑柱子。在杆上横架上安装的变压器应选用没有滚轮的。

3.2.4　本条参照现行国家标准《电气装置安装工程电气设备交接试验标准》GB 50150中1600kVA及以下油浸式电力变压器的试验项目。

3.2.6　本条提出了变压器的附件安装程序和要求。各类型变压器所配用的附件可根据本条相关的附件安装要求进行安装。

3.2.8　本条对变压器绝缘油的使用提出一些基本的要求，油质量标准参照《变压器油》GB 2536、《运行中变压器油质量标准》GB 7595。

最好使用同一牌号的油号，以保证原来运行油的质量和明确的牌号特点。我国变压器绝缘油的牌号按凝固点分为10号、25号和45号三种，一般是根据使用环境温度条件选用。同一牌号的合格油混合使用能保证其运行特性基本不变，而且维持设备技术档案中用油的统一性。

强调不同牌号的油不宜混合使用，混合使用的油其质量必须合格。标准是混合油的质量不低于其中一种油的质量。

3.2.9　本条提出变压器的高压、低压电气连接需按设计要求连接，可以采用硬母线（包括密集母线）连接，也可以采用电缆连接。各种连接方式的质量标准和制作技术规范可参照相关章节内容。

3.3　箱式变电站

3.3.1　箱式变电站是由高压、低压开关设备、变压器一体组合而成的户外式供配电设备。它不仅具备传统土建变电站配电、开关、控制、计量、补偿的功能，还具有占地面积少，安装方便、迅速，运行可靠，移动灵活，投资少等优点。因此，适用于油田、施工工地、城市公共建筑、住宅区和道路照明等场所的供电，近年在我国城市道路照明中已被广泛使用。

本条根据箱式变电站的结构和使用条件，对基础提出了要求。在满足箱式变电站的基本技术条件下，各城市可根据当地的气候条件设计适合当地使用的基础结构。工程实践中可采用的防水、排水措施包括：

1）电缆保护管管口采用管堵进行封堵。

2）电缆保护管管群在进入电缆室井壁2m范围内进行混凝土包封，特别是与井壁衔接处。

3）电缆室内外采用防水水泥砂浆抹面，厚度20mm。

4）电缆室人孔采用双重井盖，内井盖与井座之间设橡胶圈止水带。

5）电缆室底部设集水坑，坑内设管道按不小于1%坡度排向就近市政雨水井。

6）电缆室所在位置地下水位高于电缆室内底标高0.2m以上，而周边无合适的市政排水设施时，电缆室应采用整体钢筋混凝土结构。

7）采用上述防排水设施后，电缆室仍有严重积水情况时，应设置机械排水。

3.3.11　箱式变电站主要组合设备有高压开关柜（通常配用环网柜）、低压开关柜（包括路灯自动控制部分）、变压器（通常选用干式变压器）。本条提出了投运前应该检查的项目，这是根据电器设备安全操作规程的相关内容提出的最基本的安全技术要求。

3.4　地下式变电站

3.4.1　地下式变压器为全密封结构，防潮、防水性能达到 IP68 标准，具备一段时间内在地下和水中等恶劣环境中运行的能力。

3.4.2、3.4.3 地坑进水，地下式变压器将长期在潮湿甚至水浸的条件下运行，对安全不利，所以地坑应为防水结构。为方便安装和维护，地坑应预留一定空间。

3.4.4　本条根据变压器结构而规定了变压器的安装要求，避免误吊不合理吊点而损坏变压器结构。比如油浸式变压器顶盖上的吊环是为吊芯用的，如果用作吊整体，会使顶盖上盘法兰变形，导致漏油。

3.4.6　地下式变压器由于在地下安装，要求与普通变压器有区别。本条提出了投运前应该检查的项目，这是根据电器设备安全操作规程的相关内容提出的最基本的安全技术要求。

4　配电装置与控制

4.1　配电室

4.1.1　根据《10kV 及以下变电所设计规范》GB 50053，配电室靠近负荷中心是室址选择的基本要求，这样有利于提高供电电压质量、减少输电线路投资和电能损耗。

4.1.2　根据《低压配电设计规范》GB 50054 有关规定制定。

4.1.5　根据《10kV 及以下变电所设计规范》GB 50053 所列要求制定。

4.2　配电柜（箱、屏）安装

4.2.1　IP2X 防护等级要求应符合现行国家标准《低压电器外壳防护等级》GB/T4942.2 的规定，能防止直径大于12mm 的固体异物进入壳内。

4.2.5　目前国内配电柜（箱、屏）的安装一般采用基础型钢作底座。基础型钢与接地干线应可靠焊接，柜、盘用螺栓或焊接固定在基础型钢上。

基础型钢施工前，首先要检查型钢的不直度并予以校正。在施工时电气人员予以配合，本条提出的要求是可以做到的。对基础位置误差及不平行度进行限制，以保证柜（箱、屏）对整个控制室或配电室的相对位置。

4.2.6　强调按设计要求采取防振措施。因为设计部门掌握柜（箱、屏）的安装地点的振动情况，据此提出不同的防振措施，如常用垫橡皮垫、防振弹簧等方法。

考虑到配电盘、自动装置等需要更换检修，若将柜盘焊死，将造成更换检修困难，故提出不宜焊死。

4.2.7　本表系参照《自动化仪表安装工程施工质量验收规程》GB50131 中的有关规定。

4.2.8　装有电器的可开启的柜（箱、屏）门，若无软线与柜（箱、屏）的框架连接接地，则当电器绝缘损坏漏电时，柜（箱、屏）门上带有危险的电位，将会危及运行人员的人身安全。裸铜软线要有足够的机械强度。

4.2.11　室外配电箱应封闭良好，以防水、防尘、防潮。

4.2.16　根据原水电部（84）电生监字142号文的要求，开关柜应具有防止带负荷拉合刀闸、防止带地线合闸、防止带电挂接地线、防止走错间隔、防止误合开关的"五防"要求，特强调提出这一条款。

4.3　配电柜（箱、屏）电器安装

4.3.1　发热元件应安装在散热良好的地方，有些发热元件较笨重，不宜安装在顶部，否则既不安全又不便操作。装置性设备要求外壳接地，以防干扰，并保证弱电控制设备的正常运行。

4.3.2　本条是根据现行国家标准《电气装置工程盘、柜及二次回路接线施工及验收规范》GB 50171而编写的，施工时必须执行，以免造成运行事故。

4.3.3　本条第二款，根据现行国家标准《交流电器装置的接地设计规范》GB50065及《电气装置安装工程接地装置施工及验收规范》GB 50169，明确要求铠装电缆的金属护层应予以接地。

4.4　二次回路接线

4.4.1　第三款是因为近年来弱电保护和弱电控制大量应用，为防止强电对弱电的干扰而提出的要求。

第四款，主要考虑室外配电箱因受潮造成端子绝缘强度降低，故建议采用防潮端子。

第五款，小端子配大截面导线在工程中时有发生，造成安装困难且接触不良。

4.4.2　二次回路的连接件均应采用铜质制品，以防止锈蚀。考虑防火要求，绝缘件应采用自熄性阻燃材料。

4.4.3　本条参照国家现行标准《电力系统二次电路用控制及集电保护屏（柜、台）通用技术条件》JB 5777.2。

4.4.4　本条第三款，为保证导线不松散，多股导线不仅应端部绞紧，还应加终端部件，最好采用压接式终端部件。在一定的条件下，多股导线端部搪锡易发生电解反应而锈蚀，一般不主张采取搪锡处理。

4.5　路灯控制系统

4.5.1　目前，我国城市道路照明控制方式一般可归纳为有线控制、无线控制两种控制方式。从路灯控制发展趋势看，如果有条件可逐步应用推广微机无线遥控系统。目前，应用于路灯控制的电子产品较多，但功能基本相同。应选择结构合理，时钟精度高，性能可靠，操作简单，抗干扰能力强的产品。

4.5.2　根据《城市道路照明设计标准》CJJ45第6.2.3条规定制定。

4.5.3　光控开关是根据环境光照度值作为（开关路灯的）判断条件。环境光照度的改变往往会造成光控开关误动作，因此选择一个避免受环境光干扰的位置显得尤为重要，用户可根据具体情况而定。

外壳的防护性能等级IP有二位特征数字。第一位特征数字表示防尘等级；第二位特征数字表示防水等级。

4.5.6　系统误报率 $= \dfrac{误报次数}{报警次数} \times 100\%$

式中误报次数包括有故障没有报警、错报警和无故障也报警的次数。

5　架空线路

5.1　电杆与横担

5.1.1　架空线路施工时，电杆定位受地形、环境、地下管线等因素影响较大，在不影响线路质量的情况下允许一定的误差是必要的。

5.1.2　电杆埋深非常重要，应严格控制在允许误差的范围之内。

5.1.5　本条所指的高压横担是10kV主线路上的横担，低压担是指380kV和220V主线路上的横担。

5.1.6　本条规定横担统一安装在受电侧，是为了辨别线路的受电侧和电源侧。横担距杆顶的距离，以横担的上平面距杆顶为准。

5.1.7　表5.1.7中的"分支或转角杆"栏目中的数据，斜线上的数据为分支横担距上层干线横担的距离，斜线下的数据为分支横担距下层干线横担的距离；"绝缘线"中"低压与低压"栏目中的横担距离（200mm）不包括集束线横担。

5.1.8　抱担是指在电杆相对的两侧各安装一块相同的横担连为一体，可增加横担的承力能力；断连杆是指线路导线在这棵杆的两侧均做终端头，然后再将两个终端头做非承力连接。

5.2　绝缘子与拉线

5.2.1　绝缘子在架空线路中很重要，安装前的检查，除能保证工程质量外，也是保证安全运行的必要条件。

5.2.2　悬式绝缘子使用的开口销子，不得使用铁丝等代用品。

5.2.3　拉线要安装在靠近线路的受力点上，位置和方向不得有偏差，否则会造成线路歪斜，甚至造成设备事故。

防沉土台是为回填土下沉设的，在有方砖等特殊路面的地方，应尽力夯实回填土，避免下沉，可不设防沉土台。

5.2.4　拉线加装绝缘子，是防止拉线碰到带电导线时，烧毁设备或发生人身触电事故，要求绝缘子自然悬垂距地面必须大于2.5m，是为了防止人身触及绝缘子以上带电的拉线。

5.2.5　关于跨越道路的水平拉线对地面垂直距离的规定，近些年来，由于道路加宽、车辆增加，尤其是大型物资运输车，已由交通部门要求在路边行驶，如仍按道路路面中心作为基点已不适宜，故本条做了新的规定。

5.2.6　本条第 5 款规定拉线紧好后，UT 型线夹的螺杆丝扣露出长度不宜大于 20 mm，是为了使 UT 线夹有足够的调紧预留量。

5.2.7　本条表 5.2.7 中拉线的上段是指拉线与电杆连接部分；下段是指拉线与拉线棒连接部分；花缠是指用绑线将下端绑扎完毕后，在拉线上斜缠上去，每个节距（即缠绕一圈）约 70～100 mm。

5.3　导线架设

5.3.1　导线在展放过程中，容易出现一些损伤情况，有的还会出现严重损伤，影响导线机械强度。本条提出一些基本情况，应予以防止，以利导线架设后满足机械强度和安全运行。

5.3.3　不同金属、不同规格、不同绞制方向的导线在档距内连接，因受条件限制，不易连接紧密、牢固，由于受物理和化学因素的影响接头处易腐蚀，结果会造成严重的线路隐患。

5.3.5　新导线架设后，经过一段时间运行会产生无弹性的伸长，称为初伸长。初伸长加大导线弧垂，影响线路安全运行。因此，新架导线应按计算弧垂减小一定的比例。

5.3.6　本条第 3 款所指的"接触部位"，是指导线与绝缘子或线夹接触的部位。铝包带缠绕超出这个部位 30mm，才能起到保护导线不受机械损伤的作用。

5.3.7　本条第 3 款在直线跨越杆上导线的双固定，是在靠近主导线针式绝缘子的另一个针式绝缘子上固定一条与主导线同材质 2m 长的辅线，将其两端与主导线用线夹或绑缠固定。

在针式绝缘子上固定导线，低压导线绑单十字，然后在绝缘子两侧的导线上各绑 3 圈。中压导线绑双十字，然后在绝缘子两侧的导线上各绑 6 圈。最后在绝缘子颈槽内将绑线头拧 3～5 圈小辫压倒。

5.3.8　导线在蝶式绝缘子上固定的套长，太长是浪费，太短不易更换绝缘子。故本条作了套长的规定。

导线在蝶式绝缘子上绑扎完后，宜将绑线头与另一个绑线头（绑扎前即折并在两股导线之间，将绑线同导线绑在一起）拧 3～5 圈小辫压倒。

5.3.9、5.3.10　电力线路的线间距离，导线对拉线、电杆及架构之间的最小距离，是根据不同电压的放电距离确定的，是直接关系着设备和人身安全的重要规定。

5.3.11～5.3.14　电力线路对弱电线路、建筑物、树木、地面、水面等跨越物的跨越距离，是按导线最大弧垂、最大风偏时的安全运行距离确定的，是直接关系着设备和人身安全的重要规定。

6　电缆线路

6.1　一般规定

6.1.1　在施工时电缆的弯曲半径不应小于本条的规定，以保障不损伤电缆和投运后的安全。

6.1.2　电缆直埋或在管中均无宽松的空间，电缆接头极易受到挤压而变形，造成烧断电缆的事故。

6.1.3　电缆从盘的上端引出可以减少电缆碰地摩擦的机会，且人工敷设时便于施工人员拖拽。实际放电缆都是这样做的。

6.1.4　电缆敷设时受诸多因素影响，不可能直线敷设，另外还要考虑日后维修，所以必须设预留量。预留量参考了《电力工程电缆设计规范》GB50217 的规定。

6.1.5　在三相四线制系统中，如用三芯电缆另加一根导线，当三相系统不平衡时，相当于单芯电缆的运行状态，在金属护套和铠装中，由于电磁感应电压和感应电流而发热，造成电能损失。对于裸铠装电缆，还会加速金属护套和铠装层的腐蚀。

6.1.6　本条规定了直埋电缆方位标志的设置要求，以便于电缆检修时查找和防止外来机械损伤。

6.1.7　东北地区的冻土层厚达 2～3m 要求埋在冻土层以下有困难。施工时用混凝土或砖块在沟底砌一浅槽，电缆放于槽内，在电缆上下各铺 100mm 厚的软土或细沙，上面再盖以混凝土板或砖块。这样可防止电缆在运行中受到损坏。

6.1.8　运行经验表明，由于施工不当造成电缆芯线接触不良容易发热，塑料护套不清洁、密封不好，潮气和水分容易进入造成绝缘降低而发生故障。

6.1.9　绕接和接线端子连接往往会造成接触不良或接触面减小，从而影响电缆的正常工作。

6.2　电缆敷设

6.2.2　直埋电缆如没有采用铠装电缆，在运行中容易造成短路或接地故障。

6.2.3　路灯低压电缆直埋敷设时如果没有任何保护，在穿越铁路、道路等处，过往车辆的压力会损坏电缆，造成烧毁电缆的事故。

这些地段一般都严禁开挖，留有备用管道，以备应急和新增路灯线路之用。

6.2.8　由于对接管口不密封，往往会造成水或泥浆渗入，因此，硬质塑料管插接时应在插接面上涂以胶合剂粘牢密封。

6.2.11　运行经验表明，交流单相电缆以单根穿入钢（铁）管时，由于电磁感应会造成金属管发热而将管内电缆烧坏。

6.2.16 根据施工和运行要求,架空电缆承力钢绞线截面积不宜小于35mm²是为了保证工作人员在工作中的人身安全;架空电缆限制固定间距、加软垫保护是避免在长期运行中电缆损坏。

6.2.17 在过街管道及灯杆处设置工作井,是为了工程施工和运行维护时容易操作。

7 安全保护

7.1 一般规定

7.1.1 钢灯杆、配电柜(箱、屏)等电气外露金属部分设置必要的防护可以避免施工维修人员和行人误触有电设备造成人身伤亡和设备事故。本条提到的电气装置的金属部分采取接零或接地保护后,可以有效的防止在电气装置的绝缘部分破坏时造成人身触电事故。

7.1.2 7.1.3 接地线是保护人身和设备安全的重要装置。必须具备足够的导电截面和一定的机械强度。因此本条对接地线的使用做了具体的规定,必须严格执行。

7.2 接零和接地保护

7.2.2 单相开关如装在零线上,断开开关时,设备上仍然有电,因此,本条规定了单相开关应装在相线上。零线如装设开关或熔断器,则零线随时可能断开,容易造成人身触电事故。

7.2.3、7.2.4、7.2.5 对于接地方式的选择是参照相应的现行国家标准《民用建筑电气设计规范》JGJ16 的规定。

7.2.6 接地装置的接地电阻值要求在 10Ω 以下,系统接地电阻值应小于4Ω 是为了在开关动作前尽量降低设备对地电压。

7.3 接地装置

7.3.2、7.3.3 规定了人工接地装置和保护接地线的型号规格,是为了确保有足够的机械强度,满足不平衡电流及谐波电流的要求,是保证城市道路照明设施安全运行的可靠保证。

7.3.6 本条是根据《电气装置安装工程接地装置施工及验收规范》GB50169 的规定制定的,是电气装置安全保护的重要规定,应严格执行。

8 路灯安装

8.1 一般规定

8.1.1 在实际施工中,如遇设计要求或现场条件约束,不能避免将路灯安装在易受车辆碰撞区域时,应在灯杆周围加设防撞装置。

8.1.2 本条规定的路灯安装高度、仰角、装灯方向宜保持一致是针对直线路段而言,特殊区域、弯道、平交路口以及立交桥都应作专门考虑。

8.1.3 本条对基础标高不作硬性规定,考虑到城市规划对人行道、绿化等方面的综合要求,基础标高由设计单位与建设单位协调后在设计文件中确定。

8.1.4 为保证基础混凝土浇制质量,防止基础钢筋发生露筋等现象,在浇制混凝土前对基础坑做清理工作是必要的。

8.1.5 使用混凝土方量较少时,也可以使用自拌混凝土,但应严格按照 C20 商品混凝土的配合比搅拌。

要求电缆护管从基础中心垂直穿出是为了保证装灯后电缆不至于被灯法兰压坏导致碰线等故障。

8.1.6 安装在人行道、绿化分隔带、绿地的灯柱基础螺栓高于地面,以方便施工和维护,100mm 混凝土结面是为防止螺栓、法兰裸露生锈和美观整齐考虑。

8.1.7 本条规定灯柱基础埋在硬铺装层地面以下,一般都是建设方,考虑整个道路、广场的整体美观要求而设置,但日常维护不方便。

8.1.8 本条根据《城市道路照明设计标准》CJJ45 中"常规道路照明灯具效率不得低于70%"的规定制定。由于灯具效率对照明水平的提高、能源利用等方面都比较重要,因此,应力争使用高效率的灯具。

8.1.9 本条是根据《道路照明LED灯 性能要求》GB/T24907 和《城市道路照明设计标准》CJJ45 的规定要求,从道路照明灯具的实际应用的角度考虑而制定的。

近几年来,LED固态照明产品的发展迅速,并已逐步进入道路照明领域。由于多种原因,LED路灯产品设计和应用很不规范,各制造商生产的品种规格繁多,本条第一节就规定了灯的额定功率分类应符合《道路照明用LED灯 性能要求》GB/T24907 的规定,即分为 20W、30W、45W、60W、75W、90W、120W、160W、180W、200W、250W 和 300W。在产品规格的替代性、光学、光效模块的兼容性等方面都比较差,不符合标准化、通用化的要求,特别是 LED 路灯将光学、机械、电气和电子部件等组合成一个整体,给日常维护带来极大不便。本条第7款规定了宜采用分体式道路照明LED灯具,就是为考虑方便检修,减少维护成本而制定的。

为促进道路照明LED路灯产业的健康发展,我们应坚持循序渐进的规律,并通过先试点评价、后示范、再推广的原则,促进产品质量的提高和市场秩序的规范。

8.1.10 "可调灯头应按设计调整至正确位置"指目前市场上有相当部分的灯具可供两种选用,如250W/400W通用型。因此,在灯具内部具有适用光源的灯头调整指示,使用时,应按设计采用的光源正确调整灯头位置。

8.1.13 本条中"每盏灯的相线宜装设熔断器"指每个光源不论是否同杆都应设置独立的熔断器，使它们相互不受影响，独立工作。但装饰性光源（如功率小于 100W）可共用熔断器保护，但不宜超过 3 组光源。为安全起见，所有电器的电源进线都必须统一上进下出、左进右出。

8.1.14 本条所示熔丝安培等级是考虑长期运行的安全电流，发生短路故障又易熔断而规定的。

8.1.15 气体放电灯的灯泡、镇流器混用，会造成烧毁灯泡或镇流器的事故，因此本条规定应配套使用。

8.1.18 本条文中采用的标准是：

《金属覆盖及其他有关覆盖层维氏和努氏显微硬度试验》GB/T9790《金属覆盖层 钢铁制件热浸镀锌层技术要求及试验方法》GB/T13912《热喷涂金属件表面预处理通则》GB/T 11373

8.1.20 玻璃钢灯杆较传统钢灯杆具有非导电性、抗腐蚀能力强、重量轻便于运输等优势。但目前国内未有专业的检测机构可以对玻璃钢灯杆进行全面检测和出具权威的检测报告，所以在选用玻璃钢灯杆时应根据使用单位所在地区的最大风力，计算其抗风强度，以确保日常安全运行。

8.2 半高杆灯与高杆灯

8.2.1 高杆照明指一组灯具安装在高度大于或等于20m的灯杆上进行大面积照明的一种照明方式。

半高杆照明也称中杆照明，指一组灯具安装在高度为15~20m的灯杆上进行照明的一种照明方式。

关于基础顶面标高，考虑到高杆灯属大型地上构筑物，与周围环境配合，包括基础与邻近地平的衔接较为重要，而且高杆灯基础施工时，一般邻近地平尚未施工到位，所以，基础顶面标高必须经现场实测确定。

8.3 单挑灯、双挑灯和庭院灯

8.3.1 单挑灯、双挑灯的安装高度宜为大于等于 6m，小于15m；庭院灯安装高度宜为小于6m。

本条文中"因校直等因素涂层破坏部位不得超过 2 处，且整修面积不得超过杆身表面积的5%"是指由于各种原因如校直造成灯杆表面涂层或镀锌层破坏时，对允许数量和面积作出明确规定，超过时必须重新热镀锌。补救措施包括喷锌及喷锌后涂漆等。

8.3.3 灯杆轴线的直线度误差不得大于杆长的3‰是灯杆生产厂家的加工允许误差。以10m杆为例，其3‰为30mm，即轴线的直线度误差。

长度误差不大于±0.5%，以10m杆为例，其±0.5%为±50mm，即为长度的允许误差。

灯杆横截面尺寸误差，对圆锥形灯杆，其截面圆度误差不大于±1%，指由于失圆后形成椭圆的长短轴允许的相对差。对多边锥棱形灯杆，对边距和对角距偏差不大于±1%，指对边或对角距离最大与最小值允许的相对差。

检修门框尺寸误差±5mm，指检修门框的长、宽尺寸。

8.3.4 本条中要求直线段杆位放样值与设计值的偏差小于2%。以设计间距 S = 50m 为例，要求放样值在49~51m，但考虑到实际施工中可能遇见支路、隔离带留口等设计变更，因此在遇到上述情况时，现场放点应作相应调整。

8.3.5 本条指出了灯杆安装允许偏差。以灯杆上口径Φ80，下口径Φ180为例，灯杆轴线上端允许偏移40mm，下端允许偏移90mm。

8.3.8 本条指出了灯臂安装纵向中心线与道路纵向成90°角，偏差不应大于2°，以灯臂悬挑2.0m为例，灯臂轴线允许偏移100mm。

8.4 杆上路灯

8.4.1 杆上安装路灯悬挑1m及以下的灯安装高度宜为4~5m；悬挑1m以上的灯架，安装高度宜为6m；设路灯专杆的，悬挑长度和安装高度应根据设计要求确定。

8.4.3 设置引下线支架的目的是避免引下线直接搭接在主线路上使主线路某一点集中受力。在主线上背扣缠绕起到不易受力松脱的效果。

8.4.7 引下线穿过高压线可能会造成引下线碰触高压线烧毁路灯设备或造成其他安全隐患。因此，本条规定严禁引下线穿过高压线。

住房城乡建设部关于发布国家标准
《建筑采光设计标准》的公告

中华人民共和国住房和城乡建设部公告第 1607 号

现批准《建筑采光设计标准》为国家标准，编号为 GB 50033 – 2013，自 2013 年 5 月 1 日起实施。其中、4.0.1、4.0.2、4.0.4、4.0.6 为强制性条文，必须严格执行。原《建筑采光设计标准》GB/T 50033 – 2001 同时废止。

本标准由我部标准定额研究所组织中国建筑工业出版社出版发行。

中华人民共和国住房和城乡建设部

2012 年 12 月 25 日

前　言

　　本标准是根据住房和城乡建设部《关于印发〈2009 年工程建设标准规范制订、修订计划〉的通知》（建标［2009］88）号的要求，由中国建筑科学研究院会同有关单位共同在原标准《建筑采光设计标准》GB/T 50033—2001 的基础上修订完成的。

　　本标准在编制过程中，编制组经调查研究、模拟计算、实验验证，认真总结实践经验，参考有关国际标准和国外先进标准，并在广泛征求意见的基础上，最后经审查定稿。

　　本标准共分为 7 章和 6 个附录，主要技术内容包括：总则、术语和符号、基本规定、采光标准值、采光质量、采光计算和采光节能等。

　　本次修订的主要技术内容是：

　　1. 将侧面采光的评价指标采光系数最低值改为采光系数平均值；室内天然光临界照度值改为室内天然光设计照度值。

　　2. 扩展了标准的使用范围，增加了展览建筑、交通建筑和体育建筑的采光标准值。

　　3. 给出了对应于采光系数平均值的计算方法。

　　4. 新增了"采光节能"一章并规定了采光节能计算方法。

　　本标准中以黑体字标志的条文为强制性条文，必须严格执行。

　　本标准由住房和城乡建设部负责管理和对强制性条文的解释，由中国建筑科学研究院负责具体技术内容的解释。执行过程中如有意见或建议，请寄送中国建筑科学研究院建筑环境与节能研究院（地址：北京市北三环东路 30 号，邮编：100013）。

　　本标准主编单位、参编单位、主要起草人和主要审查人：

　　主编单位：中国建筑科学研究院

　　参编单位：中国建筑设计研究院

　　　　　　　北京市建筑设计研究院

　　　　　　　清华大学

　　　　　　　中国城市规划设计研究院

　　　　　　　中国航空规划建设发展有限公司

　　　　　　　上海市规划和国土资源管理局

　　　　　　　苏州中节能索乐图日光科技有限公司

　　　　　　　北京科博华建材有限公司

　　　　　　　北京东方风光新能源技术有限公司

　　　　　　　3M 中国有限公司

　　　　　　　北京奥博泰科技有限公司

　　主要起草人：赵建平　林若慈　顾　均　叶依谦　张　昕　张　播　陈海风　田　峰　张建平　罗　涛　王书晓　周清理　康　健　刘志东　王　炜　张喆民　张　滨

　　主要审查人：詹庆旋　邵韦平　张绍纲　祝昌汉　宋小冬　李建广　殷　波　王晓兵　杨益华　沈久忍　王立雄

新版《建筑采光设计标准》（GB 50033）发布实施

赵建平

（中国建筑科学研究院）

《建筑采光设计标准》GB 50033—2001 实施 10 年后重新进行修订，新的建筑采光设计标准已于 2012 年 12 月正式发布，2013 年 5 月 1 日开始正式实施。随着建筑业的飞速发展，人们物质生活的迅速提高，标准的作用也越来越重要。本标准修订遵循充分利用天然光，创造良好光环境、节约能源、保护环境和构建绿色建筑，并有利于视觉工作和身心健康的原则，在科技进步、实施绿色照明和满足人们对光的健康需求的基础上以及配合我国物权法关于采光权的实施，对标准的内容进行了全面修订，在技术内容上有了重大变化。

一、《建筑采光设计标准》GB 50033—2012 中增加了强制性条文的规定

1. 标准 4.1.1　住宅建筑的卧室、起居室（厅）、厨房应有直接采光。

本条直接采光是指在卧室、起居室（厅）、厨房空间直接设有外窗，包括窗外设有外廊或设有阳台等外挑遮挡物。住宅中的卧室和起居室（厅）具有直接采光是居住者生理和心理健康的基本要求，直接采光可使居住者直接观看到室外自然景色，感受到大自然季节性的变化，舒缓情绪、减少压力，有助于身心健康，这也正是目前国外许多采光标准所强调的。住宅中的厨房也是居住者活动频繁的场所，除了采光以外，外窗还有很重要的通风作用。本条还考虑了和相关标准的协调。

2. 标准 4.1.2　住宅建筑的卧室、起居室（厅）的采光不应低于采光等级Ⅳ级的采光标准值，侧面采光的平均采光系数不应低于 2.0 %，室内天然光设计照度不应低于 300lx。

本条将住宅建筑的卧室、起居室（厅）的采光标准值列为强制性条文的理由：

（1）、居住者对天然光的需求：住宅是人们长期生活、工作与学习的场所，特别是老人和孩子，而天然采光则是必不可少的，除了满足从事各种活动的功能性需要以外，更重要的还要满足居住者生理和心理健康的要求。（2）、《住宅设计规范》已将卧室、起居室（厅）、厨房的采光窗洞口的窗地面积比不应低于 1/7 列为强条。本标准将卧室、起居室（厅）的采光标准值列为强制性条文则更为准确。考虑到厨房开窗要求不仅是为了满足采光，通风也是很重要的因素，因此厨房的采光标准值不作为强条。（3）、实测调查结果表明，在满足窗地面积比的情况下是可以达到采光标准值的。

3. 标准 4.1.4　教育建筑的普通教室的采光不应低于采光等级Ⅲ级的采光标准值，侧面采光的平均采光系数不应低于 3.0 %，室内天然光设计照度不应低于 450lx。

本条将普通教室的采光标准列为强条，主要是为了保护青少年学生的视力和身心健康，据全国学生爱眼工程对中小学生近视率的最新抽样调查统计结果：小学生 28%、初中生 60%、高中生 85%，大学生则更高，我国人口近视率占 33%，高于世界的平均水平 22%，居世界第二位。当然，引起学生近视的原因很多，其中有遗传因素、用眼时间过长、用眼方式不当等等，但光线不足和光质量差肯定是很重要的原因，此外，创造良好的光环境，还有助于提高学生的学习效率。将普通教室采光标准列为强条，也正是为了给学校教室的采光提供最基本的保障。普通教室的采光标准值主要是通过实测调查和参考国内外相关标准制定的。

4. 标准 4.1.6　医疗建筑的一般病房的采光不应低于采光等级Ⅳ级的采光标准值，侧面采光的平均采光系数不应低于 2.0 %，室内天然光设计照度不应低于 300lx。

本标准将一般病房的采光标准列为强条，主要原因是病房里的病人与正常人相比非但活动空间很小，有的甚至失去行为能力，而且心理要承受巨大的压力，日光环境可以调节病人的昼夜和季节性的人体节律、接受紫外线、改善睡眠、减少压力、愉悦心情。根据国外相关标准的规定，采光标准不仅是为了能够满足各类视觉工作的要求，更强调人的生理和心理需求，这对医院病房尤其重要。一般病房的采光标准值主要是通过实测调查和参考国内外相关标准制定的。

二、侧面采光的评价指标采光系数最低值改为采光系数平均值；室内天然光临界照度值改为室内天然光设计照度值

新标准规定的采光系数标准值和室内天然光照度标准值为参考平面上的平均值。如表 1 所示。

原标准中侧面采光以采光系数最低值作为标准值，顶部采光以采光系数平均值作为标准值；新标准统一采用采光系数平均值作为标准值。采用采光系数平均值不仅能反映出采光的平均水平，也更方便理解和使用。

标准中的室内天然光设计照度值是指对应于室外天然光设计照度时的室内全部利用天然光的照度，将室内天然光照度标准值与照明标准规定的照度值相比较，两者比较接近，从视觉工作要求上进行分析是合理的。

三、扩展了标准的适用范围，增加了展览建筑、交通建筑和体育建筑的采光标准值

以下为新标准中增加的条文：

表1 场所参考平面上的采光标准值

采光等级	侧面采光				顶部采光			
	原标准		新标准		原标准		新标准	
	采光系数最低值/%	室内天然光临界照度/lx	采光系数平均值/%	室内天然光设计照度值/lx	采光系数平均值/%	室内天然光临界照度/lx	采光系数平均值/%	室内天然光设计照度值/lx
I	5	250	5	750	7	350	5	750
II	3	150	4	600	4.5	225	3	450
III	2	100	3	450	3	150	2	300
IV	1	50	2	300	1.5	75	1	150
V	0.5	25	1	150	0.7	35	0.5	75

注：1 表中新标准所列采光系数标准值适用于我国Ⅲ类光气候区，采光系数标准值是按室外设计照度值15000 lx 制定的。

1. 标准 4.1.12 展览建筑的采光标准值不应低于表 4.1.12 的规定。

表 4.1.12 展览建筑的采光标准值

采光等级	场所名称	侧面采光		顶部采光	
		采光系数标准值（%）	天然光照度标准值/lx	采光系数标准值（%）	天然光照度标准值/lx
III	展厅（单层及顶层）	3.0	450	2.0	300
IV	登录厅、连接通道	2.0	300	1.0	150
V	库房、楼梯间、卫生间	1.0	150	0.5	75

2. 标准 4.1.13 交通建筑的采光标准值不应低于表 4.1.13 的规定。

表 4.1.13 交通建筑的采光标准值

采光等级	场所名称	侧面采光		顶部采光	
		采光系数标准值（%）	天然光照度标准值/lx	采光系数标准值（%）	天然光照度标准值/lx
III	进站厅、候机（车）厅	3.0	450	2.0	300
IV	出站厅、连接通道、自动扶梯	2.0	300	1.0	150
V	站台、楼梯间、卫生间	1.0	150	0.5	75

3. 标准 4.1.14 体育建筑的采光标准值不应低于表 4.1.14 的规定。

表 4.1.14 体育建筑的采光标准值

采光等级	场所名称	侧面采光		顶部采光	
		采光系数标准值（%）	天然光照度标准值/lx	采光系数标准值（%）	天然光照度标准值/lx
IV	体育馆场地、观众入口大厅、休息厅、运动员休息室、治疗室、贵宾室、裁判用房	2.0	300	1.0	150
V	浴室、楼梯间、卫生间	1.0	150	0.5	75

注：采光主要用于训练或娱乐活动。

四、侧面采光时增加了采光有效进深的规定

为便于在方案设计阶段估算采光口面积，按规定的计算条件（窗的总透射比取0.6）规定了窗地面积比和侧面采光的有效进深，Ⅲ类光气候区的窗地面积比和采光有效进深见表2。

表2 窗地面积比和采光有效进深

采光等级	侧面采光		顶部采光
	窗地面积比（A_c/A_d）	采光有效进深（b/h_s）	窗地面积比（A_c/A_d）
I	1/3	1.8	1/6
II	1/4	2.0	1/8
III	1/5	2.5	1/10
IV	1/6	3.0	1/13
V	1/10	4.0	1/23

本标准所规定的窗地面积比既要考虑到能满足天然采光的要求，同时也要考虑到对建筑围护结构能耗的限制。侧面采光时，在控制采光有效进深的情况下，对房间的窗地面积比和对应的窗墙比进行分析计算，计算结果窗墙比基本上在0.2~0.4之间，符合建筑节能标准的要求。本标准规定的侧面采光有效进深对方案设计阶段指导采光设计，控制房间采光进深和采光均匀度具有实际意义，同时可对大进深采光房间的照明设计和采光与照明控制提供参考依据。

五、新增"采光节能"一章并制定了采光节能计算方法

本标准规定在建筑采光设计时，应根据地区光气候特点，采取有效措施，综合考虑充分利用天然光，节约能源。

采光节能设计时要求选用透光性能好的采光材料、随着进入室内光量的增加，太阳辐射热也会增加，在夏季会增加很多空调负荷，因此在考虑充分利用天然光的同时，还要尽量减少因室内过热所增加的能耗，所以在选用采光材料时，要权衡光和热两方面的得失。采光设计时应采取有效的节能措施，大跨度或大进深的建筑宜采用顶部采光或导光管系统采光；侧面采光时，可加设反光板、棱镜玻璃或导光管系统，改善进深较大区域的采光。当采用遮阳设施时，宜采用外遮阳或可调节的遮阳设施。对于有天然采光的场所，宜采用与采光相关联的照明控制系统。

为了评价采光节能，本标准还规定在建筑设计阶段评价采光节能效果时，宜进行采光节能计算。在评价建筑物照明节能时，应将建筑采光节能纳入到整个照明节能中去，本标准推荐的采光节能计算方法主要是根据我国各个光气候区的天然光利用时数计算建筑物房间或区域可节省的照明用电量，具体计算可按以下方法进行。

单位面积上可节省的年照明用电量 U_e 宜按下式计算：

$$U_e = W_e/A \quad (kWh/m^2 \times 年) \tag{1}$$

式中 A —— 照明的总面积；

W_e —— 可节省的年照明用电量，单位为（kWh/年）。

可节省的年照明用电量 W_e 宜按下式计算：

$$W_e = \sum (P_n \times t_D \times F_D + P_n \times t_D{}' \times F_D{}')/1000 \quad (kWh/年) \tag{2}$$

式中 P_n —— 房间或区域的照明安装总功率，单位为 W；

t_D —— 全部利用天然采光的时数（h）；

$t_D{}'$ —— 部分利用天然采光的时数（h）；

F_D —— 全部利用天然采光时的采光影响系数，取值 1；

$F_D{}'$ —— 部分利用天然采光时的采光影响系数，在临界照度与设计照度之间的时段取 0.5。

全部利用天然采光的采光影响系数是指在室外设计照度 15000 lx 以上该场所可全部依赖天然采光的系数，取值为 1；部分利用天然采光时的采光影响系数是指在室外设计照度 15000 lx 和室外临界照度 5000 lx 之间部分依赖天然采光的时段，采光不足部分需要补充人工照明，采光影响系数取 0.5。

采光节能计算中所涉及的计算参数可按《建筑采光设计标准》GB 50033 中给出的计算参数取值。

为了配合新版《建筑采光设计标准》GB 50033 的有效实施，结合标准的具体规定和建筑采光设计的实际需求已开发出了采光计算分析软件。标准中规定的窗地面积比只能作为建筑师在进行方案设计时，用来估算开窗面积，而且此窗地面积比只适用于规定的计算条件。本标准规定以采光系数作为采光标准的数量评价指标，在进行采光设计时，宜按采光计算方法和提供的各项参数进行采光计算，利用采光分析软件进行采光计算不但速度快而且精度高，可以方便、快捷的调整采光设计方案。特别是对大型复杂的建筑和非规则的采光形式，或需要逐点分析计算采光时可采用具有强大功能的通用计算机软件进行计算，同时还可以作节能分析和计算光污染。建筑采光设计时，利用计算机软件进行采光计算也是科技发展的必然趋势。

参 考 文 献

[1] 中国建筑研究院. GB/T 50033《建筑采光设计标准》（报批稿）. 2012.

[2] 中国建筑研究院. 侧面采光计算方法的研究（研究报告）. 2012.

新版《建筑采光设计标准》主要技术特点解析

林若慈　　赵建平

（中国建筑科学研究院）

　　《建筑采光设计标准》GB/T 50033—2001版经过全面修订已于2012年2月完成报批稿报批。近年来伴随着能源危机、开发和利用天然光已日益引起世人的关注。天然光因其自身独有的特质和变化性越来越受到人们的喜爱，愉悦身心的同时还可以提高工作效率。不仅如此，天然光在减少建筑照明能耗方面已显现出重要作用。我国大部分地区处于温带，天然光充足，为利用天然光提供了有利条件，本标准修订遵循充分利用天然光，创造良好光环境、节约能源、保护环境和构建绿色建筑的原则，在调查研究、模拟计算、实验验证，认真总结实践经验，参考有关国际标准和国外先进标准以及广泛征求意见的基础上完成了本标准的修订。修订后的采光标准共分为7章和6个附录，主要技术内容包括：总则、术语和符号、基本规定、采光标准值、采光质量、采光计算和采光节能等。以下介绍新版《建筑采光设计标准》的主要技术内容和特点。

一、侧面采光的评价指标采光系数最低值改为采光系数平均值

　　新标准规定的采光系数标准值和室内天然光照度标准值为参考平面上的平均值，如表1所示。

表1　场所参考平面上的采光标准值

采光等级	侧面采光		顶部采光	
	采光系数平均值/%	室内天然光设计照度/lx	采光系数平均值/%	室内天然光设计照度/lx
I	5	750	5	750
II	4	600	3	450
III	3	450	2	300
IV	2	300	1	150
V	1	150	0.5	75

　　注：表1中所列采光系数标准值适用于我国III类气候区，采光系数标准值是按室外设计照度值15000 lx制定的。

　　原标准中侧面采光以采光系数最低值为标准值，顶部采光采用平均值作为标准值；本标准中统一采用采光系数平均值作为标准值。采用采光系数平均值不仅能反映出采光的平均水平，也更方便理解和使用。从国内外的研究成果也证明了采用采光系数平均值和照度平均值更加合理。

　　采用采光系数平均值作为采光系数标准值，编制组基于北京标准全阴天条件，利用Radiance软件进行初步模拟计算。取房间净高2.5\4.5\6.5m，进深4.8\5.4\6.0\7.2\8.4\9.0m，对18种房间的9种开窗方式进行模拟，共计162个模拟组合，以验证采光系数平均值的优点及其可行性。

　　其中提取某一房间进行相关几何参数与采光系数的深入比较分析。该房间进深7.2m、净高4.5m、玻璃透光比0.737，室内地面反射比为0.2，墙面0.5，屋顶0.8，窗下沿高0.9m，工作面高0.8m，对应9种开窗方式的计算结果如表2所示。

表2　标准全阴天窗地比与采光系数计算结果

序号	窗地比（%）	C_{ave}（%）	C_{min}（%）	窗地比/C_{ave}	窗地比/C_{min}
1	1/16	1.35	0.39	4.63	16.03
2	1/11	1.89	0.95	4.64	9.23
3	1/9	2.63	1.08	4.27	10.40
4	1/8	2.70	1.08	4.62	10.40
5	1/6	3.78	1.62	4.64	10.83
6	1/5	3.92	1.89	4.81	9.98

（续）

序号	窗地比（％）	C_{ave}（％）	C_{min}（％）	窗地比/C_{ave}	窗地比/C_{min}
7	1/4.5	4.59	1.89	4.95	12.03
8	1/3.8	5.40	2.50	4.87	10.53
9	1/3	6.55	2.90	5.09	11.49

本研究与澳大利亚同类研究进行比较，研究结论相似，窗地比与采光系数平均值（C_{ave}）呈近似线性关系（图1），采光系数最低值（C_{min}）与窗地比无线性关系。

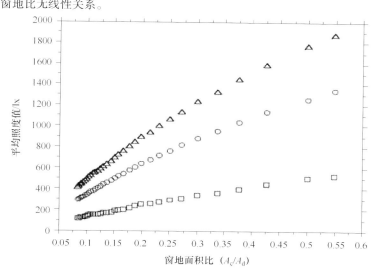

图1 窗地面积比与平均照度关系曲线（澳大利亚）

根据上述研究得出如下结论：

1. 对于标准全阴天，真正对应建筑师采光方案合理性的判定是平均照度，其与窗地比存在近似的线性关系，不同形状的房间也因此对应不同的合理窗地比。用采光系数平均值作为标准值既能反映一个工作场所总的采光状况，又能将采光系数与窗地面积比直接联系在一起。采用采光系数平均值和平均照度作为标准值是合理的。

2. 采用采光系数平均值和平均照度将计算和评定侧窗采光和天窗采光的参数统一在一起，方便二者之间的综合比较和对接。

3. 采用采光系数平均值和平均照度同时方便结合照明标准及节能标准的相关参数，为统一考虑采光均匀度和照明均匀度提供了可能。

二、制定采光系数标准值采用室外天然光设计照度值

1. 室外天然光设计照度值的确定：将Ⅲ类光气候区的室外设计照度值定为15000 lx（表3），按这一室外设计照度和采光系数标准值换算出来的室内天然光照度值与人工照明的照度值相对应，只要满足这些照度值，工作场所就可以全部利用天然光照明，根据我国天然光资源分布情况（表4），全年天然光利用时数可达8.5个小时以上。按每天平均利用8小时确定设计照度，Ⅲ类光气候区室外设计照度取值为15000 lx，其余各区的室外设计照度分别为18000 lx、16500 lx、13500 lx、12000 lx。按室外临界照度5000 lx计算，每天平均天然光利用时数约10个小时。室外设计照度15000 lx和室外临界照度5000 lx之间，是部分采光的时段，需要补充人工照明，临界照度5000 lx以下则需要全部采用人工照明。

表3 各光气候区的室外天然光设计照度

光气候区	I	II	III	IV	V
光气候系数值 K	0.85	0.90	1.00	1.10	1.20
室外天然光设计照度值 E_s/lx	18000	16500	15000	13500	12000

注：光气候区系按室外年平均总照度值进行分区。

2. 室内天然光设计照度值的确定

在制订采光标准时，除了考虑视觉工作对光的最低需求外，还应考虑连续、长时间视觉工作的需要，以及工作效率和视觉舒适等因素。结合室外天然光状况，将室外临界照度值5000 lx提高到室外设计照度值15000 lx，各采光等级（与顶部

采光相对应）的室内天然光照度值分别为750lx、450lx、300lx、150lx、75lx，与照明标准相比较，各工作场所对应的天然光照度值基本与照明标准值相一致。视觉实验还表明，天然光优于人工光，天然光即使略低于人工照明照度值，也能满足视觉工作的要求。

表 4　不同光气候区的天然光利用时数

光气候区	站 数	年平均总照度/lx	室外设计照度值/lx	设计照度的天然光利用时数/h	室外临界照度值/lx	临界照度的天然光利用时数/h
I	29	48781	18000	3356	6000	3975
II	40	42279	16500	3234	5500	3921
III	71	37427	15000	3154	5000	3909
IV	102	32886	13500	3055	4500	3857
V	31	27138	12000	2791	4000	3689

注：本标准的光气候分区和系数值是根据我国近30年的气象资料取得的273个站的年平均总照度制定的。

三、在采光质量要求较高的场所，宜限制窗的不舒适眩光

1. 窗的不舒适眩光指数（DGI）

窗的不舒适眩光是评价采光质量的重要指标，新标准规定不舒适眩光指数不宜高于表5规定的数值。

表 5　窗的不舒适眩光指数 （DGI）

采光等级	眩光指数值 DGI
I	20
II	23
III	25
IV	27
V	28

　　根据我国对窗眩光和窗亮度的实验研究，结合舒适度评价指标，及参考国外相关标准，确定了本标准各采光等级的窗不舒适眩光指数值（DGI）（见表6），与英国标准（见表7）比较基本一致。

表 6　窗的不舒适眩光指数值比较

采光等级	眩光感觉程度	窗亮度（cd/m²）	窗的不舒适眩光指数 本标准（DGI）	英国标准（DGI）
I	无感觉	2000	20	19
II	有轻微感觉	4000	23	22
III	可接受	6000	25	24
IV	不舒适	7000	27	26
V	能忍受	8000	28	28

表 7　英国 IES 眩光指数 （DGI） 临界值

工作场所类别	眩光指数临界值	工作场所类别	眩光指数临界值
学校、医院	16	机加工车间	25
纪念馆、博物馆	16	油漆车间	25
办公楼	19	装配车间	25
研究室、实验室	19	化工车间	28
精密车间	19	玻璃制造车间	28
缝纫车间	19	炼钢车间	28

　　实测调查表明，窗亮度为8000 cd/m² 时，其累计出现概率达到了90%，说明90%以上的天空亮度状况在对应的标准中，实验和计算结果还表明，当窗面积大于地面面积一定值时，眩光指数主要取决于窗亮度。表中所列眩光限制值均为上

限值。

关于顶部采光的眩光，据实验和计算结果表明，由于眩光源不在水平视线位置，在同样的窗亮度下顶窗的眩光一般小于侧窗的眩光，顶部采光对室内的眩光效应主要为反射眩光。

2. 窗的不舒适眩光指数（DGI）的计算：

$$DGI = 10lg \sum G_n \tag{1}$$

$$G_n = 0.478 \frac{L_s^{1.6} \Omega^{0.8}}{L_b + 0.07\omega^{0.5}L_s} \tag{2}$$

式中　G_n——眩光常数；

　　　L_s——窗亮度，通过窗所看到的天空、遮挡物和地面的加权平均亮度（cd/m^2）；

　　　L_b——背景亮度，观察者视野内各表面的平均亮度（cd/m^2）；

　　　ω——窗对计算点形成的立体角（sr）；

　　　Ω——考虑窗位置修正的立体角（sr）。

本方法是在各个国家对窗的不舒适眩光研究的基础上，由英国和美国对不舒适眩光提出的计算公式。法国、英国和比利时依据上述公式对窗的眩光进行了研究。利用该公式可预定采光的不舒适眩光。同时还研究了不同的天空亮度、窗的形状和大小以及背景亮度对不舒适眩光的影响。研究表明，当天空亮度、房间大小和室内反射比一定时，GI 值为一常数。试验结果还证实了对于同一评价等级采光的眩光指数要高于照明眩光指数，当采光眩光指数 DGI 值在 28 以下时，两者之间的关系可用下式表示。

$$DGI = 2/3 (IESGI + 14) \tag{3}$$

同样，我国对窗的不舒适眩光也进行了系统的实验研究，即"窗不舒适眩光的研究"，包括窗亮度和窗尺寸眩光的影响、窗大小和形状对眩光的影响、背景亮度对眩光的影响以及天然光和人工光的不舒适眩光的比较，得出了一组关系曲线。同时还引入了无眩光舒适度的概念，建立了窗亮度、窗的不舒适眩光指数和窗无眩光舒适之间的关系曲线，进一步证实了这一眩光计算方法的适用性。窗的不舒适眩光一般需要采用计算机软件进行计算。

四、窗地面积比和采光有效进深

在建筑方案设计时，对Ⅲ类光气候区的采光，其采光窗洞口面积和采光有效进深可按表 8 进行估算，其他光气候区的窗地面积比应乘以相应的光气候系数 K。

表 8　窗地面积比和采光有效进深

采光等级	侧面采光		顶部采光
	窗地面积比（A_c/A_d）	采光有效进深（b/h_s）	窗地面积比（A_c/A_d）
Ⅰ	1/3	1.8	1/6
Ⅱ	1/4	2.0	1/8
Ⅲ	1/5	2.5	1/10
Ⅳ	1/6	3.0	1/13
Ⅴ	1/10	4.0	1/23

为便于在方案设计阶段估算采光口面积，按建筑规定的计算条件（窗的总透射比 τ 取 0.6 等），计算并规定了表 8 的窗地面积比。此窗地面积比值只适用于规定的计算条件。如不符合规定的条件，需按实际条件进行计算。

建筑师在进行方案设计时，可用窗地面积比估算开窗面积，这是一种简便、有效的方法，但是窗地面积比是根据有代表性的典型条件下计算出来的，适合于一般情况。如果实际情况与典型条件相差较大，估算的开窗面积和实际值就会有较大的误差。因此，本标准规定以采光系数作为采光标准的数量评价指标，即按不同房间的功能特征及不同的采光形式确定各视觉等级的采光系数标准值。在进行采光设计时，宜按采光计算方法和提供的各项参数进行采光系数计算，而窗地面积比则作为采光方案设计时的估算。

对于侧面采光，标准除了规定窗地面积比以外还对采光有效进深作了规定，根据模拟计算，统计出与各采光等级相对应的采光有效进深，如表 9 所示。

表中采光有效进深是在常规开窗条件下，控制窗宽系数（不包括高侧窗）的计算统计结果。同时编制组还选取窗地面积比为 1/5 和 1/10 的典型房间进行实验，测量所得结果表明，当采光系数达到标准值时，采光有效进深分别在 2.5 ～ 3.0 和 4.0 ～ 4.5 之间，实验也验证了标准中给出的有效进深是合理的。本标准给出侧面采光的有效进深对方案设计阶段指导采光设计，控制房间采光进深和采光均匀度具有实际意义，同时可对大进深采光房间的照明设计和采光与照明控制提供参考依据。

表 9　采光有效进深统计结果

采光等级	侧窗窗地面积比	采光有效进深（b/hs）
I	1/3	2.20
II	1/4	2.53
III	1/5	3.14
IV	1/6	3.30
V	1/10	4.15

注：采光有效进深未考虑室外遮挡。

　　本标准所规定的窗地面积比和采光有效进深既考虑到能满足天然采光的要求，同时也要考虑到对建筑围护结构能耗的限制。侧面采光时，在控制采光有效进深的情况下，对各等级的窗地面积比和对应的窗墙比进行了分析计算，计算结果如表 10 所示。

表 10　侧面采光的窗地面积比和窗墙比

采光等级	I 类光气候区		III 类光气候区		V 类光气候区	
	窗地比（A_c/A_d）	窗墙比（A_c/A_q）	窗地比（A_c/A_d）	窗墙比（A_c/A_q）	窗地比（A_c/A_d）	窗墙比（A_c/A_q）
I	1/3.5	0.31	1/3	0.36	1/2.5	0.43
II	1/4.7	0.26	1/4	0.30	1/3.3	0.36
III	1/5.9	0.26	1/5	0.30	1/4.2	0.36
IV	1/7.0	0.26	1/6	0.30	1/5.0	0.36
V	1/11.8	0.20	1/10	0.24	1/8.3	0.28

　　计算结果窗墙比基本上在 0.2～0.4 之间，符合建筑节能标准的要求，只有 V 类光气候区 I 级采光等级窗墙比超过 0.4，但在采光标准中已规定由于其开窗面积受到限制时可采用人工照明。顶部采光多为大跨度或大进深的建筑，如果开窗面积过大，包括大面积采用透明幕墙的场所，本标准对采光材料的光热性能提出了要求。

五、平均采光系数的计算方法

1. 侧面采光平均采光系数的计算

　　采光系数平均值的计算方法是经过实际测量和模型实验确定的，在研究过程中，有关采光系数平均值的公式出现了多个修正版本，本标准确定采用以下计算公式。该公式的计算结合同模型实验中的测量值更加吻合，并最终在北美照明工程学会（IESNA）和其他很多版本的规范中得到肯定和应用。

　　哈佛大学的 CF Reinhart 在他近期的研究论文中展示了利用计算机模拟工具 Radiance 对上述采光系数平均值表达式进行了验证评估。综合早期的模型试验、实际测量和后期的计算机模拟可以发现，有关采光系数平均值的理论公式计算结果、实测值和模拟值三者数据之间基本吻合，该验证工作是我们在标准修订过程中得以将公式计算和模拟结果综合应用的重要根据，结果表明，模拟计算结果与简化公式计算的结果比较吻合。

　　（1）采光系数平均值的计算

$$C_{av} = \frac{A_c \tau \theta}{A_z (1 - \rho_j^2)} \tag{1}$$

式中　τ——窗的总透射比；

　　　A_c——窗洞口面积（m^2）；

　　　A_z——室内表面总面积（m^2）；

　　　ρ_j——室内各表面反射比的加权平均值；

　　　θ——从窗中心点计算的垂直可见天空的角度值，无室外遮挡 θ 为 90°。

　　1）窗的总透射比 τ 的计算：

$$\tau = \tau_0 \cdot \tau_c \cdot \tau_w \tag{2}$$

式中　τ_0——采光材料的透射比；

　　　τ_c——窗结构的挡光折减系数；

　　　τ_w——窗玻璃的污染折减系数。

2）室内各表面反射比 ρ_j 的计算。

$$\rho_j = \frac{\sum \rho_i A_i}{\sum A_i} = \frac{\sum \rho_i A_i}{A_z} \tag{3}$$

ρ_i 分别指顶棚、墙面、地面饰面材料和普通玻璃窗的反射比，A_i 为与之对应的各表面面积。

3）可见天空角的计算：

$$\theta = \arctan\left(\frac{D_d}{H_d}\right) \tag{4}$$

式中　D_d——窗对面遮挡物与窗的距离（m）；

　　　H_d——窗对面遮挡物距窗中心的平均高度（m）。

（2）窗洞口面积 A_c 的计算：

$$A_c = \frac{C_{av} A_z (1 - \rho_j^2)}{\tau \theta} \tag{5}$$

2. 顶部采光系数平均值的计算

本计算方法引自北美照明手册的采光部分，该方法的计算原理是"流明法"，计算假定天空为全漫射光分布，窗安装间距与高度之比为 1.5:1。计算中除考虑了窗的总透射比以外，还考虑了房间的形状、室内各个表面的反射比以及窗的安装高度，此外，还考虑了窗安装后的光损失系数。

本计算方法具有一定的精度，计算简便，易操作。为配合标准的实施可建立较完善的数据库，利用计算机软件可为设计人员提供方便，快捷的采光设计方法。

采光系数平均值的计算公式：

$$C_{av}（\%）= \tau CU A_c / A_d \tag{6}$$

式中　C_{av}——采光系数平均值（%）；

　　　τ——窗的总透射比；

　　　CU——利用系数；

A_c / A_d——窗地面积比。

本计算方法未对混合采光做出规定，对兼有侧面采光和顶部采光的房间，可将其简化为侧面采光区和顶部采光区，分别进行计算。

3. 导光管系统的采光计算

导光管采光系统是一种新型的屋顶采光技术。导光管采光系统的计算原理是"流明法"，与顶部采光类似。采用导光管采光系统时，相邻漫射器之间的距离不大于参考平面至漫射器下沿高度的 1.5 倍时可满足均匀度的要求。由于导光管采光系统采用了一系列光学设计，晴天条件下采光效率和光分布同阴天有所不同，因此在晴天条件下计算时需要考虑系统的平均流明输出以及相应的利用系数。当厂家提供光强分布 IES 文件，可利用通用计算机软件，实现逐点的照度分析计算。

导光管系统采光设计时，宜按下列公式进行天然光照度计算：

$$E_{av} = \frac{n \times \phi_u \times CU \times MF}{l \times b} \tag{7}$$

式中　E_{av}——平均水平照度（lx）；

　　　n——拟采用的导光管采光系统数量；

　　　CU——导光管采光系统的利用系数；

　　　MF——维护系数，导光管采光系统在使用一定周期后，在规定表面上的平均照度或平均亮度与该装置在相同条件下新装时在同一表面上所得到的平均照度或平均亮度之比。

以上提供的采光计算方法是针对采光标准规定的平均采光系数的计算。对于大型复杂的建筑和非规则的采光形式，或需要逐点分析计算采光时可采用具有强大功能的通用计算机软件进行计算，同时还可以作节能分析和计算光污染。

六、建筑采光节能计算

天然光是清洁能源，取之不尽，用之不竭，具有很大的节能潜力，目前世界范围内照明用电量约占总用电量的 20% 左右，充分利用天然光是实现照明节能的重要技术措施。对于整栋建筑物而言，采光节能应纳入整个照明节能的组成部分。本标准提出的采光节能计算方法，突出的特点是全部采用我国实际的光气候数据进行采光节能计算，因此在分析评估采光节能上具有较高的实用性。

本标准规定在建筑设计阶段评价采光节能效果时，宜进行采光节能计算。

单位面积上可节省的年照明用电量 U_e（kW·h/m²×年）宜按下式计算：

$$U_e = W_e / A \tag{1}$$

式中　A——照明的总面积；

$\quad\quad W_e$——可节省的年照明用电量（kW·h/年）

可节省的年照明用电量 W_e 宜按下式计算：

$$W_e = \sum \left(P_n \times t_D \times F_D + P_n \times t_D{}' \times F_D{}'\right)/1000 \quad\quad (2)$$

式中　P_n——房间或区域的照明安装总功率（W）；

$\quad\quad t_D$——全部利用天然采光的时数（h）；

$\quad\quad t_D{}'$——部分利用天然采光的时数（h）；

$\quad\quad F_D$——全部利用天然采光时的采光影响系数，取值1；

$\quad\quad F_D{}'$——部分利用天然采光时的采光影响系数，在临界照度与设计照度之间的时段取0.5。

表 11　各光气候区的天然光利用时数

采光时数		光气候区	I 类	II 类	III 类	IV 类	V 类
全部利用天然采光的时数/h		全年累计	3356	3234	3154	3055	2791
		日平均	9.2	8.9	8.6	8.4	7.6
部分利用天然采光的时数/h		全年累计	619	687	755	802	898
		日平均	1.7	1.9	2.1	2.2	2.5

注：1. 全部利用天然采光的时数为室外照度高于室外设计照度的时间段。

　　2. 部分利用天然采光的时数为室外照度处于临界照度和设计照度之间的时段。

全部利用天然采光的采光影响系数是指在室外设计照度以上场所可全部依赖天然采光的系数，取值为1；部分利用天然采光时的采光影响系数是指室外设计照度15000 lx 和室外临界照度5000 lx 之间部分依赖采光的时段，采光影响系数取0.5，采光不足部分需要补充人工照明。

充分利用天然光是实现照明节能的重要技术措施。对于整栋建筑物而言，采光节能应纳入整个照明节能的组成部分。本标准提出的采光节能计算方法，最突出的特点是计算时完全根据我国在天然光方面的实际使用情况，全部采用我国实际的光气候数据进行采光节能计算，因此在分析评估采光节能上具有较高的实用性。

参 考 文 献

［1］《建筑采光设计标准》GB/T 50033（报批稿）.

［2］侧面采光计算方法的研究（研究报告）.

［3］英国标准. 建筑物 BS 8206－2：2008 第2部分：日光照明实用规程.

［4］英国标准. BS EN 15193：2007 建筑物能效——照明的能源要求

关于逐步禁止进口和销售普通照明白炽灯的公告

中华人民共和国国家发展和改革委员会　中华人民共和国商务部
中华人民共和国海关总署　中华人民共和国国家工商行政管理总局
中华人民共和国国家质量监督检验检疫总局

公　告

2011 年第 28 号

为了提高能效，保护环境，积极应对全球气候变化，依据《中华人民共和国节约能源法》，决定从 2012 年 10 月 1 日起逐步禁止进口（含从海关特殊监管区域和保税监管场所进口）和销售普通照明白炽灯。现就有关事项公告如下：

一、淘汰产品

淘汰产品为普通照明白炽灯：

（一）设计用于家庭和类似场合普通照明；

（二）电源电压：200～250V（含 200V、250V）。

二、淘汰步骤

第一阶段：2011 年 11 月 1 日至 2012 年 9 月 30 日为过渡期，有关进口商、销售商应当按照本公告要求，做好淘汰前的准备工作。

第二阶段：2012 年 10 月 1 日起，禁止进口和销售 100W 及以上普通照明白炽灯。

第三阶段：2014 年 10 月 1 日起，禁止进口和销售 60W 及以上普通照明白炽灯。

第四阶段：2015 年 10 月 1 日至 2016 年 9 月 30 日为中期评估期，对前期政策进行评估，调整后续政策。

第五阶段：2016 年 10 月 1 日起，禁止进口和销售 15W 及以上普通照明白炽灯，或视中期评估结果进行调整。

三、豁免产品

豁免产品为反射型白炽灯和特殊用途白炽灯。其中，特殊用途白炽灯是指专门用于科研医疗、火车船舶航空器、机动车辆、家用电器等的白炽灯。

四、各级发展改革、经贸（经信）、商务、海关、工商、质检等行政管理部门要按照《中华人民共和国节约能源法》等有关规定，加强对普通照明白炽灯进口和销售的监督管理，严肃查处违法违规行为。各进口商、销售商应当在规定时间内停止进口、销售普通照明白炽灯。

附件：中国逐步淘汰白炽灯路线图

国家发展改革委
商　务　部
海　关　总　署
工　商　总　局
质　检　总　局
二〇一一年十一月一日

中国逐步淘汰白炽灯路线图

一、中国逐步淘汰白炽灯的重要意义

中国是白炽灯的生产和消费大国，2010 年白炽灯产量和国内销量分别为 38.5 亿只和 10.7 亿只。据测算，中国照明用电约占全社会用电量的 12% 左右，如果把在用白炽灯全部替换为节能灯，年可节电 480 亿 $kW \cdot h$，相当于减少二氧化碳排放 4800 万 t，节能减排潜力巨大。逐步淘汰白炽灯，对于促进照明电器行业结构优化升级、推动实现"十二五"节能减排目标、积极应对全球气候变化具有重要作用。

二、中国逐步淘汰白炽灯的可行性

为提高能效、保护环境、应对全球气候变化，近年来一些主要国家和地区陆续出台淘汰白炽灯路线图，加快淘汰低效照明产品。中国自 1996 年实施绿色照明工程以来，支持白炽灯生产企业转型、扩大高效照明产品推广应用的政策体系初步形成，照明电器行业迅速发展，全社会节能减排意识显著提高，为淘汰白炽灯创造了较好的政策环境、行业基础和社会氛围，为淘汰白炽灯路线图的发布实施奠定了基础。

（一）政策环境

"十一五"期间，中国提出了单位国内生产总值能耗降低 20% 左右的约束性目标，通过一系列强有力的政策措施推动节能减排。目前，中国已经建立了较完善的高耗能产品淘汰和节能产品推广政策体系，包括发布高耗能产品淘汰目录、实施能效标准标识管理，推行政府强制采购，开展政府财政补贴等。"十二五"时期，中国政府进一步确定了单位国内生产总值能耗降低 16%、二氧化碳排放强度下降 17% 的目标，这为促进白炽灯企业转型升级、推动照明电器行业健康发展提供了良好的政策环境。

（二）行业基础

2010 年，中国白炽灯总产量 38.5 亿只，年产量 1 亿只以上的大型企业约 10 家，占全行业总产量的 70% 以上。近年来，在国家相关政策的支持下，这些大型白炽灯生产企业先后开始转产高效照明产品。2010 年，中国节能灯总产量 42.6 亿只，约占全球总产量的 80%；其中，年产量 5000 万只以上规模企业约 20 家，占全行业总产量的 82%。经过多年努力，中国节能灯产品质量水平日益提高，一些企业产品质量和工艺水平已达到世界领先水平。近年来，半导体照明技术发展迅速，在家庭照明、商业照明、道路照明等领域逐步得到应用。因此，高效照明产品及技术的日益成熟为逐步淘汰白炽灯提供了重要保障。

（三）社会意识

随着节能减排工作的深入开展，全社会照明节电意识普遍增强，"绿色照明"理念深入人心，高效照明产品市场占有率逐年提高，淘汰低效照明产品、选用高效照明产品已逐渐成为社会共识。

三、世界主要国家和地区淘汰白炽灯情况

自 2007 年年初澳大利亚政府率先宣布以立法形式全面淘汰白炽灯开始，先后有十几个国家和地区陆续发布了淘汰白炽灯计划。这些国家和地区淘汰白炽灯计划主要有以下几个特点：一是淘汰时间，大多数国家的起始时间集中在 2010 ～ 2012 年；二是淘汰范围，重点是普通照明白炽灯，特殊用途白炽灯不在淘汰范围之内；三是淘汰方式，按功率大小、光效高低分阶段进行淘汰；四是中期评估，在淘汰过程中设置实施效果评估环节，根据评估情况来调整后续政策。

四、中国淘汰白炽灯方案

（一）指导思想

全面落实科学发展观，大力推进节能减排，制定并实施科学合理、符合中国国情的淘汰白炽灯路线图，促进照明电器行业结构优化，提升照明产品能效水平，为实现"十二五"节能减排目标、加快转变经济发展方式和应对全球气候变化作出贡献。

（二）基本原则

坚持顺应国际潮流与推动中国行业发展相结合；坚持加强政策引导与发挥市场机制相结合；坚持实施分阶段淘汰与发展替代产品相结合。

（三）法律依据

《中华人民共和国节约能源法》等有关规定。

（四）淘汰产品

淘汰产品为普通照明白炽灯：

1）设计用于家庭和类似场合普通照明；

2）电源电压：200～250 V（含200 V、250 V）。

（五）淘汰步骤

中国逐步淘汰白炽灯路线图分为五个阶段，自2012年10月1日起分阶段逐步禁止进口（含从海关特殊监管区域和保税监管场所进口）和销售普通照明白炽灯。

第一阶段：2011年11月1日至2012年9月30日为过渡期，有关进口商、销售商应当按照本公告要求，做好淘汰前的准备工作。

第二阶段：2012年10月1日起，禁止进口和销售100 W及以上普通照明白炽灯。

第三阶段：2014年10月1日起，禁止进口和销售60 W及以上普通照明白炽灯。

第四阶段：2015年10月1日至2016年9月30日为中期评估期，对前期政策进行评估，调整后续政策。

第五阶段：2016年10月1日起，禁止进口和销售15 W及以上普通照明白炽灯，或视中期评估结果进行调整。

中国逐步淘汰白炽灯时间表阶段

阶　段	实施期限	目标产品	额定功率	实施范围与方式	备注
1	2011.11.1 – 2012.9.30	过渡期			发布公告及路线图
2	2012.10.1 起	普通照明白炽灯	≥100 W	禁止进口、销售	—
3	2014.10.1 起	普通照明白炽灯	≥60 W	禁止进口、销售	—
4	2015.10.1 – 2016.9.30	进行中期评估，调整后续政策			
5	2016.10.1 起	普通照明白炽灯	≥15 W	禁止进口、销售	最终禁止的目标产品和时间，以及是否禁止生产视中期评估结果而定。

（六）豁免产品

豁免产品为反射型白炽灯和特殊用途白炽灯。其中，特殊用途白炽灯是指专门用于科研医疗、火车船舶航空器、机动车辆、家用电器等的白炽灯。

五、实施效果预测

通过淘汰白炽灯，将有力促进高效照明产业发展，取得良好的节能减排效果，预计新增照明电器行业产值约80亿元、新增就业岗位约1.5万个，形成年节电480亿kW·h、年减少二氧化碳排放4800万t的能力。

《中国逐步降低荧光灯含汞量路线图》发布

中华人民共和国工业和信息化部　中华人民共和国科学技术部
中华人民共和国环境保护部公告
2013 年　第 11 号

为落实国务院《节能减排"十二五"规划》和《重金属污染综合防治"十二五"规划》，逐步降低荧光灯含汞量，减少行业用汞量及生产过程中汞排放，提高荧光灯行业污染防治水平，推动产业绿色转型升级，工业和信息化部、科技部、环境保护部制订了《中国逐步降低荧光灯含汞量路线图》，现予以公告。

各地工业、科技、环境保护主管部门要与行业协会、科研机构、企业和消费者共同推动路线图目标的实现；加强清洁生产审核，加大引导和支持力度，促进荧光灯行业清洁生产技术研发和产业化应用；鼓励低（微）汞、长寿命、高效荧光灯产品推广和使用；加强荧光灯生产企业环境管理，严格控制含汞废水、废气排放，妥善处置含汞固体废物，有效防范环境风险；加大宣传培训力度，树立绿色消费理念，共同营造绿色消费环境。

全球汞公约发布

2013年1月19日，联合国通过了一项关于汞的条约，旨在全球范围内以法律文书的形式在包括电光源在内的诸多领域有效防止汞的排放与释放。

这是在以欧洲照明协会（ELC）代表的全球照明行业经过两年多时间的努力，与所有联合国会员国相关方进行多次交涉的结果。最终的谈判结果完全符合全球照明协会联合会（GLA）的意见，总体上不会比欧洲 RoHS 指令的要求更为严格。

该公约将于 2018~2020 年间予以执行，其中涉及照明行业的主要条款内容如下：

1）基于对气候变化的积极贡献，应保障照明电器行业的汞使用；
2）允许保留电光源用汞的供应和贸易，包括汞丸；
3）照明行业的履约是有条件限制的，在允许范围内的电光源产品的生产、进口、出口不受限制；
4）功率小于等于 30W 的普通照明用紧凑型荧光灯汞含量最高限值为 5mg；
5）功率小于 60W 的普通照明用三基色粉直管荧光灯汞含量最高限值为 5mg；
6）功率小于等于 40W 的普通照明用卤粉直管荧光灯汞含量最高限值为 10mg；
7）高压汞蒸气灯将被逐步淘汰，这将带来巨大的商机；
8）用于电子显示用的冷阴极荧光灯（CCFL）和外置电极荧光灯（EEFL）中的汞含量根据长度有所不同：
① 长度小于等于 500mm 的，汞含量最高限值为 3.5mg；
② 长度在 500~1500mm 之间的，汞含量最高限值为 5mg；
③ 长度大于 1500mm 的，汞含量最高限值为 13mg；
9）大多数电池、插座和继电器将不含汞；
10）含汞废物的处理将与现行的联合国巴塞尔公约一致。

联合国环境规划署（UNEP）已经将本公约命名为"水俣病公约"，并将谈判结果发布在其官方网站，该条约将于 2013 年 10 月在日本正式签署。全球范围内的履约时间在 2018~2020 年间，但是我们预计大多数国家的政府将从 2015 年开始发布本国的法规和指导方针，避免到 2020 年未能履约。

有关公约的详细内容将在进一步沟通后于 2013 年 2 月以文本的形式发布。

全球照明协会联合会成立于 2007 年，包括中国、欧盟、美国、日本、澳大利亚、韩国等主要照明电器产品制造和使用国家或地区的行业协会组织。中国照明电器协会（CALI）是该组织的发起国之一，同时也是 GLA 下设环境工作组和半导体照明工作组的主要成员。在本次全球汞公约谈判中，包括中国照明电器协会在内的 GLA 成员国组织充分发挥了与本国政府和生产企业间的沟通与协调作用，积极推动在含汞电光源产品的履约内容上达成各成员国间的共识，对实现全球汞削减目标，维护全球照明电器行业的生产和贸易稳定起到了积极的促进作用，成功协助公约谈判各方在含汞电光源产品领域达成一致，顺利完成公约谈判活动。

该公约缔约方包括全球 50 多个国家或地区，公约中涉及的主要荧光灯产品汞含量限值较欧盟的 RoHS 指令更为宽松，部分产品的限制要求低于我国的标准。中国照明电器协会希望各相关生产企业积极关注公约内容，及时改进生产技术，切实降低产品中的汞含量，为我国的履约承诺提供我行业的支持和保障。

关于组织开展 2012 年度财政
补贴半导体照明产品推广工作的通知

国家发展和改革委员会办公厅
财　政　部　办　公　厅　　文件
科　技　部　办　公　厅

发改办环资 ［2012］2671 号

各省、自治区、直辖市及计划单列市、新疆生产建设兵团发展改革委、经贸委（经信委、工信委、工信厅）、财政厅（局）、科技厅（局），各有关企业：

为落实国务院关于节能家电等产品消费政策的要求，根据《高效照明产品推广财政补贴资金管理暂行办法》（财建〔2007〕1027 号），国家发展改革委、财政部、科技部共同组织开展财政补贴半导体（LED）照明产品推广工作。现就有关工作通知如下：

一、2012 年度财政补贴推广的 LED 照明产品主要有：LED 筒灯、射灯、路灯和隧道灯。本次推广产品主要针对政府办公楼、写字楼、医院、宾馆、商厦、车站、机场等大宗用户的室内照明需求和公路、街道、广场、隧道等户外照明需求。

二、推广工作以中标企业为主，不组织中标企业与地方政府对接。根据各中标企业的综合情况，我们编制了《2012 年度财政补贴半导体照明产品中标企业情况表》（附件 1），明确了产品型号、规格、中标价格和企业推广限额。用 1 年左右时间完成预定推广计划。

三、中标企业要严格按照《2012 年度财政补贴半导体照明产品推广实施指南》（见附件 2）的有关要求实施推广工作。同时，按相关要求将经由实施项目所在地的市（地）级和省级节能主管部门（或负责高效照明产品推广工作的部门）、财政部门盖章确认的财政补贴资金申请报告上报财政部经建司、国家发展改革委环资司，并抄送科技部高新司。

四、各地有关部门要加强沟通，按照职责分工，密切合作，积极组织推广工作，加快相关工作进度。节能主管部门要加强对在本地区实施的财政补贴 LED 照明推广项目进行监督核查，确保推广信息真实有效。各地方财政部门要会同有关部门及时组织资金申报和清算工作。国家节能减排财政政策综合示范城市所实施的绿色照明改造项目、"十城万盏"半导体照明应用工程示范项目应优先选用财政补贴推广的 LED 照明产品。

附件：1. 2012 年度财政补贴半导体照明产品中标企业情况表
　　　2. 2012 年度财政补贴半导体照明产品推广实施指南

国家发展改革委办公厅
财政部办公厅
科技部办公厅
2012 年 9 月 20 日

附件 2： 2012 年度财政补贴半导体照明产品推广实施指南

根据财政部、国家发展改革委《高效照明产品推广财政补贴资金管理暂行办法》（财建〔2007〕1027 号，以下简称《办法》），为了规范有序开展半导体（LED）照明产品推广工作，特制定本实施指南。

一、实施程序

（一）统一组织招标。财政部会同国家发展改革委、科技部组织统一招标，确定中标企业、产品规格型号、协议供货价格、产品质量及售后服务要求等。

（二）组织产品推广。中标企业根据国家下达的推广限额自行组织产品推广，确定具体实施项目（2012 年度财政补贴推广的 LED 照明产品仅限在国内销售，不限制推广地区）。中标企业在推广过程中要主动与推广所在地相关主管部门沟通，并及时向推广所在地市（地）级以上节能主管部门报备相关推广情况。

（三）上报推广信息及资金申请。中标企业应定期登录节能产品惠民工程网（www.jienenghuimin.org）填报推广信息，并及时将经由实施项目所在地市（地）级和省级财政部门、节能主管部门盖章确认的财政补贴资金申请报告上报财政部经建司、国家发展改革委环资司，并抄送科技部高新司。

二、监督检查

（一）各地节能主管部门应对中标企业拟上报的推广信息进行认真审核，并实地核查LED照明产品应用数量。

（二）国家有关部门将委托相关机构对当年LED照明产品推广情况和产品质量进行抽查，并检查各地工作情况。

三、有关工作要求

（一）中标企业要严格按财政补贴后的协议供货价格进行推广，推广产品仅限中标的规格型号。

（二）推广产品主要针对政府办公楼、写字楼、医院、宾馆、商厦，车站、机场等大宗用户的室内照明需求和公路、街道、广场、隧道等户外照明需求。

（三）中标企业应切实履行各项承诺。其中对LED路灯质量承诺不少于4年，LED隧道灯、筒灯、射灯质量承诺不少于3年。

（四）中标企业应在推广产品的外包装和本体上统一印制"政府补贴、绿照工程"标识（可以按比例放大或缩小，对颜色没有要求）。

（五）中标企业应配合地方节能主管部门组织开展相关宣传和培训活动，为用户提供必要的改造方案和技术支持。

（六）中标企业应与用户签订供货协议。供货协议作为申报资金的依据，应妥善保管。

（七）中标企业推广数量不得高于已下达的本企业推广限额。此外，路灯、隧道灯均中标的企业，年度推广量应不低于1万盏；若单个产品中标的，年推广量应不低于5千盏。筒灯、射灯均中标的，年度推广量应不低于6万盏；若单个产品中标的，年推广量应不低于3万盏。

（八）中标企业应确保产品质量达到投标时承诺的技术指标，并保证推广信息真实。如发现推广产品质量不合格或不能满足招标要求，推广信息弄虚作假，终端用户投诉较多，经核查属实后，国家发展改革委、财政部、科技部将按相关约定，对中标企业进行处罚。

国家发展改革委关于加大工作力度确保实现
2013年节能减排目标任务的通知

发改环资〔2013〕1585号

各省、自治区、直辖市人民政府，国务院各部委、各直属机构：

为切实做好节能减排工作，确保完成2013年目标任务，并为实现"十二五"节能减排约束性目标奠定基础，经国务院同意，现就有关事项通知如下：

一、确保完成2013年节能减排工作任务目标

我国正处于工业化、信息化、城镇化、农业现代化快速发展的关键时期，能源资源需求刚性增长，资源环境约束日益突出。2012年，各地区、各部门按照党中央、国务院的决策部署，把节能减排作为调整经济结构、转变发展方式、推动科学发展的重要抓手，采取一系列政策措施，推动节能减排工作取得积极进展，全国单位国内生产总值能耗降低3.6%，二氧化硫、化学需氧量、氨氮、氮氧化物排放总量分别减少4.52%、3.05%、2.62%、2.77%，实现了全年目标。但是，当前节能减排的形势依然严峻，实现"十二五"节能减排目标任务更加艰巨。一是节能减排目标完成进度滞后，要实现"十二五"目标任务，后三年年均单位国内生产总值能耗需降低3.84%，比前两年平均降幅高1.03个百分点，氮氧化物平均降幅需达到4%以上。二是今年以来，高耗能、高排放行业增长加快，能耗强度下降速度放缓，污染物排放增量压力加大。三是随着节能减排工作深入，政策机制不完善、基础工作薄弱等问题日益凸显。

党的十八大提出，要把生态文明建设放在突出地位，融入经济、政治、文化、社会建设各方面和全过程，努力建设美丽中国，实现中华民族永续发展。各地区、各部门要把思想和行动统一到中央的精神上来，切实增强全局意识、危机意识和责任意识，树立绿色、循环、低碳发展理念，以节能减排倒逼产业转型和发展方式加快转变，下更大决心，用更大气力，采取更加有力的政策措施，确保2013年全国单位国内生产总值能耗下降3.7%以上，二氧化硫、化学需氧量、氨氮、氮氧化物排放总量分别下降2%、2%、2.5%、3%，促进形成节约资源和保护环境的产业结构、生产方式、生活方式，加快生态文明建设。

二、强化节能减排目标责任

公告 2012 年省级人民政府节能目标责任现场评价考核和各地区主要污染物减排核查核算结果，并在主流媒体上发布，接受社会监督；将节能减排任务完成情况作为省级人民政府领导班子和领导干部综合评价考核的重要内容；对考核等级为未完成的地区，由国务院节能减排工作领导小组领导或授权约见提醒，督促考核等级为未完成的地区限期整改，并将各地整改情况汇总整理报国务院；做好节能减排形势分析，定期发布《各地区节能目标完成情况晴雨表》。各地区要强化考核结果的运用，兑现奖惩措施，着力解决节能工作的薄弱环节，及时对节能目标责任现场评价考核中发现的问题进行整改，整改情况纳入 2013 年节能考核范围；节能减排进度滞后、存在"前松后紧"趋势的地区，要重新调整今后 3 年的年度目标并进行相关工作部署；各地要定期发布本行政区域内各地（市）节能目标完成情况的晴雨表，加强预警和政策调控。（发展改革委、环境保护部、统计局会同有关部门负责）

三、调整优化产业结构

一是严控高耗能、高排放行业过快增长和产能严重过剩行业盲目扩张。严格节能评估审查和环境影响评价，对新上项目能源消费量增长过快的地区，暂缓高耗能项目能评审查。提高"两高"项目准入门槛，新上"两高"项目的能效、环保指标要达到国内同行业、同规模领先水平。严控"两高"行业新增产能，新、改、扩建项目实行产能等量或减量置换。继续严格控制"两高"产品出口，完善加工贸易禁止类和限制类目录，禁止高耗能、高排放和资源类产品加工贸易。加强项目管理，严禁核准产能严重过剩行业新增产能项目，坚决停建产能严重过剩行业违规在建项目。（发展改革委、环境保护部、财政部、工业和信息化部、商务部负责）

二是加快淘汰落后产能。结合做好化解产能过剩矛盾工作，以钢铁、水泥、电解铝、平板玻璃等产能严重过剩行业为重点，尽快将任务分解落实到具体企业并公告企业名单，加强监督检查，列入公告的落后设备（生产线）力争 2013 年 9 月底前全部关停，12 月底前彻底拆除，不得转移。全年淘汰落后产能火电 200 万 kW 以上、炼铁 263 万 t、炼钢 781 万 t、水泥 7345 万 t、电解铝 27.3 万 t、煤炭 4500 万 t、焦炭 1405 万 t，做好对淘汰落后产能企业的现场检查验收和发布任务完成公告工作。健全落后产能退出机制，做好职工安置工作。（工业和信息化部、能源局、发展改革委、财政部、环境保护部、人力资源社会保障部负责）

三是调整优化能源结构。在做好保护生态和移民安置的前提下开工建设水电 2000 万 kW 以上，在确保安全的基础上开工建设核电 335 万 kW，风电、太阳能电站装机规模分别达到 8000 万 kW、1600 万 kW。积极发展生物质能、地热能，大力推进天然气、页岩气、煤层气等勘探开发利用。支持工商企业、工业园区和大型公共建筑发展光伏发电系统，推进光伏发电示范区建设；开展以智能电网、物联网和储能技术为支撑的微电网示范工程。促进煤炭清洁利用，推广使用天然气、煤制气、生物质成型燃料等清洁能源。发展分布式能源。继续推进资源综合利用发电。（能源局、发展改革委、财政部、工业和信息化部、住房城乡建设部、国土资源部负责）

四是大力发展服务业和节能环保等战略性新兴产业。推进服务业规模化、品牌化、网络化经营，提高服务业在国民经济中的比重。推进高效锅炉、高效内燃机、半导体照明、绿色建材、烟气脱硫脱硝、机动车尾气高效净化等节能环保产品和装备发展，建设一批国家节能环保重大技术示范工程。支持在企业集聚区实施分布式能源供应、环保综合治理等基础设施集中建设和运营。抓好《国务院关于加快发展节能环保产业的意见》的贯彻落实，明确任务分工，落实工作责任，创造良好的产业发展环境，确保各项任务措施落到实处，务求尽快取得实效。（发展改革委、财政部、科技部、工业和信息化部、环境保护部负责）

四、加快实施节能减排重点工程

安排中央预算内投资和中央财政节能减排专项资金支持节能减排重点工程和能力建设。实施节能改造、节能技术产业化示范、节能产品惠民、合同能源管理推广、节能能力建设等节能重点工程，形成节能能力 6000 万 t 标准煤。实施城镇污水垃圾处理设施及配套管网建设、重点流域水污染防治、重金属污染防治、重点区域大气污染防治、湖泊生态环境保护、规模化畜禽养殖场污染治理、脱硫脱硝等减排重点工程，新增城镇污水日处理能力 800 万 t，形成化学需氧量、氨氮年削减能力 60 万 t、6 万 t；新增燃煤机组脱硫装机容量 700 万 kW、脱硝装机容量 1.5 亿 kW，对 77 条水泥生产线安装烟气脱硝设施，形成二氧化硫、氮氧化物年削减能力 24 万 t、160 万 t。加强节能环保重点项目建设和运行监管，切实发挥工程措施作用。（发展改革委、财政部、环境保护部、工业和信息化部、住房城乡建设部、水利部、农业部、能源局、质检总局、科技部负责）

五、推动重点领域节能

开展城镇化过程中绿色发展问题研究。落实《绿色建筑行动方案》，实施绿色建筑行动，督促各地制定绿色建筑行动实施方案，明确目标任务，全年新建绿色建筑 5000 万平方米以上；推进绿色生态城区创建。完成北方采暖地区既有居住建筑供热计量和节能改造 1.5 亿平方米、夏热冬冷地区既有居住建筑节能改造 1200 万平方米。加强大型公共建筑用能管理，扩大能耗动态监测平台建设范围。开展第三批重点城市公共建筑节能改造。推动实施绿色照明工程，落实半导体照明节能产业规划。（发展改革委、财政部、住房城乡建设部会同有关部门负责）

深入开展万家企业节能低碳行动，加强万家企业节能目标责任评价考核，尽快公告 2012 年度考核结果，加大奖惩问责力度，对未完成目标的企业强制开展能源审计；落实能源利用状况报告制度，汇总分析万家企业能源利用状况，提出改进措施；在北京市、河南省和陕西省开展重点用能企业能耗在线监测系统建设试点。加强企业能源管理体系建设及评价工作，健全标准规范。研究推进能源管理师制度建设。实施工业能效提升计划和电机能效提高计划，推进电子信息制造业节能降耗。推进数据中心节能改造。支持中小企业节能减排。（发展改革委、工业和信息化部、国资委、住房城乡建设部、交通运输部、商务部、统计局、质检总局、能源局、人力资源社会保障部负责）

稳步推进低碳交通运输体系建设城市试点，抓好两批 26 个城市试点工作。开展 19 个绿色低碳交通城市、7 条绿色低碳公路、3 个绿色低碳港口创建等示范活动。深入推进 981 家交通运输企业开展低碳交通运输专项行动，强化目标考核，推广先进适用技术，推进清洁能源车船应用。发展城市步行、自行车出行系统。组织实施第三批 12 家运输企业甩挂运输试点，推进不停车自动交费系统（ETC）联网工程。推进内河船型标准化，推广内河船舶免停靠报港信息服务系统，推进靠港船舶使用岸电技术应用。强化铁路企业节能环保指标控制，继续提高电气化铁路及电力机车承担运输工作量比重，加快淘汰老旧机车。在 15 座机场推进桥载设备替代飞机辅助动力装置专项工作；继续优化航路航线，在开展缩短飞机地面滑行时间前期可行性研究基础上，选择 1～3 座机场进行试点。（交通运输部、铁路局、民航局、发展改革委、财政部、住房城乡建设部负责）

推进 1000 家节约型公共机构示范单位创建活动，加强节水型单位建设，在中央国家机关 16 个部门开展节约型办公区建设。在商业领域深入推进"百城千店"示范工程和绿色饭店创建活动。支持军队重点用能设施设备节能改造。推进省柴节煤炉灶炕升级换代，建设节能减排示范村。（国管局、发展改革委、财政部、商务部、农业部、总后勤部负责）

六、推进主要污染物减排

出台建设项目主要污染物排放总量指标管理办法，逐步推行主要污染物总量指标预算管理制度。加大细颗粒物（PM2.5）治理力度，把主要污染物排放总量指标作为环评审批的前置条件。推进大气污染联防联控，建立区域联防联控工作协调机制和监测预警应急体系。在京津冀、长三角、珠三角和山东城市群开展煤炭消费总量控制试点，加快清洁能源替代利用，加快燃煤锅炉、窑炉、自备燃煤电站的天然气改造。在 19 个省（区、市）的 47 个地级以上城市实施大气污染物特别排放限值。推进火电、钢铁、有色、炼油、建材等行业脱硫脱硝，对火电、钢铁、水泥、燃煤锅炉实施高效除尘改造，开展石化、化工、表面涂装、包装印刷等行业挥发性有机物治理，采取有效的经济手段加快淘汰运营类黄标车，全面供应符合国家第四阶段标准的车用燃油，加强扬尘污染防治。以制浆造纸、印染、食品加工、农副产品加工等行业为重点，继续加大水污染深度治理和工艺技术改造。深入推进湘江流域重金属污染治理、历史遗留重金属污染治理和无主尾矿隐患综合治理。加强农村环境综合治理，加大农业面源污染防治力度，因地制宜推进农村生活污水、垃圾处理设施建设，继续推广测土配方施肥、水产健康养殖，加快推进畜禽标准化规模养殖，推进农村清洁工程建设。着力抓好污水处理厂、造纸厂、畜禽养殖场、火电厂、钢铁厂、水泥厂和机动车"六厂（场）一车"减排措施落实，确保 1545 个重点减排项目按期保质建成投运。（环境保护部、发展改革委、工业和信息化部、住房城乡建设部、交通运输部、国土资源部、农业部、国资委、能源局负责）

七、大力发展循环经济

做好《循环经济发展战略及近期行动计划》宣传贯彻，编制循环经济年度推进计划。印发《关于加快发展农业循环经济的指导意见》、《关于促进生产过程协同资源化处理城市及产业废弃物的指导意见》。深化循环经济统计试点，发布国家层面资源产出率指标。继续开展循环经济"十百千"示范行动，2013 年启动 20 个循环经济示范城市（县）、10 个国家"城市矿产"示范基地、17 个餐厨废弃物资源化利用城市试点和 28 个再制造试点，以及 20 个园区循环化改造。继续开展再生资源回收体系试点城市建设，建设分拣加工示范基地。开展消费者交回旧件并以置换价购买再制造产品的工作。完善老旧汽车淘汰和回收拆解体系，支持和培育回收拆解骨干企业，鼓励有条件地区建立区域性破碎示范中心。推进在工业生产过程中协同处理城市生活垃圾和污泥。深入推进清洁生产，编制国家清洁生产推行规划，发布清洁生产评价指标体系，加快重大清洁生产技术应用，建设一批清洁生产技术服务中心。发布《关于开展工业产品生态设计的指导意见》，选择汽车、电子等产品开展工业产品生态设计试点。开展铅循环利用体系建设试点。深入推进资源综合利用百个示范基地和百家骨干企业建设，新增粉煤灰等大宗固体废弃物综合利用能力 1.6 亿 t。编制实施赤泥、磷石膏等专项方案，开展工业固体废弃物综合利用基地建设试点，修订资源综合利用目录。推进墙体材料革新工作，完成 183 个城市限制粘土制品、397 个县城禁止使用实心粘土砖任务。大力推进建筑废物和废旧路面材料再生利用。继续抓好农作物秸秆综合利用，加快秸秆收集储运体系建设，严格农作物秸秆焚烧监管。启动第三批国家级绿色矿山试点，推动首批 40 家矿产资源综合利用示范基地建设。全面落实最严格水资源管理制度，推进节水型社会建设，加快发展海水淡化产业。（发展改革委、财政部、国土资源部、工业和信息化部、环境保护部、住房城乡建设部、交通运输部、商务部、水利部、农业部负责）

八、加快节能减排技术和产品开发推广

发布实施《节能减排科技专项行动方案》，加强重点行业、领域和区域节能减排共性和关键技术开发、示范，推动实

施节能减排科技专项，重点推动洁净煤利用、绿色建筑、电动汽车、太阳能工业热利用、太阳能发电等技术研发推广。出台节能技术推广管理办法，建立节能技术遴选、评定和推广机制。发布第六批重点节能技术推广目录及第二批循环经济技术、工艺设备名录，修订《国家鼓励发展的重大环保技术装备目录（2011年版）》，制定"十二五"期间国家鼓励的重大节水技术工艺装备目录、高用水行业淘汰技术目录。继续实施节能产品惠民工程，推广高效照明产品1.3亿只、节能汽车100万辆、高效电动机500万kW，推动超高效节能产品市场消费。调整鼓励进口目录，支持先进节能环保技术、设备和关键零部件进口。开展节能减排重大技术装备质量提升专项行动。开展城市能源计量建设示范活动。推行政府绿色采购，完善强制采购和优先采购制度，逐步提高节能环保产品在采购中的比重。（科技部、发展改革委、财政部、环境保护部、工业和信息化部、水利部、商务部、质检总局、国管局负责）

九、完善节能减排的经济政策

调整和完善成品油、天然气价格形成机制，严格落实差别电价、惩罚性电价、脱硫电价和脱硝电价政策，建立动态甄别和监管机制。落实居民用电阶梯价格，推行居民生活用水、用气阶梯价格和非居民用水超定额累进加价政策。实行差别化排污收费政策，提高污水、废气中主要污染物和重金属污染物排污费标准，推进垃圾处理收费方式改革，研究制定排污权交易价格管理规定。适当调整地表水、地下水水资源费征收标准，落实超计划超定额累进收取水资源费制度。清理规范资源类收费。完善矿山环境治理恢复保证金制度。加强财政资金管理，提高使用效率，注重发挥财政资金的引导作用，促进形成持续稳定增长的资金投入机制；研究建立有利于促进地方实现节能减排目标任务的财政支持机制。扩大节能减排财政政策综合示范范围，结合绿色城镇化和生态文明等重大战略部署，进一步加大政策集成力度。提高节能产品惠民工程推广产品补贴标准，对能效"领跑者"产品推广给予更高标准的补贴。梳理节能减排有关税收政策，推动落实合同能源管理项目和节能节水环保产品税收优惠政策。调整消费税范围和税率结构，研究将大量消耗能源资源、易造成环境污染的产品纳入征税范围。研究制定水泥、石化等非电行业脱硫脱硝激励政策。继续推行涉重金属等高环境风险企业环境污染强制责任保险制度。建立绿色信贷实施情况关键评价指标体系、绿色信贷统计制度，加强绿色信贷信息平台建设，提高节能环保企业和项目的融资能力。（发展改革委、财政部、环境保护部、国土资源部、工业和信息化部、水利部、人民银行、税务总局、法制办、银监会、保监会、能源局负责）

十、推行节能减排市场化机制

大力推动节能服务产业发展，积极落实合同能源管理项目扶持政策，加强政策培训，规范项目管理。深入推进"百项能效标准工程"，出台约50项高耗能产品能耗限额标准、产品能效标准。加快制定《乘用车企业产品平均油耗管理办法》。发布电冰箱、空调、洗衣机等终端用能产品能效"领跑者"目录。扩大能效标识产品目录，对配电变压器、抽油烟机等产品实施能效标识。拓宽节能产品认证范围，规范节能认证管理，研究建立绿色建材认证制度。改进发电调度方式，在坚持优先调度节能环保高效机组的基础上，逐步增加经济调度因素；鼓励余热余压发电及上网；加大可再生能源发电全额保障性收购力度，推行促进风电等可再生能源消纳的辅助服务补偿机制。在4个城市开展电力需求侧管理综合试点。研究推行节能量交易。积极推进排污权有偿使用和交易试点，出台排污权有偿使用和交易试点工作指导意见，制订排污权交易方案。（发展改革委、环境保护部、财政部、工业和信息化部、人民银行、税务总局、质检总局、能源局负责）

十一、强化节能减排管理监督

出台控制能源消费总量实施方案，建立控制能源消费总量工作协调机制，确定各地区总量控制目标，提出具体的考核实施办法、部门分工意见。严格主要污染物排放总量指标管理，把污染物排放总量指标作为项目环评审批的前置条件。根据中央转变发展方式监督检查总体安排，做好节能减排政策措施落实情况监督检查。对完成节能减排目标进度滞后、淘汰落后产能不力、节能减排形势严峻的地区，暂缓办理该地区高耗能、高排放项目的节能评估审查和环境影响评价。适时开展节能减排专项资金管理使用情况监督检查，重点查处并纠正骗取、套取以及截留、挤占、挪用节能减排资金等违法违规行为。开展电力调度交易监管，落实可再生能源发电全额保障性收购制度，研究推行发电权交易。继续加强对脱硫脱硝电价政策执行情况的监督检查。加强新建建筑执行节能标准的监管，鼓励有条件的地区制定实施更高水平的标准。开展民用建筑供热计量收费监督检查。组织开展重点用能单位能耗（电耗）限额标准执行情况检查、重点用能单位能源计量审查、在用工业锅炉能效测试。完善主要污染物减排监测体系，推动企业自行监测，规范监督性监测，加大污染源监测信息发布力度。推进环境监管能力标准化建设，提高污染源监测、机动车污染监控、农业源污染监测和减排管理能力。支持地方节能减排监察机构能力建设，提高节能减排执法能力。（发展改革委、环境保护部、财政部、监察部、工业和信息化部、住房城乡建设部、质检总局、能源局负责）

十二、开展节能减排全民行动

深入推进节能减排全民行动，组织开展政府绿色办公、节能减排家庭社区行动、企业行动、青年志愿者行动、青少年行动、巾帼环境友好使者行动、节约型军营行动等，减少使用一次性产品，抑制商品过度包装，限制使用塑料购物袋，积极倡导文明、节约、绿色、低碳的消费模式。组织好全国节能宣传周、低碳日、世界环境日、世界水日等主题宣传活动，加强日常宣传报道，充分发挥民间组织、志愿者的积极作用。支持循环经济教育示范基地创建工作。反对食品浪费，研究出台关于开展反食品浪费行动的通知，推动餐饮企业、单位食堂、公务接待用餐、家庭用餐、粮食收储运等各方面、各环节节约粮食。继续开展节能减排科普展览教育活动，在重点行业职工中开展节能减排达标竞赛活动，加强职工节能减排义务监督员队伍建设。（发展改革委、科技部、教育部、环境保护部、水利部、商务部、质检总局、国管局、新华社、总后勤部、全国总工会、共青团中央、全国妇联、中国科协会同有关部门负责）

各地区、各部门要把节能减排放在更加突出的位置，切实加强组织领导，认真履行职责，强化协调配合，深入推进节能减排各项工作，确保完成 2013 年节能减排目标任务。发展改革委要认真履行国务院节能减排工作领导小组办公室的职责，加强节能减排工作的综合协调和检查指导，组织推动节能工作，及时向国务院报告进展情况，提出意见和建议；环境保护部为主承担污染减排方面的工作。

国家发展改革委
2013 年

第三篇 照明工程篇

3.1

照明工程规划设计

常州"三河三园"夜景照明工程

1. 项目简介

（1）项目说明

坐落地点：江苏常州

设计单位：北京清华城市规划设计研究院

施工单位：北京新时空照明工程有限公司、北京良业照明工程有限公司

（2）项目获奖情况

2011年中照照明奖三等奖

2. 项目详细内容

（1）照明设计理念

1）金色之旅：以星级酒店为主要分布，建筑载体体量接近，道路两侧界面完整。采用金色系光色2000~3300K为主。

2）韵律之旅：以成组成群的高大住宅为主，并在道路的转弯处形成视觉对景。照明手段上不能采用大面积的泛光，因此结合建筑成组成片的特征，对外观一致的建筑，照明手法采取同样元素的线、点等元素，形成整体韵律。相邻建筑照明采用相似的颜色分布及手段。建筑成群落分布时联动变化。

3）欢悦之旅：此段为常州市最繁华的商业街道，两侧为高低错落的临街商业建筑，因建筑建设年代各异，载体的状况也不尽相同。老城区商业街道附属设施凌乱。照明上统一以4000K白光为基础色，局部使用色彩烘托热烈欢快的商业气氛，建筑光色建筑群房是以4000K白光照明，与道路光色衔接自然。主体部分以暖光为主，烘托商业气氛。照明等级一级、二级建筑主体可以采用彩光照明。

4）光影之旅：明暗对比，历史与现代对话。古典造型建筑、居住建筑以2000~3000K照明为主，其他高大办公建筑以白光照明为主。

大型公建采用泛光，如工商银行、邮电大厦。中小型建筑以采用重点照明（窄光束投光）的手段为主。绿化尽可能利用现有照明，或增设月光照明，在地面形成光影斑驳的效果，光色以白光为主。

（2）照明设计的主要项目

1）奥体中心；

2）会展中心；

3）金色新城（属于韵律之旅）；

4）南大街（属于欢悦之旅）；

5）教堂（属于光影之旅）；

6）天宁寺（属于光影之旅）。

（3）照明设计中的节能和环保措施

1）节能措施：

① 使用高效的灯具产品。在灯具招投标阶段，为业主提供详尽的灯具技术参数要求书，规定常规灯具的发光效率的下限、功率因数及单色LED光源的发光效率，规定灯具在一定范围内的照度水平，并要求不同尺寸外壳和配光的灯具应送国家权威检测机构测试配光曲线、防护等级、电气安全、灯具效率等内容，保证灯具质量。协助业主在实施过程中评估灯具产品。

② 在照明设计之初，根据建筑物的位置、体量及功能等要素，进行整个地段的照明等级规划，提出一级照明（平均亮度为$15cd/m^2$）、二级照明（平均亮度为$10cd/m^2$）、三级照明（平均亮度为$5cd/m^2$）的标准，在设计中，按相应的照明级别进行灯具布置。

③ 为了配合多种场合需要，照明设定了多种效果，既达到节能的目的，又向市民呈现多元化的夜景表现。所有建筑及开放空间照明分节日、平日、夜间模式开启控制

2）环保措施：

① 居住建筑应避免泛光，发光灯带安装位置也应充分评估，避免对居民夜间休息产生干扰。

② 在灯光秀表演中，为了避免光污染，并没有采用大型探照灯灯具，而是采用辨识度高、功率低的激光设备。

3. 实景照片（见图1~图4）

图1

图2

图3

图4

桂林市城市夜景照明规划

1. 项目简介

（1）项目说明

桂林市地处中国中西部地区，是著名山水旅游城市，自古享有"山水甲天下"的美誉，具有国家重点风景游览城市和历史文化名城两项桂冠。桂林市早在 2000 年即编制了城市夜景照明总体规划，并得到了有效落实，大大提升了其城市夜景景观，并有效促进旅游经济的发展，一时成为国内城市夜景照明的典范。随着时间的推移，照明技术的更新、现有照明设备的老旧损坏以及临桂新城的开发等，使得桂林市亟待需要新一轮的照明总体规划，以满足新形势、新时代的要求。2011 年，上海市同济城市规划设计研究院受桂林市规划局委托，对桂林市中心城区进行了新一轮的具有探索意义和创新理念的城市夜景照明总体规划的编制工作。

规划人员通过长达三个月的实地调研、数据测量和分析总结，发现桂林市夜景现状存在以下几方面的问题：①功能性照明不满足设计规范，照度严重不足，如步行游览区域功能性照明配光不合理、照明方式不合理，从而造成路面照度水平低、均匀度差；②景观性照明光色艳丽、缺乏统一性，如沿河绿化光色混杂，夜景天际线轮廓杂乱等；③城市景观照明方式单一，手法粗放，缺乏层次感，如山体照明均采用大功率投光灯，建筑外观多用投光整体照明或勾边照明方式；④灯具选型不合理，缺乏维护，部分路灯过于侧重装饰性，忽略了功能性要求。因此，此次桂林市的照明规划将重点针对现状问题，对现有照明要素与资源进行重新整合，进一步提升桂林市的夜景特色，着重突出其城市自然景观及其历史传统文化。

（2）设计

设计师：王军、何宏光、张超、吴斌

设计单位：上海同济城市规划设计研究院、同济大学建筑与城市规划学院

2. 项目详细内容

（1）照明设计理念

依据"保护漓江，发展临桂，再造一个新桂林"的城市发展方略，本次规划凸显了桂林市深厚的历史积淀和文化内涵，通过现代科技手段的融入，实现夜间旅游开发需求与市民夜景照明需求的并重，营造"桂林山水甲天下"的夜间视觉文化体验。规划中还提出了多项低碳新技术的应用，倡议建立桂林市夜景游览的专属网站，通过网络平台、手机微博等手段，实现夜景效果与游客、市民的最大互动，增加其参与性及体验性，新技术与创新成为了此次照明规划的亮点。据此规划提出了提升桂林市夜景特色的三个创新理念。

1）灯光山水媒体秀：规划拟通过照明技术和艺术形式塑造桂林独有的山水媒体秀。规划整合了山体、水体、堤岸、绿化等照明要素，在桂林两江四湖游线的重要视点范围内，针对重要市内山体进行崖壁多媒体投影或者结合城市公园山体进行光艺术装置的设计，形成山水艺术舞台。此外，还可配合桂林山水旅游节、花炮节、歌圩节等众多民间节庆活动，邀请国内外著名艺术家进行光艺术创作，以自然风景、民俗风情及历史文化为创作来源，以两江四湖沿线作为场地载体，打造国际独一无二的"山水灯光文化节"。

2）智能互动体验：数字化时代，将数字科技与照明技术整合是必然的发展趋势。本次规划创新设计了游览讲解中的照明互动模式，通过移动终端，如 iPad 或智能手机，导游可借助于 GPRS 无线控制网络以控制不同照明模式，增强游客的现场感受。而在城市重要的景观节点空间，结合场景变换的自动感应、多重触控技术的实时交互技术或自主远程控制技术等智能技术的应用，在最大程度上实现游客与山水景观间的互动体验。

3）山水城市灯光地图：规划借助桂林市内现有的七星公园、虞山公园等多处特色公园，结合其历史典故，打造不同的光主题公园，如光雕公园、光艺术公园、灯光表演公园，适应游客游览和当地居民休闲生活的双重需要。而完善中心城区的夜景照明，打造适合休闲旅游、生活服务的场所空间，则将实现生活与旅游的融合，并在两江四湖和城市主城区间设立照明过渡带，形成完整的环状城市照明网状结构，建立城市夜游环路，构建光旅游的慢生活图景。

（2）照明设计方法创新点

规划在总体规划控制的基础上，根据照明对象的不同，对城市重要照明要素进行了照明专项规划，并形成了天际线、山体、水系驳岸、桥梁、建筑、公共空间、绿化、广告、绿色照明体系、城市夜游等十项照明专项规划内容。本文就其中七项独具桂林城市特色的内容进行归纳总结，并分别阐述各专项的主要规划思路以及探索的实施方案。

1）梳理夜景层次，打造天际线；

2）凸显山体夜景，体现桂林特色；

3）串联水系驳岸，连接夜景线路；

4）丰富桥梁照明，点缀夜景画面；

5）体现坡顶的建筑特色，规划光照模式；

6）创新公共照明，体验夜景互动；

7）规划游览线路，实现夜景旅游。

规划团队通过大量的实地调研以及调查问卷，梳理出夜间游客游览路线和市民活动路线，在规划中将夜间景观节点串联起来，形成夜间景观网络。两江四湖驳岸、古南门、象鼻山、靖江王城等历史文化节点融合中山路进一步延伸夜游轴线，将自然山水游览与其商业金融、文化娱乐等城市功能结合，通过渲染城市商业氛围，延长城市生活时间，使其成为拥有桂林市特色的国际化夜景商业旅游服务区。

（3）照明设计的总体构想

为了保障总体构想和目标的实现，规划团队提出了规划控制的五个基本原则：科技与艺术相结合的设计创新；高效节能、低碳环保的设计目标；人文关怀的设计原则；多元风格与统一性的融合；可持续发展的设计准则。规划还进行了照明规划结构控制、重要照明节点控制、视线与视点的控制、亮度分级控制、色光及动态光分级控制、分期建设规划控制等方面工作，以实现对城市照明总体效果的控制。

（4）验收单位意见

此次桂林照明规划特别强调了从山水城市特点出发，采用有针对性、研究型和创造性的照明规划方式——在进行了详细调研工作后，从当地的自然景观、人文景观提取元素，从游客和市民的角度考虑夜间活动形式、内容和场所，并依托灯光山水媒体秀、智能互动体验科技、山水城市灯光地图以及绿色低碳照明体系等创新理念，来制定翔实可靠、突破创新的城市照明规划，达到在夜间突出"景在城中，城在景中"的城市特色。同时，此次规划也详细地考虑到规划部门落实的具体操作情况，在与当地部门多次沟通的基础上，制定了详尽的实施措施。期待在不久的将来，能看到此次夜景规划的逐步落实给这座享誉世界的旅游城市带来更美丽的夜晚。

3. 实景照片（见图1）

图 1 桂林城市夜景鸟瞰图

3.2

室外照明工程

国家游泳中心夜景照明工程

1. 项目简介

（1）项目说明

1）国家游泳中心"水立方"是北京 2008 年奥运会标志性建筑物之一，位于北京奥林匹克公园内，建筑平面为 177m×177m 的正方形，四周环绕 4～8m 的护城河，建筑高度为 31m。"水立方"与北京中轴线另一侧的国家体育场（鸟巢）遥相呼应，形成了相互共生的独特景观。

2）"水立方"有着独特的结构，其屋盖和墙体的内外表面均覆以亚乙基四氟乙烯（ETFE）气枕，气枕总面积达 10 万 m^2，是世界上最大的 ETFE 工程，同时也成为单个气枕最大，拥有内、外两层气枕结构的独一无二的建筑物。ETFE 气枕不仅在视觉效果上充分满足了建筑美学对水的形态——泡沫状态下的水分子结构的表达，同时也最大限度地配合了主体钢结构"泡沫"结构系统的设计。同时，每个气枕均由三到五层 ETFE 膜材组成，膜材上镀有银点，起到隔热保温和改善采光的作用。

3）"水立方"夜景照明始终贯彻"水立方"的建筑设计理念，并在满足表现建筑特色基础上取得与周围建筑物及环境的协调。水立方夜景照明是以水为主题、蓝色为主色系的基本场景模式，整个水立方立面整体被有序均匀照亮，强调表达水立方的完整性和统一性，立面和屋顶的照明在亮度和颜色上过渡均匀自然。

（2）设计

照明设计师：赵志雄、林若慈、董青、杨奇勇、田鸿涛

设计单位：北京市国有资产经营有限责任公司、中国建筑科学研究院、中建国际（深圳）设计顾问有限公司

（3）项目获奖情况

2009 年科技进步奖一等奖，中国建筑科学研究院颁发

2. 项目详细内容

（1）照明设计理念

"水立方"夜景照明设计旨在通过"水立方"建筑物立面照明对水的设计创意形象化和艺术化，设有基本场景和庆典场景两种场景模式。基本场景模式以亮度适宜的水蓝色为主色调，整个"水立方"外表面被均匀有序地照亮，体现犹如水体或冰块般的整体感和纯净感，强调表达"水立方"立面的完整性和统一性，同时通过灯光设计还可赋予"水立方"一种海水波澜般的动态感，色彩仍以热带海蓝色为主体，向同色系的其他颜色进行变换和过渡。庆典场景模式可适应不同的庆典活动，使"水立方"显现出不同的情景，动感水波也可以从海蓝色主题转变成其他色系或五彩斑斓的色系，包括纯粹的红色、经调和的橙色、绿色和紫色等，通过图案和色彩的变化可模拟水波荡漾、水泡升腾、金色游弋穿梭等神奇的梦幻影像。同时为配合各项活动的需要，南立面设置了 LED 显示屏，可呈现文字信息、海底世界、比赛大厅实况及文体宣传等动态视频图像。

（2）照明设计方法创新点

1）"水立方"采用了 ETFE 膜材料和气枕的光学性能，与普通材料有很大差异，通过对 ETFE 单层和多层膜的光谱透射和反射特性的研究，给出了不同区域气枕的光学性能，对合理确定用灯数量提供了依据。

2）通过对 LED 透过单层及多层膜的光场分布的实验研究，获得了 LED、透镜及透过膜材料的光分布数据，为照明设计提供了依据。

3）通过对 LED 及 ETFE 膜材料颜色性能的研究，结合照明效果的要求，设置了 2 蓝 1 绿 1 红的芯片配比方案。

4）提出了"空腔内透光照明方式"，采用 LED 产品，实现了预期的照明效果。

5）利用计算机模拟技术进行 LED 产品光学性能优化设计，实现了特殊配光的要求。

6）利用计算机模拟技术优化照明设计，在使用最少照明功率的情况下实现了照明效果。

（3）照明设计的主要技术指标

整个"水立方"的夜景照明面积为 5 万 m^2，共采用 LED 灯具 3.7 万套，LED 光源 44.7 万颗。其中，立面照明采用 LED 光源 19.8 万颗，顶部照明采用 LED 光源 24.9 万颗，像素组成为 2 蓝 1 红 1 绿（即 RGBB）。"水立方"的夜景照明采用了大功率 LED（单颗 1W）光源，由于 LED 自身发光的色彩饱和度高、光的方向性强且易于控制，可在线编程，并进行瞬时场景变换。LED 光源色彩丰富，利用三基色原理，可形成 256×256×256 种颜色。

"水立方"南立面显示屏总面积为 2100 m^2，安装高度 1～25m，采用 0.06W LED 光源 660 万颗，像素组成 8 红 4 绿 3 蓝（满足 D65 标准白场），像素点间距纵向为 60mm、横向为 80mm，点阵屏可形成 8192×8192×8192 种颜色。

（4）照明设计中的节能和环保措施

1）设计理念节能：采用空腔内透光照明方式，可按模式要求实现场景变换的效果。

产品节能：采用 LED 产品，并通过计算机辅助设计，优化 LED 灯具光学设计，满足配光和颜色的性能要求。

设计方法节能：通过计算机辅助设计，优化 LED 灯具的安装位置，严格控制照明功率密度，降低照明总功率，应用最少数量的灯具实现照明效果。

2）环保方面：选用寿命长、质量佳的灯具及光源，结合合理的控制系统，降低长时间运行的损坏率及更换率，节约运营成本。

经专门光学设计的 LED 灯具配光，在满足照明效果的同时，避免对室内外环境产生光污染。

选用色彩丰富、亮度即时可调的 LED 光源，降低运行功率损耗。

（5）验收单位意见

1）在国内首次对新型 ETFE 膜材料的光学特性进行了深入研究，提出了"空腔内透光"的照明方式，为膜结构的夜景照明工程提供了新的设计方法。

2）首次采用了计算机仿真模拟技术，并通过大量的现场实验研究，确定了合理的布灯方案，突破了不规则气枕曲面的表面亮度均匀性、高色纯度窄光谱光源亮度和颜色指标等诸多技术难题，为复杂曲面结构透光材料的照明提供了新的应用方法。

3）整个工程使用 3.7 万套 LED 灯具，实际运行功率不到 400kW，比应用传统光源节能 64%，全年节电约 80 万 kW·h，正常运行时每日电费仅千元，很好地实现了绿色照明。

4）在管理模式上，采用了业主主持，产学研结合。科研与工程相互依托、相互促进的创新模式，有力地保障了研发与示范工程的顺利进行，具有推广价值。

5）该 LED 夜景照明示范工程通过多项科研成果，集中体现了奥运三大理念，在奥运会、残奥会中赢得了全世界的关注和赞誉，成为世界 LED 夜景照明工程的典范。

3. 实景照片（见图 1 和图 2）

图 1　　　　　　　　　　　　　　　　　　　图 2

西安"天人长安塔"夜景照明工程

1. 项目简介

（1）项目说明

1）天人长安塔，位于 2011 西安世界园艺博览会园区的制高点小终南山上，是 2011 西安世界园艺博览会的标志，是园区的核心景观，同时也是俯瞰全园景观最好的观景点。

2）BPI 照明设计（上海）有限公司和浙江新中环建筑设计有限公司组成的设计联合体承接了包括天人长安塔在内的园区内部所有建筑的外观照明设计，天人长安塔则是整个项目的重中之重。

3）长安塔保持了隋唐时期方形古塔的神韵，同时增加了现代元素。长安塔高 99m，地上部分分为 7 层明层和 6 层暗层。塔采用钢结构框架，长安塔外形具有唐代传统木塔的特点：一层挑檐上面有一层凭座，逐层收分，充满韵律。各层挑檐尺寸开阔上扬，体现了唐代木结构建筑斗拱宏大、出檐深远的特色和风采。屋顶和所有挑檐都采用了透明的超白安全玻璃，墙体也采用玻璃幕墙，构成水晶塔的效果，充满了现代感。檐下与柱头之间用金属构件组合，是传统建筑檐下斗拱系统的抽象和概括。玻璃幕墙退在外槽柱内侧，通过玻璃肋与柱、梁固定。由于大量采用钢结构和相关构件，具有自重轻、强度高、抗震性能好、便于工业化生产等优势，而且节能省地、可循环利用，建造和拆除时对环境污染较少，被誉为 21世纪的"绿色建筑"。

4）按照建筑师张锦秋院士的设计理念，长安塔不是简单的观光塔，而是文化标志性建筑，首先要体现中国传统的"天人合一"的自然观、宇宙观哲学思想。这就要求塔与周围的山水融为一体，塔成为自然环境的有机组成，同时人在塔中也有融于自然、能与自然互动之感。长安塔的设计主题是天人长安，创意自然。该塔具有"天人长安"文化的标志性，其形象带有"长安"的特色，根据唐代长安宝塔的特点设计成方形，塔外观造型具有唐代木结构塔的造型特点。反映历史上长安人与自然的共生共荣，使此塔成为具有文化性的标志性建筑。

（2）设计、施工

设计师：李奇峰、林志明、沈崴、余小燕、丁建设

设计单位：碧谱照明设计（上海）有限公司、浙江新中环建筑设计有限公司

施工单位：同方股份有限公司

业主单位：西安世园投资（集团）有限公司

2. 项目详细内容

（1）照明设计理念

天人长安塔位于西安世界园艺博览会园区的制高点，是园区的核心景观。夜景照明不仅表现了建筑的特色，同时通过科技的手段，为这座充满佛学文化的宝塔融入了现代智慧。

天人长安塔的照明充分结合建筑造型和材料的特点。超白玻璃可以使光线穿透和折射，到达屋檐的最外侧。通过精心调整照射角度，屋檐上的层层钢制框架被均匀照亮，使建筑的整体造型和材料特色得以完美展现。在立柱、斗拱、塔刹等部位增加的重点投射灯，又使这些部位的亮度高于塔身整体的亮度，增强了建筑的立体感。安装在内部的 LED 洗墙灯照亮了塔身核心体，为夜间的天人长安塔增添了晶莹剔透的效果。

当全部的灯具开启，塔身上五彩变幻的绚丽灯光犹如佛光普照，为游人带来希望和喜悦，让人不禁想起长安塔所融入的西安这座城市悠远的历史和佛学的慧光遗珍，也让人们感受到了时代发展的光辉成果。

（2）照明设计的主要技术指标

由于塔身全部采用钢架和玻璃幕墙结构，又具有传统方塔的外部造型，使 LED 灯具的广泛采用成为照明设计的第一选择，这也是本项目的最大特点。

照明设计充分结合了 LED 光源和建筑自身造型、构造和材料的特点，并采用了 DMX512 智能控制系统，营造出一个令人印象深刻的标志性景观，是现代照明科技实际应用的成功案例。

（3）照明设计中的节能和环保措施

天人长安塔外观照明的所有灯具均采用 RGB 全彩 LED 灯具。LED 光源具有发光效率高、寿命长、易控制等优点。由于灯具分散布置，LED 光源单颗功率小的特点得以充分发挥，进而避免了光线和能源的浪费。

为了配合园区内不同时段的需要，我们为天人长安塔的照明设置了庆典、节日、平日等多重场景效果，每种场景的亮度和色彩均各有不同。所有灯具均纳入智能化的 DMX512 调光控制系统，实现亮度、光色的复杂变化。在得到预期效果的同时，也降低了实际的电能消耗。

为了保证照明设施在运行中的稳定和安全，在照明设计阶段，灯具的防护等级均作出了明确要求：投光灯的防护等级不低于 IP67，所有的分体式电器盒的防护等级也不低于 IP67。

为了避免光污染，均采用可调角度的灯具或使用防眩光附件，投光灯的投射方向经过精心调试，防止出现溢散光。

配合各个时段和节日园区内实际亮度，设定了各场景照明模式的最佳亮度和色度值。从而避免了出现过度照明的情况。

（4）验收单位意见

照明设计契合建筑设计风格，并应用了照明领域的最新科技。设计和施工过程中，设计师、供应商和建筑承包单位的充分协调配合，使灯具安装与建筑装饰构件结合达到了业主对照明效果和建筑立面效果的双重要求。

3. 实景照片（见图 1～图 4）

图1

图2

图3　　　　　　　　　　　　　　　　　　　　　图4

上海市浦江双辉大厦夜景照明工程

1. 项目简介

（1）项目说明

本工程位于上海市浦东区陆家嘴金融中心区，用地北至黄浦江、西至浦东南路、南至银城中路。由 2E2 - 1、2E2 - 2 及 2E2 - 5 地块组成。总基地面积约为 50000m²。其中的 2E2 - 2 地块瑞明写字楼（A、B 塔楼）照明项目，建筑面积约为 30 万 m²。

（2）设计、施工

设计师：曾文垲、田鑫、蒋曙勋

设计单位：碧谱照明设计（上海）有限公司

业主单位：上海瑞明置业有限公司

施工单位：北京富润成照明系统工程有限公司

2. 项目详细内容

（1）照明设计理念

本项目的照明设计理念，不再局限于将四个面都照亮，而是有重点地照亮、有选择地照亮，在设计光的同时，也在设计影。

陆家嘴瑞明双辉大厦与普通的双子楼不同，两栋楼的弧形面相对，形成阴阳互补。塔楼弧形面为全玻璃幕墙，竖直面为石材框架面。白天，弧形面为虚，石材面为实；夜晚，在灯光的映衬下，弧形面为实，石材面为虚。弧形面作为夜间灯光重点表现的部分，采用了点、线、面等多种表现方式。灯光的颜色选择以金色为主，以体现双子楼业主的身份为两大国有银行。多种的照明方式可以为日后多种场景提供更多的选择。石材面采用 LED 地埋灯将石材的框架打亮，形成错落有致，若隐若现的神秘感。

（2）照明设计的主要技术指标

此次的照明设计范围主要为建筑外立面泛光设计，并由以下几个部分组成：

1）LED 点灯：336 组，每组 10W。

2）LED 灯带：3196m，12W；1632 个，14W。

3）LED 地埋灯：3368 个，9W。

4）荧光灯带：3196 个，28W。

5）泛光灯：48 个，2000W。

本次照明工程用地埋灯总电量为 280.36kW。

（3）照明设计中的节能和环保措施

设计师在本项目中采用了多种的节能措施，使瑞明双辉大厦项目成为了一座绿色环保的大楼。

1）首先在设计上节能：通过与建筑师、业主的密切交流。我们将弧形面作为夜景灯光重点表现的部位，另外三个面灯光弱化，仅采用 LED 点灯。这样在概念设计的最初阶段，从理念上做到了节能。

2）其次在光源选择上节能：选用的光源以 LED 为主，配合荧光灯、金属卤化物灯等节能及长寿的光源。保证了整个项目的用电量及可持续性。

3）最后在灯光控制上节能：选用了智能照明控制系统，并和天文时钟、日光控制等相结合，预先设定了平日模式、周末模式和节假日模式等，不同模式相比全亮的模式节能从 20% ~50% 不等。

（4）验收单位意见

设计专业、工程质量优良，售后服务完善。

（5）所使用的主要照明产品和品牌（见表1）

表1　主要照明产品和品牌

使用型号	数　　量	系统功率	光　源	色　温
飞利浦 BCP714	1632	14W/24V	LED	RGB
BBP500	3368	9W	LED	白色 5600K

3. 实景照片（见图1和图2）

图 1

图 2

北京东华门大街夜景照明工程

1. 项目简介

（1）项目说明

东华门大街东至南河沿大街约400m，街道两侧建筑皆属此次照明设计的范围。东华门大街属于北京特色旅游的一条清代民国时期建筑民俗景观商业街，沿街有餐饮、百货、旅游、民居、酒店、银行等，商业门类齐全，是原汁原味老北京生活的一个缩影，没有受到过度的商业浸染而沦为商业功能单一的美食街或者酒吧街。依然保持着浓郁的老北京民风特色的风貌街区。同时毗邻紫禁城具有典型的京城符号。

东华门大街光环境意境贴合沿街老北京建筑气质和民俗特色，改善夜间街道景观光环境，服务居民和商家。同时吸引游客，带来商机成为此次设计的脉搏。祥和乐业、老北京风情是我们着重表现的光环境设计意图。

照明工程完工后的东华门大街光环境治理效果得到了商家、居民的一致好评。平和、理性的设计理念也为街道办事处领导所认可。

（2）照明设计

照明设计师：牟宏毅、常志刚、张亚婷

设计单位：央美光成（北京）建筑设计有限公司

施工单位：北京大龙集团建设有限公司

业主单位：北京莫斯特中俄文化交流有限责任公司

（3）项目获奖情况

2011 年 9 月 27 日获中国照明应用设计大赛（照明周刊杯）景观类金奖，中国建筑装饰协会颁发

2. 项目详细内容

（1）照明设计理念

照亮不再是照明的最终目标，人文艺术元素的照明表达的是我们对光的追求，光环境意境凸显了东华门大街极具老北京特色的人文生活浓缩场景，契合沿街老北京建筑气质和民俗特色，改善了夜间街道景观光环境，服务居民和商家。利用建筑结构合理安装灯具，完美诠释古建筑整体结构之美和细节特色。优化居民居住环境，打造区域名片，同时吸引游客，带来商机成为此次设计的脉搏。祥和乐业、老北京风情是我们着重表现的光环境设计意图。

（2）照明设计方法创新点

1）线形灯具与建筑结构的一体化；

2）灯具建筑结构内装建筑多层次化；

3）照明光影衬托场景化；

4）点式灯具的同点位分角度投射。

（3）照明设计的主要技术指标

1）定制照明灯具要求：为保护古建筑外观不被破坏，展现古建筑彩绘的绚丽及突出建筑轮廓特点。但现有灯具市场夜景照明灯具，存在外盒材质差、体积大、光衰大、使用寿命短、芯片功率大、散热差、三防功能不全等缺点，不适合在东华门大街夜景照明上使用。

所以需要特殊定制 LED 古建檐口灯、定制 LED 彩绘投光灯、定制 LED 洗墙灯。要求采用体积小便于隐形式的安装，投光精确，特制挡板，不产生生光污染，更好地展现出东华门大街的中国古典建筑特征。

2）照明技术详细指标：本项目主要使用灯具有两种：

① 线形小功率 LED 投光灯；

② 微型 LED 投光灯。

（4）照明设计中的节能和环保措施

设计主要为合理地使用灯具，将能源损耗降到最低。

1）使用 LED 绿色节能灯具。

2）照明功率用到最小。

3）灯具数量用到最少。

4）小灯具多点位合理控光。

5）开灯时段按日照节气合理安排。

（5）验收单位意见

1）东华门大街夜景照明工程很好地改善了东华门街道改造前灯光照明无序化的状态，照明工程完工后，东华门大街夜景景观效果有了质的改变。

照明规划定位准确，很好地保持了原有东华门大街近邻皇城的特色，体现了浓郁的老北京风貌特色。在保有老北京生活片断风情的状态下，适度将东华门城市旅游名片的性质加以展现。

照明设计理性不失热情，在保障东华门街道居民生活节奏不受干扰和生活品质不下降的前提下，适度地利用灯光效果将旅游和休闲人流适度引入东华门大街，改变了原来入夜后街道缺少商业生机和城市夜景景观的状态。在居民生活和商家营业的两种状态之间找到了一个最佳平衡点。

2）照明产品节能高效，体积小隐蔽性好。很好地与建筑物相结合，避免了灯具外露造成的影响建筑形态的弊端，良好的安装点位考虑到了眩光和光污染对视觉效果的影响。

照明控制系统采用灵活的分级分段模式，简洁易于管理和利于节能控制。

3）照明工程完成后使用效果很好，得到了居民和商家的普遍好评在带来很好的环境效果和商业利益的情况下，东华门大街照明系统使用效率也很高，节能高效的照明设备节省了大量的对照明工程的资金投入。

3. 实景照片（见图1~图3）

图 1

图 2

图 3

天津利顺德大饭店改造夜景照明工程

1. 项目简介

（1）项目说明

2002 年，天津市市委、市政府做出了实施海河两岸综合开发建设的战略决策。计划用 3~5 年的时间，重点完成上游市区段的基础设施建设；用 10~15 年完成上游区两岸的整体开发建设，将海河建设成为独具特色、国际一流的服务型经济带、景观带和文化带。

天津利顺德大饭店位于天津市海河西岸，作为天津市海河灯光夜景提升工程的一部分，属于重点照明区段。利顺德大饭店作为天津市历史最悠久的五星级酒店，距今已有一百三十余年，保留着英国古典建筑和欧洲中世纪田园建筑的特点，是天津市反映租界历史风貌独具特色的代表建筑，同时也是国家重点文物保护单位。本次改造夜景照明工程是在利顺德大饭店整体修缮工程的基础上进行的，设计既要考虑满足海河照明区段的统一要求，同时又要彰显利顺德大饭店悠久历史文化底蕴，打造成为海河沿线的重要照明节点，在夜幕笼罩下熠熠生辉。

（2）设计、施工

设计师：张明宇、江波

设计单位：天津大学建筑设计研究院

施工单位：北京维特佳照明工程有限公司

业主单位：天津市利顺德大饭店

2. 项目详细内容

（1）照明设计技术指标

1）合计功率：1886 年楼和 1924 年楼在平日模式下合计功率为 6.345kW；一般节日模式下合计功率为 9.705kW；重大

节日模式下合计功率为 12.71kW。1984 年楼和大厦在平日模式下合计功率为 17.03kW；一般模式下合计功率为 23.53kW；重大节日模式下合计功率为 48kW。

2）照明效果：照明光色以暖白和暖黄为主。1886 年楼照明色调为暖白，使其与其他采用暖黄色调扩建部分区别开来，同时显现较深的建筑表皮颜色，突出其在这组建筑中的重要地位。

建筑除 1924 年楼与大厦部分外，都具有显著的三段式特征，照明手段主要在体现其三段式建筑形象上，再利用局部的投光灯强调入口部位，突出重要线脚、构件、装饰柱等部分。

1924 年楼和大厦部分则主要突出立面底层照明、外墙立柱和檐口部分的照明。

（2）照明设计理念、方法

利顺德大饭店具有丰富的立面形象，夜景照明设计应充分体现出 1886 年楼英式古典风格建筑的立面造型，同时不同时期改建和扩建饭店部分的照明效果要互相区别又互相联系，在空间上产生延续感，使人在主观感受上产生时代延续感，以突出利顺德大饭店的文化内涵和历史背景。

从建筑所处区段和建筑的功能出发，进行立面的夜景照明设计。从区段上看，饭店所处区段照明亮度要求较高，需要使立面满足一定照明亮度水平来达到试看要求；从建筑使用功能上看，立面的夜景照明应避免影响室内酒店的运营以及客房夜晚的正常使用，设计中考虑采用局部投光的方法进行整体照明设计。

（3）照明设计中的节能措施

1）灯具节能：在底层和顶层的局部投光照明中采用胜亚高光效灯具，降低投光灯部分的电耗。使用高质量的灯具来减少维修和设备更换的费用。

立面主体部分使用线形 LED 投光灯具来照亮建筑的屋面和檐口部分，在保证照明效果的前提下进行节能。

2）管理中控：灯光控制系统的设计分三种照明模式来控制夜景照明（内设三组启停按钮），分别为平日模式、一般节日模式和重大节日模式，使灯光的使用控制灵活，节约了照明耗电量。

（4）照明设计中的新技术、新材料、新设备、新工艺

设计中主要考虑使用高发光效率节能灯具，满足绿色照明要求。

1）胜亚投光灯具，采用高纯度阳极氧化铝制成，控光准确。除了满足普通的照明需求外，在形成窄长形光斑和远距离投光等方面优势明显。灯体安全玻璃面盖内配置的十字形配件确保了良好的防眩光效果。

2）线形 LED 投光灯具，具有发光效率高、能耗小、体积小、寿命长、耐用的特点。本项目选用线形 LED 灯具着重刻画建筑立面细节，并通过建筑线脚、退台来隐藏灯具，满足照明需求的同时，减小对日间建筑立面景观的损害。

（5）照明设计中的环保安全措施

设计中选择防护等级为 IP65 以上的灯具，同时考虑接地处理，保证安全性。

3. 实景照片（见图 1～图 3）

图 1　整体

图 2　局部（一）

图 3　局部（二）

郑州大学第一附属医院门诊楼夜景照明工程

1. 项目简介

（1）项目说明

该项目位于郑州大学第一附属医院院区西北角，为河南省重点工程，地下 3 层，地上 19 层，建筑面积近 9 万 m^2，按照国际一流的 5A 级智能化标准及节能、人文、现代等理念设计建设，规划科学，环境幽雅，设施齐全，服务一流。尤其是其网络信息化水平达到国内领先水平。

郑州大学第一附属医院新门诊楼可容纳 10000 人以上同时就诊，主要服务项目包括挂号、诊疗、药房、腔镜、综合治疗、体检保健、门诊手术、门诊会诊、各种检查及停车等。所有需要检查的项目在大楼内即可完成，检查结果由电子网络直接传给门诊医生，方便、快捷。

（2）设计、施工

设计师：吕金钟、张瑞明、王磊、段彩麟

设计单位：河南新中飞照明电子有限公司

施工单位：河南新中飞照明电子有限公司

业主单位：郑州大学第一附属医院门诊楼

2. 项目详细内容

（1）照明设计技术指标

1）楼顶 LED 发光字和下照线形投光灯很好地凸显了建筑的地标性；新型的 LED 灯具代替传统的霓虹灯字效果更好，也更加节能长效。

2）楼体四个立面的窗间墙外挂石材部分，我们设置了由上向下照射的窄光束投光灯来体现建筑的虚实关系。圣洁的白色光束犹如天使之翼，更象征着重赐患者健康的希望之光。

3）楼体四个立面的裙楼部分的立柱及窗间墙部分，我们设置了由上向下照射的窄光束壁灯来渲染建筑稳固的基础；另外楼体正门的三角玻璃采光顶的内部采用投光灯处理出晶莹的内透光的效果，并在玻璃外框架的交叉点处点缀了部分 LED 点光源，黄色的内透光象征着医院为患者服务的热情及不熄的生命活力。

4）楼体四个立面的玻璃幕墙转角处的装饰铝通上设置了表现建筑竖向线条的线形 LED 投光灯。

（2）照明设计理念、方法

我们在该项目中，始终以"绿色节能，科技创新"为准则。方案选用了大量绿色节能的新型 LED 灯具及部分稳定高效的传统灯具。通过科学合理的控制系统设计，在保证良好的照明效果的前提下，最大限度地节约了能源。符合了业主单位要把本项目打造成为节能、人文、科技的现代化智能楼宇的目的。

　　我们的照明方案构思以寻找建筑、灯光与人们的视觉感受之间的平衡为初衷，让人们能够在灯光与建筑自然完美的结合中，体会到最为自然亲切的照明感受。方案注重建筑整体的照明景观效果和周围环境的融合。在自成体系的同时也不会破坏整个区域的光照大环境。

　　在灯光表现中，主楼部分采用多处强调建筑竖向线条的光线下照明方式来体现建筑的挺拔之感，摒弃了琐碎的细节，通过简洁的灯光来表现建筑大的体块关系。从而改善了传统上照投光的大量外溢光线对周边环境及天空造成的严重光污染。另外 LED 灯具的大量应用也为方案在节能减排上提供了更大的空间。处于建筑心脏部位的中庭三角采光玻璃体结构，用黄色内透光的形式展现出了建筑玻璃结构的晶莹剔透，另外还在建筑最高处增加了医院名称把次高楼顶的飘板照亮，来增加建筑夜晚的识别性和地标感。

　　我们的方案还设立了灯光主题："希望之光"。我们的方案通过简洁大气、朴素高洁的白光，再现并升华建筑的夜间形象。方案中着重体现建筑的竖向线条，以多处自上而下的光照方式来重新洗练建筑，在圣洁的灯光下，建筑如同沐浴在雨后初晴、拨云见日的美丽霞光中，让我们不禁联想到，医师和我们的白衣天使，仁心仁术、救死扶伤、无私奉献，帮助患者重见希望的神圣职责。

　　（3）照明设计中的节能措施

　　在我们的照明方案中，主要从三个方面来进行节能的考虑：

　　1）巧妙的灯光布局：我们一直认为能够用最少的灯光来完美地表现出照明主题是照明设计的最高境界。照明方案的精妙之处就在于灯光的布局，我们在方案中通过科学合理的灯光布局，结合艺术化的表现手法在达到独特景观效果的同时，又达到节能减排的目的。

　　2）合理的模式控制：方案的控制也是照明设计所需要重点考虑的。照明方案的受众是人流，我们的方案充分考虑到人的因素，从建筑可视性、功能有效性和有效可视时间等多个方面考虑。通过控制对不同时间，不同角度的灯光开关进行了合理安排。

　　3）节能的新型产品：一个照明方案能达到好的照明品质及好的节能效果，和选用优质高效及绿色节能的新型灯具是分不开的。我们的方案大量应用了技术成熟、节能效果明显的新型 LED 灯具，大大降低了照明方案的系统功率，从而达到了很好的节能效果。

　　（4）照明设计中的新技术、新材料、新设备、新工艺

　　1）在我们的方案中大量采用了新型的 LED 照明产品。

　　2）我们的方案中控制采用先进的智能遥控系统。

　　（5）照明设计中的环保安全措施

　　我们在方案设计中选用的产品及辅助材料都是经过国家相关质量及环保检验的产品，并且在施工过程中严格控制，现场不遗留可能对项目工地和周边环境造成污染或破坏的废弃物品。

　　另外，我们认证严格的施工控制，把施工中的安全因素摆在第一位，室外作业及高空作业都严格按照国家相关施工安全条例执行，从进场到工程竣工，工程项目总包方没有接到任何对我方施工队伍的投诉，也没有出现过一次安全事故。安全高效地完成了我们的施工任务。

3. 实景照片（见图 1 和图 2）

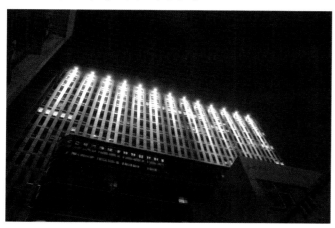

图 1　　　　　　　　　　　　　　　　　　　　　　　　　图 2

上海南京西路 1788 号地块夜景照明工程

1. 项目简介

（1）项目说明

我国上海市的南京西路是被称为"中华商业第一街"，南京路（南京东路和南京西路）的西半部，跨黄浦、静安两区。精华段都集中于静安区，东起成都北路，西迄延安西路，全长 2933m，穿越静安寺闹市地区，横贯静安全境。

雄踞南京西路核心 CBD、静安区"金五星"之一的 1788 国际中心，位于南京西路 1788 号，地处静安区中心地带，毗邻静安寺、百乐门，与中福会少年宫及会德丰广场隔路相对，是静安区乃至整个上海又一集商业和办公为一体的标志性建筑。大楼总建筑面积达 11.32 万 m^2，由一幢超高层、超甲级写字楼和顶级奢华的商场构成。项目总投资达到 25 亿元人民币。

项目从设计、建造到管理方式都贯穿了低碳环保理念，是浦西第一幢通过美国建筑环保认证（全球通用 LEED 金级认证）的国际甲级写字楼。

（2）设计、施工

设计师：吴莹芳、梁海文

设计单位：上海东旭景观照明工程有限公司

施工单位：上海东旭景观照明工程有限公司

业主单位：三宝建设开发集团

（3）项目获奖情况

2010 年 LEED 认证金奖

2. 项目详细内容

（1）照明设计技术指标

1）主楼

① 建筑东、南立面——采用 6538 套色温为 4000K、功率为 $1W \times 3$ 颗的 LED 射灯，打亮建筑主立面窗框，充分体现了建筑主立面不规则窗框的建筑特点，在照明设计时，每个窗框都好像一个水分子，营造更富层次动态的建筑肌理，重塑"山水流动"的主题。

② 建筑东、南立面侧框照明——采用 324 套色温为 4000K、功率为 28W 和 18W 的 T5 洗墙灯，勾勒建筑面轮廓，光线渐渐散开，如从上而下的水源，遇见崖石而错落出不同的肌理。

③ 建筑面泛光照明——采用 12 套 1000W 投光灯和 4 套 400W 投光灯分别对建筑西、北立面进行泛光照明，由上至下、由亮至暗地打亮铝条，打造水面"波光粼粼"的照明效果。

④ 建筑东南立面小圆弧处——主楼及裙楼小圆弧（南、东立面的交界）处采用 210 套 28W 的 T5 荧光灯，采用内光外透的手法突出建筑结构。小圆弧是连接东、南立面的桥梁。

主楼合计功率为 46.88kW。

2）裙楼

① 裙楼小圆弧（南、东立面的交界）处——采用 432 套 28W、115 套 14W 的 T5 荧光灯，采用内光外透的手法突出建筑结构。

② 主楼与裙楼的交界处——采用 70m 色温为 4000K、功率为 13W/m 的 LED 线条灯，打亮主楼与裙楼交界处的暗槽。

③ 裙楼竖向铝条处——采用 1298mRGB 变色、功率为 12W/m 的 LED 线形泛光灯，形成动态流水效果。

④ 裙楼立柱部分——采用 14 套色温为 4000K、功率为 70W 的地埋灯，对来往行人起到指引的作用，并突出楼体结构。

⑤ 入口处——采用 6 套色温为 4000K、功率为 35W 下照筒灯，为进出大楼人员起到功能性照明作用。

⑥ 裙楼入口小圆弧处——采用色温为 4000K、216 套 35W、38 套 28W、108 套 21WT5 荧光灯打亮大楼入口处。

⑦ 裙楼西、北立面形窗框——采用 1539mRGB 变色、功率为 6W/m 的 LED 柔性灯带，勾勒出菱形窗框结构，与设计

立意中的"水泡"感念呼应。

裙楼设计延续了主楼的设计特质，以主楼设计立意的延续为出发点，选用条形灯、柔性灯带、地埋灯等的照明元素，丰富都市的建筑风格。

裙楼总功率为 77.52kW。

本项目总功率为 124.4kW。

（2）照明设计理念、方法

我们采用的照明方式并不是均匀地照亮整个外立面，而是在外墙的不规则窗框部分重点打光。对于整个东立面和南立面照明效果较全面，而重要性较低的西、北立面，我们使用泛光照明和柔性灯带的灯光效果以加强整个建筑的三维效果。

1）灯具选型及安装方式为本项目量身定制（3W 灯与铝管的结合），选用小巧的 LED 灯具来体现建筑的每一处细节，此次灯具的配光、色温、灯具支架等均为本项目定制。建筑的主题部分照明均采用 4000K 色温灯具，充分展现建筑原本的材质色泽，同时，裙楼部分采用 RGB 变色模式，丰富了建筑的层次感，使得整栋建筑在夜晚更加优雅别致。我们在保证夜景照明效果的同时，尽量选用隐蔽小巧的线形 LED 灯具，线的连接均进行隐蔽处理，使灯具与建筑装饰线融为一体。

2）灯光控制系统的设计要完成目标的效果、动态的变化，考虑到动态特性，选用串行移位电子线路方式来构成灯具及控制系统，基于可维护性、灯具和分控系统，按载体楼层分层布置。

3）对灯具的分段控制达到流水般的动态效果的展现，在灯光变换中有横向、纵向层次的动画变换，同时也有间隔窗框的变换。通过灯具控制单位以 LED 颗粒为准达到了最终的设计效果。

4）总结：南京西路 1788 号地块景观灯光工程项目的 LED 动态灯光控制系统，利用了照度、亮度、高低的对比、平缓过渡、点面结合，并创造出流水潺潺的效果，既美化环境，调节心理，又体现了低碳、节能、环保新理念。

（3）照明设计中的节能措施

1）不同时段采用不同照明模式，降低能耗。本案地处繁华的南京西路，设计时在兼顾整个静安区照明效果的同时要考虑节能措施；分析假日和平日以及不同时段的不同照明效果要求，采用智能灯光控制系统对整个照明系统准确逐点控制，可设置成不同模式。平日 17：30～21：30 使用平日模式，开启主楼建筑面侧框照明灯具搭配裙楼灯具，总功率为 77.1kW；节假日 17：30～22：00 采用节日模式，灯光及模式全部开启，提高整个建筑亮度，并采用流水追逐模式，营造"山水流动"的节日效果，总功率为 116.03kW，使整个照明设计既满足了静安区照明效果不同时段的不同需求，又减少了电能的不必要消耗，达到节能的目的。

2）采用稳电压定电流技术对照明配电系统的设计。本项目采用稳电压定电流技术，以提供较稳定的电压，减小电压偏移，既保证良好的视觉条件、延长光源寿命，又节约电能，提高照明线路的功率，降低电网照明线路的电能损耗。

3）采用节能性 LED 灯具取代大型泛光灯在灯具的选择上，尽量避免了传统大型泛光灯的使用，选用小巧的 LED 灯具来体现建筑的每一处细节。主楼采用 6538 套 3WLED 射灯，总功率为 19.61kW，若采用传统泛光灯需 30 套 1000W 投光灯，总功率 30kW。

4）尽量减少光污染达到节能的目的。本设计采用的灯具均严格控制灯具功率，多选用小功率 LED 灯具，在达到设计效果的同时，尽量避免造成光环境污染和能源浪费。

（4）照明设计中的新技术、新材料、新设备、新工艺

1）采用特殊的建筑结构，增加灯具隐蔽性。考虑到该建筑结构，尽量减少对外墙建筑的破坏，在设计中，充分考虑了灯具安装的隐蔽性，根据室外幕墙装饰铝管的结构、特制灯具尺寸，将灯具安装在室外幕墙装饰铝管结构中，体现见光不见灯的效果，使灯具更好地与楼体结合。

2）灯具管线在室内隐蔽安装。为了避免常规室外敷管对建筑墙体造成破坏和影响白天的建筑视觉效果，在设计中，采用室内隐蔽敷管，在灯具部位逐个穿墙出线，穿墙洞隐蔽在吊顶内。

3）在进行投光灯灯杆安装时，采用化学螺栓取代膨胀螺栓，增强灯杆安全性。考虑到立杆投光灯的安全性，灯具安装若采用传统膨胀螺栓固定，容易松动甚至脱落，既影响灯光效果，又不安全。设计中，采用不锈钢化学螺栓对灯杆进行固定安装，防止灯具松动脱落，增强了灯杆安全性。

4）控制系统采用开放式硬件与通信模式。考虑到以后实现不同 FLASH 动画变化效果的需求，设计控制系统时，采用开放式硬件与通信模式，界面软件安装在普通 PC 工作站，通过 Ethernet（TCP/IP）网络接口，与工业机连接，通过工业交换机连接到分控制器（每一个分控制器分四路 DMX512 协议），使整个控制系统实现对每个灯具的准确控制，既能完美地实现现有的动画效果，又方便以后根据需要增加新的动画效果。

5）无线遥控技术在照明系统中的运用。由于该项目属于上海标志性建筑群之一，为了便于上海市静安区灯光办对灯光系统的开关时间进行统一管理，在照明控制系统的设计中，在传统钟控、手控的基础上，创新性地在照明系统中引入了无线遥控技术；在照明控制柜内安装无线遥控终端，方便快捷地实现对整个灯光系统的实时开关。

3. 实景照片（见图1和图2）

图1　东南立面

图2　东北立面

重庆园博园夜景照明工程

1. 项目简介

（1）项目说明

第八届中国（重庆）国际园林博览会于 2011 年 11 月在重庆举办，重庆园博园位于重庆市北部新区龙景湖公园，现有面积 219.6831 万 m^2，四面临街，可远眺缙云山、鸡公山、嘉陵江温塘峡、观音峡等山景、水景、峡景和北碚城市景观，可满足游览休息的需要。耗资近 20 亿元、占地 3300 亩的重庆园博园是一个集自然景观和人文景观为一体的超大型城市生态公园。园博园内设有入口主题展示区、传统园林集锦区、国际园林展示区、现代园林展示区、三峡生态展示区和景观生态体验区等六大展区，建了 5.1 万 m^2 的景观建筑和 26 个景区景点，荟萃了国外 21 个国家和地区的 30 个城市以及国内 80 多个城市的经典园林景观。既体现了丰富多彩的中国传统园林文化，也充满了异国情调。整个园区建筑除了各个展园之外，还有主展馆、巴渝园、重云塔、桥、亭、廊等部分。

（2）设计、施工

照明设计师：冯志远、郭平、王锁利

设计单位：北京高光环艺设计有限公司、北京良业照明技术有限公司

施工单位：北京良业照明技术有限公司

业主单位：重庆园博园公园建设有限公司

2. 项目详细内容

（1）照明设计理念

照明突显中国园林特色：

含蓄—间接—回味

山拥水环，一轴多带；天地人合，盛世园博。

山拥：众星拱月之势。龙景湖是园博园的核心。多座山峰围绕着龙景湖，各个景点犹如熠熠生辉的星辰分布在周边，如众星拱月，气势磅礴。

水环：平湖映翠之景。水环是指龙景湖滨水景观带，此带环绕龙景湖，是观赏湖景的最佳区域。在此可以观赏一湾激滟碧水，倒映数座翠峰，景色美不胜收。

一轴（两星）：起承转合之序。以主展馆、巴渝园、龙景湖、中心景园形成的景观轴线是整个园博园的景观骨架，轴线有收有放，结合卧龙石刻和龙井书院"两星"，如同文章有起承转合之感。

多带：层叠辗转之韵。园区南部绵延伸展的山谷景观带展现层叠辗转的古典韵味。

（2）照明设计方法创新点

山实水虚，园实景虚（亮处实，暗处虚）。

主视角：中实（景园区）——远虚（远景区）。

景区视角：近实（精雕细刻）——远虚（水墨渲染）针对园区不同的建筑组成部分，以建筑为依托，采用不同的照明手法，表现"山、水、桥、房"的照明立体空间格局。

采取清、秀、雅的建筑照明手法。

通过点、线、面、层的照明表现方式。

营造情、趣、神的照明意境。

（3）照明设计中的节能和环保措施

1）关于节能：本项目中采用的灯具95%以上采用高效LED节能灯具，另外结合以下手段：

① 减轻重量，降低材料消耗；

② 提高发光效率，降低运行功率；

③ 采用高效率的供电和控制系统，减少插入损耗，高电压传输，降低线路损耗；

④ 实施单点安装控制技术，减少杂散光的输出；

⑤ 先进的控制系统。

2）环保方面

① 功能的环保安全措施：指照明质量可靠性，灯具在照明时尽量减少或杜绝眩光，在选取灯具时，充分考虑灯具的投射角度、投射范围，合理控制光线，使人们无论在地面还是在其他高层建筑中工作活动，均没有很强烈的眩光。所用照明设备均达到国家相关规范的认证，灯具的防护等级均为IP65以上，电气等级均为Ⅲ级。

② 结构环保安全措施：所有照明设备（包括电器部分）均采用高强度的结构设计；安装方面采用很强的固定件，使设备不会因风吹等自然因素而导致螺钉松动或灯具、管线的脱落。

③ 材料环保安全措施：所有照明设备均选用国家优质材料即选用无毒、防火、绝缘、耐腐、耐高低温、耐老化的材料，有效延长使用生命，不至于短期内出现漏电、设备坠落等事故。

④ 电气设计环保安全措施：所有照明设备均做完全接地处理，如控制箱安全接地、灯具外壳接地、管线和线槽的接地处理等。选用的电器部件均符合国家安全标准，如选用的LED点状灯，其配有欧洲进口的OT75/120-277/24E驱动电源，安全特性符合EN60598、EN61347-2-2、UL1310、UL48、UL879A等标准，而且具有空载保护、短路保护、过载保护、过热保护等功能。

（4）验收单位意见

2011年重庆园博园夜景照明项目，灯光设计方案独特，工程实施完备、严谨，照明设备皆为高效节能灯具，使得照明效果得以完美表现。项目竣工后为游人完美展现了夜色下园博园的迷人风姿，突出了各处建筑的不同特点，营造了一处处优美、靓丽的景点，形成了别具特色的"灯光园博园"。

3. 实景照片（见图 1 ~ 图 4）

图 1　　　　　　　　　　　　　　　　　　　图 2

图 3　　　　　　　　　　　　　　　　　　　图 4

北京宛平城地区夜景照明工程

1. 项目简介

（1）项目说明

卢沟桥文化旅游区，位于京城南部，西五环内侧；是进出北京最主要的出入口之一、南下中原的交通纽带；素有"先有宛平后有北京城"之说，同时古有"卢沟晓月"之美景。

宛平城：始建于公元 1638 年，竣工于公元 1640 年；是我国华北地区唯一保存完整的两开门卫城。

卢沟桥：始建于金大定二十九年（公元 1189 年），完成于金明昌三年（公元 1192 年），因横跨卢沟河（即永定河）而得名；是北京市现存最古老的石造联拱桥，至今已有八百多年历史。

1961 年卢沟桥和宛平城被列为全国重点文物保护单位。

2005 年卢沟桥和宛平城被评为国家红色旅游经典景区。

（2）设计、施工

照明设计师：陈朝利、夏昱、孙建华

设计单位：北京海兰齐力照明设备安装工程有限公司

施工单位：北京海兰齐力照明设备安装工程有限公司

业主单位：丰台区市政市容委

2. 项目详细内容

（1）照明设计理念

利用不同的夜景照明手法表达卢沟桥文化旅游区"文物古迹"的主题；打造出具有京城文化韵味的夜景景观环境，体现宏伟、热烈与厚重的历史感；营造出"红色旅游经典景区"的意境。

（2）照明设计的主要技术指标

非自然光源照明会导致古建的表面色彩和漆面受到损坏。为了避免这个问题，我们所有的投光灯都将安装紫外线过滤装置。

首先因灯具的温度升高或者短路会引起火灾，所以了为安全起见，灯具和设置位置都将严格按照防火规程的要求。

灯具安装与管线敷设多以卡接和胶粘的方式，避免对文物建筑造成机械性的损伤，灯具尽量隐藏安装，避免影响建筑的美感。

（3）照明设计中的节能和环保措施

方案中光源主要选用金属卤化物灯、LED灯等节能和寿命长的绿色光源以及高效率的灯具。

采用功率损耗低、性能稳定的镇流器和电器附件，空载和轻载情况下，缺损最少。

采用多种控制状态，分列出平日、节假日、重大节日三级控制用电指标。

同一种光效的需求，通过对灯具构造的单独设计，使得结构合理、节能、造价更低。

方案中限制干扰光，控制溢散光，充分实现绿色照明的理念。

通过多次的实验，选择高效的照明方式，采用截光型灯具，实现无光污染。

在配电线路上安装低压避雷器，以防止雷击电流破坏器材和发生火灾。

采用防护等级不低于 IP65 的照明器材，并在线路上装置剩余电流断路器等装置。

3. 实景照片（见图1～图4）

图 1

图 2

图 3

图 4

荆州市中心城区古城墙段夜景照明工程

1. 项目简介

（1）项目说明

1）荆州城，又名江陵城，是我国首批历史文化名城之一，春秋战国时期楚国在此建都达411年，为楚文化的发祥地；荆州又是三国文化繁衍之地，"刘备借荆州"、"关羽大意失荆州"等故事就发生在这里。

2）本项目以"月润完璧，梦幻荆州"为主题，用灯光展现古城墙厚重感，延展历史脉络。古城墙照明色彩以白色、暖白等淡雅光色为基调，为古城墙染上玉璧色泽，将其一砖一瓦的凝重、沧桑表现得淋漓尽致。同时，沿护城河河畔延伸的蓝色洗墙，刻画出亲水界面，更映衬出古城的宁静，并通过内外亮点的差异，做到显城露水。此外，对宾阳楼、东门等关键节点予以高亮度、层次丰富的照明，使之成为古城墙上一个个标志性景观。

（2）设计、施工

照明设计师：王军、何宏光、张超、吴斌

设计单位：北京平年照明技术有限公司

施工单位：深圳市金照明实业有限公司

业主单位：荆州市城管局

2. 项目详细内容

（1）照明设计理念

1）"林、水、桥、楼"的照明立体空间格局。

2）"清、秀、雅"的建筑照明方法。

3）"点、线、面、层"的照明表达方式。

4）"情、趣、神"的照明意境。

（2）照明设计的主要技术指标

新工艺主要表现在古城墙的保护上：

1）城墙墙体部分灯具安装：固定线槽及灯具支架时，只在方砖与方砖之间的缝隙处打孔，然后在孔中注入结构胶，再埋进膨胀螺栓，这样既安装牢固，又不会对方砖造成物理伤害。

2）宾阳楼瓦面瓦楞灯安装时，未在瓦面上打一个孔：增加安装支架抱箍，使用结构胶把抱箍粘在瓦脊上，挖槽部分伸出横断，外加横杆把两个抱箍连接，这样瓦楞灯便可安装在增加的横杆上。每个抱箍均有横杆连接固定，整个面的抱箍支架连接在一起，形成单面整体；另外在四个角增加连接片，通过连接片把四个面的抱箍支架连成一体，这样极大地增加了支架及灯具的稳定性。

（3）照明设计中的节能和环保措施

1）产品节能

荆州古城墙夜景照明工程全部使用LED节能灯具。

2）控制节能

①理念与方法的节能比选用节能灯具更为重要。将"生态极简主义"的理念应用于本项目照明设计，在夜晚景观设计的语境中表现为人工光介入自然空间的方式，其极端表现为"最少介入"，做到了有节制、有控制。

②通过无线通信网络、计算机控制系统、地理信息系统实现遥控、遥信、遥测等管理功能，把整个项目的照明区域分为普通区域、重要节点及关键部位，实现平日、节日、重大节假日不同的场景效果。通过多级控制，在满足需要的前提下尽最大程度达到节能效果，做到"少而不简、多而不繁"。

③计算机系统可远程获取照明回路的电气参数，包括电压、电流等，并且能任意对某个回路的景观灯进行开启、关断等操作，若出现没有达到剩余电流断路器保护值的小量漏电，系统将在相应的标识位置上提示，以便及时维修避免积少成多，造成多回路共同小漏电情况。

（4）验收单位意见

荆州市中心城区环古城景观带夜景照明工程已于2011年12月18日顺利竣工。项目实施过程中，施工单位始终秉承"月润完璧，梦幻荆州"的设计主题，合理吸收规划、园林、文物等相关专家的意见和建议，充分利用"见光不见灯、节能环保"的施工方案，积极采用新技术、新材料、新设备、新工艺等技术措施，完美实现了城市夜景既提升品位，又具备照明功能独特风貌的和谐统一。实践证明，环古城景观带夜景照明工程极大展示了荆楚文化的沧桑，用灯光演绎了古城历史的变迁，增强了历史厚重感，在保护历史文化古迹的同时形成了城市新亮点，突出了区域特色，为市民打造了良好的宜居生活环境。

3. 实景照片（见图1和图2）

图1

图2

西安楼观台道教文化区夜景照明工程

1. 项目简介

（1）项目说明

道教文化区项目位于西安市周至县楼观中国道文化展示区。北到环山公路，南接说经台，占地约715亩（约合476620 m²）。项目包括原有宗圣宫遗址保护区的扩建、道文化博物馆、老子学院、进山朝圣大道、多重道教宫观、楼观道派名人博物馆、楼观台珍稀动物园、楼观竹海、老子手植公孙树——银杏工程等。总建筑面积约为2.6万 m²（不包含老子研究院8100m²和博物馆2100m²）。本项目建成后将成为道家祖庭——楼观台的门户景区，是中国第一道文化主题展示园区。

此次建设的楼体部分总共有38幢，其中中轴线上有7幢主殿、4幢牌坊、14幢配殿、13幢辅助建筑，关键建筑主要是主殿与牌坊，此次将着重介绍7幢主殿与4幢牌坊中的仙都牌坊、正山门、灵官殿这三个代表性建筑的照明设计。

（2）设计、施工

照明设计师：鄢庆、王跃志、李颖、贾志刚

设计单位：北京广灯迪赛照明设备安装工程有限公司

施工单位：北京广灯迪赛照明设备安装工程有限公司

业主单位：西安曲江大明宫投资集团有限公司

2. 项目详细内容

（1）照明设计理念

在照明设计理念中，依托老子文化与道家思想文化的积淀，融合城市历史文化，突出打造道文化景区的整体设计思想，我们提出"从无形到有形、承古开今、福地新生、星宿辉耀、光影梦幻"的总体设计理念。

在照明设计手法上，主要有以下方式：

1）结构化照明方式；

2）景观化照明方式；

3）色彩化的照明方式。

在创新方面，我们主要通过对建筑物的细节照明刻画和被照物颜色的完美呈现，使古建筑的细节部分得到完美呈现，从而使古建筑整体美感十足。

（2）照明设计中的节能和环保措施

1）通过优选灯具的采用，控制总体耗电量，以代表性建筑来说，仙都牌坊的照明总功率为 14.6kW，正山门的照明总功率为 31.2kW，灵官殿的照明总功率为 34kW，极大地减少了照明功耗。

2）LED 灯具的普遍应用，从细部刻画上，采用高效 LED 灯具，根据照明需要，合理选用大功率 LED 和表面贴装式器件（SMD）即采用表面贴装式 LED。

3）所选的光源、电器均为高效率产品，寿命长、发光效率高。

4）金属卤化物灯光源均选用 G8.5 陶瓷金属卤化物灯，配套电器选用专业级电子镇流器。

5）采用智能照明控制系统，分场景分时段控制。

6）根据不同现场情况和功能需要，选择光利用系数高的灯具。

7）优化照明配电系统，减少照明系统中的线路能耗。

3. 实景照片（见图 1 ~ 图 4）

图 1

图 2

图 3

图 4

"广州国际灯光节" 夜景照明工程

1. 项目简介

（1）项目说明

1）首届广州国际灯光节于 2011 年 9 月 26 日至 10 月 15 日在花城广场举行。从南到北游线长近 2km，步行观赏需 30min 左右。主要观赏节目有生命之树——大型光雕塑，博物馆、图书馆及大剧院立面投影表演，少年宫手影及沙画表演，灯笼墙、水中树、光之花海、古代灯具展览、四大神兽鼓灯以及动物造型灯饰等 20 多种门类的灯光艺术表演及小品。

2）本次灯光节夜景照明工程以清华城市规划设计研究院光环境设计研究所为核心设计团队，以多次参与里昂灯光节的法国著名照明设计师 Louis Clair 为境外顾问，还集合了专业图案设计、专业声学设计及选曲、公共安全设计、旅游策划设计、建筑结构设计等多家各领域资深设计团队参与。

3）作为"十二五"文化兴国的有力支撑之一，以皮影戏为主题的投影、特别创作的以广州城市建设为主题的沙画表演、表现中国古典文化故事的立面投影表演，以及古代灯具展，不仅体现了中国传统文化，还体现了广州特色的地域文化。

4）灯光节支持广州作为"国际城市"目标的实现，提升了城市知名度及市民自豪感；灯光节与照明展会的结合举办，使定制产品为照明灯具拓展了新的应用面，推动了照明行业尤其是广东本地照明企业的发展。

（2）设计、施工

照明设计师：荣浩磊、L. Clair

设计单位：北京清华城市规划设计研究院光环境设计研究所

施工单位：广州良业照明工程有限公司

业主单位：广州国际灯光节组委会

（3）项目获奖情况

2011 年 10 月 15 日获生命之树—最佳创意奖，广州国际灯光节组委会颁发

2. 项目详细内容

（1）照明设计理念

1）通过统一的主题串联各个场地。灯光节以"夜放花千树，灯火阑珊处"为设计理念，将历史、城市、自然三大不同的主题贯穿各节点，将古与今、动与静串联起来。

2）融合中国传统意象、广州元素及现代手段于一体。如将四大神兽、古灯以及岭南特有的木棉花、大榕树等形象，结合皮影、手影、灯谜等民间喜闻乐见的观赏、游乐形式以及时下流行的沙画、动漫影像等手段。

3）强调灯光的趣味与互动。如地面互动投影、手影表演等方式，引导观众积极参与并成为表演的一部分，极大地丰富了观众与光影的互动体验。

4）联合各专业领域共同创作。除照明设计师外，还集合了美术设计师、可视艺术导演、音乐设计等多领域的合作团队，结合了声光电的形式、新的科技表现手法和艺术创意编排。

5）结合场地，因地制宜。针对广场现有的建筑立面、园路、水景等条件，设置了投影、古代灯具展示廊道、水中植物等形式的装置，使光有机地结合在建筑与景观之中，并与环境融为一体。

（2）照明设计的主要技术指标

1）生命之树

①光源：LED；灯具；投光灯；功率：42W/单灯；数量：360 个。

②光源：金属卤化物灯；灯具；光线机；功率：150W/单灯；数量：50 个。

③光源：LED；灯具；扁带灯；功率：14W/m；数量：1500m；总功率：43620W。

2）图书馆与博物馆投影

灯具：投影机；功率；7000W/套；数量：16 套；总功率：103000W

（3）照明设计中的节能和环保措施

1）本次灯光节，大部分采用了高效节能的 LED 灯具产品，以此来倡导普及节能灯具、推广节能理念。

2）借助灯光节的契机，同期举办了广州国际节能照明展览会，为照明厂商提供了展示高效节能产品的平台，进而推动广州照明产业、节能产业的发展。

3）灯光节对亚运会期间的原有部分投光灯、投影设备进行了改造利用，并有相当一部分照明设备采取了租赁的形式。为期 20 天的展示结束后，将对所有临时装置予以拆除，相较于长期设置但偶尔开放的景观照明来说，不仅节约了成本，而且降低了年耗电量，在短期内取得了更大的收益。

4）设计中使用了新技术、新材料、新设备、新工艺：

中心广场的大型构筑物——生命之树，高 12m，主体为钢结构支撑顶部膜结构，是照明设计与建筑设计完美的结合，体现了灯光与结构之美。

桃花岛及海心沙内大面积的微光草海球泡灯，通过新的材料工艺，使连接 LED 的杆件具有一定的弹性，形象地模拟了水中植物迎风摆动的效果。

对于激光纸等成本低廉的常见材料的创新应用，通过新颖的造型设计，发挥其材料本身的反光特性，借助周围的环境的光源，以低的造价成本、能源成本达到了丰富的光影表现效果。

（4）验收单位意见

首届广州国际灯光节正值国庆节及广州秋交会召开前期，吸引了大量国内外游客，极大地促进旅游业的发展。灯光节及整个夜景建设的定位绝不只是形象工程，而是融合了经济效益和社会效应等因素的生产性投入，是出于真正拉动社会经济增长这样的目的来考虑的。二是促进从生产、设计到终端服务等一系列照明产业的发展。我们理想的状态，是将广州国际灯光节打造成国内知名的品牌，使其成为照明企业每年一次的灯光盛会，以推动广州乃至全国照明产业的发展。

3. 实景照片（见图1和图2）

图1 生命之树

图2 投影传统艺术

遵义湄潭县天壶公园及城区夜景照明工程

1. 项目简介

（1）项目说明

1）项目概况：湄潭县位于云贵高原北部，是遵义市东部地区中心县城，县域政治、经济、文化中心。县内森林覆盖率达44.68%，城中湄江穿城而过，为国家级生态示范区。

湄潭县盛产优质茶叶，是我国著名的"茶乡"。"天壶茶文化公园"为国家AAA级旅游景区，是"贵州十大魅力景区"，"天下第一壶"的天壶宾馆位于公园山顶，建筑面积为5000余 m^2，壶高为73.8m，壶身最大直径为24m，是目前世界上最大的茶壶实物造型建筑，也是遵义市的标志性建筑。湄潭县城区人口约11万，城市活跃度较高，夜间人群活动形式多样。

自2010年来，分两期对湄潭县主城老城区夜景进行了规划、设计。2010年，由重庆大学城市规划与设计研究院完成了一期的设计，重点为城区桥梁、茶香广场、县政府大楼等重点建、构筑物；2011 年，由重庆筑博照明工程设计有限公司完成了二期设计，重点为"天壶茶文化公园"、浙大广场及其他重点建筑。

2）照明载体现状：湄潭县主城老城区建筑以老旧多层住宅为主，且即将进行外立面改造。除天壶宾馆外，目前已建成的高层建筑仅一栋。大部分建筑载体风格单一，缺乏特色；但"天壶茶文化公园"风景优美，内有多个颇具特色的仿古观景亭，城中有数座造型优美的桥梁，茶香广场、浙大广场景观优美，为城市夜景提供了良好的载体。

地标性建筑天壶宾馆体量较大，外立面曲折复杂，表面材质为绛红色仿紫砂涂料，照明设计、施工难度大。

（2）设计、施工

设计师：严永红、喻泉、缪佳伟、高帅、翟逸波

设计单位：重庆大学城市规划与设计研究院/重庆筑博照明工程设计有限公司

施工单位：深圳市金照明实业有限公司等 7 家企业

业主单位：遵义市湄潭县城镇管理局

2. 项目详细内容

（1）照明设计技术指标

1）天壶公园：本次规划中将亮度划分为四个相对等级，最高为 4、最低为 1。由于湄潭县地形、地貌及大气状况与重庆地区许多小城镇相似，而贵州省无相应的照明设计规范，国家规范亦在送审中，故本次设计拟借鉴重庆市地方标准 DB50/T234—2006《城市夜景照明技术规范》的有关规定。同时，考虑到县城在本次规划之前夜景照明较少，天空背景较暗，且为保护其"生态茶园"的文化特色，设计亮度在重庆地方标准的基础上再降一级，特规定亮度分级是：4 级的对应亮度绝对值（维持值）为 15cd/㎡，3 级、2 级、1 级对应的亮度绝对值分别为 10cd/m²、7.5cd/m²、5cd/m²。

天壶公园各景观节点的亮度分级如下：

4 级：天壶宾馆。

3 级：湄潭亭、滨江五亭。

2 级：四角亭、连廊亭。

1 级：滨江树木。

2）浙大广场：浙大广场是为展示 1937 年浙大校长竺可桢"文军长征"的办学历史及湄潭人民与浙大的鱼水情深而建的。广场面积约为 12174m²，是湄潭县现阶段最大的广场。因广场周围暂无夜景照明，背景全黑，且为了体现出广场的历史文化底蕴，照明亮度不宜过高，故将其亮度等级定为 1 级（≤5cd/m²）。

① 负载及功率密度值

总用电功率：6.3kW；

单位功率密度：0.4W/m²。

② 实测亮度

广场雕塑最高亮度：4.26cd/m²。

广场投影灯最高亮度（地面）：2.53cd/m²。

（2）照明设计理念、方法

1）设计理念：最大的挑战在于如何处理设计者与当地居民由于不同文化背景所带来的审美情趣的差异。如何用合乎逻辑的设计手法，来处理当地具有普遍认同感，但同时又是非常规的、偏离"精英审美"情趣的载体，是设计的另一大难点。

① 观念的冲突与矛盾——对既存的（非传统的）当代民俗的态度

巨大的"天下第一壶"形态具象、夸张，似乎并不符合专业建筑师对"建筑美"的评价标准。但在当地民众心中，它却有着极高的地位——它不仅是湄潭的地标性建筑、茶文化代表，甚至还被提升到"城市的骄傲"这一高度。

② 尊重与改变——对不同价值观、审美情趣的包容

项目初期，当地居民对夜景的认识还停留在"五光十色、动态跳闪"的阶段。甲方曾对温和、看似平淡的设计方案提出过质疑，担心由于背离了当地民众的审美习惯而不被接受。因此，设计者采用了以下策略：

a）充分理解、尊重当地文化，包容不同的审美情趣

反复沟通、循序渐进，用创新的理念、专业的技术手段去影响、改变公众的观念。

b）分阶段进行设计、实施，先"求同"，再"存异"

一期设计，通过项目示范，使公众逐渐接受静态、素雅的黄、白光；但在对桥梁等大型构筑物进行照明设计时，设计亮度略高，使公众易于接受（过渡）。

二期设计，大胆降低了整体设计亮度，并在夜景画面中"留黑"。

2）设计方法创新

① 以人群活动轨迹、密度而不是载体性质、美学价值来确定照明节点及区域照明亮度

对于远离城市中心、人流稀少的县政府行政大楼等建筑，尽管载体相对较好，但仍将其亮度等级降低，由此至市中心则亮度逐渐增大。

② 以看似最简单的照明手法来处理有争议的建筑，恰如其分地表现它

对天壶宾馆的照明，采用了看似最平常的投、泛光，以低调、平和却不失细腻的手法来表现这个巨大的"紫砂壶"，使之不过于突兀。在灯具安装位置受到严格限制的条件下，采用分层次泛/投光照明，通过精确控光及经特殊处理的光源，恰如其分地表现出"紫砂壶"的温润和微妙的光影变化。

此外，很好地解决了成本投入与质量控制间的矛盾。项目实施后，得到了公众的广泛认可。这是一个价值观相互认同的结果，也是设计者希望达到的效果。

（3）照明设计中的节能措施

1）亮度分级：以人群活动轨迹、密度而不是仅仅是载体性质、美学价值来确定照明节点及区域照明亮度，大大降低了远离市中心的行政办公区域整体亮度；明确划定夜景禁照区，在该区仅设置功能性照明，有效地降低了全城天空亮度，节能效果显著。

2）管理中控：实行片区夜景照明分级控制，分为重大节日（包含重大庆典活动）、一般节日及平日三级，采用智能集中控制，灵活机动、节约用电。

（4）照明设计中的新技术、新材料、新设备、新工艺

1）天壶宾馆

① 灯具安装限制与精确的灯具配光控制：由于天壶宾馆已建成，为避免重新铺设线路对建筑表面造成破坏，因此，灯具安装位置被限定在已有线路的裙房基座平台四角上。与之矛盾的是，建筑外表面积大、外形复杂、曲面变化丰富，建筑高度达73.8m，处理不好极易出现明暗不均的"花脸"现象。如全部采用大功率投/泛光灯具，被照面易出现过亮、缺乏层次等问题；而采用小功率灯具又无法解决建筑上部照明。经反复试验，确定了分层次照明方案：用小功率灯具解决建筑下部照明，中、大功率灯具解决建筑中、上部照明；由于灯具安装位置受到了严格的限制，而异形建筑外表面各部分所需要的光强度、光分布都不相同，为保证照明效果，针对每套灯具的配光进行了深入的研究。经计算模拟、实验室模拟、现场模拟三个环节，根据实验结果，与厂家配合对灯具配光进行了二次加工调整，最终实现了精确控光。形成了投光准确、明暗有序、光影变化微妙、立体感强的夜景效果。

② 建筑表面材质的色彩畸变与光源光谱选择：建筑表面材质为绛红色仿紫砂涂料，通过模拟实验发现，不同种类、不同色温的人工光投射到建筑表面上，由于光谱成分的差异，与涂料叠加后，易出现色彩畸变现象；通过反复试验比对，在十余种金属卤化物灯光源中寻找到了能较真实还原涂料色彩，在一定的照射强度、照射范围内不易产生色彩畸变的特定光源。

③ 亮度控制：通过试验还发现，亮度过高不仅影响建筑立体感的表现，还影响建筑外表面材质的色彩还原，加重色彩畸变；但天壶宾馆又处在城区最高点，必须有足够的亮度才能满足全城各视点的视看要求；经大量现场亮度试验对比，通过严格限制建筑周边景观照明亮度，以暗背景来反衬建筑立面，最终以色彩还原好的低亮度来满足了地标性建筑的照明要求。

2）浙大广场

自行研发刻花投影灯：根据广场的实际使用功能状况重新划分明暗分区，仅在入口、中轴线处安装功能性照明，保证足够的亮度；在其他区域，利用自行研发的投影灯，在单调的地面上投射出特定图案。投影灯的投射位置经过精心的考虑，利用光对空间的限定，对广场空间进行了二次划分，使之产生了数个小型聚会区域（周末晚上00:30仍有孩子围坐在灯下，借着图案的亮光打牌）；既降低了广场总用电量，又避免了由于广场地面平均亮度低，游人看不清地面而可能出现的安全问题；此外，还丰富了广场的空间层次。

（5）照明设计中的环保安全措施

除严格遵照照明、电气设备等有关安全规范外，还严格遵照有关土建施工安全规范进行夜景照明设计。

1）灯具安装：天壶宾馆泛/投光灯具的安装受到了很大限制，裙房基座平台（屋面）原有14套特制亚克力庭院灯，尽管表面破损，光线暗淡，但由于灯具上印制了名家咏茶诗词，甲方希望保留，同时要求新线路的敷设必须在原线路位置上。由于无法拆除原有灯具，新的泛光灯具支架不能利用原有灯座基础，如在屋面其他位置安装，由于屋面局促，会影响通行及白天景观效果。为解决这些问题，设计了一款轻便灯具支架，嵌套在原有庭院灯外，灯架采用特殊固定方式，既不破坏屋面，又有足够的强度支撑重量可观的泛光、投光灯具。

考虑到浙大广场人流量大，普通庭院灯、地埋灯易受到破坏，不及时维护易出现安全隐患。为此设计了灯杆高度达5m的特制刻花灯具，在提供特色照明的同时，也解决了维护困难、安全性差等问题。

2）光污染控制：在项目设计中，通过精确控光，严格控制光污染。说服甲方将城中各山体、茶场划入禁照区，避免

了夜间灯光对动植物昼夜节律的干扰。

3. 实景照片（见图1和图2）

图1　天壶公园　　　　　　　　　　　　　图2　湄潭亭

杭州西湖孤山夜景照明工程

1. 项目简介

（1）项目说明

孤山位于西湖西北角，与杭州繁华中心隔堤相望，四面环水，一山独特，是湖中最大的岛屿，也是唯一的天然岛屿。孤山东接白堤，西连西泠桥，形如牛卧水中，浮在碧波萦绕的西子湖中。为了凸显孤山的人文景观和自然精粹，岳庙管理处自1990年起便开始在孤山区域布设景观灯。2004年，又对周边山体实施了亮化。2008年，综合专家和市民游客的意见，进行了进一步提升改造，对突出园林绿化类的灯光，用暖白光取代绿色光，还原植物本色，饱满的金黄色系光源营造画卷氛围。

（2）设计、施工

设计师：杨欣、钱所省、朱剑修、曾艳

设计单位：杭州市城乡建设设计院有限公司

施工单位：杭州市路桥有限公司

业主单位：杭州西湖风景名胜区岳庙管理处

2. 项目详细内容

（1）照明设计技术指标

1）在古建的瓦面采用1W LED瓦筒灯来替换原50W Par20射灯。

2）在绿化部分，逐片逐棵地对湖面柳树、樟树等进行反复试验，选用70W明装埋地灯、超薄型70W埋地灯、150W埋地灯、70W泛光灯等来满足不同树种、不同树冠形状的植物照明。

3）在林社等标志性建筑部分，采用线形T5埋地灯来表现建筑立面，并配合周边环境。

4）在放鹤亭的栏杆外侧安装LED薄型线形灯洗亮栏杆，底层用T5线形埋地灯将其洗亮。

（2）照明设计理念、方法

上有天堂，下有苏杭。杭州美在西湖，西湖的美，自然秀美。三面云山一面城，层叠而舒展，天际线柔和委婉，湖水与群山紧密相依，旖旎的湖光山色激发了中国古代文人无限创作灵感，千古传唱的诗篇，历久弥新的爱情传说，山水之间荡漾杭州的城市精神：精致和谐、大气开放！

1）对景区内部分树形较好的大树照亮，合理安排绿化的照亮范围和强度，自整个北山街游步道看过来，使整个沿湖区域的整体视觉效果呈现明暗相间的水墨江南的层次感，用灯光元素表达山水、古建之间的空间关系和过渡。

2）将建筑大屋顶坡型屋面洗亮，保留建筑内部T5内透泛光，使远观视角建筑立体感增强。

3）雕塑小品采用明暗衔接的手法重点照明，营造庭院空间的夜景效果。

（3）照明设计中的节能措施

本次改造设计的重点之一，就是在保证及提升照明效果的前提下减少能耗。

1）本次改造设计涉及的 50W Par20 射灯共 1800 套，全部更换为 1W LED 瓦筒灯，仅此一项共计减少功率 88kW。

2）原景区绿化投树的埋地灯，通过试验，选择出发光效率更高的 70W 埋地灯和投光灯替换了原有的部分 150W 埋地灯和投光灯，在保证了效果的同时，降低了能耗。

3）整套系统并入杭州市亮灯监管中心集控系统，能远程遥控开关并监控，保证可以在规定的时间内开关。

（4）照明设计中的新技术、新材料、新设备、新工艺

在设计阶段，为使 LED 灯具替换原有 50W 的 Par20 屋面筒灯后仍能满足业主要求，通过反复试灯，最后选定 1W 15° 投射角 LED 瓦筒灯安装在瓦沿处来向上洗亮瓦片。另外针对孤山景区多落叶的特点，对瓦筒灯的安装支架进行了特别设计，来保证在雨水冲刷瓦面的过程中，位于瓦槽最底面的灯具不会挡住杂物，从而保证灯具不会被落叶遮挡。

传统的埋地灯一般玻璃与地面齐平，但在设计初期我们就发现，有很多的埋地灯被落叶及矮草覆盖，有些埋地灯甚至已经被泥土埋住，在与业主沟通后得知，孤山上多为落叶型树木及灌木，杭州多雨水，埋地灯很容易被掺杂着泥土、砂石、落叶的雨水覆盖，过不了多久，埋地灯出光玻璃表面就会被挡住，一会挡住出光，影响效果，二则不利于灯具散热，影响灯具寿命。所以，在大部分有矮草的区域，选择采用带玻璃自洁功能的 70W 明装埋地灯，既保证了设计效果，又对灯具起到保护作用，从而降低了日常维护的难度。

针对西湖水位长期偏高的情况，若使用常规金卤埋地灯，一般会有 1/2 灯体将浸泡在水中，即便灯具达到 IP67 的防护等级，也会存在进水的隐患。在这部分的灯具选择上，我们采用超薄埋地灯，在满足配光要求的前提下，厚度不超过 200mm，使灯具整体都保证在正常的西湖水位之上，可以有效地防止埋地灯被泡在水中而导致进水损坏。

（5）照明设计中的环保安全措施

1）树上投光灯采用仿真鸟巢，既隐蔽灯具又对灯具起到承载作用。

2）上树电缆采用仿生树藤包裹，隐蔽及保护电缆。

3）明装埋地灯采用双层中空玻璃，使灯具表面层玻璃温度低于 65°，防止意外烫伤。

4）沿湖埋地灯采用防眩光处理，照亮沿湖柳树的同时保证游步道的游人能够看清道路，避免意外落水。

3. 实景照片（见图 1～图 3）

图 1　局部（一）

图 2　局部（二）

图 3　局部（三）

江西婺源茶博府公馆夜景照明工程

1. 项目简介

（1）项目说明

婺源茶博府公馆坐落在美丽的星江河畔，依山傍水，环境幽雅，是一家集住宿、餐饮、旅游、娱乐、休闲为一体的四星级综合性酒店。茶博府公馆是由 5 组建筑围合的仿古建筑群，其建筑风格独特，是典型的徽派官式与北方宫廷建筑相结合的产物。"青砖黛瓦马头墙，回廊挂落花格窗"，流连其间，能同时感受到徽派官式建筑的优雅和北方宫廷建筑的气派。

在设计之初，我们将茶博府公馆夜景照明效果放在了婺源县整体夜景规划中考虑，其夜景照明的目标应与婺源夜景的整体目标相一致，让业主理解到夜景照明不是奢华性投入，也不是简单的"亮化"，应该符合婺源夜景照明"提升旅游、服务旅游"的目标宗旨和茶博府公馆商业宾馆的服务性质。

根据茶博府公馆的建筑造型，我们确定了以展示其徽派官式建筑造型特征为主要表现点。特别需要提出的是徽派官式建筑的典型标志是马头墙，而马头墙的夜景照明必须遵循：集群、统一、笔直三原则才可体现其气势和美感。针对婺源茶博府公馆，我们在展示徽派官式建筑特色与美感，反映徽商曾有辉煌的同时，也烘托一种茶文化的环境氛围——清、馨、雅、静。

针对茶博府公馆旅游城市星级宾馆的建筑功能，重点营造一种自然古朴而又不失温馨的夜晚氛围。在夜景照明设计中采用红色光和白色光相混合的用光手法，渲染建筑朱红色的木质窗格和立柱，旨在表现建筑独特的材质肌理，同时一定程度上兼顾了其酒店的功能性和娱乐性，给游客创造了一个温暖且极具观赏性的夜景效果。

（2）设计、施工

照明设计师：陆婷、杨杰、陆章

设计单位：容必照（北京）国际照明设计顾问有限公司

施工单位：北京飞东光电技术有限责任公司

业主单位：婺源县茶博府文化服务有限公司

2. 项目详细内容

（1）照明设计理念

建筑夜景照明应展示完整的建筑结构，营造切题而舒适的夜间氛围，为行人提供导引、辅助照明及安全警戒服务。

我们主张严谨用光，所有用光应该有原则、有理由、有方向、有尺度，应该围绕追求的目标主题。结构化照明手法为实现这一目标提供了行之有效的方法手段，通过不断现场试验与调试，总结出以下几点创新之处。

1）在光色运用上，红光与暖白光混合而成的朱红光色，恰当地表现出了古建或仿古建筑木质结构的肌理。在本项目中主要使用在木质花格窗、斗拱和柱间挡板的照明效果上。

2）马头墙是徽派建筑的主要结构标志，多年古建照明实践的教训积累，我们总结出马头墙的夜景照明必须遵循：集群、统一、笔直三原则才可体现其气势和美感。我们以点光源的虚线来避免线光源难以做到的笔直，以低照度的扁平白光照亮墙壁来避免高照度形成的光斑。

3）针对不同古建结构，研制恰当的结构化灯具，实现照明与古建筑的有机结合，避免对建筑白天外观的影响和破坏。本项目中全部采用小型化、结构化照明灯具。

（2）照明设计中使用了新技术、新材料、新设备、新工艺

古建筑结构化照明是在尊重传统，保护建筑，继承文脉的基础上，利用现代科技成果，不断地突破与创新，实现真正意义上的历史延续和文脉相传。针对此目标，在本项目设计过程中注重以下几点：

1）灯具造型结构化，使灯具与建筑结构相融合，避免对建筑外观的破坏。

2）照明效果结构化，让灯光有效照射在需要表现的建筑结构上，而尽量避免无效光的散溢以及对其他结构部位的影响。

3）注重细节，通过适当的灯具配件来提高光的有效使用时限和使用质量。如遮光罩和防尘罩的使用。

（3）照明设计中的节能和环保措施

1）节能措施

① 采用小型化、结构化灯具，不断提升灯具对光的使用效率，将光投射到需要照明的部位，避免散溢光的浪费。

② 本项目基本采用低功率的 LED 灯具，发挥其定向性、可塑性特点，避免不必要的能源损耗。整个项目共 8 个建筑

其夜景照明总功耗不超过 20kW。

　　③ 不同建筑结构部位之照明灯具均连接不同回路，便于分级控制，满足不同节日和时间段的组合效果需求；

　　2）环保措施

　　① 灯具与建筑木质结构发生交接时，固定点采用隔热胶垫，以隔离灯具散发的热量对木质材料的潜在危害。

　　② 所有灯具均安装于人手不可触及处，并严格控制下照光对行人的影响。

　　③ 严格控制光污染，以及室外光对建筑室内人员的影响。

3. 实景照片（见图 1 和图 2）

图 1

图 2

昆山莲湖公园夜景照明工程

1. 项目简介

（1）项目说明

　　莲湖公园位于古城路与前进西路交叉口，是昆山的西部的门户公园。总面积约为 75 万 m^2，目前一期开发面积约为 22 万 m^2，其中水域面积约为 8.6 万 m^2。

　　公园特色：莲湖公园总体设计通过 3 个景观元素，即水体、地形和建筑物来体现城乡之间的渐变。尤其是开发强度从东到西的递减，最突出地体现了城乡的过渡。这些景观元素的此消彼长强化了公园里自西向东三个区段的特色：水生植物种植示范区（以水体为主）；水乡文化昆曲文化展示区（地形造景为主）；艺术家小镇（画廊工作室为主）。此公园是现代都市人洗去尘埃、回归自然、休闲度假的绝佳去处。

（2）设计、施工

设计师：张瑜、刘荣、费一鸣、董陈娟

设计单位：上海柏荣景观工程有限公司

施工单位：上海柏荣景观工程有限公司

业主单位：昆山市城市建设投资发展有限公司

2. 项目详细内容

（1）照明设计技术指标（见表1）

表1 照明设计技术指标

序 号	名 称	单 位	数 量	光 源	功率/W	总功率/kW
1	高柱灯一	套	31	CMH	70	2170
2	高柱灯二	套	38	CMH	70	2660
3	地埋灯一	套	13	CMH	70	910
4	地埋灯二	套	134	CMH	70	9380
5	单透特型灯	套	76	CFL	5	380
6	投光灯	套	10	MH	35	350
7	嵌墙灯一	套	86	CFL	9	774
8	嵌墙灯二	套	127	CFL	11	1397
9	草坪灯	套	32	CFL	11	352
10	投光灯一	套	4	CMH	150	600
11	投光灯二	套	12	CMH	70	840
12	地埋灯条形一	套	2	LFL	14	28
13	地埋灯条形二	套	63	LFL	21	1323
14	地埋灯条形三	套	5	LFL	28	140
15	LED 地埋灯	套	8	LED	5	40
16	LED 水下灯一	套	65	LED	3	195
17	LED 水下灯二	套	20	LED	6	120
18	LED 水下灯三	套	3	LED	9	27
19	LED 水下灯四	套	36	LED	12	432
20	仿石头灯	套	30	CFL	13	390
21	LED 洗墙灯条形	米	294.5	LED	8	2356
22	LED 投光灯	套	139	LED	3	417
23	水下投光灯	套	4	CMH	70	280
24	坐地式投光灯	套	20	MH	35	700
25	小型壁灯	套	16	LED	3	48

（2）照明设计理念、方法

1）坚持"环保、低碳、科技、人性"的照明设计理念，选用低耗能的照明产品，恰当地表达夜景，并不对人造成任何不舒服的眩光干扰。

2）通过对景观构造、步道、人行桥、水景、植物等的照明位置、亮度及光色控制，形成水中、地面、空中三维统一协调的夜间照明效果。

3）所有照明产品均与环境相融合，除了景观灯柱及步道灯，其他灯具都融合在环境中，同时保证了白天和夜间效果。

4）在光的方向及强度控制上，选用合适的灯具配光曲线，对光的控制更加高效。

5）壁灯选用 CMH Par30 70W/SP 10°出光角光源，表达建筑的力度感和升腾感。

6）根据建筑特点，开发出小功率 LED 线形灯，控光好；红光 LED 线形灯照亮红色的特色钢构廊架，特定的宇宙蓝

LED 线形灯刻画出蓝色钢桥走向，而白色的 LED 线形灯把水上木步道照亮，纯真的色彩让身处其中的人充分享受光的美妙，而所有灯具都巧妙地隐藏了起来。

（3）照明设计中的节能措施

1）低功率 LED 照明，将光线有效地控制在需表达的墙体处，充分利用光，较小的功耗达到预想的照明效果。

2）特色灯柱主要采用高光效、高显色的陶瓷金属卤化物灯，寿命长达 20000h。

3）嵌墙灯、庭院灯采用长寿命节能灯作为光源，营造优雅、安静的灯光环境。

4）智能照明控制系统分时段开关灯，并分为平时、一般节日、重要节日三级开灯模式，控制整体能耗。

（4）照明设计中的新技术、新材料、新设备、新工艺

1）专为蓝色钢桥而配色的 LED 线形灯，通过对芯片出光及荧光粉的控制，定制出活泼透亮的宇宙蓝色，颜色的导引充分表达出桥梁建筑的特色，并营造出轻松愉快的氛围。

2）为达到富有情趣的环境光效果，特色灯柱经过多次试验和设计，在地面落下富有韵味和不同弧线的光斑。

3）所有外露灯具的外观颜色进行特殊处理，与整个公园的环境相协调。

4）所有光源均选用高发光效率、长寿命、显色性好的优质产品，对 LED 产品严格控制谐波。

5）所有构造物、景观、植物、水景、步道的照明，采用集中统一控制，保证整体的照明效果。

（5）照明设计中的环保安全措施

1）为避免对来此休闲市民的影响，LED 出光端配有透光棱镜，严格控制出光角，避免眩光。

2）所有地埋灯根据与人行道的距离，配置防眩光格栅，使得行人正常行走，无明显眩光感觉。

3）照明产品的角度主要以向下照明为主，避免对天空的溢出光，保护黑天空。

4）地埋灯采用高反射率反射器，控光能力强，能有效利用光。

5）除低压 LED 产品之外，所有设备均安全接地，配电箱配置浪涌保护器。

3. 实景照片（见图 1 和图 2）

图 1　人行桥　　　　　　　　　　　　　　　　图 2　休闲广场

杭州六和塔景区夜景照明工程

1. 项目简介

（1）项目说明

六和塔建于北宋开宝三年（公元 970 年），是吴越国王钱弘俶祈求震慑钱江潮患，保境安民而诏令兴建。巨塔依山濒江，历经千余年历史传承和洗礼，以其伟岸、雄健、充满历史沧桑意味动人之风貌矗立江畔，其丰富的文化、科技、艺术沉淀再现了中国古建筑形制和建造技巧，其现存的砖砌塔身的形制、用材、体例、浮雕图案等是我国目前发现的符合《营造法式》规制的实物例证，因而成为楼阁式古塔的杰出代表之一。1961 年，国务院将六和塔列为第一批全国重点文物保护单位。

六和塔自然风景与人文历史的完美结合，成为杭州的重要标志和城市象征。杭州市政府希望通过实施六和塔夜景照明工程进一步完善杭州夜间形象。

六和塔作为国家级古建筑和世界文化遗产西湖核心景观之一，夜景照明实施不能与文物保护、西湖申遗有任何冲突。

建设方、设计方有意识地引导社会公众审美，通过分阶段、小规模、重细节的渐进式整合、保护及利用相结合的方式，对维护自然景观和历史古迹的真实性、完整性与可持续性进行了探索，努力将六和塔夜景呈现为具有鲜明传统审美意趣、古朴沧桑感的风景。

2009年，六和塔景区夜景照明工程正式启动，工程总投资600万，设计工作由业主和设计方技术人员在现场共同完成。本项目于2010年完成核心景区与主要景区照明工程，2011年4月完成二级景区照明工程。目前已通过杭州市有关部门的竣工验收和工程审计，投资合理控制、后续管理良好获得了较高的社会效益评价，并获得浙江省优秀建筑装饰工程奖（智能化工程类）荣誉。

（2）设计、施工

设计师：刘馨阳、张珏、余斌、朱时光

设计单位：杭州市建筑设计研究院有限公司

施工单位：浙江鸿远科技有限公司

业主单位：杭州西湖风景名胜区（杭州市园文局）钱江管理处

2. 项目详细内容

（1）照明设计理念、方法

1）以"最少介入"为指引，以审慎、保守态度行事，尽可能以最少的光表现载体，以最少的载体展现景观，以最少的景传达尽可能丰富完整的文化内涵与地方精神。

2）我们坚信建设方和设计师应该承担社会责任，有意识地引导政府官员与大众审美，而非一味违背设计原则屈服于行政意志。设计师与建设单位顶着来自某些官员的压力，坚持将六和塔景区呈现为具有鲜明传统意趣、富有古朴沧桑感的夜景，而非辉煌炫目的形象。

3）遵照"可逆性原则"，满足文物保护与世界文化遗产保护苛刻的要求。首创性地使用了暗藏式液压升降平台安放照明灯具。到目前为止，这种方式在古建筑照明中是罕见的。

4）为保证夜景照明实施后从外部观看没有眩光，看不到光源，我们精心勘察地形，确定安装位置。工程人员结合实际地形特征，对需要安置照明设备的每棵乔木、每块场地，逐一观察、比对、调整，采用了大量明装地埋灯以及加装遮光罩的立杆精确控制投光灯，以杜绝以往许多山体景观项目出现的"一闪一闪亮晶晶"的降低观赏舒适度的现象。

（2）照明设计中的节能措施

1）选用控光性能优异的高效能、高品质灯具；灯具采用高效率的供电和控制系统。

2）为了降低运行能耗，同时考虑到动植物的保护，在兼顾旅游观赏需要基础上，采用智能控制系统，将开灯时段详细划分，区分旅游季与非旅游季（含平时、周末、节日模式），同时实现灯具软启动保护、远程控制、末端防盗功能，达到系统综合节能。

（3）照明设计中的新技术、新材料、新设备、新工艺

1）六和塔亮灯工程充分考虑六和塔文物的安全保护问题，以保护第一、安全第一为原则，坚持最少介入，放弃在塔体顶部、屋面、墙体上设置照明灯具的传统做法，而改为在距塔基三四十米外的安全区域设置液压平台，以自下而上的外投方式展现六和塔。首创性地使用了暗藏式液压升降平台安放照明灯具。白天，平台降到地面以下，完全看不到灯具，夜晚，在远程控制的自动程序设定下，机坑的盖子自动打开，灯具缓缓升起。本系统从理论上没有难度，在实际应用过程中细节问题相当多，如稳定有效的排水系统、液压升降功能、抗风雪等极端恶劣天气、盖子自动开闭与升降机的无误差的精确配合等。

2）为保证实现景区夜景长卷构图，管线敷设与灯具安装数量大。采用智能控制系统，将开灯时段详细划分，区分旅游季与非旅游季（含平时、周末、节日模式），同时实现灯具软启动保护、远程控制、末端防盗功能，从而达到系统综合节能与后期维护管理运行良好。

3）采用Par金属卤化物灯光源来实现对部分落叶乔木的特殊效果照明。同时也采用了成熟稳定的高光通量LED光源实现一些配景建（构）筑物的照明。

（4）照明设计中的环保安全措施

六和塔作为国家级古建筑和世界文化遗产核心景观之一，照明实施将面对诸多限制。

1）动植物：不在古树名木和乔木本体上设置照明设施，不对灌木、花草进行表现，不对光敏感植物进行表现。在核心、一级景区内，仅对构成钱塘江断面空间立面上的重要元素进行表现，注意避开鸟类、昆虫栖居之处，弱化功能性和表现性照明。严格控制植物照明年人工光曝光量。严格筛选光源，剔除含有对树木有害光谱的光源。灯具预埋件、基础、支架、管线施工时，避免破坏植物根系、土壤结构。

2）周边人群：周边无居民，焦点景观六和塔立面平均亮度控制在7cd/㎡内，山体照明平均亮度控制在3cd/㎡左右，此亮度对江对岸1.5km以外居民而言不构成影响。

3）天空：使用多种窄角度、控光性能优异灯具，将光溢散和上射光减少到最低，投光灯瞄准角度（X轴方向夹角）

控制在 50°内，部分明装地埋灯虽采用 30°对称配光，但均在茂密乔木下方，上射光控制较理想；对六和塔以外其他建筑物不采取泛光方式，因此基本不产生上射光；对游步道功能照明，采用较大截光角（40°／45°）的灯具。

4）结构安全措施：所有照明设备（包括电器部分）均采用高强度结构设计，高强固定件安装，使设备不因江风等自然因素而导致松动或脱落。

5）材料环保安全措施：所有照明设备均选用无毒、防火、绝缘、耐腐、耐高低温、 耐老化的国优材料。

6）灯具与电气设计环保安全措施：所用照明设备均达到国家相关规范认证要求，灯具防护等级均为 IP65 以上，电气等级为Ⅲ级。所有照明设备均做完全接地处理。选用电器部件均符合国家安全标准，LED 灯具电缆连接和控制设备都放置于灯体底座内。构件设计和制造符合 EN60598、GB7000、CCC 等标准。

3. 实景照片（见图1～图4）

图1　冬日月全食近景

图2　古朴沧桑

图3　塔身雪景

图4　塔院一角雪景

北京昌平草莓国际博览园夜景照明工程

1. 项目简介

（1）项目说明

第七届世界草莓大会于 2012 年在北京成功举办，不仅是继 2009 年第七届中国花卉博览会之后，加快推进首都都市型现代农业发展和社会主义新农村建设的又一重大契机；也是继 2008 年奥运会、残奥会之后，深化首都对外开放、展示首都现代化建设成就的又一亮丽窗口。

整个园区总占地面积约为 43.2 万 m²，按照功能分为国际区、两中心区、国内区、主题公园及集雨湖四区。

本届大会采取"一区、一场、一园、两中心"的办会模式，即精品草莓产业示范区、主会场、草莓博览园、培训展示中心与加工配送中心。草莓文化创意活动主要包括为"草莓博览园"以及加工配送中心和培训展示中心的会期功能、会后利用等提出有特色、合理性的创意内容；围绕"草莓景观大道"整体景观设计、丰富景观内容、增加文化内涵以及会后开发利用提出创意内容；以及开发特色文化创意项目及产品等，突出中国文化、北京特点和昌平独有的文化创意资源。

（2）设计、施工

设计师：季洪卫、王再迁、王培星、周立圆

设计单位：北京豪尔赛照明技术有限公司

施工单位：中铁建设集团有限公司

业主单位：北京市昌平区农业服务中心

2. 项目详细内容

（1）照明设计技术指标

1）光源、灯具和控制系统的选用：光源、灯具和控制系统的合理选用是保证其技术指标先进、照明质量优秀、节能效果显著的首要条件，所以选择高效照明光源，积极推广金属卤化物灯、LED 灯具、T5 荧光灯、紧凑型荧光灯（CFL）及大功率紧凑型荧光灯等高效照明光源产品；选用高性价比灯具，应以发光效率为主，综合考虑光色、寿命及价格等相关因素，选用性能价格比最好的光源。

本项目中大量应用了 LED 灯具，如建筑外立面照明采用 200W 全彩 LED 投光灯进行照射，通过多路分配器（DMX）控制系统使夜晚中的草莓园更显多姿多彩，景观区域的 LED 感应地砖灯，增添了不少趣味性。同时根据使用情况设置平日、节假日、重大节假日等不同的开启控制模式，满足了节能要求。

2）功率说明：本项目分为建筑和景观两个部分照明工程，建筑照明部分的灯光全部开启时功率为 51kW；景观照明部分的灯具全部开启时功率为 216kW。

3）照明质量的控制：本项目绝大多数照明方式以间接照明方式为主，同时结合防眩光控光板等照明质量控制手段，避免了灯具对建筑物白天效果的影响，同时也很好地控制了眩光和干扰光，保证了照明质量。

（2）照明设计理念、方法

1）本项目设计理念：传承知识文明之光——智慧之光，展望高新科技之光——科技之光，表现美好生活之光——温馨之光；用光来展现科技，传承文化。

表现手法：

① 表现湖区亲水景观的特征；

② 表现夜景特定的意向；

③ 表现积极向上的精神；

④ 表现建筑的特点；

⑤ 丰富城市的夜景氛围。

2）设计方法创新点

① 建筑照明融合了白天的观感，夜晚通过 LED 全彩投光灯的照射，将建筑的质感和形体渲染得更加透彻；绝大部分时间开启是以红色光为主，这也突出了"草莓"这一主体颜色的特点，将建筑演变成了草莓园夜间标识。

② 景观照明上力求烘托各个区域的独特性，避免出现层次混乱、颜色花哨等常见景观照明弊端；因此照明规划中突破常规，以"草莓"为设计元素，在景观灯具、草坪灯、地砖灯等主要灯具上大做文章，通过灯光与"草莓"的结合，趣味性的照明灯具大大加强了人们夜间对草莓园的认知与了解。

（3）照明设计中的节能措施

本项目中所有灯具均为目前积极推广的金属卤化物灯、LED 灯、T5 荧光灯、紧凑型荧光灯（CFL）等高效照明光源产品；其中大量使用了 LED 灯具，为建筑物的节能起到了决定性作用。

（4）照明设计中的新技术、新材料、新设备、新工艺

本项目中，在整体规划中就以"草莓"作为构思元素出发，从草莓的外在颜色的引入，在建筑照明及某些重点区域的照明效果均突显草莓红色的鲜明特征；同时也从草莓的特点出发，开发了多款相关的景观灯具，包括感应式草莓地砖灯的应用，无形中也强化了人们对"草莓园"夜间的印象。

（5）照明设计中的环保安全措施

1）所有照明灯具的防护等级不低于 IP65，线路上均设置剩余电流断路器。

2）在近人尺度多采用低压灯具，电气线路双重绝缘，并且由管理部门的专业技术人员定期巡视、检查并维护光源与灯具。

3）方案中尽可能限制干扰光、控制溢散光，充分体现绿色照明的理念。

3. 实景照片（见图 1 和图 2）

图1　草莓园（一）

图2　草莓园（二）

北京阜石路立交桥夜景照明工程

1. 项目简介

阜石路高架桥西起门头沟区双峪环岛，东至石景山区西五环晋元桥，是西部地区石景山、门头沟区的重要交通枢纽，阜石路高架桥与西六环立交桥连为一体承载着北京西部地区的重要交通功能；是出入京城的重要交通干线；其车流与人流的交互程度远高于一般交通干道，对视觉信息以及视觉舒适度的需求较高。

阜石路高架桥与西六环立交桥区域宽广、视野开阔、桥体结构复杂、整体结构层次感与空间感较好；桥体空间照明以功能照明为主，无景观照明，照明手法单一，夜景表现及视觉吸引力较差，相对于载体条件，夜间景观照明建设有较大的提升空间。

"涌"，奔涌着生命灵动的旋律，洋溢着奋发向上与时代合唱的主题，门头沟，首都现代化生态新区，与世界城市接轨的现代化建设背景现绿色生态发展理念融为一体的崭新舞台，焕发着熠熠光辉，涌动着勃勃生机。涌，即是生之歌，灵之舞，城市里跳跃流转的音符，与时代共鸣共舞，生命之水不息，时代之脉永搏。

2. 项目详细内容

（1）照明设计技术指标（见表1）

（2）照明设计理念、方法

阜石路高架桥与西六环立交桥夜景照明设计方案突出以下几点：

1）文化定位：运用现代的设计理念，结合门头沟历史建筑文化元素，体现首都文化的夜间形象特点。

2）形象定位：

① 体现桥体的简洁、流畅、现代与古典美。

② 展现区域文化的独特性。

③ 提升功能性照明质量，促进夜间安全安保。

④ 优化照明能耗，防止光污染，促进环保节能。

3）符号定位：

① 门，在中国人眼里是通向各处的第一关，它预示着一切的开始。

② 阜石路作为西部地区出入京城的第一门户，赋予"国门"宏伟大气，展现京韵特有的文化，以阜石路为中心，道路两侧建设门子图样构筑物，用现代科技的手法，还原门字意向。

③ 回纹是被民间称为"富贵不断头"的一种纹样。它是由横竖短线折绕组成的方形或圆形的回环状花纹，形如"回"字，所以称作回纹。

④ 桥栏杆装饰灯采用回纹造型给人感觉现代而富有古朴的韵味。

⑤ 灯具采用LED线条灯勾勒出回字纹样。晚上以自发光的形式构成回纹图样，起到引导作用。

（3）照明设计中的节能措施

表1　照明设计技术指标

	灯具名称	规格型号	数量	单位	安装位置
阜石路高架桥	栏杆装饰灯	LED 6W	915	套	
西六环立交桥	栏杆装饰灯	LED 6W	178	套	
阜石路高架桥 西六环立交桥	回纹	LED线性灯	2040	m	
阜石路高架桥	门字造型	LED条形灯	2	组	
阜石路高架桥 西六环立交桥	外侧檐板	LED洗墙灯	1700	m	
西六环立交桥	桥柱	柱壁灯	180	套	
阜石路高架桥 西六环立交桥	斜坡	投光灯	135	套	

1）方案中光源主要选用金属卤化物灯、LED等节能和寿命长的绿色光源以及高效率的灯具。

2）采用功率损耗低、性能稳定的镇流器和电器附件，空载和轻载情况下，缺损最少。

3）采用多种控制状态，分列出平日、节假日、重大节日三级控制用电指标。

4）同一种光效的需求，通过对灯具构造的单独设计，使得结构合理、节能、造价更低。

（4）照明设计中的新技术、新材料、新设备、新工艺

1）为了减少光线中紫外线及红外线对文物的伤害，我们在文物的重点及关键部分采用了最新一代的不含紫外线及冷光束输出的LED光源。即使在一些非重点照明部分采用了高效率的金属卤化物灯光源，我们也在灯具出光表面增加了紫外线滤光装置，以便更好地达到保护被照文物的作用。

2）为了配合国家节能减排，倡导绿色照明的理念，在整个项目所使用的灯具中，LED灯具数量所占比例高达90%，照明中LED灯具使用的是国家认可的绿色、节能环保、不含铅和汞污染的第4代光源。

3）灯具的表面处理方面，采用的是静电喷涂的工艺，不存在如油漆类产品散发有害有毒气体的现象。同时也抛弃喷涂前磷化处理这一传统做法，改为喷砂处理工艺，最大限度地减少了生产时对环境的污染。

4）在灯具的研发方面，库柏工程师借助高科技软件对光束的控制进行了严格的设计，极大地提高了灯具光输出的利用效率及减少眩光对游人造成的不适。同时在不影响照明效果的情况下，尽量减小灯具的体积，以便最大限度地减少材料的损耗，避免资源的浪费。

5）灯具采用了主动温控技术，自动感觉特征点的温度，温度超过设定温度，主动降低直到关断LED光源驱动电流，保护LED光源，使得LED始终工作在最佳的温度状态，延长LED寿命，降低光衰。

6）控制系统增加在线地址分配功能。每个灯具出厂均分配有一个不可更改的物理地址，灯具安装完成后可根据需要在线更改灯具的逻辑地址，灯具的安装、更换更加方便。降低了安装成本。

（5）照明设计中的环保安全措施

1）方案中限制干扰光，控制溢散光，充分实现绿色照明的理念。

2）通过多次的实验，选择高效的照明方式，采用截光型灯具，实现无光污染。

3）在配电线路上安装低压避雷器，以防止雷击电流破坏器材和导致发生火灾。

4）采用防护等级不低于IP65的照明器材，并在线路上装置剩余电流断路器。

3. 实景照片（见图1和图2）

图1　回纹图样

图2　涌

大同市云冈石窟园区夜景照明工程

1. 项目简介

（1）项目说明

坐落地点－大同市云冈

（2）设计、施工

照明设计师：王再迁、张浩、季洪卫

设计单位：豪尔赛照明技术集团有限公司、北京对棋照明设计有限公司、雷士（北京）光电工程技术有限公司

施工单位：豪尔赛照明技术集团有限公司

业主单位：大同市云冈石窟周边环境综合治理工程指挥部

2. 项目详细内容

（1）照明设计理念

大同市云冈石窟园区照明大体分为三部分：一是石窟本体部分、二是新建园区部分、三是十里河河道部分；在整体规划中，石窟本体部分作为受到敬仰的神明，是不应被人工灯光所打扰的，所以并未做任何照明；而照明的重要区域即为新建园区部分，意欲呈现出一种神明默默注视世间的状态，照明方式是以一种自然流露的状态存在，通过明与暗的渲染，将园区的幽静、神秘得以完美展现；而整体光环境的设定，都处于一种较暗的级别内，避免人工灯光对远离喧嚣的云冈石窟过多的打扰；同时我们将河道部分归为自然，同样不使用灯光照射，让十里河一直处于静静流淌的状态。

（2）照明设计的主要技术指标

园区内除了亮度上的限定，还对色温、色彩进行了整体把控；色温多采用暖色温，与园区古老、神秘的整体环境相契合，彩色光在园区内是限制使用的，照明效果在最大程度上，避免了与流光溢彩的城市化照明相雷同，而是用光和影、明与暗的分布，去营造一个能够让人休憩的心灵家园。

3. 实景照片（见图1～图4）

图1

图2

图3

图4

台儿庄古城重建项目夜景照明工程

1. 项目简介

（1）项目说明

运河古城坐落于枣庄市辖区台儿庄区，既是民族精神的象征、历史的丰碑，也是运河文化的承载体，至今仍保留有不少的遗存，被世界旅游组织誉为"活着的运河"、"京杭运河仅存的遗产村庄"。古河道、古码头，一座可以舟楫摇曳，遍游全城的东方水城，中国第一座二战纪念城市。重建台儿庄古城，是几代台儿庄人民的梦想，重建后的台儿庄古城，将成为世界上继华沙、庞贝、丽江之后，第四座重建的古城，世界第三座二战城市，全国唯一的海峡两岸交流基地。台儿庄古城占地 2km²，以贯穿其中的京杭大运河而闻名，本照明设计的主题就是以京杭大运河为线索，与北方大院、鲁南民居、徽派建筑、水乡建筑、闽南建筑、欧式建筑、宗教建筑、客家建筑等八大建筑风格有机结合，建设以徽派建筑风格为主的繁荣街，以欧式建筑为主的丁字街，以水乡建筑为主的水街、水巷，以晋商民居为主的关帝庙景区。台儿庄古城夜景照明中数不胜数的景观、绿化节点，设计内容之广、细节之繁，在国内实属罕见。古城中的建筑结构是木结构与砖石结构的混合，复杂多样，亮化设计需要以最少破坏建筑本体为出发点。

（2）项目获奖情况

2013 年获北美照明工程学会年度大奖

2. 项目详细内容

（1）照明设计技术指标

1）防雷接地

① 本工程的接地保护形式采用 TN－S 系统，进线采用三相五线制，配电箱做重复接地，接地电阻小于 4Ω，PE 线与每套灯具外壳可靠连接。照明分支线路均装设带剩余电流动作保护的断路器，动作电流为 100mA，动作时间为 0.1s。

② 本工程配电箱内应在主开关的电源侧装设浪涌保护器，其下端就近与防雷装置相连并可靠接地。

③ 所有照明控制柜、灯具的金属外壳、钢制桥架、穿线钢管、支架、接线盒等，均应与接地干线可靠连接，形成电气通路。

2）节能设计

① 为达到节能环保标准本工程的照明控制方式按方案设计要求分灯具分时段控制，控制方式分为手动与自动两种形式，灯的开启时间根据景观需要写入智能控制器，由智能器控制启停。

② 智能控制器的控制方案、周期时间段可现场调节。控制方式根据使用单位要求可现场设定调整。

3）光源、灯具、功率及数量

① 中光束投光灯，35W 金卤光源，色温为 4200K，发光角度为 26°，数量为 119 套，进口国际尖端灯具厂家灯具。

② 窄光束投光灯，35W 金卤光源，色温为 4200K，发光角度为 6°，数量为 8 套，进口国际尖端灯具厂家灯具。

③ 定制灯笼，外部为纱布印图案包围，内部由钢丝龙骨与亚克力圆柱型磨砂透光罩组成，定制灯笼内包含 18W 节能

灯和 3W LED 小型投光灯，节能灯色温为 3000K，投光灯色温为 2300K，小型投光灯发光角度为 15°，数量为 190 套。

④ 定制龙形壁灯，外壳由钢筋与仿旧木造型板定制而成，定制壁灯内为一个 3W LED 小型投光灯，色温为 3000K，发光角度为 45°，数量为 165 套。

⑤ 定制栏杆灯，灯具壳体由钢结构与铝板定制而成，外表面仿石材喷涂，侧发光面由亚克力磨砂透光面制成，光源由 3W LED 小型投光灯和 LED 条形组合而成，色温为 4200K，小型投光灯发光角度为 15°，数量为 36 套。

⑥ LED 条形洗墙灯，压铸铝外壳，功率为 26W，色温为 3000K，发光角度为 45°，数量为 66 套。

⑦ LED 超薄线条灯，功率为 8W，色温为 3000K，发光角度为 115°，数量为 38 套。

⑧ LED 点状地埋灯，功率为 0.4W，色温白 4000K，发光角度为 8°，数量为 200 套。

⑨ LED 投光灯，功率为 10W，色温为 3000K，发光角度为 25°，数量为 4 套。

⑩ 定制铜铃灯具，外壳为铜质铃铛，内部为 LED 小型投光灯，功率为 3W，色温为 3000K，发光角度为 25°，数量为 25 套。

（2）照明设计理念、方法

设计师在具体设计中充分考虑了住宿、餐饮、销售、娱乐等方面商业空间的差别，进行区分刻画；对于景观、绿化的夜景照明设计坚持了注重意向、明暗相宜、冷暖结合等设计思路。

用现代的先进灯具制作成壁灯、灯笼等拥有传统外观的定制灯具，安装在了运河两侧的建筑上，既烘托出了照明的主题又展现了传统的建筑风格。中国古建以往的照明方式是在屋顶的每个瓦片上各安装一盏小投光灯，我们摒弃这种浪费能源并破坏古建浑然天成效果的照明方式，创新地在屋顶两侧各装一盏宽光束投光灯将整个屋顶照亮，这样不但大大减少了灯具数量且降低了预算。

使用对比色温（4200K/3000K）的灯具泛光照亮战争中唯一保留下来的房屋与屋边的古树，暖色温宽光束泛光上照古树，尊重历史，尊重生命。

爱河巷则更加突出爱情的主题，为其量身定做了古灯笼，灯笼分内外两层，采用剪纸、书法和光影结合的艺术表现手法，每款灯笼都描绘了一个流传千古的中国民间爱情故事。并且屋顶铺设大块面积的暖白色光，寓意中国神话传说中掌管爱情之神的月老将月亮皎洁的月光洒向人间。

（3）照明设计中的节能措施

1）为达到节能环保标准，本工程的照明控制方式按方案设计要求分灯具、分时段控制，控制方式分为手动与自动两种形式，灯的开启时间根据景观需要写入智能控制器，由智能器控制启停。

2）智能控制器的控制方案、周期时间段叫现场调节。控制方式根据使用单位要求可现场设定调整。

照明设计上，在屋顶两侧各装一盏宽光束投光灯将整个屋顶照亮，代替了以往的在屋顶每个瓦片上各安装一盏小投光灯。这样不但大大减少了灯具数量，而且节能又环保。

合理地应用了低瓦数的 LED 灯具，在节能方面起到了很好的效果。

（4）照明设计中的新技术、新材料、新设备、新工艺

1）为了隐藏中光束的 LED 投光灯具，我们设计了一种木制的壁灯插座，这样不但无眩光地照亮了斗拱，而且与周围木结构的日景很好地融合在了一起。

2）定制灯笼的最大亮点，是内部荧光灯的漫反射光与 3W LED 投光灯窄光束的结合，既提供了氛围照明又保证了功能照明。

3）主题体现在各种定制灯具的处理上，照明设计根据建筑的特色量身定做了多款有特色的定制灯具，采用了以纱布定制的灯笼，木质材料定制的壁灯，及铜质铃铛外壳的灯具等。

（5）照明设计中的环保安全措施

1）本工程的接地保护形式采用 TN-S 系统，进线采用三相五线制，配电箱做重复接地，接地电阻小于 4Ω，PE 线与每套灯具外壳可靠连接。照明分支线路均装设带剩余电流动作保护的断路器，动作电流为 100mA，动作时间为 0.1s。

2）本工程配电箱内应在主开关的电源侧装设浪涌保护器，其下端就近与防雷装置相连并可靠接地。

3）所有照明控制柜、灯具的金属外壳、钢制桥架、穿线钢管、支架、接线盒等，均应与接地干线可靠连接，形成电气通路。

4）室外灯具基本都采用防护等级为 IP65 以上的灯具，地埋灯具防护等级不应低于 IP67，地埋灯表面玻璃温度小于 75℃，临水面及水下灯具均采用 IP68 的水下灯具。

3. 实景照片（见图 1~图 4）

图1　整体

图2　拱桥

图3　建筑

图4　细节

湖州喜来登月亮酒店建筑景观照明工程

1. 项目简介

（1）项目说明

太湖明珠，全称是"中国湖州喜来登温泉度假酒店"，现更名为"月亮酒店"，由上海飞洲集团投资修建。这座国内首家水上白金超五星级酒店，位于似海非海的太湖南岸，是中国湖州地标性建筑，其让人耳目一新的指环造型，可谓国际首创、中国唯一。

月亮酒店建筑景观照明系统采用了上海光联的19600余套特制LED线条灯，嵌入式安装在建筑幕墙装饰飘带腔体内，超大数据量的RGB+W的灯光控制系统完美演绎了各种梦幻场景效果，极大丰富了南太湖休闲度假氛围。

月亮酒店将会是长三角地区新人结婚的理想选择！

（2）设计、施工

月亮酒店，主体建筑高101.2m、宽116m，地上23层，地下2层，总体占地75亩，总建筑面积6.5万m^2，总投资约为15亿元。酒店由世界知名建筑大师马岩松先生主创设计，钢结构由承建过北京奥运会主会场——国家体育场（鸟巢）和上海卢浦大桥的浙江精工钢构完成，施工单位是上海建工集团，幕墙制造单位是沈阳远大企业集团，室内装潢设计单位是美国HBA公司，建筑景观照明设计单位是黎欧思照明（上海）有限公司，照明施工单位是宁波华强灯饰照明有限公司，LED景观照明灯具及LED灯光控制系统由上海光联照明科技有限公司供应。

2. 项目详细内容

（1）照明设计理念

顾名思义，太湖湖畔的湖州月亮酒店的建筑灵感来源于明月，在日间，建筑如月亮、如指环、如明珠，柔美的曲线倒映在水中。在夜间，灯光设计配合建筑的主题，讲述了一个又一个动人的故事：月盈月亏、月升月落的时光流转；波光粼粼的水中明珠；指环里面的爱情故事……璀璨的灯光效果，使得月亮酒店成为太湖湖畔乃至湖州市的夜间地标性建筑，而对于以婚庆为主题的月亮酒店来说，更可以成为新人意料之外的惊喜。

（2）照明设计的主要技术指标

1）特制 LED 线形灯：按照建筑师对灯具与建筑统一性的要求，灯光设计师对灯光效果的要求，结合建筑幕墙结构特点，对灯体结构进行非标设计，防护等级为 IP65。整灯长度为 505mm，灯罩采用 4mm 厚钢化玻璃，宽度为 86mm，表面采用双面乳化处理，灯体采用 6063 铝合金型材，表面按幕墙色喷塑处理，保证了灯具与幕墙观感的统一。光源采用了 CREE 品牌 LED，每套灯具内有全彩 5050 贴片 24 片和 3000K 3528 贴片 72 片。灯罩及电路板的特殊处理确保了发光面的均匀柔和，光晕宽度与建筑体量的协调。

2）LED 小功率线形洗墙灯：根据灯具安装位置与观测点试灯分析，灯具采用了防眩光结构灯体，铝合金灯体与幕墙表面颜色一致，灯罩采用 5mm 厚超白钢化玻璃。灯具防护等级为 IP65。光源采用了 CREE 品牌 3528 封装形式的 3000K 暖白光 LED，光源排列密度 144 件/m，工作电压为 DC24V，功率为 12W/m，所有灯具合计功率约为 35kW。

3）LED 大功率线形洗墙灯：6063 铝合金型材灯体，5mm 厚超白钢化玻璃灯罩，灯具防护等级为 IP65，光源采用 CREE 单颗 1W 大功率 LED，LED 排列线密度为 24 件/m，光源色温为 3000K，灯具单色常亮，功率为 24W/套，内置恒流驱动电源，工作电压为 AC220V，所有灯具合计功率约为 6kW。

4）LED 大功率投射灯：铝合金压铸灯体，按照幕墙颜色进行喷塑处理，5mm 厚钢化玻璃灯罩。光源采用 CREE 单颗 3W 大功率 LED，LED 密度为 3 件/套，光源色温为 3000K，峰值功率为 10W/套，平均功率为 7W/套，灯具工作电压为 DC12V，灯具内置 DMX512 驱动器，通过外置控制器可实现单灯 256 灰度等级调光，所有灯具合计功率约为 2.2kW。

5）艺术灯光控制系统：该项目灯光控制系统采用目前最稳定的 DMX512 控制模式，且采用了纠错校验技术，解决了传统 DMX512 技术在数据传输过程中容易受到现场各种复杂因素的干扰而导致数据出错的问题，避免系统运行时灯具出现无频率的、不规则的闪动，提高了系统运行的稳定性。

（3）照明设计中节能措施

外立面没有采用泛光照明，以环保、低功耗的 LED 线形灯具为立面表达方式。针对特制 LED 线形灯，在 LED 光源选择时，采用了 CREE 相同封装模式、同样功率条件下发光亮度更高的 LED 芯片，且在电子电路设计时，将 LED 工作电流设置在 17～18mA，而没有达到常规的最大值 20mA，这样就保证了灯具即便在满负荷状态下，也只有常规 LED 灯具功率的 90%，但亮度却不会低于常规灯具的亮度。

在灯光场景表现上，平时模式的灯光场景多以色温 3000K 或单一色彩表现，且程序以柔和的动态形式表现，忽强忽弱、或明或暗，此时灯具平均消耗功率约为 5W，平均合计功率仅为 100kW 左右。即便在重大节假日模式下，所有灯具也不会出现 R、G、B、W 四色长时间在最大功率状态下工作的情况，所以最大消耗功率仅约为 10W，合计功率约为 200kW。

（4）照明设计中使用的环保安全措施

媒体立面灯具严格控制眩光，每个灯具的表面材质和安装位置都做了精心选择，19600 套特制 LED 线形灯，每套灯具安装时都保证发光面与竖直方向呈 20°角倾斜向下，在保证远距离效果的同时，确保从地面、室内走廊、客房等各个角度的人视点不受眩光干扰。

而 SPA 区 20 多栋单体建筑屋顶的 2900m 左右的小功率线形洗墙灯和 200 多套大功率线形洗墙灯，都非标定制了铝合金线槽和防眩光的挡光板，表面喷塑成与屋顶同样的色彩，在保证灯具及线路能很好隐藏在内，达到与建筑一体化视觉效果外，还能有效控制出光角度，确保在酒店的楼层上看不到明显的眩光。

3. 实景照片（见图 1 和图 2）

图 1　　　　　　　　　　　　　　　　　　　图 2

郑州会展宾馆照明工程

1. 项目简介

（1）项目说明

郑州会展宾馆项目位于郑东新区 CBD 中心湖南侧，总高度为 280m，总建筑面积约 24 万 m^2，总投资约 22 亿元，地下 3 层，地上 63 层，是集商业、办公、五星级酒店和观光旅游等多功能为一体的综合性建筑，被誉为"中部五省第一高楼"。登顶眺望可视龙湖和龙子湖，是郑东新区 CBD 的标志性建筑之一。

这个 21 世纪的高科技设计，灵感来自于中国现存最早的古塔"嵩岳古塔"的形状比例，主楼曲线与"嵩岳古塔"吻合，以现代材料和手法再现古塔密檐效果，建筑平面布局与古塔平面神似，独具一格，该设计方案有鲜明的地域特色，充分体现了中原文化的深厚底蕴、文化的舒展；郑州会展宾馆的外形还像竹笋，这是利用竹笋节节垂直升腾而上的张力，体现了河南振奋向上的发展潜力。建成后将成为不仅在河南、中国乃至全世界范围内的标志性建筑。

郑州会展宾馆将是集古代文化和先进技术于一体的人性化、智能化的超高层建筑。而这一造型想要在晚上予以体现，就必须借助灯光效果来加以实现。

（2）设计、施工

设计师：刘国贤、段彩麟、张瑞明、吕金钟

设计单位：SOM、光萤公司、河南新中飞照明电子有限公司

施工单位：河南新中飞照明电子有限公司

业主单位：河南绿地中原置业发展有限公司

2. 项目详细内容

（1）照明设计理念

郑州会展宾馆各个部分的组合呈现对称、平衡的和谐，塔楼不受裙楼的阻隔，有力地连接到地面，夜间的会展宾馆在 LED 灯具的渲染下，建筑在湖水产生的倒影呈现双倍高度。并采用能最大限度地将风、水、日光等自然因素紧密结合的多项新技术，在楼宇的绿色环保、节能等方面取得了重大进展，充分体现了超高层建筑所必需的技术领先、经济合理、可操作性强等特点。

会展宾馆的设计方案始终贯彻节能减排的宗旨，从专业的场景光环境模拟到照度计算、灯具分布以及灯具、光源的选择；同时智能控制系统的引入，可根据不同场景需求，进行照明功能的切换，既满足了特定条件下的需要，又体现了高效、节能、环保的设计理念。在灯具选型上 90% 以上的灯具采用节能、寿命长的新型 LED 光源，而且是飞利浦照明定制灯具产品，以适应该项目难施工、难维护的特殊性。

（2）照明设计的主要技术指标

车道及夹层顶部：明装筒灯（70W）84 套。

主楼雨棚：3000K 线形投光灯（30W）384 套。

主楼顶部：RGB 大功率 LED 投光灯（290W）16 套。

主楼立面：琥珀色 LED 投光灯（70W）3950 套。

裙房立面：RGB LED 投光灯（70W）628 套。

（3）照明设计中的节能和环保措施

我国正在大力倡导绿色照明和节能减排，会展宾馆泛光照明工程正是响应国家政策的范例工程，具体可从灯具选型上和智能控制上来体现。

整个泛光工程有 90% 以上采用了 LED 灯具，此类灯具突出的优点为：一是 LED 灯具发光效率高、显色指数高、显色性好；二是 LED 灯具采用了高可靠的先进封装工艺——共晶焊，充分保障了超长的使用寿命，使用寿命长达 50000h，减少了运营维护费用；三是 LED 灯具没有含汞的有害物质，不含铅、汞等污染元素，对环境没有任何污染；四是采用超高亮大功率 LED 光源，配合高效率电源，比传统白炽灯节电 70% 以上，相同功率下亮度是白炽灯的 10 倍，具有显著的节能效果；五是 LED 灯具无频闪、耐冲击、抗雷能力强、无紫外线和红外线辐射等优点。

会展宾馆泛光照明工程采用的智能控制是施奈德 c-bus 智能照明控制系统与飞利浦 iPlay3 智能控制器相结合的控制方式，这种控制方式不仅仅能控制到单个回路的通断电情况，还能控制到单灯亮灯的效果。这样既可以实现这种模式间的相互转换，也可以实现绿色照明和节能减排的目的。

（4）验收单位意见

作为河南省省会的地标建筑,会展宾馆不仅代表着城市的品位,也推动了建设大中原经济区的新的增长点,不仅在市区,乃至在河南周边都有一定影响力。

整个建筑在灯具的运用上,抓住了建筑的特点,大胆运用创新的设计和安装方式,室外建筑照明全部运用 LED 灯具,实现了节能减排,在达到更好视觉的效果同时,更节省了 90% 的能耗,使热排放量达到最低。根据大厦独特的视觉感,运用智能化控制,使整体的视觉效果在夜间得以延续和升华。

3. 实景照片 (见图 1 和图 2)

图 1

图 2

九华山地藏菩萨露天铜像景区夜景照明工程

1. 项目简介

九华山是中国四大佛教名山之一,地藏菩萨道场。地藏菩萨露天铜像景区面积约 1470 亩,以 139m 高地藏菩萨铜像为主景。景区是精神性需求远大于功能性需要的场所,在这里主要结合不同空间的转折收放,通过光影图式的变化和光色亮度的控制,激发游人多种心理体验。以获得美学、经济和人文三方面的价值。

2. 项目详细内容

(1) 照明设计理念 (照明设计师:王再迁、张浩、季洪卫)

1) 综合运用象征美学、形式美学和感觉美学原理,获得优美的视觉意象,激发游赏者丰富的文化联想。

象征美学:分段赋予不同的光色,视觉化体现佛教文化内涵,象征着游赏者身历尘俗世界 (4000K)、佛国乐土 (3000K) 和心灵净土 (2700K) 三重境界。

形式美学:建立亮度分布的规则,组织视觉画面,获得视觉上的统一性、丰富性和特异性。

感觉美学:通过视觉场景的氛围变化,控制游赏者心理情境的变化节奏,使之得到强烈的情感冲击和心理体验。

2) 根据景区夜间活动的需要,提供适宜、舒适的功能照明,保证视觉引导和行为安全。

3) 节能环保经济,保护景区的生态环境。

(2) 照明设计的创新点

1) 通过照明手法的变化,赋予空间和节点特殊的意义。建立光色控制和亮度规则,组织视觉画面,获得视觉上的统一性、丰富性和特异性。通过视觉场景的氛围变化,控制游赏者心理情境的变化节奏,使其感到强烈情感冲击和心理体验。

2) 采用先进的控制模式节约能源。可与整个景区表演系统进行联动,通过统一的控制手段,在同一时刻呈现同一面貌,在丰富夜间意象的同时,也为节能和维护提供有利条件。

(3) 照明设计中节能措施

1) 整体项目中采用大量 LED 节约了电能;灯具和小功率投射灯具,既保证了照明效果,又节约了电能。

2) 设计 LED 扶手栏杆灯具,采用内嵌上投方式,与建筑本身无缝连接,减小了灯具功耗,保证了照明效果,使节能取得了很好的效果。

3. 实景照片 (见图 1 ~ 图 5)

图 1 远景

图 2 大愿广场

图 3 镜台锡杖

图 4 莲花池

图 5 镜台锡杖

昆山文化艺术中心景观照明工程

1. 项目简介

（1）坐落地点、位置、基本状况

昆山文化艺术中心是由昆山文化艺术中心开发有限公司投资建设，北京市保利剧院管理有限公司接洽管理的重点文化建设项目，也是昆山市唯一一座专业演出艺术场馆，它坐落在西部副中心，地理位置优越、交通便利，位于城市森林公园南侧、体育中心西南侧，与体育中心隔水相望，周围环境优美。是昆山市建设完善"一体两翼"格局的重要步骤。

（2）业主、施工

业主单位：昆山文化艺术中心开发有限公司

施工单位：上海柏荣景观工程有限公司

2. 项目详细内容

（1）照明设计理念

1）坚持"环保、低碳、科技、人性"的照明设计理念，选用低耗能的照明产品，恰当地表达夜景，并不对人造成任何不舒服的眩光干扰。

2）通过对景观构造、步道、廊桥、水景、植物等的照明位置、亮度及色温控制，形成水中、地面、空中三维统一协调的夜间照明效果。

3）所有照明产品均与环境相融合，灯具都融合在环境中，同时保证了白天和夜间效果。

4）在光的方向及强度控制上，选用合适的灯具配光曲线，对光的控制更加高效。

（2）照明设计中节能措施

1）低功率 LED 照明，将光线有效控制在需表达的通道处，充分利用光，以较小的功耗达到预想的照明效果。

2）庭院主要采用高光效、高显色的陶瓷金卤灯，寿命长达 20000h。

3）采用长寿命 LED 作为光源，营造优雅、安静的灯光环境。

4）智能照明控制系统分时段开、关灯具，并分为平时、一般节日、重要节日三级开灯模式，控制整体能耗。

（3）照明设计中的新技术、新材料、新设备、新工艺

1）大剧院入口及戏院廊道的 LED 线形灯，通过对芯片功率及出光角度的控制，将地面均匀照亮，营造出轻松愉快的氛围。

2）为达到富有情趣的环境光效果，车库坡道经过多次试验和设计，在地面落下富有韵味和不同弧线的光斑；并结合环境光保证夜晚行车的安全。

3）小木桥上的灯具将 LED 设定成特定角度，既能在桥上形成明显的光斑导向，又不对行人产生任何干扰。

4）所有外露灯具的外观颜色进行了特殊处理，与整个公园的环境相协调。

5）所有光源均选用高光效、长寿命、显色性好的优质产品，LED 产品严格控制谐波。

6）所有庭院灯灯杆均采用旋压无缝铝管，柔和的曲线艺术造型与建筑及环境融为一体；灯杆的重量只有铁杆的 1/3，非常低碳、节能；采用阳极氧化表面处理，可以保证在自然环境中，20 年持续稳定的外观色泽。

（4）照明设计中的环保安全措施

1）为避免对来此休闲的市民的影响，LED 出光端配有透光棱镜，严格控制出光角，避免眩光。

2）所有地埋灯根据与人行道的距离，配置防眩光格栅，使得行人正常行走，无明显眩光感觉。

3）照明产品的配光合理，同时控制功率，避免对天空的干扰，保护黑天空。

4）地埋灯采用高反射率反射器，控光能力强，能有效利用光。

5）除低压 LED 产品之外，所有设备均安全接地，配电箱配置浪涌保护器。

6）所有构造物、景观、植物、水景、步道的照明，采用集中统一控制，在保证整体的照明效果同时达到节能效果。

3. 实景照片（见图 1～图 4）

图 1　大剧院东静水池

图 2　大剧院西静水池

图 3　广场

图 4　大剧院二层廊道

无锡大剧院夜景照明工程

1．项目简介

无锡大剧院位于无锡太湖新城蠡湖大道东侧、五里河南岸。无锡大剧院占地 6.76 万 m²，为地上七层、地下一层建筑，高度超过 50m，总建筑面积约 7.8 万 m²，项目总投资 10 亿元。大剧院建筑由一个能容纳 1680 座的大型歌剧厅和一个能容纳 600～800 座的多功能厅和相关配套设施组成。无锡大剧院设计新颖，造型独特，外形美观壮丽，犹如一幅精美的艺术经典画卷。作为无锡的地标建筑，其八片大尺度的钢结构"翅膀"，形成了该建筑的主要建筑形象，结合台阶状的石材基座，创造出一只停靠在水畔的蜻蜓的意象。而从空中俯瞰，整个造型又如八片巨大树叶，轻轻飘落于城市的亲水之畔。其大型歌剧厅兼具演奏交响乐功能，可上演歌剧、舞剧、芭蕾、交响乐等节目，而多功能厅兼容室内乐、实验剧、流行乐演出、时尚秀等功能。

2．项目详细内容

（1）照明设计技术指标

各部分照明的详细技术指标，列出如下：

1）建筑外立面照明

① 叶子泛光灯，48W LED（CREE）大功率投光灯，R、G、B、W 全彩，DMX512 四通道控制到单灯，数量为 2935 套，合计功率约为 145kW，用于实现建筑顶部八片叶子内透光照明效果。

② 叶子根部洗墙灯，18W LED（CREE）线条灯，RGB 全彩控制，每米 8 段，数量为 2667 套，用于实现叶子根部照明效果。

③ 地埋泛光灯，150W 光源金卤灯，色温为 4200K，数量为 127 套，合计功率为 22kW，用于实现首层 6m 高平台实体墙钢架根部照明效果。

④ 玻璃墙钢架根部地埋灯，70W 光源金卤灯，色温为 4200K，数量为 52 套，受铺装厚度所限，灯具选择时灯体深度应进行严格控制。

⑤ 地埋泛光灯 - 立面，70W 光源金卤灯，色温为 4200K，数量为 102 套，用于广场建筑基座标高的建筑立面泛光效果，与屋顶叶子内透光照明分不同模式开关。

⑥ 室外光柱，材质钢化玻璃，高 10m，内部 LED（CREE）灯带，功率为 50W，色温为 3200K，共 32 座。室外光柱从建筑北边湖内往南延伸穿过建筑中部 6m 高平台休息厅，再往南经主入口台阶延至南广场，与大剧院建筑遥相呼应，也是大剧院夜景照明设计的难点和亮点。

⑦ 侧壁灯 - J，26W 光源节能灯，色温为 4000K，数量为 12 套，墙面嵌灯，为 6m 高平台下沉台阶区域提供功能性照明。

⑧ 窗户 LED 光带，（CREE）LED 灯带，单白色，色温为 3500K，功率为 15W/m，灯具长度根据窗户的不同尺寸定制，并与窗台面装饰配制安装槽及透光玻璃，数量为 432 套，合计功率约为 7kW，安装于南入口立面窗户内，用灯光强调建筑的细节之美。

⑨ 北台阶 LED 灯，地面嵌灯，光源（CREE）LED，单白色，色温为 4000K，功率为 1W/套，数量为 52 套，实现北面大台阶的功能性照明兼顾装饰照明效果。

⑩ 侧壁灯，光源节能灯，色温为 4000K，功率为 2W/套，墙面嵌灯，数量为 10 套，提供 6m 高平台台阶区域的功能性照明。

2）整个外围区域地面环境照明

① 台阶光带，LED 灯带（CREE），单白色，色温为 4000K，功率为 4.5W/m，数量为 3350m，实现台阶条石下侧抠槽内嵌照明效果。

② 木平台地埋灯，地面嵌灯，LED（CREE）单白色，色温为 3000K，功率为 1W/套，数量为 443 套。

③ 侧壁灯，13W 光源节能灯，色温为 4000K，墙面嵌灯，数量为 97 套。

④ LED 光带，木平台 LED 光带，光源 LED 灯带，单白色，色温为 4000K，功率为 10W/m，数量为 400m。

⑤ LED 侧壁灯，光源 LED，功率为 1W/套，方形地面嵌灯，色温为 4000K，数量为 67 套，为滨水台阶提供功能性照明兼顾景观性。

⑥ 入口 LED 地埋灯，光源 LED，功率为 1W/套，地面嵌灯，色温为 4000K，数量为 25 套。

⑦ LED 芦苇灯，光源 LED（CREE），功率为 1W/套，圆形灯罩直径大小不一，灯杆出水面高度不一，其中 3000K

（80 套）、4000K（130 套）、6000K（140 套），数量共 350 套，此灯属非标定制。

⑧ 入口斜坡侧壁灯，26W 光源节能灯，色温为 4000K，墙面嵌装，数量为 14 套。

⑨ 贵宾入口侧壁灯，70W 光源金卤灯，色温为 3000K，数量为 32 套。

⑩ 树下地埋灯，70W 光源金卤灯，色温为 4200K，数量为 179 套。

⑪ 地埋泛光灯，70W 光源，色温为 4200K，数量为 119 套。

⑫ LED 地埋侧发灯，光源 LED，功率为 1W/套，色温为 4000K，地面嵌灯，数量为 51 套，为残疾道提供功能性照明。

⑬ 喷泉 LED 跌水泛光灯，（CREE）LED RGB 全彩，功率为 3W/套，数量为 20 套，用于南广场的喷水池及水池里，在节日提供动态彩色光配合喷泉表演。

⑭ 景观庭院灯，70W 光源金卤灯，高度为 3m，数量为 41 套，要求外部造型简洁大气，与大剧院建筑相协调。

⑮ 跌水柱灯，11W 光源节能灯，色温为 3000K，数量为 12 套，为南入口跌水及河道提供功能性照明兼顾景观照明。

⑯ 滨水园路草坪灯，26W 光源节能灯，色温为 3000K，数量为 56 套，为滨水园路提供功能性照明兼顾景观性照明。

⑰ LED 喷泉灯，LED，RGB 全彩，功率为 12W/套，数量为 16 套，南入口喷泉中间孔径为 52mm，灯具选型配合喷泉设施。

⑱ 西侧台阶地埋灯，LED 单白色，色温为 4000K，功率为 10W/套，地面嵌灯，数量为 430 套，分布在西侧大台阶及北部台阶少量。

3）室内局部区域的装饰性照明

① LED 洗墙光带，大功率 LED（CREE），单白色，色温为 4000K，功率为 36W/套（500mm 长），共 454 套，嵌入室内大剧场休息厅吊顶安装槽内，灯具分双层投射到特殊玻璃弧形墙面，白色的灯光经特殊玻璃墙的反射和透射，形成非常美妙的灯光。

② 室内光柱，材质为钢化玻璃，高度为 10m，光源 LED 防水灯带，功率为 50W/个，数量为 24 个，位置在 +6.0m 标高室内入口门厅内，是建筑的一部分，也是室内照明设计的亮点和难点。

③ 屋顶天窗嵌墙灯，光源 LED，单白色，功率为 1W/套，灯具定制，LED 灯模块暗藏在可丽耐内装材料内与水晶玻璃棒直接粘胶，数量为 3840 套，嵌入在大、小剧院休息厅的十几个天窗内壁。照明效果：形成天空漫天星星的灯光效果。

④ LED 洗墙光带，LED 单色，色温为 4000K，功率为 36W/m，安装在屋顶花园室内地面槽内，上铺玻璃，数量共 155m，照明效果：强调屋顶花园立面墙的建筑机理特征和细部。

⑤ 花园 LED 光带，LED 灯带，功率为 5.25W/m，暖白色，数量为 400m，嵌入在屋顶花园种植池座凳下侧面凹槽内，使座凳显得富有生机，凸现出一个个绝妙的视觉焦点。

⑥ 台阶 LED 侧壁灯，（CREE）LED，色温为 3500K，功率为 1W/套，数量为 52 套，嵌入在屋顶花园台阶两侧墙壁内，提供功能性照明。

⑦ 花园 LED 地埋点，光源 LED，单色暖白光，功率为 1.5W/套，数量为 76 套，沿屋顶花园弧形墙内侧木平台布置一圈。

（2）照明设计理念、方法

白色内透光是无锡大剧院最好的选择，这一设计理念，相比国内众多的设计案例，是领先的。当然考虑到雅俗共赏，我们在设计中也保留了动态彩色光的可能。演出及平日模式开纯净的白光，节假日则表演彩色动态灯光给大众提供喜气热闹的氛围。

（3）照明设计中的节能措施

本工程照明设计首先在方案阶段就通盘考虑这个项目的节能要求，然后才是在技术层面采用技术措施来达到产品节能。例如在大剧院屋顶的叶子内透光照明方案上，我们不是灯具布得越多越亮好，在充分保证光的品质的基础上，合理选择灯具光源、功率、灯具参数及最佳灯具布置位置，最终控制功率在 10W 以内（LPD ≈ 10W/m²）。整个区域没有刻意设计什么绚丽灯光小品、定制景观灯具，却为人创造了一种舒适、安全、有情趣的光环境空间，风格简洁淡雅，舒适宁静，感觉很美，且非常节能。

（4）照明设计中的环保安全措施

本工程照明设计，要求所有灯具等电气设备正常不带电的金属外壳须用 PE 线可靠连接。室外配电箱单独做接地保护。庭院灯及草坪灯每条照明线路的末端设置人工接地极一根；要求接地电阻不大于 4Ω。安装在室外环境或人群易直接触到的灯具回路设置剩余电路断路器保护；安装于水池中的灯具采用 12V 交流特低安全电压供电或 24V 直流电源。大量的 LED 灯具，尽可能采用直流低压供电。目的旨在防触电保护。

照明系统防雷安全措施：根据建筑物防雷设计规范，安装在屋顶钢翼内部的 LED 叶子泛光灯和翼杆内部的 LED 洗墙光带的灯具金属外壳或金属管须与就近防雷装置进行必要的等电位连接。

3. 实景照片（见图 1 ~ 图 4）

图1　无锡大剧院工程细节图

图2　无锡大剧院工程整体图

图3　无锡大剧院工程入口视图

图4　无锡大剧院工程整体图

重庆金佛山天星小镇夜景照明工程

1. 项目简介

重庆金佛山风景区位于重庆市南川区境内，大娄山脉北部，距重庆主城约1.5h车程，自1988年以来先后被评为国家级风景名胜区、国家森林公园、国家级自然保护区、全国科普教育基地、国家自然遗产、国家4A级旅游景区。天星小镇位于金佛山西坡山脚，共规划为三大部分：天星滨水风情商业街、五星级酒店及高端度假别墅区、山地生态主题度假区。天星小镇滨河商业街位于小镇核心商业带，与旅投·天星大酒店、三线酒店隔河呼应，由12栋川东民居风格的建筑组成，总建筑面积2.6万m²。小镇街巷肌理色彩统一为青砖墙，建筑尺度控制在2~4层高，富有川东场镇、街道特点。从单体建筑到整个干栏式建筑群落，充分关注了个体间的相互呼应和整体配合，运用如山墙、屋脊、挑檐、挂落、柱础等建筑部件反应传统巴渝建筑装饰的风格风貌。

2. 项目详细内容

（1）照明设计技术指标

针对仿古建筑的特点选择灯具，并贯彻"建筑化"照明设计理念，让光成为建筑自身的一部分，这就要求灯具的安装和建筑融为一体，如檐口下的线形灯具隐藏安装在灯槽里，灯槽外面喷涂和木梁一致的颜色，即使在白天都不易发现；又如打亮立柱的下面灯嵌入安装在柱梁内，只能看到出光点；同时，设计师摒弃了传统古建中的红灯笼，重新设计了一款在当地"三线文化"时期常用的马灯为意象的灯具，光源使用红、黄两色LED灯，利用控制器实现如同跳动的火苗一样情景，成为整体照明的点睛之笔。

（2）照明设计理念、方法

天星小镇建筑、景观园林照明全部选用LED暖色温的光源，点光源使用单颗1W、窄光束、防眩光处理的灯具重点表达建筑园林的特征；LED线形灯隐藏安装，光线多次反射和漫射后间接洗亮立面，更加舒适自然。引入"中间视觉"的概念，小镇内街路面平均照度为2lx，使小镇和周边山水自然融合。

（3）照明设计中的节能措施

仿古建筑的材质多以砖木为主，柱、枋、檐、梁的照明灯具全部采用低压LED灯具，在保证安全的同时又降低了功率，节约了能源。LED 光源本身属于环保产品，并且因其特有的光谱在夜间不易吸引蚊虫，对游人亦是相当体贴的益处。

（4）验收单位、形式、结论意见及时间

天星小镇夜景灯光照明工程于 2012 年 6 月竣工，受到了广泛好评，灯光环境舒适自然，较好地诠释了巴渝建筑的特点和风格，符合旅游型商业街的项目定位。

天星小镇灯光工程案例，体现照明设计师高超的设计水准和对本项目的深刻理解，同时也带动了本地区对于照明设计重要性和必然性的认知和发展。

3. 实景照片（见图 1 ~ 图 3）

图 1　重庆金佛山天星小镇照明整体

图 2　重庆金佛山天星小镇照明细节（一）　　　　图 3　重庆金佛山天星小镇照明细节（二）

北京门头沟定都峰景区定都阁夜景照明工程

1. 项目简介

定都峰位于门头沟区桑峪村东北方向，海拔 680m，又名牛心山、牛心坨、瓜槽尖、裂峰坨、望都峰、狮山等，还有俗称牛粪坨。定都峰正处在长安街向西的延长线上，是传说中"燕王喜登定都峰，刘伯温一夜建北京"的所在地。定都峰四周群山绵延逶迤，峻岭叠嶂，山峰上巨石嶙峋，峰顶陡峭高悬，素有"不到定都峰，枉到北京城"和"京西观景第一峰"的美称。传说姚广孝曾登顶定都峰，堪测地形再建北京，此后该山被称为定都峰。明成祖朱棣登此山后曾感叹不已："此峰位之观景之妙，无二可代，天赐也！"

2. 项目详细内容

（1）照明设计技术指标（见表 1）

表1　照明设计技术指标

灯具名称	功率	数量（单位）	用途
T5 荧光灯	21W	315（套）	用于建筑斗拱、重檐及侧三角山墙照明
T5 荧光灯	54W	230（套）	用于建筑斗拱、重檐及侧三角山墙照明
LED 轮廓灯	5W	1300（套）	用于顶面轮廓照明
金卤投光灯	150W	12（套）	用于顶面及宝鼎照明
LED 月牙灯	3W	2735（套）	用于瓦面装饰照明
LED 条形灯	8W/m	117（套）	用于护栏照明
LED 条形灯	5W/0.68m	42（套）	用于护栏照明
金卤投光灯	35W	80（套）	用于立柱照明

用电量：根据定都阁景区的使用时间×功率数量。

（2）照明设计理念、方法

定都峰景观楼阁夜景照明设计以暖光为主，黄色光与白色光搭配以表现建筑细节，结合室内内透光的运用，使整个建筑在夜晚的效果层次分明、结构清晰、金碧辉煌，体现出庄重、热烈、高雅的艺术氛围。同时体现注重生态、节能、环保的理念。

针对定都峰景观楼阁整体建筑风格及功能特点，充分考虑灯光色彩、亮度等级以及照明手法，以"城市与自然的崭新结合"为主题，塑造新颖、典雅的公共文化建筑，展现门头沟风采。

1）打造一个观赏性、艺术性和文化性统一的地标类景观建筑。

2）形成整体层次感。

3）远视点与近视点效果的统一。

4）节能环保。

（3）照明设计中的节能措施

1）方案中光源主要选用金卤灯、LED 等节能和寿命长的绿色光源以及高效率的灯具。

2）采用功率损耗低、性能稳定的镇流器和电器附件，空载和轻载情况下，缺损最少。

3）采用集中—分散无功率补偿方法来解决网络的无功损耗。

4）采用多种控制状态，分列出平日、节假日、重大节日三级控制用电指标。

5）同一种光效的需求，通过对灯具构造的单独设计，使得结构合理、节能、造价更低。

（4）照明设计中的新技术、新材料、新设备、新工艺

月牙装饰灯：

1）弧线外观设计，与瓦檐浑然一体。

2）进口 PMMA 材料灯罩，针对 LED 光源特点进行混光配置，出光均匀。

3）柔性 PCB 设计，使得 LED 光源贴合铝灯体，有效解决异形灯具的散热问题，提高 LED 使用寿命。

4）非自然光源照明会导致古建的表面色彩和漆面受到损坏。为了避免这个问题，我们所有的投光灯都安装了紫外线过滤装置。

5）首先因灯具的温度升高，或者短路而引起的火灾。同时为了安全起见，灯具和设置位置都将严格遵照防火的要求。

6）灯具安装与管线敷设多以卡接和胶粘的方式，避免对文物建筑造成机械性的损伤，灯具尽量隐藏安装，避免影响建筑的美感。

（5）照明设计中的环保安全措施

1）实现环保的技术与手法

方案中限制干扰光，控制溢散光，充分体现绿色照明的理念。

通过多次的实验，选择高效的照明方式，采用截光型灯具，实现无光污染。

2）电器安全措施。

在配电线路上安装低压避雷器，以防止雷击电流破坏器材和发生火灾。

采用不低于 IP55 的照明器材，并在线路上装置剩余电流断路器等保护装置。

采用制作好的"线路—灯具"组合一起的标准配件，加快施工。

本次工程中配电箱内均加装浪涌保护器。

配电箱处均做重复接地。

3. 实景照片（见图 1～图 3）

图 1　定都阁夜景照明（一）

图 2　定都阁白天细节图

图 3　定都阁夜景照明（二）

天津文化中心夜景照明工程

1. 项目简介

（1）项目概况

天津文化中心的出现改变了天津市中心城区空间长久以来缺乏一个标志性和凝聚力的城市核心空间的面貌。成为同天安门广场一样具有天津特色和政治、文化内涵的城市"心脏"。

天津文化中心选址城市中心南部，总用地面积 90 多公顷，水体面积 10 公顷，总建筑面积 100 万 m^2，天津文化中心规划布局延续天津历史与用地现状，以"水"的文脉，布设中央大湖面。周边规划建设有众多大型公共建筑、交通中心、城市景观广场等城市公共设施，承担起天津市"城市客厅"的综合功能。

（2）获奖情况

2012 第四届照明周刊杯中国照明应用设计大赛全国总决赛建筑景观金奖

2012 年度天津市杰出设计奖

2. 项目详细内容

（1）照明设计技术指标

1）建筑系统：天津博物馆、美术馆、图书馆、阳光乐园体量相当，材质相同。照明设计采用 3000K 的色温的光来表现建筑结构，在夜色中形成富于变化的天际线，衬托天津大剧院的辉煌。

银河购物中心位于文化中心北侧，夜景照明主体采用 3000K 的暖色光，色彩丰富，光照方式多样，表现购物中心的热闹喧嚣氛围。

天津大剧院是建筑照明的中心，以 4000K 色温的光色为主，冷光色点缀为辅，表现大剧院建筑的秩序美、体量感与艺术的厚重感。

2）道路系统：主要景观大道、步道的照明设计主要突出一条粉色飘带的概念、浪漫、舒适的风格。休闲景观大道的照明设计，以步道灯为主，草坪灯为辅，强调步道花园。公园道路，环境较幽静，照明设计应采用步道灯、埋地灯组合的照明方式。普通道路，应具备较好的引导性。

景观主干道：照度 30lx。
　　　　　　色温 5000~6000K。
园林主干道：照度 20lx
　　　　　　色温 3000~4000K。
园林支干道：照度 10lx。
　　　　　　色温 3000~4000K。

3）景观系统
中央广场：照度 30lx。
　　　　　色温 3000~4000K。
角广场：照度 20lx。
　　　　色温 3000~4000K。
中央广场小品：照度 30lx。
　　　　　　　色温 4500K。
大剧院水景：照度 5lx。
　　　　　　蓝色。
银河购物中心水景：照度 10lx。
　　　　　　　　　蓝色。

（2）照明设计理念、方法

天津文化中心照明设计原则：

1）最本质的照明设计属性：尊重与展现建筑与景观的自身性格，灯光氛围体现的是环境和建筑品质。

2）最简洁的色相：只有 3000K 和 4000K 两种色温的光。从而将文化中心优雅、大气、从容的气度内敛地挥发出来。

3）最安静的氛围：营造安稳祥和的空间环境，"与"人为本、"与"市民为本、"与"生活为本、"与"环境为本。因而将人们心境中最惬意的宁静温馨氛围营造。

4）最少的灯具展现：以极简的手法处理灯具的造型选择，避免夸张的灯具造型对文化中心景观与建筑大气简洁的视觉效果产生不良影响。

5）最适合的安装点位：既达到完美照明品质的需求，又需要有效地和景观与建筑环境相结合。

6）最恰当的配光曲线：保证对建筑和景观形体完美展现的同时克服缺少投光角度和易产生眩光的苛刻安装条件。

7）时间的视点布设灯光：考虑到植物生长带来的影响，避免照明数年后被遮挡和不足的环节。

① 色彩：以建筑为背景，仿造"青绿山水画风"中重彩、泼墨的设色风格，以大块面积的铺色体现山水画意境。

② 空间层次：根据文化中心建筑、特色景观、植被、水体等景观建构的不同特点，以远近互衬，丰富多变的灯光效果形成多层次、多角度的立体化城市夜景。

③ 虚实对比：步道的西府海棠是文化中心的灵魂，优美亲水的诗意画面，灵秀，充满着浓郁的现代风韵，并且形成水与岸相呼应，有虚有实。

④ 整体性：文化中心的景观照明保持连续贯穿的整体风格，创造和谐丰富的场景。

⑤ 照明节能：从节能的角度出发，总体控制亮度，多采用 LED 灯具，减少用电。

（3）照明设计中的节能措施

绿色照明系统将严格按国家制定的夜景照明标准进行设计，严格控制照明功率密度值（LPD），使其满足《节约能源——城市绿色照明示范工程》中的评价指标的要求。同时按要求实现分区规划和分级控制，节约能源，降低运行费用，最终选择具有良好光学特性、高保持率、良好机械特性以及良好电气性能的灯具。照明灯具整体效率的高低，不仅决定该灯具的材质、配光曲线，还包括整流器、触发器等部件效率的高低。节约照明用电，光源、灯具必须是低耗高效的，保证最大限度利用能源以达到节能目的。

（4）照明设计中的新技术、新材料、新设备、新工艺

1）滨水、涉水部分采用 LED 绿色环保灯具。

2）灯具选型上选择施莱德的 MODULLUM。大型 MODULLUM 可以安装 4 个灯体组件，每个组件可以 360°旋转。拥有

多种不同的配光和光源，最大限度地满足多种功能区域照明需求。在灯体组件之间的柱体上环形安装点光源 LED，创造更具艺术性的照明效果。可以加装栅格系统，以获得最佳的配光，满足视觉舒适性。如果照明区域出于安全措施的监督需要，MODULLUM 柱体上的灯体组件之一可安装摄像头。MODULLUM 可装有抗扰系统，防止鸟类栖息。

（5）照明设计中的环保安全措施

1）环保上

① 在满足照度的情况下，采用最小功率灯具，避免电量浪费。

② 采用智能控制系统，在不同时间段进行分级照明。

2）安全上：滨水、涉水区域采用低压 LED 灯具，保证游人安全。

3. 实景照片（见图 1 ～ 图 4）

图 1　天津文化中心全景

图 2　天津大剧院

图 3　自然博物馆

图 4　天津博物馆

海南香水湾君澜度假酒店夜景照明工程

1. 项目简介

海南香水湾君澜度假酒店坐落于美丽的海南陵水香水湾，背靠分界线牛岭，与绵延的牛岭生态公园相望，而朝浩瀚的南中国海，与南海诸岛相映生辉。酒店距三亚凤凰机场 100km，酒店拥有 65 栋独栋别墅，共 119 间卧房。

海南香水湾君澜酒店一期照明设计包括：中心主楼共建与别墅的楼体外立面、景观、别墅与共建室内。

2. 项目详细内容

（1）照明设计技术指标

1）室外（建筑、景观）：金卤灯、卤素灯、LED。

2）室内：卤素灯、LED。

（2）照明设计理念、方法

致力于营造一个轻松、安静的度假酒店夜环境，同时将汉唐遗风适度彰显。

建筑部分，从阳光略过屋脊的自然景象中得到启发，在坡屋顶的屋脊上暗藏线形灯光。

室内的设计延续了建筑的汉唐风格，又融入了度假酒店的一些特征，总体上简约、低调，很多的传统符号经过重新演绎后与装饰面相结合。

（3）照明设计中的节能措施

1）最少量的使用灯具。

2）更多的使用 LED 光源工具。

3）选用节能灯具，减少耗电量。

4）选用寿命长，高质量的灯具、光源及电器以减少维护与维修量，节省费用。

（4）照明设计中的环保安全措施

不在客人可触及的位置设置灯具，可触及的部分则使用低压（12V）光源，或者使用蜡烛。

3. 实景照片（见图1～图4）

图1　水池

图3　大堂

图2　前台

图4　餐厅

天津光合谷（天沐）温泉度假酒店夜景照明工程

1. 项目简介

光合谷温泉度假酒店，整体规划面积约为 3.53 万 m²，是团泊光合谷农业园区的有机组成部分，位于天津市中心城区南部、团泊水库东岸地区，据中心城区 18km，距离大邱庄约 14km，距离静海县城约 23km。

在照明设计的整体思路中，设计师希望通过尽量少的光，创造一个完整而舒适的光环境，所以该项目在保证功能性完好的前提下，对亮度进行严格控制，尽量将农业园区静谧、恬适的氛围展现出来。在整体设计手法方面以建筑为主，景观为辅；分区域、分层次的控制亮度；整体设计采用暖白光为主要光色，局部点缀彩色光；并且注重区域与水系的关系，达到了光影斑驳，水天一色的完美效果。

建筑作为该项目表达的重点，设计充分考虑了建筑外檐材质的特点和游客的主要观赏角度。设计中灯光尽量不表现建筑屋面，避免能源浪费和光污染；考虑行人和街道的尺度将檐口部分的灯光作为重点，并且尽量多地表现建筑结构细部和各个入口门厅区域；对同属性的建筑亮度分级控制，如温泉酒店主体建筑为一级亮度区域，温泉馆为二级亮度区域，其他配套建筑为三级亮度区域。

在景观照明方面，注重引导性，对主入口进行重点灯光刻画，对各道路交口提高区域亮度以加强引导。设计还考虑不同观赏点之间的对景关系，对不同区域采用不同的亮度等级。根据游览路线确定景观节奏，亮暗结合，避免观赏者视觉疲劳。同时项目中的全部景观灯具，都经过匠心独运的设计，提取大量古典元素作为设计语言符号，与新中式的建筑形式形成呼应。

2. 项目详细内容

（1）照明设计技术指标

1）温泉酒店建筑照明技术指标：温泉酒店为该项目中的主体建筑，将檐口部分的灯光作为重点，采用 6W LED 线形投光灯 224 套，24W LED 地埋灯 165 套，22W LED 投光灯 202 套，8W LED 投光灯 222 套；酒店中的宝塔为重点表现，采用 24W LED 线形投光灯 324 套。工程合计功率为 19.3kW，功率密度低于 1.3W/m²。

2）温泉酒店周边景观照明技术指标：该工程采用 45W 庭院灯（节能灯）52 套，为整体园区提供功能性照明；采用 9W 王冠草坪灯（LED 光源）94 套，9W 龙形草坪灯（LED 光源）27 套，在辅助景观照明的同时，以奇特灯具造型设计加以点缀，提升了整体景观情趣。还有 15W LED 线形投光灯 39 套，9W LED 线形投光灯 64 套，50W 窄束投光灯（卤素光源）383 套，35W 金卤投光灯 4 套。1W 台阶灯（LED 光源）32 套，9W 台阶灯（节能灯）142 套，1W 小型地埋灯（LED 光源）280 套，50W 卤素壁灯 6 套，4W LED 圆形水下地埋灯 8 套，5W/m LED 软灯带 39m。工程合计功率为 26 kW。

3）VIP 泡池建筑照明技术指标：该建筑因其泡池特殊的性质，需要有较强的私密性，所以我们仅对建筑的外檐轮廓加以表现，采用 6W LED 线性投光灯 81 套，24W LED 地埋灯 81 套，建筑整体亮度较低，与项目主体建筑形成明暗交替，避免审美疲劳。工程合计功率为 2.43kW，功率密度低于 1.3W/m²。

4）VIP 泡池周边景观照明技术指标：同样该项目作为 VIP 泡池的景观项目，对其私密性也有着很高的要求，本案中我们采用 20W 投光灯（卤素光源）66 套，50W 投光灯（卤素光源）13 套作为照树灯，在泡池周边适当布置，使泡池内外形成一种内暗外亮的亮暗环境对比，以实现对游客的私密的保护。采用 9W 水下线性投光灯（LED 光源）10 套，4.5W 水下嵌壁灯（LED 光源）16 套，对水景加以表现，使其景观形成一种层次感，并配有 9W 莲花草坪灯（LED 光源）32 套，50W 壁灯（卤素光源）8 套，1W 台阶灯（LED 光源）12 套进行功能性照明。工程合计功率为 2.9kW。

5）温泉馆建筑照明技术指标：该建筑在整个项目中仅次于温泉酒店主体建筑，同样也是重点节点之一，并且该建筑紧靠温泉酒店主体。为了整体项目的统一性，又考虑与酒店主体建筑亮度有所差别，我们仅对其建筑檐口与结构采用与温泉酒店同样手法加以处理。采用 22W LED 投光灯 54 套，8W LED 投光灯 74 套，24W LED 地埋灯 50 套，6W LED 线形投光灯 61 套。合计功率为 3.35kW，功率密度低于 1.3W/m²。

6）温泉馆室内景观照明技术指标：该项目特点为室内泡池，内部大量泡池相连，针对其特点我们采用定制水下灯进行照明，4W LED 水下地埋灯 58 套，3W LED 水下嵌墙灯 50 套，形成水光呼应的效果。功能照明我们采用 1W LED 台阶灯 20 套，8W LED 投光灯 3 套，9W 莲花座景观灯（LED 光源）51 套，9W 莲花灯（LED 光源）1 套，60W 光纤灯（LED 光源）17 套，其灯具造型也均独具特色，与整体水景环境相辅相成，美轮美奂。合计功率为 1.91 kW。

7）户外温泉区建筑照明技术指标：该项目属于温泉酒店配套建筑，其照明手法延续酒店设计，但为了在亮度上有所区别，体现出明暗交替效果，故采用22W LED 投光灯 160 套、8W LED 投光灯 156 套、3W LED 线形投光灯 145 套、12W LED 地埋灯 144 套、18W 户外壁灯（节能灯光源）12 套。合计功率为 7.2 kW，功率密度低于 1.3W/m²。

8）户外温泉区周边景观照明技术指标：该项目主要以大小不等、形状各异的泡池为特色，在照明上注重融于自然。在溶洞区结合泡池的水汽采用彩色投光灯照射形成云雾缭绕、若隐若现的戏剧效果，置身其中，仿佛置身于人间仙境。9W 园林景观灯（LED 光源）20 套、9W 砂岩景观灯（LED 光源）6 套、9W 草编草坪灯（LED 光源）38 套、9W 香薰灯（LED 光源）5 套、9W 王冠草坪灯（LED 光源）74 套、6W 特疗房壁灯（LED 光源）10 套、9W 溶洞投光灯（LED 光源）50 套、9W 溶洞彩色投光灯（LED 光源）14 套、5W 水下嵌壁灯（LED 光源）51 套、4W 圆形水下地埋灯（LED 光源）47 套、3.6W 水下线形投光灯（LED 光源）192 套、5W/m LED 软灯带 5m、20W 桥圆形嵌墙灯（卤素光源）8 套、1W 台阶灯（LED 光源）34 套、1W 小型地埋灯（LED 光源）123 套、8W LED 投光灯 20 套、12W LED 线形投光灯 23 套、1W 嵌墙筒灯（LED 光源）10 套、50W 窄光束投光灯（卤素光源）113 套、20W 投光灯（卤素光源）32 套。合计功率为 10.2 kW。

9）隐园房建筑照明技术指标：该项目是位于水边的一层联排建筑，内设庭院，如文人墨客的私家宅邸，莺叫虫鸣、树影婆娑。整体照明也未做过多修饰，主要以烘托静谧气氛为主只对建筑的翘脚进行适量照明。采用 8W LED 投光灯 142 套、4W LED 投光灯 184 套、6W LED 线形投光灯 104 套。合计功率为 2.5kW，功率密度低于 1.3W/m²。

（2）照明设计理念、方法

设计提炼《诗经·小雅·庭燎》中所描述的灯光的意境，以营造一个若隐若现、温馨舒适的光环境作为设计的核心思想。在照明设计的整体思路中，设计师希望通过尽量少的光，创造一个完整而舒适的光环境，所以该项目在保证功能性完好的前提下，对亮度进行严格控制，尽量将农业园区静谧、恬适的氛围展现出来。

该项目中的全部景观灯具，都经过匠心独运的设计。比如，酒店周边所采用的王冠草坪灯，将水晶与室外灯具结合，灯光透过水晶折射出来，更加彰显酒店奢华典雅的灯光氛围；户外温泉区的编织草坪灯，将室内照明的理念引用到室外；灯具主体用铜丝编织而成，外观颜色镀成与周边植物相近的颜色，使灯具与周边植物景观融为一体，景中有灯，灯映美景，让游客仿佛全身心都融入一片自然美景之中。

建筑照明方面，因 LED 灯具在色温方面有更多的选择，又有能实现较高的照度均匀度，故该项目尽量减少了传统光源的使用，大量采用线形 LED 灯具。根据建筑不同部位的色彩，采用不同的色温进行照射，使其尽量还原建筑在日间的真实色彩。

（3）照明设计中的节能措施

该项目采用大量 LED 灯具取代传统照明灯具，起到节能作用。

同时，项目中采用智能照明控制系统，对区域不同时段、不同节日进行模式划分，达到节能、环保的要求，还能使游客在不同时段看到不一样的环岛夜景。

（4）照明设计中的新技术、新材料、新设备、新工艺

1）节能：该项目采用大量 LED 灯具取代传统照明灯具，起到节能作用。

2）智能：项目中采用智能照明控制系统，对区域不同时段、不同节日进行模式划分，达到节能、环保的要求，还能使游客在不同时段看到不一样的环岛夜景。

智能控制系统不仅能对景观照明灯具进行控制，还能与酒店室内的灯光控制系统相兼容，形成室内、室外灯光联控的效果。

3）仿古：酒店后庭院所采用的龙形草坪灯，灯具外观样式借鉴被誉为"中华第一龙"的红山 C 形玉龙，设计造型独特，雕琢工艺精湛，更好地将中国文化的博大精深融入其中，使游客观赏景区夜色美景的同时，感受到悠久的历史韵味。

另外，灯具的设计参照冰灯理念，成功地将石质雕塑与照明灯具结合起来，形成独特的石灯。日景中展现其石雕风采，夜景中又达到其照明效果，石中有灯，美轮美奂，其情其景，使游客仿佛置身江南园林的水墨画中。

项目采用远程控制技术，可以通过手机信息、互联网和手动操作三种方式对照明开闭进行控制。

（5）照明设计中的环保安全措施

该项目在设计和施工过程中，不同专业、不同施工单位之间进行了充分结合：建筑、景观施工时均提前预留、预埋管线；需要开槽、安装灯具的部位于上游专业施工时提前预留，从而避免了二次开槽，切割等工序，降低了工程投入，起到环保效果，也使项目能够更好的做到见光不见灯。

3. 实景照片（见图 1 和图 2）

图1　温泉中心　　　　　　　　　　　　　　　　图2　立柱

抚顺生命之环夜景照明工程

1. 项目简介

"生命之环",是一座巨型环形城市景观构筑物,坐落于辽宁抚顺市沈抚新城,其设计取材于雕塑大师威尔兰德的著名作品,象征永恒与和谐,寓意美满稳定与生命不息,体现沈抚新城"宜居、宜商、宜业"的建设理念。

浑河是抚顺的母亲河,其水域长度为 11 km。而"生命之环"的内、外圈半径之差约为 11 m,与浑河水域长度呼应。其建筑表面积 2.22 万 m^2,寓意生活在抚顺大地上的 222 万抚顺人民。白天,具有金属光泽的"生命之环"极富未来感,寓意着沈抚新城面向未来,昂扬向上的豪迈气概;夜晚,形如满月与水景湖面交相辉映,寓景为"海上生明月,天涯共此时",寓意着海内外来宾齐聚沈抚新城,共建、共享新城建设成果。

"生命之环"的结构主要由砼基础和三角形截面的非同心圆环形钢管桁架结构体系组成。外径 170 m,内径 150 m,结构顶标高 153.98 m,计划投资金额总计 1.12 亿,钢结构总重 3500 t。"生命之环"整座结构采用钢结构网架,并覆盖金属幕墙,通过内圈的投光灯与外圈 1.2 万个像素点灯完美结合,达到美轮美奂的夜景照明效果(见图1和图2)。

图1　　　　　　　　　　　　　　　　　　　　图2

2. 项目详细内容

(1)照明设计技术指标

1)视角分析(见图3和图4)

2)照明理念(见图5和图6)

3)内圈照明方案(见图7和图8)

1 远景视点：由于生命之环处于沈抚新城公共区域的核心位置，呈现大体量和完整形态的特征，在远景视点中非常突出。

图3是四个典型视点。

视点1：高空（楼顶）
视点2：主要车行道
视点3：湖对岸
视点4：中轴线

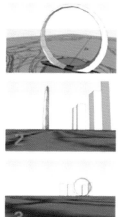
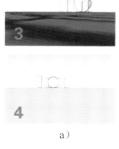

a）

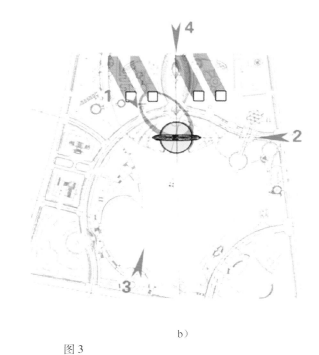

b）

图 3

2 近景视点：主要观察区域是以圆形湖面为中心的广场公共区域，此处可以较近距离地观察生命之环。

图4是截取四个典型视点。

视点1：正仰视
视点2：正仰视
视点3：侧视
视点4：侧视

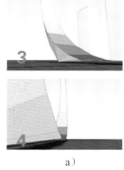

a）

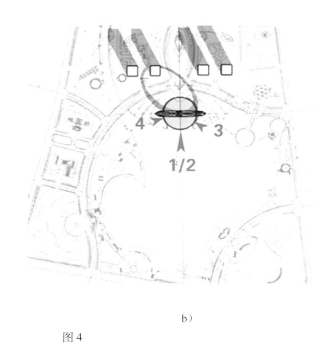

b）

图 4

4）外圈照明方案（见图9和图10）

（2）照明设计理念、方法

1）设计理念：生命之环作为沈抚新城公共空间的地标性构筑物，亦是这座新城的历史丰碑，她见证了沈阳——抚顺间一座新城的诞生，城与城之间的相连，人与自然的平衡，人民的团结和谐。"天圆地方"的概念又隐喻着中国传统文化对新城的历史认同感。

黑格尔曾说过"建筑是流动的音符"，生命之环这个建筑应得到很好的诠释。在白天，生命之环简洁明快的轮廓线，巍峨宏伟的体量，整洁大气的金属肌理，仿佛代表着一轮冉冉升起的朝阳，奏响着沈抚新城的最强音。而到了夜间，我们

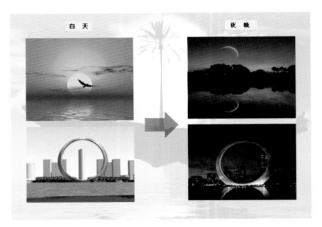

图 5

1 LED 内侧投光：将大功率 LED 投光灯具放置于底部中央位置，通过投光的方式将生命之环内侧整体均匀打亮。

2 LED 外圈点装饰：选取一些外表面金属扣板，安装全彩 LED 模块，通过编程控制，实现星光闪烁的效果。

3 底部泛光照明：通过底部两侧的泛光灯具，勾勒出建筑物主体结构轮廓。

图 6

用光、影再现生命之环的精彩另一面。光线的变幻和湖面的波光交相辉映，犹如一轮皓月，时而宁静，时而灵动，多彩的灯光诠释着优美典雅的小夜曲，加上水面灯光秀的配合更是美轮美奂。

生命之环，白天为阳，夜间为阴。生命之环白天在阳光的照耀下，其阳刚之气已得到了充分的展示，而晚上就应充分表现其温柔之美，体现生命的绵绵流长、生生不息，寓意着生命之环的永恒主题。

2）设计方法：外圈采用大功率 LED 投光灯集中布置于底部，白天完美地隐藏起来，夜晚需要亮灯时通过升降平台升起至地面之上进行投光，同时通过精准的 4 种配光将整个内圈照亮，在一起亮起时均匀度极佳，亮起不同色彩时又可以形成完美的彩虹。外圈采用中功率 LED 像素点与建筑幕墙完美结合，通过三维展开后的动态控制呈现各种美轮美奂的效果，无论是月轮，彩虹抑或是重大节日开始时的烟花表演，生命之环都能得以完美展现，将气氛烘托至高潮。

（3）照明设计中的节能措施

本方案在照明设计过程中选用了 LED 绿色节能照明产品，通过 LED 自身发光效率高的优势及可灵活控制的特性，结合深夜模式等节目效果的编排，预期相比于传统泛光照明节能 70% 以上，室外照明设计功率密度为 $0.6W/m^2$，取得了良好的环保节能效果。

1 效果描述：用不同角度投射生命之环内圈不同高度区域，达到均匀洗亮内圈的效果，同时可通过控制每个灯具的光输出以及色彩，来实现彩虹追逐变幻等各类节庆效果，"化整为零"。

灯具功率：290W。

灯具数量：84套。

其中：　7°角24套；

　　　　12°角16套；

　　　　5×17°角16套；

　　　　21°角16套。

图7

2 布灯方式描述：为了确保全部亮起时的均匀度和亮度，所有灯具将按照投射高度的不同分为10排布置，每一排的灯具投射角度是相同的。

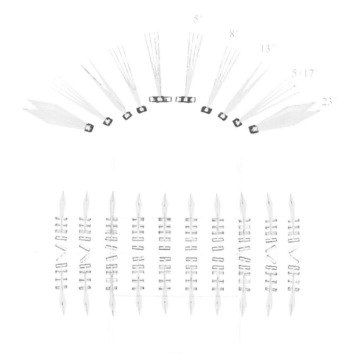

图8

（4）照明设计中的新技术、新材料、新设备、新工艺

为了更好地隐藏内圈底部的灯具，本方案设计了液压升降系统来在白天隐藏所有的灯具，确保白天建筑的完整性，在晚上液压升降系统将所有 LED 灯具升至水平面以上进行投光照明。

在设计外圈像素点时，为了克服传统布灯方式修改难度大、效果不直观的缺点，采用了建筑模型参数化设计的实现方式，通过控制点距及其分布参数实时调整布灯效果，从而实现了方案的最优化。

在后期效果的实现上，由于生命之环外表皮像素点在连续弧面上布灯，在做图像显示时运用了弧面展开修正的方式，

图 9

1 效果：在夜晚营造星空闪烁的效果，不破坏建筑整体性，必须是嵌入式的安装方式。

实现方式：有规律排布，无规律变化。

灯具功率：9.5W。

灯具数量：12000套。

2 布灯方式描述：灯具按照每个幕墙单元3套灯的布置方式布置，在远处形成像素点阵的低精度显示效果。

通过参数化设计确保灯与灯之间间距近似为60cm。

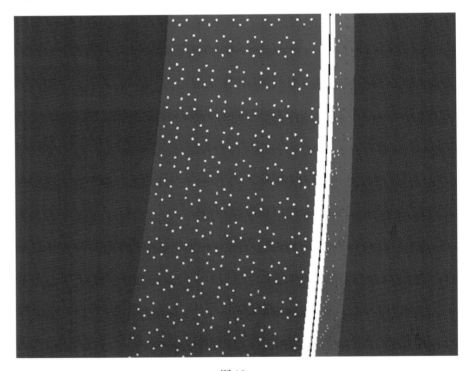

图 10

确保后期效果不失真、不变形。

　产品的专利技术：

1）Optibin（LED 颗粒颜色一致性控制技术）。

2）Powercore（LED 主电压信号载波与传输技术）。

3）Activemix（LED 全彩均匀色域混光技术）。

（5）照明设计中的环保安全措施

采用全套 LED 照明及控制系统，光源与电器均不含有害物质，并符合 RoHS 标准采用的所有灯具均符合中国环保及安全规范的要求。

3. 实景照片（见图 11 ~ 图 13）

图 11　整体（一）

图 12　整体（二）

图 13　整体（三）

北京门头沟区永定楼夜景照明工程

1. 项目简介

永定河公园位于门头沟区黑河沟北侧，西邻滨河路，东至永定河，占地面积 36000 m²，铺装面积 15000 m²，绿化面积 18400 m²；公园建成后成为永定河畔一条绿色生态走廊，为附近居民提供了一个休闲娱乐一体化的场所。

永定楼建于永定河及黑河沟交汇处，本项目属于永定河公园内重要的建筑景点之一；永定楼的建筑设计灵感来源于被誉为"江南三大名楼"的黄鹤楼，整体的建筑设计雄浑之中又不失精巧，同时秉持了我国独特的古建筑风格。因其坐落在永定河畔，故名"永定楼"。永定楼平面形状为十字形，整体高 62m，台基高 12m，宽 53m，高 50m，底层外檐柱对径为 30m，共 5 层，攒尖顶，层层飞檐，四望如一。每层檐下施单翘单昂五彩斗拱，外观形象美丽庄重。在各层屋檐上，配以外向挑出的平座与走廊，便于远眺赏景，俯瞰永定河。

目前每到夜晚灯火辉煌，灯光璀璨，为门头沟城区又添新景。永定楼地处门头沟山区与平原的节点，是永定河绿色生态走廊北端最繁华地带。作为门头沟区新的地标性建筑，永定楼已正式开门纳客。

2. 项目详细内容

（1）照明设计技术指标

1）光源、灯具和控制系统的选用：光源、灯具和控制系统的合理选用是保证其技术指标先进、照明质量优秀、节能效果显著的首要条件，所以，选择高效照明光源，积极推广金卤灯、LED 灯具、T5 荧光灯等高效照明光源产品；选用高性价比灯具，应以发光效率为主，综合考虑光色、寿命及价格等相关因素，并选用性价比最好的光源。

2）功率说明：本项目建筑照明部分的灯光全部开启时功率为 140 kW。

3）照明质量的控制：本项目绝大多数灯具都做到了最大程度的隐藏，避免了对建筑物白天效果的影响，同时因地制宜地控制了眩光和干扰光，保证了照明质量。

（2）照明设计理念、方法

1）设计的核心理念：承古开今，卓尔不群。

永定楼的设计灵感来源于被誉为"江南三大名楼"的黄鹤楼，整体建筑秉持了我国独特的古建筑风格的同时又肩负着传达政府关怀的责任。根据建筑的风格和寓意，我们的灯光设计力求体现出新时代的"历史使命感"，以暖色光打亮"永定楼"主体部分，既烘托了建筑的恢弘气势又彰显出现代社会的新气象，让仿古建筑在夜晚散发出不同于白天的信息。历史是沉淀，是累积；时间是桥梁，虽然变化万端，而理为一贯。作为光影的缔造团队，我们运用灯光在时间与空间，虚与实上腾挪翻转，力求使"永定楼"在夜晚既可以延续阳光下的威严雄伟又可以展现中国式社会的温暖关怀。

2）设计方法的创新点：因地制宜地分别对建筑体块、细节进行烘托，在塑造光的构图层次的同时，通过对灯具选择的量体裁衣最大限度地做到了见光不见灯，并技术性地减少了眩光对游人的影响。

（3）照明设计中的节能措施

1）灯具选择

本项目中所有灯具均为目前积极推广的金属卤灯、LED 灯具、T5 荧光灯等高效照明光源产品；其中大量使用了 LED 灯具，为建筑物的节能起到了决定性作用。

2）照明系统

① 同一照明系统内的照明设施分区、分组集中控制，避免全部灯具同时启动，采用时控、程控和智能控制方式，并且具备手动控制功能。考虑到控制分路应满足使用要求，同时避免产生较大的故障影响面，减小对配电系统的电流冲击，做出了本规定。

② 设置平日、节假日、重大节日等不同的开灯控制模式：一是为了营造不同气氛下的景观效果；二是为了节约能源；三是为了有利于限制光干扰。

③ 采用计算机网络技术实现对各子系统的监控和管理；实现灯光组合变化和照度变化的灵活控制；并可检测记录系统内电气参数的变化，也便于系统扩展。

④ 从便于管理和维护的角度考虑，总控制箱设在值班室内便于操作，室外的控制箱也采取相应的防护措施。

（4）照明设计中的新技术、新材料、新设备、新工艺

本项目根据建筑的结构分为两部分：1~3 层台基部分和 4~8 层主塔部分。台基部分是整个建筑的基础，照明在着重烘托其稳重体量的同时又为浮雕墙量体定制了两款 LED 非对称配光的洗墙灯，完美展现了浮雕的精美与层次。主塔部分是建筑重点的塑造对象，照明兼顾点、线、面空间层次的同时又在四层地面灯光的技术设计上抑制了眩光对人眼的刺激。主塔的细节灯光都尽量做到了隐藏和弱化，既烘托了"永定楼"的雄伟与气派又不影响建筑白天的外形。

（5）照明设计中的环保安全措施

1）所有室外灯具的防护等级不低于 IP65，线路上均设置剩余电流断路器等保护装置。

2）在近人尺度电气线尽量隐藏并加双重绝缘层，并且由管理部门的专业技术人员定期巡视、检查并维护光源与灯具。

3）方案中尽可能避免干扰光、溢散光，充分体现绿色照明的理念。

3. 实景照片 2（见图 1 和图 2）

图 1　浮雕　　　　　　　　　　　　　　　　　　　图 2　整体

上海电影博物馆夜景照明工程

1. 项目简介

（1）项目说明

上海作为中国电影的发祥地，在中国电影发展史上拥有光辉的历史，建设上海电影博物馆是几代上海电影人的梦想。上海电影博物馆位于上海电影制片厂原址。博物馆将分为四大主题展区，包括 1 座 4D 艺术影院、多功能厅等，融展示、互动、参观与体验为一体，涵盖了文物收藏、学术研究、社会教育、陈列展列等功能，是向参观者呈现百年上海电影的魅力，生动演绎电影人、电影事的一座城市文化标志性场馆。同时也是徐汇区打造的首个 4A 级都市旅游景区的重要文化景点之一。

本项目地上部分主要包括电影博物馆主楼及辅楼（原摄影棚）；电影研究所业务大楼；电影博物馆 3 号楼（原修女宿舍）及电影博物馆 2 号楼等。地下部分包括电影展播厅；电影作品交流展示，设备道具储藏及专业展示厅；地下二层为停车库、机房及后勤保障用房。并将原有的修女宿舍进行移地重建。在博物馆主楼、2 号楼和修女宿舍之间围合成朝向漕溪北路的开放性城市广场，通过绿地、广场的阶梯式过渡，形成丰富的空间景观效果，与建筑群相互映衬，营造一个有电影文化特色和现代都市风格的，集博览、办公、档案、配套服务、城市广场、庆典活动等功能为一身的综合性都市文化中心。

（2）设计、施工

设计师：尤申友、王松、张石山、孔金荣、

吕楠

设计单位：豪尔赛照明技术集团有限公司、北京对棋照明设计有限公司

施工单位：豪尔赛照明技术集团有限公司

业主单位：上海电影艺术研究所

2. 项目详细内容

（1）照明设计技术指标

1）光源、灯具和控制系统的选用：光源、灯具和控制系统的合理选用是保证其技术指标先进、照明质量优秀、节能效果显著的首要条件，所以，选择高效照明光源，积极推广金属卤灯、LED 灯具、T5 荧光灯等高效照明光源产品；选用高性价比灯具，应以光效为主，综合考虑光色、寿命及价格等相关因素，并选用性价比最好的光源。

2）功率数量、用电量说明：本项目建筑照明部分的灯光全部开启时功率为 77.2kW。

3）照明质量的控制：本项目绝大多数灯具都做到了最大程度的隐藏，避免了对建筑物白天效果的影响，同时因地制宜地控制了眩光和干扰光，保证了照明质量。

（2）照明设计理念、方法

1）照明的设计理念："鉴古通今，群星璀璨"：夜晚灯光选自中国传统文化元素博古架的造型为基础，大手笔的体现建筑流畅自然的灯光氛围，光色采用上海电影企业色蓝色为主，寓意鉴古通今，展望美好未来的东方智慧。入口结构网架通过空间剪影和结构点光的处理，突出群星走过红毯的寓意与氛围。

2）照明方法的创新点：

① 通过采用特制照明灯具安装在网架结构内侧实现其内部空间透光，形成剪影照明效果，并用结构点光的辅助烘托气氛，很好地隐藏了灯具又保证了效果。

② 绿色照明原则。景观照明要充分考虑节能、环保问题，通过见光不见灯等方式，防止眩光等光污染现象。

③ 突出电影特性。充分研究上海电影的文化、历史等时空要素，设计出有显著的可识别性的夜间景观。

（3）照明设计中的节能措施

1）灯具选择：本项目中所有灯具均为目前积极推广的金属卤灯、LED 灯具、T5 荧光灯等高效照明光源产品；其中大量使用了 LED 灯具，为建筑物的节能起到了决定性作用。因 LED 灯具是做变化显示，仅是部分灯具亮起，所以功率一般为总功率的 30%～80%。这也充分体现了 LED 灯具的节能环保的优势。

2）照明系统：

① 同一照明系统内的照明设施分区、分组集中控制，避免全部灯具同时启动。采用时控、程控和智能控制方式，并且具备手动控制功能。考虑到控制分路应满足使用要求，同时避免产生较大的故障影响面，减小对配电系统的电流冲击，

做出了本规定。

②设置平日、节假日、重大节日等不同的开灯控制模式：一是为了营造不同气氛下的景观效果；二是为了节约能源；三是为了有利于限制光干扰。

③从便于管理和维护考虑，总控制箱设在值班室内便于操作，室外的控制箱也采取相应的防护措施。

（4）照明设计中的新技术、新材料、新设备、新工艺

灯具与建筑完美结合，随着建筑形体的变化，光色也相应变化，充分体现建筑的寓意和立面特点。根据项目量身定做了高品质的 LED 灯具，使灯具像素化可以更灵活细致的组织图案变化。

（5）照明设计中的环保安全措施

1）所有室外灯具的防护等级不低于 IP65，线路上均设置漏电保护装置；

2）在近人尺度电气线尽量隐藏并加双重绝缘层，并且由管理部门的专业技术人员定期巡视、检查并维护光源与灯具；

3）方案中尽可能避免干扰光、溢散光，充分体现绿色照明的理念。

3. 实景照片（见图 1～图 4）

图 1　入口（一）

图 2　入口（二）

图 3　整体

图 4　细节

沈阳赛特奥莱购物中心夜景照明工程

1. 项目简介

（1）项目说明

中国最美的奥特莱斯——沈阳赛特奥莱，坐落在风景宜人的棋盘山中旅·国际小镇，毗邻盛京高尔夫球场，靠近沈阳世博园，是由赛特奥莱打造的典型低密度欧式建筑商业群体，经典别致，富有文化气息，再加上 5 万 m^2 绝美人工湖，令人仿佛穿越时空，置身于浪漫的北欧小镇。项目总建筑面积 55000m^2，由 14 栋 2 ~ 3 层的小楼组成，其中包括商业、教堂、钟楼、景观及设备房。

（2）设计、施工

设计师：巢勇强、黄晶晶、吕海鹏、许满霞、宋伟栋

设计单位：弗曦照明设计顾问（上海）有限公司

施工单位：北京富润成照明系统工程有限公司

业主单位：沈阳赛特奥莱商贸有限公司

2. 项目详细内容

（1）照明设计理念、方法

依据国家规范设计标准，在满足基本功能照明的同时，以暖色温为主，辅之以动态灯光与色彩灯光为点缀，营造轻松舒适、美妙宜人、新奇有趣，移步换景的夜间购物环境，赋予休闲风情购物小镇的另一种表情，与项目的高品质一致，让小镇每一处都尽显温馨优雅、低调奢华。所有灯具与建筑、景观完美结合，保持白天、夜晚的景观性，尽量做到见光不见灯的设计导则。并通过对建筑的主次相互穿插，让建筑形成有韵律节奏的夜景景观。

（2）照明设计中的节能措施

1）观念的节能：

① 亮永远都是在和暗的对比中体现的，照明应该是主次分明，重点突出的表现照明对象；

② 照明应在功能为主的条件下结合形式的表现。

2）产品的节能：

① 灯具的安全营造安全的环境，减少损耗而达到节能；

② 灯具的高品质能实现用最少的灯具实现最好的效果，打造灯光的高品质，同时减少维护成本和维修成本从而达到节能。

3. 实景照片（见图 1 ~ 图 3）

图 1　全景

图 2　细节

图 3　建筑

上海东林寺寺外广场夜景照明工程

1. 项目简介

（1）项目说明

东林寺景区被全国旅游景区质量等级评定委员会正式批准为国家 4A 级旅游景区，是金山区第三家国家 4A 级旅游景区，也是上海第一个成功创建 4A 级景区的佛教景区。东林寺景区成功创建国家 4A 级旅游景区，不仅增强了自身品牌影响力，还将带动金山其他旅游景区共同建设与发展，为金山打造"闲是金山"闲乐旅游目的地提供基础保障。

（2）设计、施工

设计师：徐成斌、杜学敏、杜迎春

设计单位：上海亚明照明有限公司

施工单位：上海亚明照明有限公司

业主单位：上海市金山区东林寺

2. 项目详细内容

（1）照明设计理念、方法

以"海纳百川"精神秉承佛教宗旨，运用建筑一体化的照明设计理念，采用"藏而不露"手法，按结构选用有防眩光措施的 LED 一体化灯具，在保证文物、人身安全的前提下，用光色突出寺庙特点，清晰、生动、层次分明，成功地将东林寺的山门、山墙、寺外的石桥、铜桥、影壁等建筑物特点、雕塑精华在夜间以新的形象呈献给佛家子弟和游人。

（2）照明设计中的节能措施

东林寺夜景照明工程采用 2618 套灯具，总功率为 24.96kW。因为采用大量的低能耗、高光效的 LED 产品，估算整个工程的用电量将是采用常规光源的 1/3。同时 LED 的光源寿命也是普通光源的 3 倍，这将大大减少运行费用。不同区域采用不同光束角的灯具，减少溢出光，有效合理利用光，同时采用集中控制系统，可以分时段、分模式开灯。以此来达到节能目的。

（3）照明设计中的新技术、新材料、新设备、新工艺

1）对广场上的 LED 埋地线槽灯进行做排水沟以防止灯具进水损坏。

在广场铺装下方挖深度为 30cm，宽 30cm 的排水沟，铺碎石，灯具底部离碎石层约 10cm，排水沟与广场雨水井连通，确保灯具底部无积水。

2）LED 灯具采用二次防水处理，确保安全可靠。

LED 灯具基板和芯片预先做一次防水处理，再装入壳体，再做一次防水处理，哪怕是灯具外壳损坏，灯具还是能照常使用。

3）对山门前三桥的处理：由于山门前三桥为两座石桥一座铜桥，要求不能破坏桥身，我们采用定制灯具和支架在确保安装牢固的前提下又不用打洞和焊接。

（4）照明设计中的环保安全措施

在灯具的配置和安装方式上进行了缜密的考虑，测算好被照物的面积和灯具照明强度，避免产生刺眼的眩光，减少光污染和二氧化碳的排放。

3. 实景照片（见图1~图3）

图1　拱桥

图2　整体

图3　观音阁

福建世界客属文化交流中心夜景照明工程

1. 项目简介

（1）项目说明

宁化世界客属文化中心位于福建省宁化县县城主干道中环路的东侧，位于西溪、东溪、九龙溪交汇环抱之处，场地呈现一龙头形状的半岛，北侧为已建成的体育馆，东侧为慈恩湖风景区和规划居住区，环境优美，水系丰富。

（2）设计、施工

设计师：陈汉民、缪海琳、蔡永明

设计单位：福建省建筑设计研究院

施工单位：福建省力天建设发展有限公司厦门分公司

业主单位：福建省宁化县客家祖地文化传播有限公司

2. 项目详细内容

（1）照明设计技术指标（见表1）

表1　照明设计技术指标

安装位置	灯具名称	光源	功率	角度	寿命	色温	数量
檐口	洗墙灯	LED	13.7W	120°	25000h	RGB	322
立面大篆窗框（中间）	洗墙灯	LED	48W	120°	25000h	RGB+4000K	2120
立面大篆窗框（顶、底）	洗墙灯	LED	24W	120°	25000h	RGB+4000K	848
7m挑檐下方（南面）	洗墙灯	LED	36W	120°	25000h	3000K	38
7m挑檐下方（东、西、北面）	洗墙灯	LED	36W	120°	25000h	3000K	171
长寿回纹内侧	投光灯	LED	13.7W	120°	25000h	RGB	488

（续）

安装位置	灯具名称	光源	功率	角度	寿命	色温	数量
镂空墙内侧	壁灯	LED	12W	15°	25000h	3000K	63
酒店立面	壁灯	LED	2×15W	15°	25000h	3000K	12
入口扶手立杆（门牌）	投光灯	HID	150W	17°	90000h	3000K	6
叠水侧壁	线形洗墙灯	LED	3W	120°	25000h	RGB	56
踏步侧壁、金水桥台阶及栏杆双侧	嵌入式射灯	LED	3W	15°	25000h	3000K	340
金水桥栏板底部	投光灯	LED	18W	15°	25000h	3000K	78
客家分布地刻	点式埋地灯	LED	3W	15°	25000h	RGB	25
埋地灯	埋地灯	LED	18W	30°	25000h	3000K	77
栏杆灯	柔性线条灯	LED	9.6W		25000h	RGB	60

（2）照明设计理念、方法

夜景照明旨在展示维系华夏民族文化共同体的核心价值观，承先祖精神，创华夏辉煌，充分体现照明的设计主题：汇聚根源，华夏辉煌。

在延续白天建筑的透明性语言的基础之上，将从传统客家建筑文化原型中提炼的元素，如立面玻璃幕墙的大篆客家姓氏、源远流长的长寿纹、"泗水归一"的屋顶、漏窗花墙等分层次重点表现，运用光的几何语言，一明一暗、一冷一暖、一静一动，类似中国山水画的对比手法，表现光影、虚实与阴阳；喷泉、迭水、九龙溪、西溪等各种水体软化着界面，配合步道、石桥、台地，因地势的不同而相映成趣，与建筑立面的对称形制形成呼应，物影反相，影影绰绰，夜间的建筑在周边环境的映衬之下显得生动耐看。平日的夜间照明着重强调建筑自身的雕塑感，通过对建筑立面构图元素及景观的照明，形成特殊的节奏与韵律，充分表达其清淡素雅的性格气质，体现客家建筑场所精神新的夜间形式的回归。

适逢节日庆典，利用多色动态、联动控制的声光手段对立面玻璃幕墙的大篆客家姓氏进行渲染颂咏，旨在唤起各地客裔同胞觅祖寻根的怀乡之情；于三层紧密相扣、相叠的方形围合体正中庭院安装四盏激光投射灯，光线凝聚通过中央向上打开，达到与天合一的境界；客家分布地刻熠熠发光，大型投影灯将百家姓、青山绿水投射在场地四周，展示客家文化的阴阳相合、虚实相生，建筑与场地完全融合。此时，建筑墨黑粉白、深灰米黄的主色调点缀红黄蓝绿等绚丽动态的灯光，整体的素雅与局部的艳丽融为一体，将客家崇儒尚文、耕读传承、尊宗敬祖的传统与现代社会相对接，在青山绿水下高潮迭起，别有意境。

（3）照明设计中的节能措施

1）根据照明场所的功能、性质、环境区域亮度表面装饰材料及所在城市的规模等，确定照度或亮度标准值，符合JGJ/T163—2008《城市夜景照明设计规范》要求。

2）合理选择夜景照明的照明方式利于照明节能。

3）本工程照明功率密度计算值为5.05W/m²（统算值，包含景观照明部分——踏步、水体、桥梁、广场等），实际使用中采用RGBW场景，功率密度值约为计算值的1/3，即1.5 W/m²。

4）对照明系统进行经济实用、合理有效的控制设计，通过智能照明控制系统，设计一般、节日、重大庆典等不同的开灯方案，还具有手动控制功能，同时设有深夜减光控制及分区或分组节能控制，降低能耗，节约运行费用。

5）为了有效地进行电能计量、管理，夜景照明总箱设置计量装置。

6）要求有专业人员负责公共场所照明维修和安全检查并做好维护记录，专职或兼职人员负责公共场所照明运行。

7）根据光源的寿命、点亮时间、照度的衰减情况，定期更换光源。

（4）照明设计中的新技术、新材料、新设备、新工艺

本项目的设计理念是节能与亮化美观为同等重要，在材料即灯具的选择中，选定的全是节能、安全、耐久、光效高的LED光源。

通过在窗框两边纵向设置线形LED洗墙灯往玻璃中间投射，照亮非文字部分，从而突出文字的剪影。将灯具隐藏在LOW-E玻璃之后，通过光线的漫透射和折射，LOW-E玻璃成为光的承载层，可遮蔽光源，柔化光的效果，有效解决眩

光问题。

在铝合金构件内侧安装 LED 灯具（见图 1），窗帘和墙体的发光形象经过 LOW - E 玻璃的匀光和混光创造出多层次、柔和的界面，相当于背投光和匀光的加和。

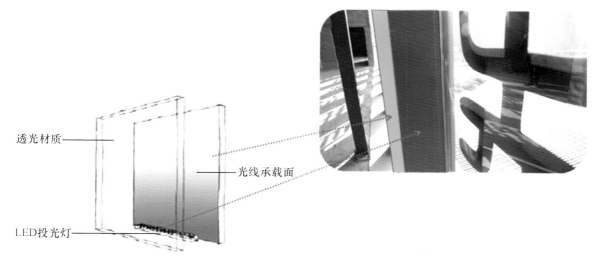

透光材质

光线承载面

LED 投光灯

图 1

夜幕降临，运行智能灯控系统联动电动窗系统，逐步地关闭窗帘，此时 LED 灯具将光线和色彩投影在窗帘和墙体上，仿佛窗帘盒与墙体正熠熠发光。

智能控制系统可自如地控制灯光的停启时段，为灯光同步变换提供了可靠的条件，还可滤杂波稳电压，为灯具创造了高质量的工作环境，可使灯具延长寿命。

（5）照明设计中的环保安全措施

1）环保措施：在选择灯具时为了节电降耗和消除眩光污染，尽量选用了耗电低的 LED 及采用窄光束的 LED，并且选用遮光罩附件。所采用的灯具均为高光效、高防护等级，外壳使用最新材料，符合国际环保标准。

LED 光源为半导体材料不含任何有害物质因此安全环保；LED 光的方向性强利用率高，减少了光的漫射，也减少了光的污染。

2）安全措施：所选灯具安全系数高，所需电压、电流较小，发热较小，不产生安全隐患。

夜景照明电缆桥架和配电箱与等电位连接箱作等电位连接。配电回路设置了漏电保护断路器。当有故障发生时，可及时切断电源。

金属电缆桥架及其支架、金属线槽、安装高度低于 2.4m 的灯具及 I 类灯具金属外壳均应接地。

每套灯具的导电部分对地绝缘电阻值大于 2MΩ，室外强电接线使用有质量保证的 IP68 防水接线盒，每个节点使用一个。

3. 实景照片（见图 2 和图 3）

图 2 整体

图 3 入口

武汉万达中心照明工程

1. 项目简介

（1）项目说明

武汉积玉桥万达中心总规划面积62万 m^2，总投资70亿元，项目东起和平大道，南临锦江国际城，西至临江大道，北至规划路，其中商业面积超过50%。广场里建设有武汉第一个国际六星级的万达威斯汀酒店、超高层的甲级写字楼群，以及25万 m^2 的国内顶级精装修豪宅。

本次照明施工建筑面积135995.81 m^2，其中酒店1栋，20层，建筑面积42563.4 m^2，檐高93.9m，裙房4层，檐高26.4m；写字楼1栋，42层，檐高181.9 m，建筑面积68041.66 m^2、地下建筑面积25390.75 m^2，建筑结构形式为钢筋混凝土框架－剪、框筒。

（2）设计、施工

设计师：郑见伟、刘洋、叶玉、成斌、李冬

设计单位：北京市建筑设计研究院有限公司

施工单位：深圳市金照明实业有限公司

业主单位：武汉武昌万达广场投资有限公司

（3）项目获奖情况

万达集团酒店类照明项目　一等奖

2. 项目详细内容

（1）照明设计理念、方法

积玉桥万达中心是万达集团在南方的旗舰项目。作为武汉市的地标级项目，在重要的节日，以楼体为基础进行灯光焰火表演，成为市民和政府关注的焦点。

作为江畔的地标建筑，必须考虑整体的灯光媒体幕墙效果，可以进行多媒体内容的播放，但在此基础上，不能把建筑直接当做一块大屏幕来处理，而要通过精心的设计，打破传统的"数码管、数码点"直接拼成的简单屏幕，用建筑灯光的语言形成独特的灯光效果，播放艺术化的多媒体内容。同时所有灯具需要巧妙地隐藏，以做到灯具与幕墙一体化，见光不见灯。

经过充分的讨论和沟通，设计采用多种照明手段结合的方案，将直接光、间接光、灯箱式出光、黑白光、全彩光，全部联控起来，共同形成多媒体屏幕，让整体的光影体现出一种非常神秘的视觉效果，人们无法直接判光是怎样从建筑中发散出来的。几个灯具中，只有一款灯安装在室外，隐藏在一个幕墙结构内，在白天完全看不到灯具，表面用匀光片使灯光达到均匀的效果（见图1）。其他的灯具安装在幕墙内部，通过打亮空腔界面，形成间接出光，用点光源制作一个发光的灯箱体，安装在幕墙内侧。多种光效使得整体效果丰富而梦幻。

媒体幕墙的多媒体软内容设计也是非常重要的内容，平日里，建筑呈现波光粼粼的高雅、安静的视觉效果，使之处于城市中美好却不突兀。在重要节日里，建筑成为夜间庆典的表现平台，根据每个不同的节日主题定制了不同的灯光表演内容，让地标项目真正发挥了地标的作用。

（2）照明设计中的节能措施

1）设计使用照明智能控制系统进行统一管理，合理规划照明时间，避免不必要的亮灯浪费。

2）利用LED灯具的可控性及快速反应的特征，营造出节日焰火的效果，直接取代了原来节日焰火与灯光相结合的设计，既节能又环保。是国内第一个利用灯光模仿焰火效果的商业项目。

（3）照明设计中的新技术、新材料、新设备、新工艺

1）设计施工中广泛采用LED新光源，LED新光源具有电压低、寿命长、稳定性好、适用性广、响应时间短等特点。

2）灯具结构一体化的热通路设计，比一般结构设计增加散热面积80%，保证LED发光效率和使用寿命。

3）灯具特殊腔体结构设计，将LED光源和驱动器分成两个腔体，避免互相影响，可有效降低驱动器的环境温度，进而延长使用寿命。

4）平衡灯体内外压差的透气螺塞，避免因环境温差热胀冷缩而吸入水汽，从而产生凝结水珠的现象。

5）全电压设计，AC100～240V（1±10%），电压起伏较大均能保证灯具的亮度和寿命。

6）采用多色混光矫正技术，灯具呈现出来的光色更加真实。

7）LED全彩控制系统，该控制系统整合了计算机软件技术和单片机控制/通信技术及LED恒流驱动技术，整个系统

由计算机控制软件 ARM 技术和大规模可编程逻辑器件（FPGA）技术的硬件设计。它配合专用软件，可实现多媒体图像的播放功能，LED 灯具像素点的实时空间位置变换的功能。

8）建筑立面上的灯具都采用了隐藏安装，灯具与建筑融为一体，白天是看不到灯具的，到了晚上，灯光就出现了，真正做到了见光不见灯。

9）金卤投光灯具采用特制防炫光罩，避免光污染。

（4）照明设计中的环保安全措施

1）设计灯具内增加针对感应雷击及静电（ESD）的专用防护元器件，突波电流可最高达到 800A（8/20μs），在恶劣天气情况下，避免灯具给行人造成不安全因素。

2）设计埋地灯使用温度过滤片，以降低玻璃表面的温度，避免烫伤行人，特别是小孩。

3）设计埋地灯使用带过温、过载保护的电子镇流器，可有效保护灯具的使用安全。

4）建筑外立面上灯具设计使用易装卸灯具，方便日后维修的快速拆装，确保施工人员的安全。

5）配电箱内均设计配置漏电保护模块，高灵敏度的选择有效的人员及建筑本身的安全。

图 1　细节

3. 实景照片（见图 2 和图 3）

图 2　整体

图 3　远眺

重庆市云阳县市民文化活动中心广场及重点建筑照明设计

1. 项目简介

（1）项目说明

重庆市云阳县市民文化活动中心及两江广场地处长江与彭溪河交汇处，拥有"一脉青山汇两江"的山水格局，与东南方向长江南岸的张飞庙遥相呼应，是云阳龙脊岭文化长廊建设的重点区域，也是云阳县的新地标。

建筑由我国著名建筑设计师汤桦先生设计，造型独特，极富想象力。建筑造型灵感来源于传统书法的"九宫格"，由九个形状各异的院落与斜坡屋面组合而成，倾斜的顶部既是屋面也是建筑的主立面，九宫格各单元天井的位置与形状的差异，使四周斜面的坡度产生了丰富的变化。顶部的屋面大台阶直达江面，塑造出单纯而有力的江岸空间，也成为人们登临远眺之所，是具有地域精神和滨水特质的人文景观。项目用地规模 73 亩，主体工程建筑面积 28857 ㎡，工程总投资 1.5 亿元。主体建筑结构总层数 6 层，地下车库 1 层，地上 5 层。

（2）设计、施工

设计师：严永红、曾恒志、王冬旭、关杨、武晓

设计单位：重庆筑博照明工程设计有限公司

施工单位：重庆市桦柏建筑工程有限公司

业主单位：重庆市云阳县城市开发投资有限公司

2. 项目详细内容

（1）照明设计技术指标

1）照明器具：项目所用灯具均为国产名优产品，光源以名优 LED 和陶瓷金卤灯为主，灯具采用国产知名品牌。因采用智能控制系统，减少单位时间内燃点的灯具数量，用电较节约。项目实施后，照明效果得到业主、专家、城市管理者及市民的普遍认同。

2）现场实测亮度、功率密度值（设计依据）：根据 JGJ/T 163——2008《城市夜景照明设计规范》中表 5.1.2 不同城市规模及环境区域建筑物泛光照明的照度和亮度标准值中对不同城市规模、不同建筑物饰面材料平均亮度的规定，本建筑属于 E4 区，建筑饰材为深灰色铝塑板＋深色花岗石，故规范对本建筑立面投光灯照明部位限定的平均亮度值应不大于 25cd/㎡。

根据重庆市地方标准 DB50/T234—2006《城市夜景照明技术范围》的有关规定，本建筑立面最高亮度限制应 ≤ 15cd/㎡。

（2）照明设计理念、方法

1）"出世"与"入世"：建筑东立面紧邻着两江广场，明亮、暖光色的广场以城市的喧嚣、世俗的欢愉明确地表达出人们"入世"的愿望；建筑南立面则倚靠着山体，倾斜着、冷峻地融入了长江，传递出建筑师在红尘繁芜中"出世"的理想。

照明设计师并没有执著于完整、纯粹地表达建筑师的理想——以低亮度、纯净的白光来表现整个广场和建筑，而是充分考虑广场的高使用频率和密集的人流，将照明安全作为设计的首要考虑因素，为夜间广场上从事各类活动的人群，特别是视力下降的老人们提供充足、高质量的功能及景观照明。

在光色的选择上，通过多色温光源现场对比，尊重当地居民的喜好，选用了低色温黄光——南方阴冷的冬季，雾气弥漫的江边，温暖的黄光也许的确是更好的选择；尽管设计团队并不喜欢这种光色，认为它与建筑素雅的白色泛光并非最协调的搭配，但设计师个人的偏好最终让位于使用者的需要。项目建成后，问卷调查显示，各年龄段的人群对广场的照度、色温均表示满意。

建筑外立面照明则采用了最纯粹的手法，以低亮度白光与局部隐隐闪烁的星光，安静地为暗夜中的冷静的思考者和热恋中的情人涂抹出心灵的一抹亮色。安静、柔和、低调的白光与广场温暖、明亮的黄光形成了强烈的对比。

世界的精彩在于它的多样性与丰富性，在这里，不同年龄、不同阶层的人都可以寻找到属于自己的"亮色"，各得其所。

2）"简单"与"复杂"：变形的"九宫格"下是复杂的建筑功能、多变的空间关系，折叠、错动的表皮在带来丰富视觉体验的同时，也令人迷惑。在尝试过种种复杂的照明方案后，萌生了只用局部泛/投光、内透光和星光的组合来表现"月光下的建筑"的想法，以看似最简单的照明手法来表达最为复杂的建筑空间关系。

通过研究建筑空间关系，理清了建筑表皮各折面间的相互关系，用光对九宫格各"天井"所对应的四个折面中的东向折面进行表现，逸散光为相邻三个折面淡淡地抹上一层薄雾，令整个建筑似笼罩在月光下。

（3）照明设计中的节能措施

1）根据各立面所处场地性质，划分立面亮度等级，将整体亮度控制在极低的范围内：东、西立面外场地为市民活动频繁区域，亮度略高，南、北立面为休憩场地，亮度较低。

2）仅对各"天井"所对应的四个折面中的东向折面进行照明表现，并根据每个折面不同面积，通过精确的计算和模拟，确定所使用灯具的准确功率。在准确照亮照明对象的同时，避免了简单选用相同功率泛/投光灯具带来的各被照面亮度不匀及小折面眩光，还大大降低了照明能耗。

3）采用单侧仅 9W 的十字投光灯对每根长达 30 余米的屋脊线进行表现；以"天井"中透出的内透光来表现建筑的通透感。这些措施都有效地降低了照明能耗。

4）利用建筑东、西立面复杂的多层表皮和构件，选用小功率 LED 投光灯和星光灯对构件进行精确照明，避免了使用大功率泛光灯、洗墙灯可能造成的眩光，降低了立面亮度，立面照明能耗也得到了有效的控制。

（4）照明设计中的新技术、新材料、新设备、新工艺

1）开发特制灯具：九宫格屋脊线勾勒出建筑南立面轮廓，照明设计应予以适当表现。传统手法多采用点状或线状灯具来勾勒，但这种做法削弱了折面的立体感，显得生硬、单薄。采用定制的 LED 十字投光灯替代传统点状或线状灯具，以极窄的光束替代灯具的发光表面，使光"线"更加流畅自然。

通过实验室和现场实验，不断地对十字投光灯的尺寸、光束角和亮度等进行调整，对其灯体结构进行改进优化，使之适应建筑特殊要求。与常见的点状或线状灯相比，LED 十字投光灯具有光束角适宜、无眩光等特点，安装在屋脊线各节点上，根据节点屋脊线的多寡，分别有单向出光～四向出光等 4 种规格，对应单灯功率分别为 9W、18W、27W、36W。一体化的灯具设计构造简单、施工方便，降低了灯具成本，大大降低了照明能耗。

2）模拟计算、实验与反馈：南立面九宫格为上人屋面，形态复杂。稍有疏忽，照明效果、眩光极难控制。由于建筑施工与照明设计同步进行，照明设计方案阶段建筑尚处在施工过程中，无法进行现场模拟实验。为此建立了缩尺模型，对多方案进行了模拟对比研究。

由于各折面大小、形状、倾斜角度各异，针对每一个折面建立了计算模型，确定了每套灯具的准确功率；并对每个灯具的安装位置、角度都进行了仔细的计算和模拟对比，根据计算和实验结果，压低了灯具安装高度，采用低角度对折面进行擦射，使无论坐、立在折面上的使用者都无眩光干扰；投光方向顺应观赏者视线，无论从江面上观看还是从南面道路、广场上观看，均无任何眩光。

上述做法大大降低了施工阶段设计频繁变更所带来的灯具成本上升及工期延误，提高了设计的准确性。

3）灯具安装：灯具安装严格遵循"见光不见灯"的设计原则。一体化十字投光灯设计紧凑、体积小巧，安装在屋脊线节点处，隐蔽性好。其余灯具的安装位置也进行了精心挑选，安装在隐蔽处。东、西立面则巧妙地利用了建筑多层表皮，将投光灯安装在结构构件节点处，除无眩光外，白天灯具完全不可见。

4）施工方式创新：由于照明设计工作介入较晚，在进行两江广场照明设计时，广场土建施工已完工，电源预留位置、广场硬地铺装等大大限制了广场功能及景观照明方案的实施。通过反复研究广场景观施工大样及相关做法，将广场部分"年轮"干铺花岗石铺地取出，以同规格 LED 发光地砖替代。既提高了广场地面照度，又避免了对广场地面的破坏。

3. 实景照片（见图 1 和图 2）

图 1　东立面　　　　　　　　　　　　　　图 2　挽龙桥

台湾高雄佛光山佛陀纪念馆外观照明设计

1. 项目简介

（1）项目说明

佛光山佛陀纪念馆（Fo Guang Shan Buddha Memorial Center）位于我国台湾高雄市大树区，2003 年举行安基典礼，2011 年 12 月 25 日竣工。兴建缘起于 1998 年星云大师至印度菩提伽耶传授国际三坛大戒，西藏喇嘛「贡噶多杰仁波切」赠送佛牙舍利，并表达盼望能在台湾建馆供奉的心愿。佛陀纪念馆坐西朝东，占地总面积约 100 公顷"前有八塔，后有大佛，南有灵山，北有祇园"。主建筑位于中轴线上，从东至西依序有，礼敬大厅、八塔、万人照相台、菩提广场、本馆及佛光大佛等。

本馆高度约 50m，占地 4000 坪，塔身设计为覆钵式，以黄砂岩为基座外饰，塔身则为锈石。本馆内部地下两层，地

上五层，除供奉佛牙舍利外，另设有可容二千余人集会的大觉堂及多功能的展示空间。基座四隅有四塔，塔身壁龛乃浮雕图案。塔内各设有菩萨造像，分别为大悲观世音菩萨、大智文殊师利菩萨、大愿地藏王菩萨及大行普贤菩萨。本馆地下设有四十八个地宫，并向全球大众征集具有历史性、知识性、当代性及纪念性之各种文物。

（2）设计、施工

设计师：袁宗南教授/黄思远

施工单位：钰通营造工程股份有限公司/中兴营造工程股份有限公司

验收单位：佛光山寺务监院室

（3）项目获奖情况

2012 第十三届 台湾建筑金奖 – 文化教育类金狮奖

2. 项目详细内容

（1）照明设计技术指标

在大佛的正面以高功率的 LED 投光灯（可调色温）做为设计上主要配置。围绕大佛以 2m 为间距做配置，配合高功率 LED 投光灯的灯具以暖白/琥珀/黄光三种色温的晶圆做光效上的色温调整。其单盏总输出流明约为 15000lm。配合大佛为铜铁材质做色温上的调整，使大佛于夜间彷彿产生金光，达到佛光山所提的金光大佛的设计需求。在中央走道区域，埋地步道灯具配置于两侧，使中央走道维持在基础的照度均匀。其色温选择 2700K 为主要调性色温。

（2）照明设计理念、方法

天光 像佛陀对自然 洒净般滋润大地

像佛陀对众生开示 那样无所求的

滋养众生心灵 让能人们感受温暖

感受生命的智慧

用照明于夜间 重现佛法庄严

整体的色调上，以自然界的色温变化为主要方向，师法自然"有我"到"无我"，从"有相"到"无相"（见图 1）。

图 1

自然界的色温变化与建筑本体的结合（见图 2）。

本馆照明设计手法上以突显黄砂岩的纹路为主，由四向高功率的 LED 投光灯突显本馆山型的四圣谛塔，在夜间以光影的错位将"佛在灵山莫远求，灵山就在汝心头"的佛法结合于设计中（见图 3）。

八塔的照明设计以梵语"正"也有"圆、全面"为基础，以两侧八塔的层层楼间展现"全面"，以光于夜间堆叠。沟边创造光圆，利用光的无形呼应佛法的无相，更呼应八塔所代表的八正道（正见、正思维、正语、正业、正命、正精进、正念、正定）。

（3）照明设计中的节能措施

全区整体总功率为 3530400W，在时段控制下，全区每个月的电费控制 3000RMB（平日约 1200RMB 假日约 1800RMB）以下，确实达到节能减碳及降低成本，投光灯均使用将光的峰值强度在 25°，于 40°拦切，有效限制眩光和上漏光，及对周边其他环境的影响。

（4）验收单位、形式、结论意见及时间

佛光山道场的方向之一为"传统与现代融合"及"重视人本"，这样的理念延续在"佛陀纪念馆"的照明设计上。照明设计上延续循星云法师无量悲心，让每位参访者，都入宝山而不空回，佛陀纪念馆成功的以相表法，让大众从参访过程中，感受到自己就是佛，佛陀纪念馆让来每位参访的民众看见自己、肯定自己，进而提升自己。

图 2

图 3

3. 实景照片（见图 4 和图 5）

图 4 整体

图 5 细节

临沂商业银行营业服务大楼建筑 A 区夜景照明工程

1. 项目简介

（1）项目说明

临沂市商业银行是于 1998 年 2 月经中国人民银行总行批准，在原临沂市城市信用社中心社和三区城市信用社、金融服务社的基础上组建的股份制商业银行。"临商银行"的"临"字主要突出了临沂的地域性特征，反映了临沂本地悠久的历史文化；"商"字主要反映了该行立足于临沂市这一鲁、苏、豫、皖地区最大的商品集散地和物流批发中心，服务中小民营企业和个体工商户，与当地经济密不可分、共同发展的鱼水之情。

本工程建筑面积 92490 ㎡，其中地下 22900 ㎡，地上 69590 ㎡。地下两层，地下二层层高 3.6m，局部层高 5.4m，地下一层层高 5.1m，局部层高 4.2m。地上部分由 A、B、C 三区组成，呈现品字形排列，三区之间 1~3 层由连廊连接。本工程建筑结构设计耐久年限为 50 年，地下防水等级为一级，屋面防水等级为一级。

（2）设计、施工

设计师：刘元辉、谭永顺

设计单位：山东万得福装饰工程有限公司/品能光电技术（上海）有限公司

施工单位：山东万得福装饰工程有限公司

业主单位：临商银行股份有限公司

2. 项目详细内容

（1）照明设计技术指标

系统说明：

1）本系统原理图中 CS - 8000 为主控制器，标准 DMX512 控制系统，DCS - 403R 为信号转换器。系统可实现全彩渐变、跳变等效果。

2）本系统可以实现两楼变化联动，可使用计算机或者使用脱机播放器做主机，使用 GPS 无线定位数据传输系统做信号分配，可有效控制信号更好的同步。

3）无线控制系统采用世界最先进的 GPS 零损耗数据传输协议 IP，每台 CS - 840 为一个无线传输终端，通过与卫星相互联机，传输数据，128 位数据加密，安全无误差。

4）CS - 8000 到 DCS - 403R 为信号转换器信号，两台 CS - 8000 之间最大传输距离为 100m，DCS - 403R 到灯，灯与灯之间的信号传输距离为 6m，超过 6m 需要用 DCS - 403T/DCS - 403R 做信号延长。

5）施工中应注意本系统中涉及的信号线全为超五类双绞双屏蔽网线，其中 RJ45 水晶头的压制定义全为直通型，CS - 8000 主控制器在户外使用要做 IP65 防水配电箱。

6）灯具供电的开关电源户外要做 IP65 防水配电箱；交流电源回路中不能并入其他任何灯具，控制器应安装在可维护位置。

7）系统布线时，信号线与电源线分管布设，室内需用镀锌管或是彩管。

8）布线尽量远离高压，信号线不要与电源线并行，更不能捆扎或缠绕在一起。

9）所有水中接头要使用防水接线盒做放防水处理，避免接头进水引起系统故障。

（2）照明设计理念、方法

顶部采用全彩投光灯从球体内部投光，整体变化，点缀 3WLED 白色点光，使其在夜空中犹如明珠，星星点点，璀璨夺目，富有现代气息。

周边的四角玻璃采用暖白投光，暖白色通透温馨，宾客犹如至家，不仅体现其独特的建筑魅力，还增添了一份亲切感。

白色的轮廓灯完美地勾勒出了大楼主要设计特点处的线条，明亮化了其建筑结构特点，在黑夜里显得光彩照人。

大楼整体投以琥珀色钠灯投光，色彩的搭配明快简洁，充分体现出建筑的现代感，一个优秀的照明设计赋予了建筑本身独特的韵味，更加加强了建筑结构的视觉效果。

整个楼体采用白光洗墙，灯具隐藏性好，又赋予整个大楼生动的色彩。

（3）照明设计中的节能措施

照明节能设计，是在保证不降低作业面视觉要求、不降低照明质量的前提下，力求减少照明系统中光能的损失，从而最大限度地利用光能，通常的节能措施有以下几种：

1）照明设计规范规定了各种场所的照度标准、视觉要求、照明功率密度等等。照度标准是不可随意降低的，也不宜随便提高，在满足照明质量的前提下，选择LED节能环保的灯具。LED比平常传统灯具节省电量。比传统灯具体积小，可以置于不同环境中，也可定制各种形状的灯具。10万h，光衰为初始的50%，响应时间为纳秒级，对环境无有害金属汞污染。

2）选择智能控制方式：在确保功能和效果的前提下，合理调整亮灯数量和时间；分为春季模式、夏季模式、秋季模式、冬季模式以及节日模式等；

3）照明线路的损耗约占输入电能的4%左右，影响照明线路损耗的主要原因是供电方式和导线截面积，因此，要适当地降低线路的能耗；

照明的节能要从设计阶段做起，采用新材料、新工艺、新方法等措施，对建筑进行全面分析，使节能建筑照明名副其实地实现节能。

（4）照明设计中的新技术、新材料、新设备、新工艺

1）主体结构装饰相结合，安装在装饰结构中，灯具尺寸与结构吻合，白天能看到灯的发光部分。灯体与建筑颜色一致。

2）伸缩层采用LED大功率投光灯取代了传统灯具。

3）灯具采用的是LED灯具，能耗低、寿命长，全彩变化的时候更为真实。

4）同一照明系统内的照明设施应分区或分组集中控制，应避免全部灯具同时启动。采用时控、程控等智能控制方式，并具备手动控制功能。

5）应根据使用情况设置不同的开灯控制模式。

6）照明总控制设在监控室内，设在室外的控制响应采取相应的防护措施。

7）选用特种电缆，可明敷。

8）在施工安装方案上：灯具提前安装在幕墙板块的侧面龙骨上，幕墙龙骨在工厂开槽，幕墙龙骨安装完毕灯具便安装完毕，简化安装流程，提高工作效率。

9）灯具安装过程及维修使用擦窗机，擦窗机最大的优势在于可以根据现场实际需要自由摆臂，对部分安全死角灵活维修，安全系数高，维护快捷、方便。

10）LED灯具的控制系统结合楼宇控制系统，实现了较为灵活多样的控制，可以对灯具进行手动、自动控制，可对楼体的不同部分按照功能性的不同而进行控制，达到了灵活、方便地使用灯光。

（5）照明设计中的环保安全措施

本工程地处美丽的沂河岸边，环境保护是施工单位的重要课题。工地的环境保护应纳入城市文明建设的轨道，实现"蓝天、碧水、绿色、清静"的工地。全面规范工地环境和文明施工，具体措施如下：

1）使用绿色环保，使用寿命长，高亮度的LED产品，大大降低了电能的消耗及维护的费用，降低了使用时的能源消耗。

2）选用大功率LED、小功率LED等光源，绿色环保，光色纯净，不含紫外线，柔和而不刺眼，在夜色中十分唯美。用LED光源来表达现代建筑的夜间轮廓，新颖别致，而又绿色环保。为现代建筑照明营造了新颖的体现方式。

3）线路中采取低压供电方式，安全可靠。

3. 实景照片（见图1和图2）

图1　整体

图2　细节

陕西榆林人民大厦夜景照明工程

1. 项目简介

（1）项目说明

榆林人民大厦：位于榆林市经济开发区，是一个集餐饮、住宿、茶艺、保健、办公、会议、娱乐、游泳等功能为一体的五星级花园式商务酒店，是榆林市境内最大的一家五星级大酒店。大厦建筑造型以榆林境内最具代表性的古迹镇北台及凌霄塔为设计蓝本，独特的设计让您一览榆林古城景致。大厦建设工程为榆林地标性建筑，设计新颖，具有独特的传承地域文化和地方特色，层次分明的建筑分格，既体现了现代文化的气息，又体现了陕北黄土高原历史悠久的传统民俗。

（2）设计、施工

设计师：杨永涛

设计单位：陕西光大照明电器有限公司

施工单位：陕西光大照明电器有限公司

业主单位：榆林市榆神煤炭有限责任公司

（3）项目获奖情况

2012.12 陕西省照明工程设计评比　三等奖

2. 项目详细内容

（1）照明设计技术指标（见表1）

表 1　照明设计技术指标

序号	名称	灯具图片	型号	数量	电压/V	功率/W	用途
1	点光源		F1114D7A	3328	24	6	用于楼顶金钻部分的效果变化
2	点光源		C2105	608	24	7	用于主楼楼身效果变化
3	投光灯		F1005	68	24	32	用于二一五层凸楼楼体柱子照明
4	洗墙灯		F2020	805	24	12	主楼采用黄白色洗墙灯勾勒并突出建筑的主体结构
5	洗墙灯		F1016	560	24	27	
6	洗墙灯		C200 4	920	24	14.4	增加裙楼特殊结构亮度

（2）照明设计理念、方法

设计主题：光舞榆林—明珠耀—顶部－钻石：本次项目的重点表现区域，适合营造远景效果。钻部分运用高亮度点光密排的方式来呈现动态图像，可达到一天一景的情景。局部采用泛光的照明手法。建筑主体部分：高度适中，适合营造中视的照明效果。建筑结构以凌霄塔为设计蓝本，灯光设计采用洗墙灯将建筑结构还原，通过控制达到一种步步高升的动态效果。局部采用泛光的照明手法给建筑暗区补光。建筑底部：离人比较近的区域，采用传统的泛光照明手法同时满足广场功能性照明。

（3）照明设计中的节能措施

照明节能设计，是在保证不降低照明质量的前提下，力求减少照明系统中光能的损失，从而最大限度的利用光能，本次项目设计中节能措施有以下几种：

1）大量使用了 LED 节能型灯具：当前全球能源短缺的忧虑再度升高的背景下，节约能源是我们未来面临的重要的问题，在照明领域，LED 发光产品的应用正吸引着世人的目光，LED 作为一种新型的绿色光源产品，必然是未来发展的趋势，21 世纪将进入以 LED 为代表的新型照明光源时代。而我们本次项目设计中所使用的 LED 产品多达 6400 多套。

2）建筑主体照明区域，为了保证建筑主体的亮度，最初的设计是使用 150W 的钠灯。而经过我们反复的试灯，与厂家沟通，对灯具的改良，最终在保证建筑主体亮度的前提下，我们使用了只有 27W 的 LED 洗墙灯，就这一部分节能 15kW。

3）局部使用的传统照明灯具，我们采用高效光源和使用低能耗性能优的光源用电附件，如电子镇流器、节能型电感镇流器、电子触发器以及电子变压器等。

4）改进灯具控制方式，通过智能控制系统对 LED 灯具进行控制，既有不同的动态效果，又能达到节能的目的。

（4）照明设计中的新技术、新材料、新设备、新工艺

1）总控制系统：榆林人民大厦本次总控制部分首次采用工业控制中的 PLC 来代替传统的定时器，采用工业控制中的西门子 Smart 触摸显示屏及 S7 - 200 PLC 组成完美的自动控制系统，对整个工程各部分灯具的开关时间及各个时间段的切换进行手动、自动控制。

① S7 - 200 PLC 是一种可编程序逻辑控制器，它能够控制各种设备以满足自动化控制需求，S7 - 200 的用户程序中包含了位逻辑、计时器、定时器、复杂数学运算以及与其他智能模块通信等指令内容，从而使它能够监视输入状态、改变输出状态以达到控制目的。

② Smart 触摸显示屏是一种人机界面产品，采用 16：9 宽屏，液晶显示操作方便，显示屏分辨率高，显示屏具有触摸功能，现场操作人员可直接操作控制，对设定好的各种灯光回路进行手动、自动控制。

③ 总控制系统可一年四季进行自动切换调节。

2）统一取电分部控制：

① 统一取电：本工程由低压配电室引一条 YJV 3×185 + 2×95 的主电缆对整个照明工程供电，每层采用穿刺线夹在 YJV 3×185 + 2×95 的主电缆上进行分线，共设 8 个分控箱。

② 分部控制：灯具分别由 8 个分控箱分部控制，对各层各路灯具电源进行手动、自动控制，各层各回路自动控制由西门子 Smart 触摸显示屏及 S7 - 200 PLC 组成完美的自动控制系统进行控制；手动控制是为了检修方便各个层独立控制不影响其他层灯具电源控制。

3）LED 点光源组成的户外异形显示屏：LED 点光源组成的显示屏是榆林目前最大的户外金钻异形显示屏，可以在显示屏显示不同的变化方式及字体变化，和皇冠部分遥相呼应，动静结合凸显榆林人民大厦。

金钻显示屏由 16 个不规则的三角形及梯形组合而成共由 3328 套 6W RGB LED 点光源组成，点光源中心间距为 320mm，均匀分布在 16 个不规则的三角形及梯形面上。

（5）照明设计中的环保安全措施

榆林人民大厦裙楼采用 LED 洗墙灯；主楼采用 LED 黄色洗墙灯、LED 白色洗墙灯、LED 投光灯；金钻部分采用 LED 点光源灯具进行照明，LED 照明灯是利用第四代绿色光源 LED 做成的一种照明灯具。LED 被称为第四代照明光源或绿色光源，具有节能、环保、寿命长、体积小等特点。

3. 实景照片（见图 1 和图 2）

图 1　整体　　　　　　　　　　　　　　　　　　图 2　局部

武汉中心建筑照明设计

1. 项目简介

（1）项目说明

高度达 438m 的武汉中心，位于王家墩 CBD 商务核心区中，未来建成后将为武汉市及华中地区的新地标；在建筑南北面可看到非常清晰的由地面冲向天际的垂直建筑线条，是武汉中心建筑特点之一，且南北方向则面对着城市景观主轴线、与武汉最大的人工水体公园相对应，视野开阔。

（2）设计、施工

设计师：陆婷、杨杰、陆章

设计单位：容必照（北京）国际照明设计顾问有限公司

施工单位：北京飞东光电技术有限责任公司

业主单位：婺源县茶博府文化服务有限公司

2. 项目详细内容

（1）照明设计技术指标

LED 线形投光灯

功率：72W、90W、180W

单颗功率：3W

色温：B + W（蓝 + 白）

控制：DMX

LED 投光灯（定制）光束角：22°

LED spot light

功率 LED：8W

色温：RGBW

防护等级：IP65

需配置安装支架、电器外置；

定制 U 形铝型材，与外幕墙竖向龙骨固定。

LED MESH 固定在 U 形槽内：

单点模块直径：66mm,

单点距：100mm。

RGB

LED 竖向排列按照玻璃接缝的间距外部安装，可组成像素级别的屏幕

（2）照明设计理念、方法

武汉之光，象征泛海之船的桅杆屹立，粼光层层，随着角度旋转的互动景致，连接裙房商业中心、宴会中心以及塔楼的公共空间，同时也是通往宴会中心路线之一，在灯光设计方面，结合连廊自身的特色（材质、功能、元素），满足连桥功能性照明为主，以至于达到与周边环境（裙房、塔楼、景观小品）的协调性。

梦光湖的倒影也是我们在灯光设计中考虑的因素。作为 CBD 新区最大人工湖的主要景致，武汉中心竖向的凹槽就成为临湖的独特标志，也象征着泛海集团这艘大船高耸屹立的主桅杆。

户外穿孔板安装 LED 透光灯具。随着人不断的移动，建筑呈现的效果会有不同变化；RGBW 投光灯为建筑提供更多丰富的效果；因受光角度不同，基本不会影响室内内透光线。灯具明装在单元板底部，因灯具电器外置，最大限度地减小了灯具尺寸。因楼梯结构走向，面临湖面的立面并无灯光效果，反而强调了竖向凹槽效果。

（3）照明设计中的节能措施

1）LED 线形洗墙灯安装在竖向凹形区域向对面投光，安装防眩光配件避免对室内造成眩光影响。

2）LED 线形洗墙灯为蓝色加白色混光，在中缝处不同宽度选择 72 ~ 180W 不同功率的灯具，安装在竖向凹形区域向对面投光，安装防眩光配件避免对室内造成眩光影响。

3. 实景照片（见图 1 和图 2）

图1

图2

新乡市卫河中桥夜景照明工程

1. 项目简介

（1）项目说明

新乡，历史悠久、文化灿烂。在这里，仰韶、龙山文化遗址，依稀可辨；周武王牧野之战，古迹依存；还有围魏救赵、官渡之战、陈桥兵变等历史事件都在这里上演过。万卷史书写不尽的光荣与厚重，中华5000年的文明在这里繁衍生息。

我们观察卫河中桥的外形，揣摩建筑蕴含的象征意义，两道耸立的椭圆巨拱形如蝴蝶的翅膀，于是我们的灯光主题就脱颖而出了。"蝶翼"我们运用多种灯光手法打亮钢梁，星光灯将巨拱内侧的拉索勾勒并可控制到单点，拱形钢架采用LED大功率投光灯打亮桥拱体内侧半柱面，桥面外侧有机的结合LED洗墙灯把桥体侧身洗亮，远眺而去与水面自然形成倒影，亦真亦幻好像整座大桥生出彩色巨翼，正在为新乡的经济腾飞加油，也预示着新乡的未来必将飞腾直上。

（2）、设计、施工

设计师：刘咏梅、刘国慧、曹林辉、王杰

设计单位：河南禧明灯光环境艺术有限公司

施工单位：河南新中飞照明电子有限公司

业主单位：新乡市住房和城乡建设委员会

2. 项目详细内容

（1）照明设计技术指标（见表1）

1）LED投光灯，灯具本体为高压铸铝；LED颗粒芯片，采用美国CREE品牌。RGBAW五种色彩颗粒，无限均匀混色，采用两种品牌的LED灯具进行联机控制，灯具采用国际标准485信号DMX512协议控制。投射距离大于60m。整套灯具系统功耗350W。

2）LED洗墙灯采用系统功率为21WRGB灯具，实现七彩追逐、流动效果。

3）LED拉索灯，单点3W，间距400mm，在单根拉索南北两侧采用夹式抱箍安装，使拉索从个个角度均能有较好的视觉效果。以拖尾追逐，和单点追逐为主要变化效果。

本项目总功率为 30.67kW。

表 1　照明设计技术指标

序　号	类　别	数　量	单位	功率	合计功率	备　注
1	LED 投光灯	32	套	350W	11.2kW	钢架照明
2	投光灯	8	套	250W	2kW	SON-T 桥墩照明
3	LED 洗墙灯	150	套	21W	3.15kW	桥侧身钢结构
4	LED 拉索灯	1432	m	10W/m	14.32kW	拉索照明
5	照明配电箱	1	套			
	合计总功率				30.67kW	

（2）照明设计理念、方法

灯光设计立意—"蝶翼"

深刻揣摩建筑师的立意，思考建筑内在的建筑语言和蕴含的文字符号，我们在灯光上力图追求一种与建筑既有机结合又截然不同的文化寓意。

我们观察卫河桥的外形，揣摩建筑蕴含的象征意义，两道耸立的椭圆巨拱形如蝴蝶的翅膀，于是我们的灯光主题就脱颖而出了。"蝶翼"我们运用多种灯光手法打亮钢梁，护栏管勾画出巨拱内侧的拉索，和泛光灯打亮桥面有机地结合在一起，远眺而去，好像整座大桥生出彩色巨翼，正在为新乡的经济腾飞加油。也预示着新乡的未来必将飞腾直上。

在灯具选型上，我们大胆地采用 LED 大功率投光灯来替代传统灯具，而最后实现的效果要比设计效果还要理想。选择了恰当的灯具，选择合理的灯具配光，把整个桥梁的特色，在夜间完美地体现出来。桥梁虽小，但她的特色夜景照明效果把这座小桥结构特点表现的恰到好处。

在设计时，对现场的观察和对桥梁的深入了解，主要的环形钢结构白天呈现朱红色，对于这部分的处理，我们在灯具的色彩和色温上考虑以白光，和 LED 琥珀色与红色的混合光进行照射。使四个倾斜环形钢架在夜间能够显现更加耀眼的本色。

由于拉索的直径相对较细，直径约 25mm，在灯具选型上造成了一定的困难，而拉索在白天并不是非常显眼，只起到装饰桥梁的作用。选灯上基本以小巧、便于安装的灯具为主。还要考虑到对白天景观的破坏降到最小，整条灯带也必须最大限度的符合拉索的长度，减少拉索中途的连接点，使整条拉索中间无明显断点和接头，减少不美观点。最终选用了广州某知名厂家的 LED 像素灯带。特制出适合现场固定灯带的夹式抱箍，将两条灯条夹到拉索内外两侧，用夹式抱箍锁紧灯带，使整条拉索外观整齐划一。

（3）照明设计中的节能措施

灯具全部使用 LED 技术，具有节能环保的特点，高防护等级，低功耗。性能稳定可靠。在灯光运行模式中，我们将 LED 投光灯的照度值设为 70%，并分组交替开启，既保持了装饰性照明，又极大降低了电耗。

我们倡导"绿色生态照明"的理念，采用先进的控制系统与新型高效节能照明电器和照明技术，多种照明方式结合，达到经济、安全、保护环境的目的。

（4）照明设计中的新技术、新材料、新设备、新工艺

在该项目中我们使用的灯具是经过反复比对，采用了大功率 LED 灯具替代了传统灯具，当前 LED 的领先技术，光色稳定均匀，高性能 LED 粒子，色彩丰富、光输出率高，高防护等级能极大的承受近水，潮湿等各种恶劣环境气候。坚固的安装支架，有效地把灯具和桥梁有机地融为一体，又不影响其建筑美观。灯具选用优质材料，具有高寿命，免维护的优点。外壳配有固定散射透镜，技术领先。

拉索上的 LED 像素灯双排背夹拉索安排，有效保证了从各个角度观看的需要。

（5）照明设计中的环保安全措施

夜景照明中涉及到的灯具均为高功率因数、高 IP 防护等级的 LED 灯具，高发光效率，加上精确的配光，可使 LED 灯具完全达到传统高功率灯具所能达到的效果，无污染且有效实现节能目的。

所有灯具均最大化隐蔽安装，或使人们不能直接接触安装。

1）根据国家施工相关规范规定要求设计中采用防漏电、触电等用电安全措施。

2）根据国家电气相关规范规定要求施工安全措施。

3）消防安全措施，所有灯具的防护等级都在 IP65 以上，散热、电气绝缘及耐热性能符合国家现行标准。

防盗措施，所有灯具的安装方式，均有防盗固定件，并安排专人定期巡视、检修。

3. 实景照片（见图 1 和图 2）

图 1　双环彩虹　　　　　　　　　　　　　　　　图 2　彩虹戏蝶

丹东鸭绿江大桥夜景照明工程

1. 项目简介

（1）项目说明

丹东鸭绿江大桥横跨中国界河鸭绿江之上，是中朝两国共用的国际性公铁两用桥梁，始建于 1937 年 4 月。整个桥体为钢结构，全长约 943m，中方段桥长 565m，朝方段桥长 378m。世界瞩目的 1950 年抗美援朝战争，中国人民志愿军为了保家卫国，就是通过这座大桥，雄赳赳气昂昂，跨过了鸭绿江。

为进一步美化城市，提升祖国边境城市的国际形象，并使鸭绿江大桥作为丹东市地标性一大灯光景观，2008 年 4 月，丹东市政府经国家有关部门批准，拟对此桥进行整体灯光亮化工程改造，本次工程改造将朝鲜段也包括在内，整个投资均由中方承担。丹东市政府委托丹东市城乡建设委员会，面向全社会发布了"鸭绿江大桥灯光亮化工程设计方案及施工"的公开竞争性招标公告。在与深圳、北京、上海等国内强势的灯光照明设计施工单位的激烈投标竞争中，辽宁省装饰工程总公司（辽宁省装饰工程设计院）的大桥灯光设计方案一举中标。

大桥灯光亮化整体工程分两期进行，一期工程于 2009 年 7 月开工，9 月竣工，投资 600 万人民币，主要灯光内容有，大桥桥墩泛光照明、大桥桥体两侧 X 型钢梁的大功率 LED 投光染色灯的动态灯光渲演、大桥顶部中方侧四座斜峰悬梁的泛光照明。二期工程于 2009 年 10 月施工，12 月竣工，工程造价 467 万人民币，主要灯光采用特制的三基色 LED 数码条屏灯进行大桥的轮廓勾边。

（2）设计、施工

设计师：史宪敏、林清、何鑫、任晓辉

设计单位：辽宁省装饰工程设计院

施工单位：辽宁省装饰工程总公司－丹东分公司（丹东辽装照明工程有限公司）

业主单位：丹东市住房和城乡建设委员会

2. 项目详细内容

（1）照明设计技术指标

1）桥体两侧每一 X 型交叉钢梁设为一个灯具表演模组，每一灯具模组由 4 套大功率五原色 LED 数码染色投光灯及 1

套三基色 LED 数码方形发光板组成，四套染色投光灯分别安装在交叉钢梁的四个末端，集中向 X 钢梁中心处射光，将彩色光束扫向 X 钢梁的外表面，使 X 钢梁表面着色，要求钢梁表面着色饱和度 >85%；1 套三基色 LED 数码方形发光板安装在 X 交叉钢梁中心，与四套染色投光灯形成一个单元组的灯光表演模数。

2）大桥桥墩灯光：大桥桥墩为钢筋混凝土结构，中方段为 6 个大桥墩，每个桥墩上边沿安装 16 套 400W 高压钠投光灯；朝方段为 6 个略小桥墩，每个桥墩上边沿安装 14 套 400W 高压钠投光灯，灯具总数为 180 套，总功率为 72kW，灯具均为亚洲雷士系列，光源均为欧司朗品牌，为提高整体配电线路及供电的品质因数，要求所有灯具均配有电容补偿器。

3）大桥顶部四处斜峰悬梁钢框架灯光：整个大桥顶部的四处斜峰悬梁（中方侧），是鸭绿江大桥的典型特点，选用金卤投光灯将大桥四处斜峰悬梁那高耸入云、挺拔壮观之气势打将出来，光源均选用冷色系（色温为 5600K），将悬梁钢框架的主、次立柱及横梁，以光影结合的手法，显现出斜峰悬梁框架的立体感和金属质感。

4）在二期工程中，对中方侧四个斜峰（曲线梁）的外轮廓勾边，采用高品质单白色（色温为 5500K）LED – D120 发光管（护栏管），并隐蔽安装在斜峰工字梁的上边沿内，将四处斜峰梁轮廓清晰地勾勒出来。护栏管每支容量 14W/AC24V，台湾芯片 LED – 192 颗，总计 920 套，合计功率为 12.88kW。

5）鸭绿江大桥灯光亮化工程一期、二期总功率为 334.94kW。由大桥中方桥头边防院内的专用灯光控制配电室集中统一控制，现由丹东市路灯管理所管理与使用。

（2）照明设计理念、方法

1）灯光照明设计理念：

① 利用泛光照明技术、光的色温构成、光与影的结合，将大桥那雄伟壮观的气势打将出来。

② 充分发挥 LED 这种智能可控的广义性能，将常规的 LED 动态表演上升到具有：配音、解说、音响特技，如同是一场电视剧的灯光表演秀，灯具就是我们的演员，大大超出了仅为亮化而亮化的单一性能的灯光效果，增强了 LED 灯光的趣味性、创意性、宣传性与教育性，同时也促进了旅游业的经济发展，提升了城市的文化品位和知名度。

2）主要创新点：

①本次灯光亮化设计，大胆运用了由大功率 LED 投射灯对恢度较深的金属钢梁进行光色的着色，并达到理想的色彩饱和度（光的反射率），这对 LED 灯具的技术要求是很苛刻的。

②利用灯具作为我们的演员，以表达出我们的设计思想和表演主题，这就要求灯光设计师应具有多方面的综合知识才能，包括灯具性能、光电原理、智能控制、音乐常识、文学修养、剧本编写才能、现场经验等等，这也是本人作为本次设计的初浅尝试。

（3）照明设计中的节能措施

在本照明设计中，由于大量使用了金属投光灯，其功耗较大，为保证供电的品质因数，降低灯具的无功损耗，要求所有金属投光灯均由厂家配置电容补偿器，以提高灯具的功率因数，并要求 LED 灯具的功率因数应 >0.98。

在灯光运行与控制方面采用分时段、按季节、按节假日及重大庆典来进行不同灯光效果的运行，投入相应的灯具工作，以达到灯具在运行时的节能。

（4）照明设计中的新技术、新材料、新设备、新工艺

专为鸭绿江大桥特殊研制的"五原色大功率 LED 数码投光灯"，采用了舞台灯光的水纹灯原理，既在 LED 数码染色投光灯中利用数码控制，使每个单体的绿色 LED 灯珠均具有波浪式的恢度变化，打到桥梁上的绿光如同水纹在波动，再由表演程序驱动整体灯具，模拟出波浪荡漾涌动的动态表演效果。灯具内共有五排（RGBWY）五原色 3W 的 LED 灯珠组成，每组 6 颗同色 LED 灯珠，阵列排布。

由于鸭绿江大桥已列为我国及朝鲜的历史纪念性构造物，要求在桥上不允许有任何的机械损伤，不能钻一个眼，我们在设计与施工中，所有灯具全部采用过渡连接卡具、卡板等进行牢固的固定安装。

（5）照明设计中的环保安全措施

1）采用高效节能环保绿色照明 LED 产品；

2）投光灯采用高品质节能金属灯 – 亚洲雷士系列；

3）所有电气控制回路均设漏电安全保护装置；

4）整体电气系统均设防雷安全保护接地系统；

5）为保护 LED 电子灯具、计算机控制系统，以太网络系统等的安全正常工作，均设置一、二级防浪涌抑制保护器；

6）所有电力电缆、信号电缆、金属桥架等均选用国家标准系列产品。

3. 实景照片（见图 1 和图 2）

图 1　一期工程竣工照片

图 2　二期工程竣工照片

高新地产——高新水晶城照明工程

1. 项目简介

高新水晶城位于西安市西高新区核心——高新路与科技二路的十字路口，由写字楼、精装公寓、商业广场三部分构成，是高新地产打造的又一地标性建筑。按照可识别性和地方区域特色的基本设计要求，突出绿色节能和科技环保理念，结合当地城市追求简洁、自然的灯光总体效果，以生态概念为指导，以水晶为设计的基本表现元素，演化为建筑立面的灯光。

2. 项目详细内容

照明设计理念、方法：

选择水晶作为设计元素的含义——水晶被人们比作贞洁少女的泪珠，夏夜天穹的繁星。水晶的纯洁和星空的浩瀚为此项目设计的主要思想。在设计理念上遵循低碳照明原则，在美化城市夜景的同时，减少光污染现象，照明采用分时控制，平时除建筑屋顶灯光全开之外，其余部位灯光均关闭；节假日所有灯光全部开启。用最先进的节能灯具，绿色照明。力求提升西安城市形象，增加城市活力，增强城市综合竞争力。

3. 实景照片（见图 1 ~ 图 3）

图 1　局部（一）

图 2　局部（二）

图 3　整体

3.3

室内照明工程

天津港国际邮轮码头（客运大厦）室内照明工程

1. 项目简介

（1）项目说明

天津港地处渤海湾西端，是亚洲最大的邮轮码头，于 2010 年 6 月 26 日建成并投入使用。

1）地理位置：位于海河下游及其入海口处，是环渤海中与华北、西北等内陆地区距离最短的港口，是首都北京的海上门户，也是亚欧大陆桥最短的东端起点。天津港东疆港区，是天津国际邮轮母港的启动项目，面向大海，是东疆港区景观轴线的端点。

2）建筑功能：局部地下一层，地上局部五层。地下一层为设备用房。地上部分建筑中部为四层通高的共享空间，一层及二层南部主要为旅客通关空间，三层西侧为办公用房，其余均为商业、展览用房。

3）总用地面积：111134.3m²，总建筑面积：59955.9m²。

CCDI 照明设计中心承担了其中室内照明的设计工作，针对于该建筑室内大空间的特点并联合室内设计专业，照明设计团队对该建筑室内大空间进行了详尽地分析，在满足照度要求的前提下，尽可能地做到美观与节能。建成后，得到了业主的一致认同和好评。

（2）设计、施工

设计师：陆婷、杨杰、陆章

设计单位：容必照（北京）国际照明设计顾问有限公司

施工单位：北京飞东光电技术有限责任公司

业主单位：婺源县茶博府文化服务有限公司

2. 项目详细内容

我们还针对不同的空间来定位其不同的照明，以避免过高的照度从而增加整体耗能或过低的照度而影响基本功能的实现。

（1）照明设计理念、方法

1）建筑造型：源自于一组在海边起舞的丝绸。舞动、旋转、向上，充满了力量，展现出港区蓬勃激昂的生命力。

2）室内空间概念：室内空间以海上丝绸为主题，建筑本体连续流转的平滑曲线营造丝绸般的流动空间。

码头白天和夜间运行模式不同，我们在照明设计中采用智能照明控制系统，制定了灯具开关的夜间、白天、阴雨天及晴天等不同自然光环境下室内照明的不同控制模式，这样不仅利于节能，而且也使进入车站内的人员不会因为单一的光环境而感到太亮或太暗。

最后，考虑到节能及维修的问题，鉴于空间高、复杂，流动人员较多，因此在灯具选型上我们尽可能选择高效、节能、使用寿命长的灯具。

（2）照明设计中的节能措施

1）根据视觉工作需要，精选照度水平，在所需照度前提下，优化照明节能设计，限定照明节能指标。如不同功能配备不同的照度指标。

2）除照度、光色、显色指数外，应采用高效光源及高效灯具。据不同的使用场合采用了绿色、节能、高效、长寿、环保灯具，如荧光灯、金卤灯、LED 灯具等。

3）充分利用自然光，重视建筑环境，采用室内反射比高且不易变质和变色的材料。如白色的界面处理。采用室内反射比高且不易变质和变色的材料。如白色的涂料、白色的 GRC 等。

4）设置具有光控、时控、人体感应等功能的智能照明控制装置，做到需要照明时，将灯打开，不需要照明时，将灯关闭，最大限度地节约电能。

5）采用智能照明控制系统，将候车厅、售票厅、进出站大厅等公共场所照明按不同需求、不同时段及自然光环境设定多场景模式，以满足节能及管理的要求。

（4）照明设计中的新技术、新材料、新设备、新工艺

在灯具选择方面，坚持选用绿色节能灯具，灯具有高效、长寿、美观和防眩光功能。光源采用荧光灯、节能灯、金属卤化物灯等。直管型荧光灯均采用三基色 T5 型，配谐波含量低的电子镇流器，$\cos\varphi \geq 0.90$；金属卤化物灯配节能型电感镇流器，$\cos\varphi \geq 0.85$。要求照明光源的显色指数 $R_a \geq 80$，色温应在 2500 ~ 6000K 之间。

室内照明用电量有 369kW。照明是建筑的灵魂，更是人文精神的体现。我们在照明设计中，在考虑功能的基础上，还

会来营造舒适的空间，在灯具的选择，眩光的控制等方面都进行了深入的研究。本工程整体的照明控制系统设置还考虑了自然光采光与人工照明的结合，根据不同时段设计整体的照明系统来实现节能绿色的"人文照明"。

（5）照明设计中的环保安全措施

1）共享大厅灯具安装与结构承重的精心计算，保证灯具安装的安全要求；安装维护考虑检修方便，前期与结构安装配合，设置吊装检修点，方便后期工人检修。

2）所有灯具都加有防坠落系统。

3）照明控制系统说明：采用可编程智能模块化照明控制系统，系统通信协议具有开放性，具有国际标准的现场总线结构，控制方式具有自动和手动两种方式，并可实现灯光开关控制、分散集中控制、远程控制、定时控制等。

4）本工程应急照明负载除两路市电电源外，由 EPS 为其提供应急备用电源，EPS 的蓄电池持续供电时间不少于 30min。

5）配电线路：火灾时需要坚持工作的用电设备配电线路采用耐火电力电缆或电线，其余采用低烟无卤辐照型电力电缆或电线。垂直干线在竖井内沿桥架明敷或穿钢管暗敷，水平支线穿钢管敷设。明敷的电缆桥架及钢管外刷防火涂料。

6）为了防止电气火灾，本工程设电气火灾监控系统，用于监测配电系统漏电状况，有效防止漏电火灾的发生。

3. 实景照片（见图 1 和图 2）

图 1　候船大厅（一）

图 2　候船大厅（二）

人民大会堂万人大礼堂室内照明工程

1. 项目简介

（1）项目说明

人民大会堂万人大礼堂照明节能改造示范工程将万人大礼堂的照明由原来的白炽灯、节能灯、双绞钨丝反射灯、卤素灯等全部替换为 LED 灯，成功地解决了其中大功率 LED 灯具的散热、配光及重量问题，照明改造后取得了良好的照明效果和显著的经济效益。人民大会堂位于天安门广场西侧，于 1959 年建成，总建筑面积为 171800m²，最高部分为 46.5m，人民大会堂是全国人民代表大会召开会议的地方，由中央部分的万人大礼堂、北部宴会厅、南部人大办公楼及大礼堂周边厅室组成。万人大礼堂是人民大会堂的主体建筑，东西进深为 60m，南北宽为 76m，高为 32m；舞台台面宽为 32m，高为18m。作为照明节能改造示范工程项目，通过对大功率 LED 灯的研制开发、合理的照明设计，精心施工和严格的检测验收，实践证明，全部照明指标均达到了预期目标，整个空间环境亮度适中、舒适怡人，无论是舞台还是观众席，人物均能清晰可见，无眩光感觉，具有明显的节能效益。

（2）设计、施工

设计师：白福安、汪茂火、周伟良、赵建平、朱晓东、刘宝忠、郑书剑

设计单位：人民大会堂管理局机电处　中国建筑科学研究院

施工单位：东莞勤上光电股份有限公司　河北立德电子有限公司　浙江北光照明科技有限公司

2. 项目详细内容

（1）照明设计技术指标（见表1）

表 1　舞台区灯具明细表（数量仅供参考）

序　号	灯具名称	灯具类型	灯具数量	光源类型	光源功率/W	光源数量/只
1	顶光排灯	下照式投光灯	180 盏		160	180
2	台口灯	下照式投光灯	32 盏		210	32
3	壁灯	每组壁灯装 3 个 LED 灯	12 组	LED	18	36
4	21 号灯	每组灯具安装 36 个 LED 灯	2 组		15	72
5	24 号灯	每组灯具安装 9 个 LED 灯	16 组		15	144

（2）照明设计理念、方法

半导体照明是一种新型的照明技术，采用 LED 照明是照明发展的必然趋势。在人民大会堂这么高大的空间、这么重要的场所采用 LED 照明，的确是一个巨大的挑战，也是贯彻国家发改委提出的《关于加快发展半导体照明节能产业的意见》的重要举措，对促进 LED 在室内照明的应用具有重要的示范作用，对推动国家倡导的节能减排策略具有重大意义。

万人大礼堂照明节能改造的主要关键是对灯具的技术要求：首先，基于安全考虑，灯具的重量要符合要求；照明灯具的色温、显色指数、光度指标；与原有控制系统的匹配性；灯具的热学、电学设计；灯具的长寿命及可靠性指标均应满足使用要求。在替换的各类灯中，其中 20W 以下的 LED 球泡灯已属于成熟产品，LED 远程聚光灯（400W、500W）在国内也有应用的案例，也属于比较成熟的产品。替换灯具 LED 下照式投光灯（200W，用于大礼堂满天星）和 LED 舞台排灯（200W，用于舞台）需要根据大会堂的要求进行开发和研制。

大会堂照明改造中，替换灯具以观众席满天星、葵花瓣灯具及舞台顶光排灯、台口灯为主要攻关对象，其照明功率大，对重量、配光设计要求较高，经过相关单位密切配合、深入研究、科学实验、反复论证，最终开发出了适合于大礼堂使用要求的替换灯具，无论在技术性能上，还是在可靠性方面均优于原来的产品。

（3）照明设计中的节能措施

LED 照明在万人大礼堂应用：

1）节能效果显著、安全可靠：万人大礼堂采用传统光源照明时，照明总功率达 758kW，能源消耗远高于普通大型公共建筑，对万人大礼堂进行照明节能改造，采用 LED 照明将会对人大会堂产生巨大的照明节能效益。

目前 LED 光源的发光效率已达到 100 lm/W 以上，相同照度下能耗仅为白炽灯的 10%，启动时间短，无需预热，瞬间再启动无频闪；LED 可实现智能调光，亮度可根据要求任意调节；使用安全可靠，便于维护，是目前最为绿色环保和高度安全的光源。尤其在舞台照明中应用具有明显的优势，光效高，可节省大量的照明用电，连续调光色温变化很小。

2）寿命长，可大大减少维护费用：LED 光源的寿命长达 50000h，是白炽灯的 50 倍，荧光灯的 5 倍，专业舞台灯卤钨光源的寿命只有 200h，而且不稳定、不安全，特别是对于这样高大的室内空间，更换灯泡和清洁维护很困难，运行过程中大大增加了维护管理费用。

（4）照明设计中的新技术、新材料、新设备、新工艺

1）灯具结构设计：LED 灯替代白炽灯，增加了电源和控制器，从结构设计要考虑控制灯具的重量，采用的材料应为防火材料，除金属外其他材料防火等级也要符合要求。

2）灯具光学设计：因大会堂满天星灯具安装高度比较高，所以灯具配光设计为窄光束。

3）灯具散热设计：根据热动力学热气上升的原理，在光源的下方及上方均留有排气孔，使得热在灯体内部形成流动，快速地带走热量，不让热在灯体内部形成涡流。见图灯气流方向示意图。在五角星、光芒线、三圈灯、壁灯垂直向上安装时气流从灯座方向流入，在群灯、鱼眼灯、扣盆灯灯位置垂直向下安装的部位，气流从灯座方向流出。

4）驱动及调光电路设计：采用调光式隔离型恒流电源，输入电压为220V市电，输出电压均为26.5V，LED工作电流为：13W LED光源的电流为440mA；灯具的电源效率大于85%，功率因素13W大于0.9，安全符合GB7000安全规范，电磁干扰指标符合GB17743—2007的技术要求，谐波含量符合GB17625.1—2003的要求。

5）可靠性设计：半导体器件的使用寿命是随着工作电流密度的加大成指数倍降低，同时工作环境温度的升高同样会对产品的寿命造成相同的影响。考虑到产品应用场所的特殊性，安全、可靠是产品设计的唯一准则。为了保证产品的可靠性，采用了极低的电流密度，降低结温，提高光效，以满足高工作环境温度、低重量、长寿命的使用要求。

（5）照明设计中的环保安全措施

LED灯不含汞，替代白炽灯和荧光灯，环保无污染，无紫外辐射；LED照明可有效减少传统光源的热辐射。

万人大礼堂原采用的照明光源多以白炽灯和卤素灯为主，发热量大、光效低，消耗的电能大部分转化成为热能，造成能源的极大浪费，给环境带来温升，增加了空调负载，同时也造成了能源的浪费。由于LED是冷光源，光电转换效率高，极低的红外辐射可有利于改善使用环境，最终可有效提高人的健康水平和视觉舒适度。

3. 实景照片（见图1和图2）

图1　局部（一）

图2　局部（二）

北京新清华学堂观众厅照明设计

1. 项目简介

（1）项目说明

新清华学堂位于北京市海淀区清华大学校园内，属于清华大学百年会堂项目的一部分。清华大学百年会堂主要功能包括三个部分：新清华学堂、音乐厅、清华大学校史馆。总建筑面积：42950m²，建筑总高度为23.60m，局部舞台台塔最高点高度32.6m。

新清华学堂是清华大学百年会堂之主要建筑，具有集会、报告、师生文艺活动、专业文艺演出等多种功能。新清华学堂观众厅由一层池座和两层楼座组成，净高2.8～17.5m，设固定座位共2011座，属特大型乙等剧场。

（2）设计、施工

设计师：武毅、戴德慈、刘力红、王炜钰、尹思瑾、宋燕燕、杨永安

设计单位：清华大学建筑设计研究院有限公司

施工单位：中建一局集团建设发展有限公司

业主单位：清华大学基建规划处

（3）项目获奖情况

2012.09 获北京照明学会2012年度优秀照明工程　特等奖

2. 项目详细内容

（1）照明设计理念、方法

1）观众厅的照明创意与建筑装饰融为一体，照明效果庄重高雅，充分表达了"紫荆花开百年春，桃李欢聚清华园"的独特的设计理念。

2）由紫荆大花灯、周边花蕊装饰照明灯、九组紫荆小环灯、300m LED 灯带组成的主题照明灯具，其造型、色彩与光色搭配的创新设计，将百年清华春正浓的意境全然烘托出来，实属照明审美佳作。

3）布灯方案打破了常规的均匀布置法，结合观众厅地面标高和吊顶净高的双向变化，将主题灯和千余个 LED 灯非均匀布置在吊顶上，获得了较好的照度均匀度。

4）观众厅照明采用中控式集中可视化智能照明控制系统，可预设：进场、出场、报告、一般会议、重大会议（全开）、演出、清扫、全关等八种灯光场景。可对观众厅内 511 套灯具十分便捷地实现轻松控制，满足学堂观众厅的不同功能需求。

（2）照明设计中的节能措施

在提高整个照明系统效率，保证照明质量和效果的前提下，注重节能，节约照明用电。

1）照明光源：除紫荆花灯外，其余所有灯具均采用节能荧光灯和 LED 灯。

2）灯具：采用效率高的灯具及开启式直接照明灯具，灯具的效率不低于 70%，灯具的效率具有较高的反射比。灯具配置高功率因数电子镇流器，功率因数不低于 0.9。

3）照明控制：剧场观众厅、门厅、走廊、楼梯间等处照明采用智能照明控制系统，并与楼宇自控系统联网，其余场所照明现场控制；对于照明现场控制的场所，如办公室、会议室等场所，所控灯列与侧窗平行，并进行分组控制，不仅方便使用，而且也可以更好地利用天然光。

4）各场所的照度及对应的功率密度值均满足 GB50034 - 2004《建筑照明设计标准》的相关要求，保证照明的节能。

（3）照明设计中的新技术、新材料、新设备、新工艺

1）一般照明：

① 三种控制方式，八种灯光场景：新清华学堂观众厅采用西门子 INSTA_ BUS EIB 智能照明控制系统；灯光总控制台设在灯光控制室内，在观众厅入口、舞台监督、耳光室设置智能照明控制面板，从而可通过调光场景控制、就地面板控制、中控式的集中可视化控制三种控制方式来实现各照明区域的控制，并且可按照使用方的需要通过编程更改灯光场景的模式和控制需求。新清华学堂观众厅照明预设八种灯光场景：进场、出场、报告、一般会议、重大会议（全开）、演出、清扫、全关。

② 观众厅基础照明采用的紧凑型节能荧光灯，配可调光的电子镇流器，功率因数 cosφ > 0.9。

③ 由紫荆大花灯、周边花蕊装饰照明灯、九组紫荆小环灯、300m 长的 LED 灯带组成的主题照明灯具均无先例可循。

④ 为便于检修和维护，观众厅绝大部分灯具可以通过可上人吊顶来检修维护，顶部的大型紫荆花灯在吊顶内设有升降设备，能把灯具降落到合适维护高度。

2）应急照明：

① 本工程应急照明采用智能应急疏散系统；

② 疏散照明灯均采用 LED 光源，疏散标志灯采用安全电压 DC 24V 供电来确保混乱状态中的人身安全；

③ 楼梯间采用 DC 216V，应急时与大地相隔离运行，形成悬浮工作状态；

④ 火灾时，智能应急疏散系统灯具均进入强迫点亮状态；并可在需要时，可统一据火灾信号标志灯进行编程，危险区域的楼梯出口灯关闭，指向危险灯区域的应急标志灯的箭头调整；

⑤ 具有屏闪功能，吸引人们视觉注意，引导人员安全快速的逃离危险区域。

（4）照明设计中的环保安全措施

本工程普通照明采用高光效的荧光灯、节能灯；同时采用的镇流器均符合该产品的国家能效标准。

观众厅采用低光泽度的表面装饰材料，在一定程度上减少了光幕反射和反射眩光。观众厅内贵宾区的照度均匀度大于 0.7，其他区的照度均匀度大于 0.5；显色指数 R_a > 85，色温为 4000K，统一眩光值 UGR < 22。

观众厅照明配电系统的接地形式采用 TN - S 系统；照明灯具的外露可导电部分应可靠接地，加一根 PE 保护线。同时，照明配电箱设置浪涌保护器以减少雷击电磁脉冲的干扰。

观众厅座位排号灯电源采用 36V 安全电压，避免观众发生触电危险。

疏散照明灯具均采用安全电压，保证疏散和救灾人员的人身安全。

3. 实景照片（见图 1 和图 2）

图1　局部（一）

图2　局部（二）

上海星联科研大厦 1 号楼室内照明工程

1. 项目简介

（1）项目说明

2012 年，飞利浦照明为加速企业端到端研产销一条龙的发展策略，将原先分立在嘉定的销售商务总部和专业照明解决方案部合并后，搬迁至位于上海漕河泾的星联科研大厦，作为飞利浦照明中国的总部与全球灯具研发中心之一。飞利浦照明总部办公室的照明，将飞利浦最先进的办公照明解决方案进行了最充分和完整的展示，充分考虑科技的运用与人的需求的结合，展现了 LED 照明时代的照明科技在目前办公空间的条件下所能实现的诸多可能。另一方面，它又是艺术与感性的，可根据使用者的需求在不同的功能区域创造出差异性的照明，蕴含着令人愉快的氛围，表达创意无限和节能务实、人性化和效率感、简约和奢华、科技和艺术的结合。

在某种程度上可以被视为未来办公照明科技的方向，也可以看作当代办公照明设计和应用的旗舰。再次诠释了"光，创见无限潜能"。

（2）设计、施工

设计单位：飞利浦（中国）投资有限公司

施工单位：上海康业建筑装饰工程有限公司

业主单位：飞利浦（中国）投资有限公司

2. 项目详细内容

（1）照明设计技术指标

1）接待大厅：位于大楼 10 层的前台接待大厅，长约 16m，宽约 7m，是彰显公司形象最重要的区域之一，为满足功能性和装饰性的需要，应用了全 LED 的照明解决方案。

① 功能性照明：为体现接待大厅的欢迎气氛和不同于大空间的光环境，大厅要求色温 3000K，$R_a > 80$。考虑到节能和美观的要求，设计希望采用小口径、较大功率的 LED 筒灯。

实际采用功率为 24W、口径为 120mm 的 LED 筒灯，灯具口径比普通 LED 筒灯小 25% 左右。19 套 LED 嵌入式筒灯按照吊顶造型的走向以及平面家具的位置进行布置，其中 14 套较宽光束的灯具均匀分布于长条形灯槽两侧，提供大厅基础照明；3 套窄光束灯具安装于接待台上方，2 套窄光束灯具分别安装于两侧等待区的上方。

② 装饰性照明：与室内装饰充分融合，通过顶部灯槽、星空效果、立面上动态霓裳屏，全方位满足大厅的装饰照明，提升公司形象。

配合大厅中两个较大的吊顶造型，采用灯槽的形式，灯具长度为 305mm，更适合弧形拼接，全亮时单灯功耗为 3W，灯槽色彩定义为飞利浦标志性的蓝色。

为营造蓝色的星空效果，特别定制了更小尺寸的类似星空的灯具，每个灯具使用：

a）1W 的蓝色 LED 颗粒，分散地布置在石膏吊顶上，蓝色的星空与灯槽和正立面上的 PHILIPS 标识相互呼应。一进入接待大厅便深切地感受到品牌的力量。

b）在大厅的左侧立面，三块 LED 霓裳屏拼接组成一块大的屏幕，每块屏的尺寸 2400mm×1200mm。霓裳屏的硬件由内置 LED 模块、驱动装置、铝制框架、表面织物材料及配件构成。通过表面织物材料，LED 模块呈现出如梦幻般的动态画面，将照明系统转化成一种艺术装置，进一步提升品牌，吸引注意。

2）Touch – Down 区域：区域内的主照明采用一长两圆的形式，与家具和装饰完全对应，空间显得非常和谐均衡。中间为波浪形悬挂式 LED 灯具，灯具厚度仅 30mm，透光罩使用聚丙烯微透射棱镜系统（AC – MLO），UGR 仅 15～17，显色性 80。色温可从暖白 3000K 到冷白 6500K 连续可变，也可从 1%～100% 调节明暗。为配合左右两侧的两个圆桌，在圆桌上放布置了一个定制的圆环造型悬挂式灯具，每套灯具配置 8 个 LED MR16 10W 灯杯的光源，与家具布置完美结合。入口三面弧形墙面采用 LED MR16 10W 做洗墙效果，而区域内部的主立面墙面采用 5 套 LED 专业洗墙筒灯 LuxSpace Wall-wash27W 照亮。

由于圆形灯具的设计和长条形灯具的布置，室内设计在此处也将空调进出风口改成了弧形和长条形，使室内环境更加融合。

3）开放式办公区：

① 照明要求：绿色节能，低眩光，体现未来办公照明发展趋势，重视光环境的塑造，注重工作区照明，平衡周围区照明；$T_c = 4000K$，$R_a > 80$。

② 照明布置：要求与天花上设备布置的统一，与办公家具布置的协调，同时充分考虑工作人员办公流程和习惯。与室内设计充分沟通协调后，摒弃传统办公空间照明均布的方式，将照明灯具与空调风口组成"设备带"，利用 300mm×1200mm 灯具的长度，灯具中间布置了 300mm×600mm 的进风口，用三套灯具和两个进风口组成 4.8 m 长的设备带，长度正好与三人的办公桌长度一致。

同时考虑到办公桌和矮柜、结构柱子的位置，灯具设备带安装于长形办公桌的正上方，办公区域上方灯具间距为 3.6m，充分满足办公区域 500lx 的照明要求；矮柜和柱子两侧灯具间距最大为 4.6m，相对减小地面照度，满足周围区 300lx 的照明要求。同时将工作区域与周围区域区分开来，又达到了节约能耗的目的。为使天花布置更有规律，在柜子和柱子方向的天花上也布置了 300mm×600mm 的空调风口，满足空调要求。这样，整个天花简洁，有条理，适合大空间办公布置。

4）培训室：培训室采用全 LED 照明方案，并且所有灯具均为 DALI 驱动。主照明采用 24 套 LED 嵌入式灯具，与风口成线性布置在矿棉板上，灯具系统功率 40W，色温 4000K，系统效能 100lm/W，显色性 80，色容差小于 3SDCM，UGR 仅为 19，是高效率高舒适性的办公照明灯具典范。左右两侧的 LED 筒灯安装在石膏吊顶上，功率 13W，色温 4000K，效能 85lm/W，显色性 80，灯具内安装有防眩光格栅，UGR 19。照明灯具布置，灯具内 150mm×150mm 的发光腔与 600mm×600mm 天花一致，同时结合空调风口，与大空间布置一致。

5）会议室：可容纳超过 20 人的大会议室长 7.5m，宽 5m，采用矿棉板吊顶与石膏吊顶相结合的吊顶方式，照明灯具采用外方内圆的形式。全 LED 照明方案，采用了 6 套 LED 嵌入式灯具 DayZone 64W/4000K 配 DALI 驱动，色温 4000K，显色性 80，室内统一眩光指数 UGR 仅为 19。

6）休息区：配合室内设计，在大大小小的圆形灯槽中，使用了彩色 LED 线槽灯 iColor Cove QLX，灯具长度 305mm，发光角度 120°×120°，首尾相接无阴影，灯具的混光距离仅为 51mm，实现非常均匀的灯槽照明效果，可调出不同色彩、色温的照明。

休息区内的水平照度由 LED 深照形的射灯 ClearSpace 提供，光源为深嵌式安装的 LED MR16 灯杯，色温 3000K，光束角 24°，保证了良好的眩光控制。

（2）照明设计理念、方法

1）照明设计理念：

① 满足照明视觉效应，兼顾视觉性能与工作环境，提高以人为本的照明质量；

② 满足照明生理效应，重视照明与健康，创造以人为本的照明环境。

2）照明创新方法：

① 照明设计与室内设计的天花/立面/家具的布置紧密联系，美化灯具布置与室内环境；

② 摒弃传统均匀照明布置方式，用照明灯具和空调风口组成设备带，简洁天花布置；

③ 大空间传统的灯具既有直接照明，又有间接照明，创造性地使用一款灯具融合直接照明和间接照明，限制眩光；

④ LED 专业照明产品和技术的大量运用，展现更绿色节能的办公室照明；

⑤ 多种照明方式，展示不同效果，突出办公室照明对环境的创造。

（3）照明设计中的节能措施

1）大空间灯具：相较于传统 28W T5 荧光灯，开放式办公区采用了 25W 的 T5 ECO 光源，比普通 T5 光源直接节能 10%，灯具效能 90lm/W。

2）其余区域全部采用 LED 照明：LED 筒灯比传统 CFL 灯具节能 50% 以上；培训室 LED 灯具系统效能达到 100lm/W，

平均照度达到 500lux 以上，而功率密度仅为 7.2W/m²。

3）天然光利用（日光感应器）：开放式办公区域在靠窗的每套灯具上均安装了日光感应器，在日光充足的条件下，靠窗一排光源的亮度自动调暗，功率降低。

4）人体感应器的使用：开放式办公区按照片区划分，每 6 套灯具合用一个人体移动感应器，此区域中无人活动时，15min 后片区灯光熄灭。所有走道中的 LED 筒灯也按方位分为四组，由人体移动感应器控制。所有小办公室内也安装移动感应，人来灯亮，人走后 15min 灯自动关掉。

（4）照明设计中的新技术、新材料、新设备、新工艺

1）大空间采用全新的 T5 ECO 25W 光源，光效高达 116lm/W，平均寿命为 24000h，到 19000h 时的流明维持率为 90%，是目前最高效节能的荧光灯。

大空间的灯具布置摒弃传统均匀布置的方式，将传统灯具与空调风口结合形成设备带，又与家具布置协调一致。灯具既有通过格栅的直接照明，又有经过发射器的间接照明，可严格限制眩光，又提高照明效率。

2）尽量多的引入自然采光，通过照明控制，维持办公桌面照度，节约能源。

3）其余空间全部采用 LED 照明。

（5）照明设计中的环保安全措施

1）低汞荧光灯，无铅：开放式办公区中的荧光灯 T5 ECO 25W 光源，其汞含量仅为 1.4mg，且百分之百不含铅，也符合 RoHS 和 WEEE 的要求。

2）其余全部无汞、无铅：除了此光源外，其余照明均采用 LED 照明产品，无汞、无铅，也满足 RoHS 和 WEEE 的要求。

3）高效节能的照明，减少碳排放：整个项目的设计全部使用非常高效节能的照明产品，极大地节省了照明用电，减少了碳排放。

3. 实景照片（见图 1 ~ 图 4）

图 1　培训室

图 2　开放式办公区

图 3　茶水间

图 4　Touch - Down 区域

江苏无锡五印坛城室内照明设计

1. 项目简介

（1）项目说明

五印坛城项目地处无锡灵山风景旅游区内，占地约 5000m²，四周环绕香水海。建筑内部共六层，围绕 12.6m 高的大殿分别设有门厅、贵宾厅、展示厅、商业区等区域，室内装饰设计以石材、木雕、壁画等素材为主，并融入了如唐卡、酥油灯等带有明显藏传风格的设计语言。

（2）设计、施工

设计师：汪建平、边超、卫星、彭解红、刘德生

设计单位：上海艾特照明设计有限公司

施工单位：江苏富源广建设发展有限公司

业主单位：无锡灵山实业有限公司

2. 项目详细内容

（1）照明设计技术指标

1）分区照明效果分析：

① 门厅与大殿联系在一起，室内装修风格类似，也是最能展示藏传风格的区域，整体照明以 LED 光源、卤素灯光源等为主，重视灯具的隐藏性、安全性、强化装饰和佛像的立体照明（正投光与背光并存）。其中以 LED 为光源的万盏酥油灯的灯光设计，真实的火焰与灯光模拟的火焰结合，让游人在内部空间内请灯、送灯的同时，充分感受藏传佛教的神秘与庄严。

② 展示区约 200m²，内部大量藏传风格展品，采用在光束卤素光源（QR111）定点式照明，灯具水平调节角度为 358°，垂直角度为 -30°~+90°，充分投射每个展品，灵活性大。

③ 商业区空间布局与展示区对称，以销售纪念品为主，因此内部照度标准定在大于 500lx，采用 4000K 金卤灯进行照明，与其他区域色温不同，表现游客进入后的视觉感觉与其他观光区域的感觉不一样。

④ 贵宾厅强调贵宾在室内感受的舒适度，以灯具暗藏式间接照明为主，配合可调角卤素射灯对装饰物品及墙面进行重点照明。

2）主要空间的照度指标确定：照度标准参照国内及国际标准，取相对高值，在某些区域，更重视垂直立面照度（见表 1）

表 1　主要空间的照度指标确定　　　　　　　　　　（单位：lx）

	CIE 标准	GB50034—2004	本设计指标
门厅	300	200	200（游客换鞋区域） 300（服务中心区域）
大殿	500	300	200（基本照度，营造幽暗神秘的氛围） 750（中心坛城，重点照明）
贵宾厅	300	300	750（重要接待场所，呈现金碧辉煌的效果）
展示区	300	300	200（基本照度）
商业区	300	300	500（营造轻松愉悦的购物氛围）

3）照明光源选择遵循的原则：

① 具有良好的光色，以满足室内装饰的需求，显色指数为 80~100，色温为 3000~4000K。

② 具有较高的效率（≥80lx/W），优先选择高效节能型光源，并可以调光。

③ 具有较长的寿命（LED 光源 ≥50000h，节能型 ≥10000h）。

（2）照明设计理念、方法

1）五印坛城是一座极具浓郁藏式风格的建筑，考虑到建筑本身传统且略带压抑的空间感，同时区别于传统寺庙幽暗昏沉的表现手法，照明设计师们致力展现出一个既能营造传统的藏传佛教氛围，又可凸显室内空间的精美彩绘、藏式雕刻和装饰艺术的空间格调。

2）在实用与节能的基础上，充分考虑安全性与低眩光水平，加入控制系统的兼容性、可靠性和可扩展性，通过对内部环境的重点表现（酥油灯、雕塑、唐卡、石刻、木刻等），传达出佛教神圣、通灵的"坛城"意境。

3）为了忠实地表现出五印坛城庄重而华美的装饰色调，本次照明设计以显色性高于 80 的 T5 荧光灯（色温为 4000K 的日光色）和显色指数 100 的卤素灯为主。

4）为了在室内环绕大殿的墙壁上实现万盏酥油灯长明闪烁的震撼效果。经过一系列的试验和比较，综合考虑节能、维护以及效果控制，最终确定采用光色接近酥油灯火苗的 LED 灯光方案，通过 DMX512 控制到每盏灯中每个光点的亮度变化及跳动频率，再配合茶色磨砂玻璃灯罩，真实地呈现出酥油灯的闪烁效果。同时为了配合藏传佛教的音乐变化，让人感受到大殿内神圣、庄严和辉煌的不同氛围，室内灯光系统采用 DALI 数字智能照明调光控制，进行灯光调光和场景调用。

（3）照明设计中的节能措施

为了能够最大程度的体现神圣、节能、环保的佛教文化主题，本次照明设计采用专业的 DALI 数字智能照明管理系统，针对该项目自身传达的宗教文化特质，以及室内装饰特色和空间环境表现力，对五印坛城的照明控制系统作出以下考虑：照明控制总体采用 DALI 数字智能照明控制系统，目标就是对工程内的照明采用计算机控制技术全面有效的监控管理分散在各区域的灯具，达到各回路灯反馈的监控，以确保建设物内光环境达到使用者的期望效果，满足各种活动的灯光控制需求，并能提供系统运行及照明能耗报表，最大限度节能。

（4）照明设计中的新技术、新材料、新设备、新工艺

1）采用新型 LED 酥油灯取代传统酥油灯：选择光色接近酥油灯火苗的 LED 点光源，用竖排的三颗 LED 点光源，通过 DMX512 控制到每个灯中的每个光点的亮度变化及跳动频率，再配合选择茶色的磨砂玻璃做灯罩，比较真实的实现了类似酥油灯闪烁的效果，充分体现照明设计师们低碳、环保、节能的设计理念。

2）照明控制总体采用 DALI 数字智能照明控制系统，对工程内的照明采用计算机控制技术全面有效的监控管理分散在各区域的灯具，达到各回路灯反馈的监控，同时主要针对门厅与大殿区域进行系统场景控制，根据音乐的变化和游客的游览路线，共设计了进场模式、点灯模式、送灯模式和游览模式，让游客随着藏传佛教音乐的变化，感受到圣殿内神圣、庄重和辉煌的不同氛围，以确保建设物内光环境达到使用者的期望效果，满足各种活动的灯光控制需求，并能提供系统运行及照明能耗报表，最大限度节能并且体现神圣、节能、环保的佛教文化主题。

（5）照明设计中的环保安全措施

在五印坛城室内环绕大殿的墙壁上，展现出万盏酥油灯闪烁的照明效果是照明设计师们面临的最大挑战。经过精心的考虑，并通过一系列的试验和比较后，综合考虑使用中的节能和环保，设计师们最终决定采用 LED 灯光方案。选择光色接近酥油灯火苗的 LED 点光源，用竖排的三点 LED 点光源，通过 DMX512 控制到每个灯中的每个光点的亮度变化及跳动频率，再配合选择茶色的磨砂玻璃做灯罩，比较真实地实现了类似酥油灯闪烁的效果，最终安装于墙壁上的 LED 酥油灯超过一万盏！选用 LED 酥油灯充分体现照明设计师们低碳、环保、节能的设计理念，也很大程度上保证了室内消防安全性以及室内空气环境，同时又体现出藏传佛教的文化传统，让每一位游客点上一盏健康无烟的酥油灯！

3. 实景照片（见图 1 ~ 图 4）

图 1　局部（一）　　　　　　　　　　　　图 2　局部（二）

图 3 局部（三）

图 4 局部（四）

昆明长水国际机场室内照明设计

1. 项目简介

（1）项目说明

昆明长水国际机场位于云南省昆明市官渡区长水村附近，在昆明市东北方向。距市中心直线距离约 24.5 公里，项目总投资 230 余亿元。该工程是国家"十一五"重点建设项目，云南省 20 项重点工程之一，昆明市特大型城市基础设施，也是继北京、广州、上海之后国家第四个门户枢纽机场。1988 年，昆明新机场建设项目启动前期工作，历经 13 年风雨成长，在 2012 年 8 月 9 日，经中国民用航空局正式批复，新机场正式得名"昆明长水国际机场"。

（2）设计、施工

设计单位：雷士（北京）光电工程技术有限公司、北京建筑设计研究院

施工单位：北京城建集团有限责任公司

业主单位：昆明新机场建设指挥部

（3）项目获奖情况

2012/12 获机场建设 三等功

2. 项目详细内容

（1）照明设计技术指标（见表 1）

表 1　照明设计技术指标

昆明新机场建设工程航站楼非公共区灯具采购项目（002）包供货明细表

合同号：XJC - CLCG - 2010004（HZLFGDJ002）/2010060

序　号	产品名称	型　号	单　位	到货数量
1	28W 单管密闭防水防尘荧光灯	NDL493/1 ×28W	套	6992
2	2 ×28W 双管密闭防水防荧光灯	NDL494/2 ×28W	套	1769
3	28W 单管密闭防爆荧光灯	BYS - 1 ×40XE	套	120
4	2 ×18W 明装荧光筒灯	TDME918Y/2 ×18W	套	286
5	2 ×14W 双管密闭防水防尘灯	NDL494/2 ×14W	套	2653
共　计				

工程名称：昆明新机场建设工程航站楼公共区及停车楼楼灯具采购项目（001）包供货明细表

合同号：XJC - CLCG - 2010008（HZQGGDJ001）/2010105

序　号	产品名称	型　号	单　位	到货数量
1	150W 明装金卤灯	TDM831Y 150W 2 ×4°	套	1104
2	150W 明装金卤灯	TDM831Y 150W 2 ×8°	套	1350
3	150W 明装金卤灯	TDM831Y 150W 2 ×20°	套	6362
4	明装荧光筒灯	TDME926Y 32W	套	2220
5	马道支吊架	T - F30	套	11036

（2）照明设计理念、方法

1）设计理念：照明设计理念围绕七彩云南的建筑风格，用照明把白天的七彩云南在夜间凸显出来，做到功能照明与特色照明双结合，做到节能照明与科技照明，将全面展现昆明云南特色与美丽，同时彰显中国面向东南亚、南亚门户枢纽的重要性。

2）方法：昆明航站楼的建筑是参照七彩云南飘带形式建造的，因此整体建筑起伏有度，特别是有斜坡区域的吊顶天花，对实现室内照明均匀度方面是较困难。而后我方设计通过对灯具特殊处理，设计反射器为偏配光型，每个反射器偏配角度都不一样，为的是，做到没有光斑，照明均匀度好。

（3）照明设计中的节能措施

设计中采用直接照明的手法，让灯光尽最大限度地直接照射地面，很大程度上有效地利用了光输出量，减少光衰。灯具采用了以下高效的灯具：

1）采用小功率金卤灯、T5 荧光灯、节能灯、LED 灯等通用光源。目前，设计灯具 65373 盏。

2）根据光源类型配置高效电子镇流器（触发器）或节能型电感镇流器。

3）限制小功率节能灯的 3 次谐波不超过 33%。

4）限制灯具配光角度在 30°以内，要求灯具采用暗光技术控制眩光，配光具有较高的中心光强等特点。

（4）照明设计中的新技术、新材料、新设备、新工艺

昆明新机场层高最高处有 45m，对于灯具的安装、维护、后期检修都是一大挑战。所以在设计时，我方设计了灯具电控提升翻转技术，还独立设计了导轨，导轨上端设计卸载结构，灯具维护检修时，用手遥控器将灯架提升至超过马道上护栏高度，使灯架上的套管挂在卸载销上，钢丝绳不再受力处于松弛状态确保了安全，这样工作人员站在马道上，就可以把灯具从底部提升上来，利于安装维护。

（5）照明设计中的环保安全措施

设计中大面积光源采用了含汞极少的金卤灯，同时对室内灯具增加防护等级，减少光源光通量衰减，延缓灯具老化速度，降低污染程度。

对于灯具固定区加装了防震片，同时在灯口处，防止光源、反射器、防眩圈、防眩玻璃等脱落，另加装了防坠链，受

重大于 20kg。

3. 实景照片（见图 1 和图 2）

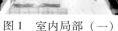

图 1　室内局部（一）　　　　　　　　　图 2　室内局部（二）

上海龙美术馆夜景及室内照明设计

1. 项目简介

（1）项目说明

龙美术馆由中国私人收藏家刘益谦、王薇夫妇投资建造的，用于展示他们收藏的艺术品，内容以传统艺术、红色经典和当代艺术这三类为主。龙美术馆由原上海汤臣别墅商业中心入口建筑改建而成，建筑面积 12000m²。改建范围包括建筑、室内及景观，由仲松担任总体设计。

（2）设计、施工

设计师：周红亮、王小小

设计单位：北京周红亮照明设计有限公司

施工单位：上海同济室内装饰工程有限公司

业主单位：上海龙美术馆

2. 项目详细内容

（1）照明设计技术指标（见表 1）

表 1　照明设计技术指标

室内部分：

灯具名称	技术参数	功　率	数　量	使用位置 \ 照明效果
墙面布光灯	嵌装 \ 偏配光 \ 金卤光源 \ 35W \ 3000K	35W	32 套	序厅 偏配光洗墙效果
嵌装下照灯	嵌装 \ 可调焦 \ 卤素光源 \ 50W \ 3000K	50W	157 套	重要休憩空间 重点照明
嵌装下照灯	嵌装 \ 对称配光 \ 节能灯 \ 2×18W \ 4000K	36W	141 套	通道 基础照明
嵌装下照灯	嵌装 \ 偏配光 \ 金卤光源 \ 35W \ 3000K	35W	36 套	序厅 展示照明
嵌装下照灯	嵌装 \ 对称配光 \ LED 光源 \ 7W \ 3000K	7W	25 套	序厅 展示照明

（续）

室内部分：

灯具名称	技术参数	功 率	数 量	使用位置＼照明效果
轨道灯	单灯调光＼卤素光源＼90W＼3000K 10°、25°、45°＼UV、拉伸、柔光透镜	90W	190 套	展厅 艺术品照明
轨道灯	金卤光源＼150W＼3000K 15°＼拉伸、柔光透镜	150W	40 套	大展厅 基础照明＼重点照明
条形灯	无暗区 T5 荧光灯＼28W＼ 3000K、4000K	28W	436m	公共空间灯槽 装饰照明
灯带	铝槽固定＼10W/m＼2700K、4000K＼120°光束角	10W/m	314m	序厅展柜内暗藏灯 展示照明
流明天花	T5 荧光灯＼28W＼4000K＼5 套/m²＼透光膜透光率 50%＼	140W/m²	49m²	地下一层阅览室 模拟自然光
吊灯	T5 荧光灯＼28W＼3000K+4000K 混光＼上下出光，上出光 30% 下出光 70%	56W	9 套	地下一层阅览室 工作面照明
嵌墙灯	LED 光源/9W/4000K	9W	37 套	楼梯间嵌墙 基础照明
用电量小计：		57600W		

室外部分：

灯具名称	技术参数	功 率	数 量	使用位置＼照明效果
条形地埋灯	LED 光源＼24W＼偏配光 15°＼3000K ＼IP67	24W	81 米	外立面 基础照明
嵌装射灯	金卤光源＼35W＼45°＼3000K＼IP65	35W	17 个	主入口 重点照明
地埋灯	LED 光源＼12W＼24°＼3000K＼IP67 垂直向可调 180°、水平向 350°	12W	23 个	庭院绿化 重点照明
用电量小计：		2870W		

本项目总用电量：60.5kW；总建筑面积：12000m²；功率密度：5W/m²

（2）照明设计理念、方法

在照明上实现尽可能好的功能性、艺术性和可持续性，尽可能低的能源消耗和照明预算，在设计上主要体现在以下三点：

1）选择正确的照明方式：

① 重视垂直面照明，因为人的主要视觉在垂直面上。以此获得明亮、开阔的空间印象。

② 严格控制水平面上的直接照明。仅在流线节点、水平展台、服务台面及特别区域使用直接照明。

③ 合理使用阴影和暗区。通过亮度控制，在不太高的照明水平下也能突出重点。亮度对比度控制在 1∶10 以内，确保亮度对比在舒适的范围内。

2）选择正确的光源、灯具：

① 在确保实现设计要求的前提下，优先选择性价比高的国产品牌。

② 公共区域尽量使用高品质 PAR 灯搭配品质一般的灯具组合，以此控制造价。

③ 在不易维护的安装位置使用寿命长的 LED 光源、陶瓷金卤光源及荧光灯；仅在特别重要的较易维护的区域使用卤素光源。

3）合理设置照明回路。

（3）照明设计中的节能措施

1）通过合理布灯，精简用灯数量。

2）使用高光效的光源和高效率的灯具。

3）合理划分回路，分场景控制灯光。

（4）照明设计中的新技术、新材料、新设备、新工艺

1）大中庭使用特别设计的光学格栅：即使在太阳高度角最大的夏季，太阳直射光也无法直接射进室内，而是通过格栅立面间接反射进入室内。有效避免太阳直射光对光敏感展品的损害；另外有效降低太阳带进室内的温度，减轻空调负载。

2）透光水面设计：地下一层东侧阅览室顶部透光天花（即室外东面景观水面对应区域），白天，自然光透过水面进入地下阅览室；夜间，透光天花夹层内的灯光上下出光，向上照亮东侧建筑外立面，向下照亮地下一层阅览室。

3）南侧大楼梯间自然光+人工光照明结构：贯穿三层高的楼梯间顶部有天然采光孔，结合立面内部暗藏 LED 条形灯，形成自然融合，自然光+人工光混合后透过乳化玻璃，均匀散射到楼体间。无论白天还是晚上，都可以感受到沐浴在自然光的惬意。

（5）照明设计中的环保安全措施

室外照明严格控制照射方向和强度，避免光污染。

室内照明结合空间特征和使用功能，使空间具有良好的引导性和识别性。

3. 实景照片（见图 1 和图 2）

图 1　室内一二层展厅

图 2　室内一三层序厅

北京工人体育场国安训练场地照明设计

1. 项目简介

（1）项目说明

北京工人体育场坐落在北京市朝阳区工人体育场北路，紧邻工人体育馆和新老使馆区，占地 35 公顷，建筑面积 8 万多平方米。位于工人体育场的西南角，有一块空地作为足球娱乐及训练场，也是北京国安及国家队日常训练场，因工人体育场电力装机容量不足，此训练场地一直未设置夜间照明，为了进一步提高场馆服务，满足夜间活动需要，工人体育场委托我公司采用 LED 灯具实施本训练场地的夜间照明，在满足娱乐及训练的基本照明前提下，尽可能地减少用电量。

场地主要为娱乐及训练使用，考虑到工人体育场电力装机容量问题，及 LED 体育场馆灯具特性，经与场方沟通，预定场地照度为 100lx 以上即可，保持较好的均匀度。因体育场周边商业建筑较多，且紧邻足球训练场，为了避免对这些建筑造成光污染，场方要求灯杆高度限制在 15m，可以适当放宽对足球场眩光的要求。

本项目 2012 年 2 月开始进行设计，通过对场地等比例建模，采用我公司灯具光学数据，进行灯具排布分析，经历 2 个月确定实施方案，于 2012 年 5 月完工。现场实际照明数据达到预期设计目标，时至今日已经运行近一年的时间，灯具无故障反馈，场地照度降低。

（2）设计、施工

设计师：张艺觉、邢亚丽、胡才军、何乔、周新

设计单位：北京信能阳光新能源科技有限公司

施工单位：中节能绿洲（北京）太阳能科技有限公司

业主单位：北京职工体育服务中心

2. 项目详细内容

（1）照明设计技术指标（见图 1）

1）灯具参数：

灯具型号：NEW – RT590FS160W

光源类型：集成模组式 LED 光源

光源功率：163W

光源光通量：18400lm

灯具系统功率：180W

灯具系统光通量：15640lm

色温：5000K

显色性 R_a：68

功率因数：95

光束角：半角 15° 与半角 25°

2）场地安装信息：

灯杆数量：6 基

每基灯杆上安装灯具数量：16 盏

灯具系统总功率：180W

每基灯杆总功率：2.88kW

场地用灯总功率：17.28kW

3）照明设计目标：

平均照度：＞100lx

均匀度：＞0.3

显色指数：＞20

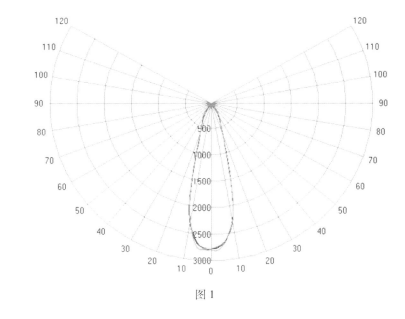

图 1

（2）照明设计理念、方法

北京工人体育场足球训练场，为满足夜间足球场娱乐与训练照明提供照明，因场地方对灯杆高度的限制，所以放弃对场地眩光的要求；场地照明的均匀性好坏成为场方要求的重点。

在此前提下，我公司对灯具进行了光强空间分布测试，所得灯具准确光空间分布数据，导入到等比例仿真场地中进

行照明分析；采用半角15°灯具进行场地照明分布，因此灯具发光角度在场地的弥合恰当是场地最终照明效果均匀的关键。

在实施过程中，灯盘设计需要充分考虑灯具所要照射的角度需求，配合支架进行调整，对每个灯具的调节角度进行准确定位，从而使得最终场地照明的视觉感更加均匀，达到使用要求。

（3）照明设计中的节能措施

北京工人体育场足球训练场，采用120lm/W的LED光源进行灯具制作，LED灯具光学系统效率较高，灯具光通量达到15640lm，灯具利用率较高，在达到150lx平均照度的情况下，共使用180W系统功率LED灯具96盏，总功率为17.28kW。

在设计中充分利用LED灯具的指向性，及灯具出光角度的准确性，合理排布灯具方向，使得灯具应用效率达到最大化，以尽可能少用灯具的前提下实现照明需要。

在实现150lx平均照明的情况下，传统金卤灯需要30盏，1000W灯具进行照明，即本场地应用传统灯具需要35kW负载功率，因此相对于传统灯具来讲，采用LED灯具实现现有的照明效果，将节能50%以上。

（4）照明设计中的新技术、新材料、新设备、新工艺

在本项目中采用了LED光源灯具，LED作为第四代革命性光源，自20世纪90年代年代中期至今，经过二十多年的发展，从最初的5lm/W的光效，至今某些实验室已经发布达到250lm/W的光效，从最初的电子设备的指示灯，逐渐进入主流通用照明领域，LED体积小、亮度高、寿命长、绿色无污染、安全、节能等特点已经慢慢被市场认知。

本项目灯具所采用的光源为集成模组光源，光源效率为120lm/W，灯具效率达到85%，色温为5000K，显色性为68，电源效率为90%；灯具结构设计中充分考虑LED热量所需要的散热面积，因此灯具整体设计满足180W系统功率热量散发。

（5）照明设计中的环保安全措施

本项目中采用了LED光源，LED灯具属于绿色无污染光源，不含有害物质、不含有害光线，色温为5000K，显色性为70，具有舒适的光环境感；灯具排布过程中充分考虑了周边建筑物，避免光源照射到建筑物造成光污染；LED灯具寿命为50000h，大大减少了灯具的维护费用。

LED光源工作电压为30V，属于安全电压范围，电器具有过热、过载、过电压保护。

3. 实景照片（见图2和图3）

图2 高杆灯

图3 鸟瞰

上海当代艺术博物馆展厅照明设计

1. 项目简介

（1）项目说明

上海当代艺术博物馆（PSA）选址于 2010 年上海世博会城市未来馆，前身是始建于 1897 年的南市发电厂，其建筑主体长 128m，宽 70m，高 50m，建筑面积 31088m²。改建后，其建筑面积将增加至 4 万多平方米，展陈面积达到 1.5 万 m²，拥有 12 个展厅。

博物馆于 2012 年 10 月 1 日开馆，是中国内地第一座公立的当代艺术博物馆。上海当代艺术博物馆的目标是搭建起当代艺术与民众之间的沟通桥梁，汇聚国内外当代艺术的优秀成果，利用多种渠道展示、收集和保存当代艺术的优秀作品，为民众打造一个活跃、创新、开放的视觉艺术学习中心。

（2）设计、施工

设计师：胡国剑、李健、左晓薇、章明、张姿

设计单位：上海瑞逸环境设计有限公司、上海傲特盛照明电器有限公司

施工单位：上海建工二建集团有限公司

业主单位：上海世博土地控股有限公司

（3）获奖情况

2012 优化生活贡献奖

2012 同济大学设计研究院（集团）有限公司建筑创作一等奖

2. 项目详细内容

（1）照明设计理念、方法

该项目设计对于展示空间及展品有较出色的整体呈现。在设计中，针对不同的展陈对象在照明方式、照度控制、显色性等方面都进行了细致的研究，最终呈现出层次丰富的光环境，提供了较高的视觉舒适度。在照明设备的选用上，使用了控光精准的 LED 灯具，既满足了节能环保的要求，又在灯具温度、可调节的灵活性等环节上体现出优势。

（2）照明设计中的节能措施

我们在所有的展厅照明中采用了以下节能手段：

1）LED 绿色节能的光源。比传统光源博物馆照明的光源节能 75% 以上。

2）高效率的照明灯具。精准的配光设计以及多元化的配光类型，大大提高了用光效率。

3）节能的照明方式。通过精心的照明设计，提高展厅垂直照明的效果，对整体空间环境照明做出整体控制。保证整体节能效果的同时，突出展品、展厅、建筑的特色。

4）智能化、便捷的照明控制。所有灯具单灯可调，便于各展品的照明效果调整。另外通过系统以及回路调整，对整体的光照水平加以控制。

（3）照明设计中的新技术、新材料、新设备、新工艺

1）专业的博物馆照明技术（见图 1 左侧）；

2）多样的照明配光技术（见图 1 右侧）；

图 1

3）灵活的轨道的照明方式（见图 2）；

4）丰富的灯具配件（见图 3）。

（4）照明设计中的环保安全措施

为了严格控制最终的展陈照明效果，我们根据设计目的对照明相关的器材和各技术方面提出了以下设计要求：

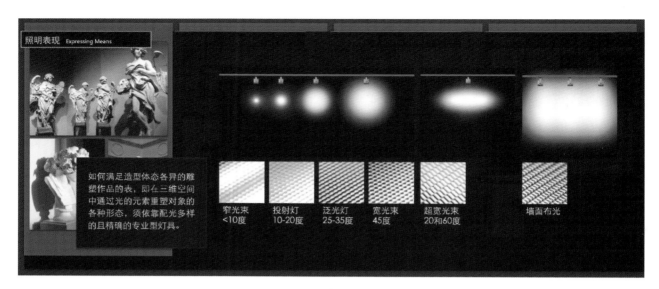

图 2

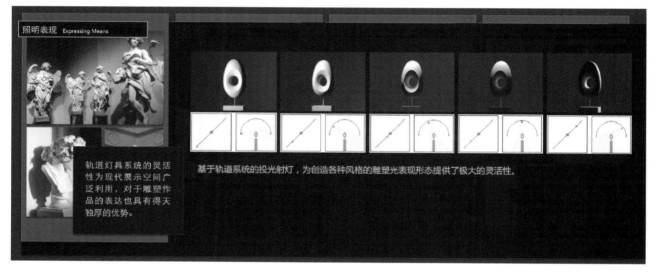

图 3

1）灯具温度的技术要求：为保证 LED 的使用寿命，灯具的最高温度严格控制在 110℃ 以下，正常工作状态下的温度控制在 60℃ 以下。

2）灯具寿命的技术要求：灯具的使用寿命要求不低于 50000h。

3）知识产权的要求：灯具制造商需具有独立自主的知识产权或专利。

4）LED 专业灯具显色性的技术要求：显色性 $R_a > 90$。

5）LED 专业灯具色温的技术要求：

① 灯具应具有低色温和中高两种以上色温供选择；

② 应具有可变色温的灯具，其色温可从 2000 ~ 6500K 之间调节，以符合展陈的需要。

6）电磁兼容性的技术要求：灯具应通过电磁兼容性的测试，避免谐波干扰的产生。

7）灯具的认证要求：灯具须具有欧洲的 ENEC 认证以及中国的 CCC 认证。

8）灯具电器的技术要求：所有灯具要求内置电器，且必须是电子变压器或电子镇流器，其内置保护电容，以保护灯具免受强电流冲击。

9）灯具反射器的技术要求：灯具反射器必须是经过专业光学设计的反射器，且要求采用高纯度阳极氧化铝材质，并通过银色镜面电镀抛光处理。

3. 实景照片（见图 4 ~ 图 6）

图4 细节（一）

图5 细节（二）

图6 细节（三）

国家图书馆基本书库（A栋）照明设计

1. 项目简介

（1）项目说明

本工程位于北京市海淀区国家图书馆宿舍区内，东临国图二期，南侧为国图宿舍区内院，建筑西侧为紫竹院公园，北侧为万寿寺路，是国家图书馆招待所改扩建的工程。南区（一期）建筑群共计15栋建筑（编号A、B、C、D、E、F、G、H、K）。本工程为A栋（基本书库），位于一期的中部，是图书馆用地内最高的建筑，主要功能为书库。本项目地下3层，地上19层，建筑高度61.46m，建筑面积52668m^2。

（2）设计、施工

设计师：陈琪、胡桃、胥正祥、孙海龙、宋大伟、程培新

设计单位：中国建筑设计研究院

施工单位：中国新兴建设开发总公司

验收单位：国家图书馆

2. 项目详细内容

（1）照明设计理念、方法

本工程主要设计理念：在满足规范要求的情况下，尽可能地做到节能、环保、美观。

在设计方法上，主要针对基本书库内距地0.25m高度垂直面的照度值进行了计算。通过对距地0.25m高度垂直面的照度值与竣工后实际测量值进行比较，对设计结果进行考察。

（2）照明设计中的节能措施

1）选用高效荧光灯。

2）在书架行道内使用雷达感应探测器作为感应开关，当工作人员进入书架行道内，灯具自动开启。当人员离开行道

后，探测器延时关闭（延时时间可调）。

　　3）在靠近外窗处的感应器与天然光联动，当房间内自然光足够充足时，能有效地利用自然光，此时雷达探测器检测到人体移动不动作。在室外光线较暗（阴天、黑天时）或室外光线照射低于探测器设定照度恒定值时，雷达探测器正常工作，最大限度节约能源。

　　（3）照明设计中的新技术、新材料、新设备、新工艺

　　本工程在书架行道内使用雷达感应探测器作为感应开关。为改善雷达探测器探测半径造成"误"动作的情况，本工程对雷达探测器探测微波发射曲线进行了调整。将微波发射曲线调整为近似椭圆形，这样相邻行道之间人员行走不会造成探测器"误"动作。调整保护半径后可实现，当人步入书架行道一步后，行道内灯具点亮。当人离开后，探测器延时关闭。

　　（4）验收

　　验收单位：国家图书馆

　　验收形式：四方验收（建设单位、设计单位、监理单位、施工单位）

　　验收意见：照明、插座、母线、配电柜运行正常，符合验收标准

　　（5）使用的主要照明产品

　　荧光灯具：松下 YZ32RZ/G - HF，中性白色（5000K）三基色

　　雷达微波探测器：济南格林

3. 实景照片（见图 1～图 3）

图 1　局部（一）

图 2　局部（二）

图 3　局部（三）

福州三坊七巷民居建筑文化交流中心照明设计

1. 项目简介

（1）项目说明

建筑建于明清时候，在结构上适应了那个年代福州地区潮润、温热的气候环境。南北通道的结构布局，左右山墙开着小门让主座与附座之间流通空气，高出一般民居的屋顶在隔热采光的同时更好地吸纳了东南方向吹来的海洋性空气。各厢房、披榭的雕花门与窗户，夏可透气冬可贴纸镶玻璃，使之构成了适合人居的环境。而福建北部的林产品、东南沿海的花岗岩，成了构屋建材的主要来源。就地挖出的泥土作为无能源污染的建筑材料，构筑的便是夯土的马鞍墙，掘地三尺之后的空穴，便成了花厅中的鱼池和厢房木地板下的防潮深沟。木雕、石雕、砖雕和彩绘，不仅给房主人以人文精神上的寄托，给房主人子孙以传统文化启蒙，而且让工匠们发挥了聪明才智，丰富了建筑本身的艺术观赏价值。

（2）设计、施工

设计师：陆婷、杨杰、陆章

设计单位：容必照（北京）国际照明设计顾问有限公司

施工单位：北京飞东光电技术有限责任公司

业主单位：婺源县茶博府文化服务有限公司

2. 项目详细内容

（1）照明设计理念、方法

夜幕下的老建筑更显得庄重而又神秘，运用光与影的结合，光色的选择，营造一种温暖宜人的氛围。采用基础照明和重点照明相结合的表现方式，以简单的手法实现低调的艺术化氛围，通过灯光变换场景，突出空间因地制宜的现场特点，简洁、实用。

从进门到一进、二进、三进厅的空间，在光环境的空间变换，根据人的视觉感受，以一种古朴的印象展现在人们眼前，营造出优雅、具有文化氛围的光环境。整个光环境映衬下，注重体现光线的柔和，在氛围中添加些与影子的对话，使空间更有些趣味感。用灯光的构成，通过室内某些元素载体，照明上形成一种空间感受，虚实错落，古朴风雅的古典韵味。

（2）照明设计中的节能措施

在效果中，运用了多个回路的控制，并有局部照明、重点照明，根据不同的时段模式，进行调控，在每个进厅中有不同的区别，一进厅为展览模式，所以在照明手法及控制上，采用了重点照明的模式，局部的地方作为点缀；二进、三进为办公环境，所以在局部装饰摆设上运用了局部照明的方式，及满足于空间作用的办公环境照明，及不同办公环境的需求。

为此在本次设计中，都为点缀式的照明手法，及有效地控制光效的扩散；重点、局部、装饰，在本次的设计中所运用，达到设计中节能的效果。

（3）照明设计中的新技术、新材料、新设备、新工艺

在本次设计中，考虑到安装的位置为木质材质，所以在灯具的选择上，要考虑防火的装置。灯具光源为低功率卤素灯及 LED，安装方向增加了防火隔离与火灾报警装置。

（4）照明设计中的环保安全措施

1）严格控制眩光，灯具增加防眩装置；

2）调光控制，根据需求调节亮度。

（5）验收单位、形式、结论意见

我公司委托福州大学土木建筑设计研究院照明设计所设计的"古民居研究中心"项目，从项目定位、照明布局、照明方式、光色控制以及节能运行等方面，能较好地结合古民居的空间特点、功能分布以及使用功能的特性，尤其是在照明表现方式上，较好地把握和运用了空间的光影层次、明暗对比、整体与局部、功能与氛围关系的设计手法；体现了古民居空间照明的整体内敛，纯朴雅致的意境与特色。同时在灯具选择与应用上做到了与环境的融合，在控制与节能技术处理上措施得当。

我公司对本项目的照明设计的效果十分满意。

3. 实景照片（见图1～图3）

图 1　局部（一）

图 2　局部（二）

图 3　局部（三）

第四篇 地区照明建设发展篇

北京城市照明概况 (2011 ~ 2012 年)

王大有

(北京照明学会)

摘　要：本文简要记录了北京市 2011 ~ 2012 年城市照明建设管理发展的简况。论述了北京照明界以节能为中心，从标准、规划、管理等方面入手，为建设"人文北京、科技北京、绿色北京"而开展工作。

关键词：标准规划；照明节能；照明行业动态。

北京的城市照明按照构建中国特色世界城市的设想，依照"人文北京、科技北京、绿色北京"的要求，以节能工作为中心，从规划、标准、运行、维护等方面入手，通过学术交流、技术培训，充分发挥社会各阶层、各行业的积极性和协调作用。

北京的城市照明结合城市的特点和需求，在设计理念、工程质量、管理水平均不断更新、提高的基础上，探索顺应市场经济规律的城市照明建设、管理的方式方法，提升城市照明的照明质量和艺术效果，增强城市照明为国家首都、国际城市、文化名城、宜居城市服务的能力。

本文从标准规划、照明节能、照明行业动态三个方面，简述 2011 ~ 2012 年北京城市照明的概况。

1. 标准规划

（1）编制《北京地区城市照明专项规划》

1）在北京市政市容管理委员会的统一领导、部署下，依靠专业单位和专家，按照"以人为本、服务首都、安全可靠、节能减排、保护环境"的基本要求编制相应的规划。

2）2011 ~ 2015 年北京中心城区景观照明专项规划。北京清华城市规划设计研究院光环境设计研究所在北京市"十一五"期间建设的北京夜间景观照明体系的基础上，根据首都特点、地理位置、区域功能、环境特点、旅游线路等北京市城市建设、发展的需要，制定了《2011 ~ 2015 年北京中心城区景观照明专项规划》。

该规划对城市照明的功能分区，光、色参数分布，照明控制，节能要求给出了较合理的数据控制要求，能够指导并控制全市景观照明的设计、实施与提高。

3）中国建筑科学研究院在北京市路灯管理中心、北京照明学会等单位的配合下，完成了北京道路照明现状的摸底、调研、编制了《北京市道路照明规划》。

该规划科学地引导北京道路照明科学发展和质量提高，满足并保证北京对道路交通安全可靠的功能性照明的需求。

4）各区、县按照《2011 ~ 2015 年北京中心城区景观照明专项规划》的总体要求，先后编制了区、县（或区域性）的城市（或景观）照明规划，用以指导、控制区县级区域性城市（景观）照明的设计、实施，保证《2011 ~ 2015 年北京中心城区景观照明专项规划》的可靠落实。

（2）编制《城市道路照明技术规范》

中国建筑科学研究院、北京市市政市容管理委员会、北京市路灯管理中心、北京照明学会等单位共同编制了符合并满足北京特殊要求的地方标准：DB11/T xxx – 201x《城市道路照明技术规范》，上报北京市质量技术监督局审批。

该标准适用于北京市行政区内新建、扩建和改建的城市道路、与道路相连的特殊场所、城市公共开放区以及居住区、公共环境等处照明的规划、设计和施工安装。该标准在国家标准的基础上结合了首都的如下特点：

1）对北京市的立交桥、过街桥、人行横道、露天停车场以及河湖周边、居住区、郊区、农村、胡同以及建筑工地等相关区域内道路照明的技术要求做了相应规定；

2）适当提高了重点区域道路照明的照度要求；

3）规定了智能控制、节能措施以及设施的运行、维护、安全等技术要求。

（3）修订 DB11/T 243 – 201x《户外广告设施技术规范》

北京市市政市容管理委员会、中国铁道科学研究院铁道科学技术研究发展中心、北京照明学会等单位，根据北京广告业发展的需要，从设施安全性、可操作性和便于管理等方面入手，共同对 DB11/T243—2004《户外广告牌技术规范》做了修订，已上报北京市质量技术监督局审批。

修订后的地方标准内容有如下主要变化：

1）名称改为 DB11/T243—201x《户外广告设施技术规范》；

2）增加了"照明"、"电气系统"、"电气系统施工与验收"、"运行和维护"、"安全鉴定"、"管理"等章节；

3）增加了相关的规范性、资料性附录。

2. 照明节能

（1）《北京市淘汰普通照明白炽灯行动计划》

2011年，北京市发展和改革委员会委托北京节能环保中心和中国照明学会做《北京市逐步淘汰普通照明白炽灯照明节能工程规划》的研究。根据该研究报告北京市发展和改革委员会公布了《北京市淘汰普通照明白炽灯行动计划》。

1）概况。"十二五"期间，以淘汰普通照明白炽灯为主线，通过加强照明设计和照明技术的支撑，应用紧凑型荧光灯、高频T8及T5直管型荧光灯、高压钠灯、金属卤化物灯和LED灯等节能光源及其配套的节能高效灯具，严格控制照明功率密度值（LPD），合理设置智能控制，充分利用太阳能等可再生能源，全面开展绿色照明。

到"十二五"末，全市禁止进口、销售和使用普通照明白炽灯，此举有利于绿色照明发展的市场环境、政策体系以及废旧光源回收处理体系的基本形成。

《北京市淘汰普通照明白炽灯行动计划》的实施时间进度和实施内容见表1和表2。

表1　北京市停止进口和销售白炽灯实施步骤

阶段	实施时间	实施内容
一	2012年4月10日~2012年5月31日	过渡期
二	2012年6月1日起	停止进口与销售功率在100W及以上白炽灯
三	2013年6月1日起	停止进口与销售功率在60W及以上白炽灯
四	2014年6月1日~2014年12月31日	在继续实施第三阶段目标的基础上，开展实施效果中期评估
五	2015年1月1日起	停止进口与销售功率在15W及以上白炽灯

注：1. 过渡期是处理其库存白炽灯的一个缓冲时期，可以减少因政策实施对企业造成的不利影响。

2. 第四阶段中期评估，根据国家和本市淘汰白炽灯实施情况，结合电光源技术发展及照明产品市场变化情况，以及淘汰进程中存在的障碍，对后续步骤淘汰的目标产品、时间及方式进行评估，并依据评估结果对后续政策进行调整。

表2　北京市停止使用白炽灯实施步骤

阶段	实施时间	实施内容
一	2011年12月~2012年3月	在残疾人、低保户家庭和中小学生范围内，以及中小学校领域开展白炽灯换购节能灯工作，推广节能灯500万只
二	2012年4月~2012年年底	在其他领域继续开展节能灯推广工作
三	2013年年底	市级政府机关全面停止使用白炽灯
四	2014年年底	其他公共机构全面停止使用白炽灯
五	2015年年底	宾馆、饭店、商场、商用写字楼和工业企业等生产营业性单位全面停止使用白炽灯

2）实施状况。2011年11月21日按照《北京市淘汰普通照明白炽灯行动计划》的统一安排和国家提出的"适度向农村和边远、贫困人群倾斜"的要求，正式启动第一阶段在本市低保户、残疾人、中小学生、中小学校等范围、领域推广实施工作。第一阶段于2012年6月完成，全市共推广节能光源497.06万只，其中紧凑型荧光灯为356.62万只、直管型荧光灯为140.44万只。

2012年市旅游委在宾馆饭店做推广应用LED筒灯、LED射灯的可行性调研，根据调研结果，提出可推广应用约64万只LED灯的需求。按计划，2012年年底北京市发展和改革委员会，实施了LED筒灯、LED射灯供货企业的入围评审，部署了下一阶段在其他领域继续开展节能光源推广工作的计划。为2013年在推广LED灯做好准备。

（2）"北京城市照明节能技术研究"课题

2011年北京市市政市容管理委员会委托北京照明学会，开展"北京城市照明节能技术研究"课题的研究，该研究课题按时完成，提供了两项研究成果：研究报告和北京市地方规定《城市照明节能要求》。

1）《北京城市照明节能技术研究》研究报告。该研究报告论述了北京城市照明节能的必要性和可行性；简介了北京城市照明现状的基本概况；论述了北京城市照明节能工作的成绩、问题与不足；分析了实现城市照明节能工作中，不可缺少的几个重要环节：照明管理、规划标准、设计方案、器材选择、控制方式以及运行维护等；提出了北京城市照明节能基本原则和考核目标。强调城市照明节能、保护环境、实施绿色照明是一个系统工程。

该研究报告根据北京现状提出了节能目标以及实现目标的措施与建议：

①"十二五"期间北京城市照明节能的考核目标。

综合管理性指标：考核管理、制度、规划、运行、控制、统计、分析等环节；

技术性控制指标：以地方规定形式规定照明器材能效等级、城市照明节能指标。

② "十二五" 期间，实现北京城市照明节能预期目标的实施建议。

2）北京市地方规定《城市照明节能要求》。《城市照明节能要求》结合北京城市照明的实际情况：

① 规定在北京城市照明中应用的照明器材，应达到的能效指标等级。

② 提出北京的特殊区域允许高于国标照明指标和照明功率密度值具体指标。

③ 在城市照明中宜采用的节能控制方式。

④ 为保证北京的特殊需求和照明质量，提出使用新产品、新技术的应用程序。

该规定将由北京市市政市容管理委员会适时公布实施。

（3）照明工程节能

1）北京城市照明遵循建设部和北京市相关政策制度，依照《北京市城市照明专项规划》和北京市地方标准：DB11/T 388.1~8—2006《城市夜景照明技术规范》、DB11/T 731-2010《室外照明装置干扰光限制规范》等的规定，要求北京市新建、改建的照明工程必须有效地节约能源、实现节能指标，因此在工程中，科学、有序地实施、推广使用节能新光源、高效节能灯具以及智能控制技术。2011~2012 年完成了室内外多项照明工程（2011~2012 年，照明工程项目以及烘托节日、重大活动氛围的临时性装饰照明的实景照片及详细介绍，分别在 2011~2012 年期间的北京照明学会的《照明技术与管理》和中国照明学会的《照明工程学报》、《照明技术与设计》中刊出，在此不再做详细说明）。

2）道路照明。北京的道路照明日趋完善，每年都完成有几十条道路照明改造，淘汰了白炽灯、高压汞灯，应用节能新光源和高效节能灯具。城区完善了道路照明的智能控制，达到城区路灯按北京地区的日出日落的时间变化和路面照度情况而开启、关闭，保证在特殊需要时、极端天气变化时北京的道路照明均能满足实际需要。

根据北京的特殊要求，积极、慎重、安全可靠地应用节能新产品、照明新技术：安装了无极灯等新型节能光源；城区照明基本上实现了智能联网控制；在多条城区次干道进行 LED 路灯的试验性安装，并进行长期照明效果的监测。

郊区县因地制宜分别采用：在新建道路安装 LED 路灯；在原有道路改装 LED 路灯；采用合同能源管理改造等多种形式，逐步进行了 LED 路灯的改扩建工作。

3）景观照明。2011~2012 年，北京地区的景观照明工程，绝大部分都采用以 LED 灯为主的节能新光源及其配套灯具。景观照明可分为永久性的，即以各种建筑物、园林绿地、水系为载体的照明工程和为烘托节日、重大活动氛围的、时效性较强的，即在重点区域、重要活动场所、宾馆饭店、街心广场等特定活动场所临时设置的装饰照明两个部分。

① 永久性的景观照明在原有的基础上，重点进行调整、改进、提高，如：

a. 天安门城楼更新了设备、调整了布光、减少了眩光，不但提高了照明质量和照明效果、进一步节约了能源、还有利于日常维护管理；

b. 长安街沿线建筑物的夜景照明在业主的配合下不断改进更新、保持并提高了整体效果，降低了能源消耗。

c. 依照《北京中心城区景观照明专项规划》，根据北京市城市建设的进度，北京市及各区县先后分别实施了 "卢沟桥、宛平城景观照明"、"西城滨河公园景观照明"、"南海子郊野公园照明"、"东华门大街夜景照明"、"海淀区夜景照明集中控制"、"中国花卉博览会主展馆照明"、"农展馆立交桥夜景照明"、"雍和宫立交桥夜景照明"、"西六环阜石路立交桥夜景景观照明"、"朝阳区东三环地区夜景照明" 等照明工程。

② 为烘托节日、重大活动氛围的、时效性强的临时性装饰照明，如：

a. 国庆、两会期间，在天安门地区、长安街沿线等重点区域设置反映具有中国特色社会主义建设辉煌成就、突出重大活动内涵，烘托节日氛围的各种装饰性照明；

b. 春节等重大节日，在园林公园、商业街区、宾馆饭店以及相关的重点街区，根据节日特点设置具有民族特色、区域风格、娱乐观众的各种灯会和景观照明。

4）室内照明。2011 年、2012 年，北京市应用节能新光源和高效节能灯具进行了多处室内照明工程的改造。照明改造的典型案例是："人民大会堂大礼堂半导体照明节能示范改造"、"长安大戏院舞台灯光改造"。

① "人民大会堂大礼堂半导体照明节能示范改造"。人民大会堂管理局、国家发展和改革委员会、国家半导体照明工程研发及产业联盟，组织专家和相关企业在人民大会堂大礼堂进行现场试验、召开专家论证会，在保障大会堂绝对安全、全面满足照明需求的前提下，制定了统一规划、总体设计、分步实施的半导体照明节能改造的技术方案和工作计划。

a. 2011 年年初，"人民大会堂舞台照明" 在全国 "两会" 召开之前改造完成。主席台上原有的 160 盏 1kW 卤钨灯及其灯具全部更换为可调光的 LED 灯具，总功率下降了 70%，节能效果显著。经测试，主席台会议照明质量和环境效果明显改善，满足了各种会议的主席台照明要求。

b. 2012 年 "人民大会堂大礼堂满天星照明" 于十八大召开前改造完成。原有的双螺旋白炽灯及其灯具全部更换为可调光的 LED 灯具，经测试，大礼堂的照明质量符合国家标准要求，环境照明效果明显改善，满足了在人民大会堂大礼堂召开各种会议、举行各种活动的照明需求，同时照明用电量降低了 70%，照明节能显著。

② "长安大戏院舞台灯光改造"

长安大戏院舞台应用大功率 LED 舞台灯具后，舞台照明用电量下降了 83%。由于 LED 舞台灯具有效地降低了舞台的环境温度，从而减少了空调的能源消耗，综合节电效果更是十分明显。舞台的灯光照明，既满足了舞台照明质量、演出效果的需要，又较好地改善了舞台的演出环境。被国家发展和改革委员会列为"高效照明节电技术最佳实践案例"之一。

3. 照明行业动态

（1）"北京优秀照明工程评优活动"

北京照明学会组织的"北京优秀照明工程评优活动"每两年进行一次评选。活动反映了北京照明工程的实际水平；活动鼓励、激发了照明工作者的创新能力、推动了北京照明技术、照明事业的发展。

"北京照明学会 2012 年度优秀照明工程"是第四次评选，评审专家组按评选程序、采用无记名投票方式产生的评选结果，在北京照明学会网站、北京市科学技术协会网站上公示了 20 天，最后的确认结果如下：

1）特等奖　两项：

清华大学百年会堂观众厅室内照明设计（清华大学建筑设计研究院有限公司）；

宛平城地区夜景照明景观建设工程（北京海兰齐力照明设备安装工程有限公司）。

2）一等奖　三项：

西安楼观台道教文化区夜景照明工程（北京广灯迪赛照明设备安装工程有限公司）；

重庆园博园夜景照明工程（北京良业照明技术有限公司）；

首届广州国际灯光节（北京清华城市规划设计研究院光环境设计研究所）。

3）二等奖　七项：

西六环阜石路立交桥、涌雕塑景观照明（北京海兰齐力照明设备安装工程有限公司）；

光明桥景观照明工程（深圳市高力特实业有限公司）；

开封龙亭湖景区夜景照明（北京海兰齐力照明设备安装工程有限公司）；

常州三河三园景观整治照明设计（北京清华城市规划设计研究院光环境设计研究所）；

中央电视台新址主楼室内照明设计（松下电器（中国）有限公司环境方案公司）；

全国政协文史馆室内照明（广东朗视光电技术有限公司）；

承德市中心区照明规划（2010－2020）（北京高光环艺照明设计有限公司）。

4）三等奖　十项：

贵州铜仁梦幻锦江景观照明工程（北京海兰齐力照明设备安装工程有限公司）；

包头市体育会展区建筑照明工程（北京良业照明技术有限公司）；

北京百子湾会所照明设计（北京清华城市规划设计研究院光环境设计研究所）；

广州发展中心大厦建筑照明设计（北京清华城市规划设计研究院光环境设计研究所）；

北京大兴宾馆夜景照明工程（深圳市高力特实业有限公司）；

中国花卉博览会主展馆照明工程（北京清华城市规划设计研究院光环境设计研究所）；

武汉火车站照明工程（北京清华城市规划设计研究院光环境设计研究所）；

临朐城区景观照明规划设计（央美光合（北京）环境艺术设计有限公司）；

珠江新中轴景观照明详细规划（北京清华城市规划设计研究院光环境设计研究所）；

常州一路两区照明规划与设计（北京清华城市规划设计研究院光环境设计研究所）。

（2）管理机构

北京市及各区县的市政市容管理委员会，设置、调整了管理城市照明的专职处室（或人员），进一步理顺了各区域的城市照明管理范围、职责；完善了城市照明的规划、标准和规章制度；执行夜景照明行政许可审批；按管理范围检查城市照明质量和安全；提高了对城市照明的监督管理水平。

北京市路灯管理中心更名为北京城市照明管理中心，职责范围扩大到城市照明的各个方面，提高了对城市照明的精心维护、科学运行的技术内涵和管理水平。

（3）行业学（协）会

在北京的与城市照明有关的、具有独立法人的行业学（协）会有五个：

成立约 30 年的有：中国照明学会；中国照明电器协会；北京照明学会；北京照明电器协会。四个学（协）会先后在 2011 年、2012 年进行了换届改选、选举、更新了理事会和学会领导。

2012 年在北京市政市容管理委员会的支持下成立了北京市城市照明管理协会。

学（协）会在各自章程规定的业务范围和区域内开展工作，虽然在人员、活动等方面互有交叉和影响，通过多年的磨合、交流、协作共同促进了北京地区照明事业的发展。

（4）照明企业进军文化产业

随着科学技术的发展、照明技术对各种文化艺术表现形式效果的烘托、渲染作用不断的增强，已成为展示文化艺术不可或缺的重要手段；城市照明也必须体现文化艺术修养。

北京的部分照明企业在原有照明业务的基础上扩大业务范围，利用照明科学技术的优势进军文化产业，拓展照明企业的发展空间。

4. 结束语

多年来，北京的城市照明建设与发展及其对北京市容市貌、各种重大活动的作用和影响说明，城市照明是实现城市安全稳定、和谐发展、健康宜居的重要保障设施之一，是社会各阶层、方方面面的人员都关心的事情：城市照明质量涉及全体公民的切身利益和安全；城市照明效果体现了该城市的文化艺术修养和管理水平；城市照明的能耗表明了照明界的技术能力。

因此，从事城市照明规划设计、工程建设、运行维护的科技人员、建设人员、管理人员以及运行维护人员，必须兢兢业业、踏踏实实，广泛征求社会各阶层对城市照明的意见和建议，努力提高技术业务水平，不断提高建设国家首都、国际城市、文化名城、宜居城市服务的能力，根据城市建设不断发展的需要和科学技术水平的提高不断更新设计理念、完善城市照明建设，实现"人文北京、科技北京、绿色北京"的要求。

参 考 文 献

［1］北京市淘汰普通照明白炽灯行动计划. 北京市发展改革委员会，2011.
［2］北京城市照明节能技术研究［R］. 北京照明学会，2012.
［3］"大功率LED舞台灯具在长安大戏院的应用"［N］消费日报. 2012（24）.
［4］照明技术与管理［J］. 北京照明学会，2011～2012年.
［5］照明工程学报［J］. 中国照明学会，2011～2012年.
［6］照明技术与设计［J］. 中国照明学会，2011～2012年.

2012 年度上海城市照明发展与建设

郝洛西　林　怡　崔　哲　徐俊丽　曾　堃
（同济大学高密度人居环境生态与节能教育部重点实验室，同济大学建筑与城市规划学院）

摘　要：本文主要记录了2012年度上海市城市照明建设的轨迹。文章分为照明规划及项目建设概况、主要规范及政策、主要学术论坛会议、主要企业动态四个部分，分别阐述了上海照明行业的重要举措以及主要活动。2012年度上海市城市照明建设充满了活力与挑战。城市照明管理规划、建设项目照明方案、高新技术交流平台搭建、新技术在城市公共层面的应用改造等方面都得到了迅速的发展和极大的提高。2012年度上海市城市照明建设成功地完成了后世博时期承上启下的历史转型，对照明行业未来的发展起到了极大的推动作用。

关键词：上海；照明规划；照明建设；照明技术；2012年鉴

1. 前言

2010年世界博览会圆满谢幕后，上海市照明建设面临着后世博的机遇与挑战。世博会的成功，将我国的城市夜景照明推向了一个前所未有的认知高度，同时，也对后世博夜景照明建设提出了更高的要求。回顾2012年，在各级行政机关的领导下，上海市城市照明建设依然保持着可喜、迅猛的发展势头。从宏观的城市夜景照明管理规划，到具体建设项目的照明方案；从政策法规的实施颁布，到照明业新平台的搭建；从照明技术学术论坛的召开，到照明设计论坛的举行，我们可以深刻地体会到上海市城市照明建设工作正在大步前行。

2. 2012 年度上海市照明规划及项目建设概况

城市整体夜景照明规划的发展，在一定程度上反映出城市的历史文化底蕴，社会经济发展状况，居民的生活水平及政府的城市建设能力，有着重要的社会、经济和环境意义。2012年度上海市各行政单位针对提高城市夜景照明品质，积极展开了多项城市整体夜景照明规划项目，进行了大量的照明建设以及照明改造项目。项目通过"点、线、面"多层次、多角度集中展开，着意打造、提高上海城市整体夜景照明品质。通过不懈的努力，保证了上海市夜景照明规划的统一性、连续性，夜景照明现状得到较大提升。

浦东新区的城市夜景照明经过近二十余年的建设开发，在一些重要景观片区、景观轴线以及景观节点取得了显著的成就。随着浦东新区行政范围的扩大，以迪士尼为核心的国际旅游度假区的初步成型，前滩、耀华、南滨江、后世博片区的发展，洋山港临港新城、机场保税区、外高桥一线的上海自由贸易试验区的建立，一个崭新的、活跃的浦东新区仿佛跃然于眼前。为了使浦东夜景照明建设配合浦东新区的高速发展，上海市浦东新区市容景观管理署针对浦东新区夜景照明建设管理进行了专项规划。专项规划遵循《浦东新区土地利用总体规划修编（2010 – 2020）》、《上海市浦东新区总体规划修编（2010 – 2020）》、《浦东新区旅游业发展"十二五"规划》等上位规划内容，着眼于浦东整体 1405km² 行政管辖范围、700万规划人口的整体平衡发展，结合《浦东新区景观灯光规划纲要》、《上海市浦东新区景观灯光规划（2004 – 2010）》等上位专项规划内容，主力打造浦东新区三个世纪核心夜景节点（陆家嘴、世博前滩、迪士尼国际旅游度假中心）；三个副市级夜景节点（花木、张江、南汇新城）；四个片区中心节点（外高桥、周浦、惠南、龙阳新博）以及一个历史文化风貌区节点（新场古镇）的夜景照明管理规划。由于新区行政辖区范围广，辖区功能涵盖商务办公、交通运输枢纽、高新产业基地、国际旅游度假、生活居住及生态湿地等复杂类型，片区发展阶段差异较大等特点，本轮规划首先将重点区域划分为完善提升区、调整建设区、规划建设区三类，针对不同区域分别进行了大量的现状调研工作。基于调研工作成果，提出针对性极强的管理规划方案。其次，在总体照明规划部分，针对夜景照明控制力度、环境亮度、照明色温、彩色动态光使用方面进行了详细的分级控制规划，以确保浦东新区照明规划的整体性、统一性、互补性；在分项规划部分，通过针对建筑外观、广场公共空间、生态绿地、桥梁滨水、城市天际线等不同夜景照明载体，提出了完整、细致的管理控制规划意见。最后，基于前期的调研成果，对各重点区域分别进行了夜景照明管理控制方案的设计。规划保持了上位规划的延续性，基于详实的基础调研数据，涵盖了宏观管理控制以及各重点区域的方案设计，内容框架完整，具有极强的可操作性。

宝山区通过滨江新城夜景规划，对自然景观的夜景照明水平起到了极大的推动作用。根据区域内不同路段的定位与需求，规划设置了各具特色的夜间照明景观，通过"爱之滨"的设计概念，打造"宜居、幸福、和谐"的宝山之夜。规划中充分发挥 LED 新光源的特性，采用互动、投影等方式，使得环境氛围既温馨又活泼。景观灯光维护管理方面，采用智能控制、智能调光和智能感应系统，能实时监控整个景观灯光的能耗情况，并且分区、分段控制灯光的开启与关闭，整个照明系统高效节能。

公共设施照明项目方面，为进一步加强地铁车站站台候车的安全提醒，上海市轨道交通推出了两项全新的安全警示。轨道交通 3 号线的宜山路站正在进行试点，将原有的安全警示黄线改装成全新的 LED 闪光安全灯带，红、黄、绿三色交替显示；同时，还有一项与闪光灯带同步提示的自动语音播报装置，提醒乘客安全有序地乘车。此外，LED 照明在过去的一年里也出现在上海的公交车厢内，由 LED 节能灯泡取代了原先顶部的两排日光灯管。灯光系统的布局也有所改进，采用左右两边交错的方式，使光线更加柔和且易于乘客视觉辨识。根据节能减排、打造绿色隧道的要求，上海市建交委、路政局等多方参与了《LED 隧道照明应用技术指导意见》的编制工作，并将大连路隧道作为试点，在其东线隧道江中段试装最新的 LED 灯，具有与原有隧道荧光灯原位换装、可无线调光等特点。

重点夜景照明节点方面，上海金山东林寺，对其寺外广场进行了夜景照明设计，并且成功举办了 2012 金山旅游节，通过夜间的灯光表演充分展示了民族文化。古猗园内的古建筑、驳岸、桥梁等经过增置和改善景观性照明，使 LED 柔和的暖色光为市民游客带来美轮美奂的视觉感受。敷设总长为 6000m 的景观性照明带，着重突出建筑、水体、桥梁、沿线景点这四部分的照明效果。营造园林景致夜间古朴、幽静的独特氛围。南浦大桥作为连接浦江两岸的主要桥梁之一，是该区域夜景的主体。其夜景照明方案通过 LED 点光源的使用，采用泛光照明、内透光照明及其组合的照明方式，配合智能控制系统，表现盘龙昂首般的桥梁结构之美。设计中根据被照场所的功能、性质、环境区域亮度、表面装饰材料等，确定照度或亮度需要的标准值，采用高光效光源、高效灯具和节能镇流器，并且设置平日和假日模式，既能演绎精彩的夜间景观，又能满足节能环保的要求。

主要国际旅游度假区域方面，上海市迪士尼主题乐园主体工程已经全面启动，目前迪士尼度假区中的 2 家酒店夜景照明设计方案已经公示，迪士尼乐园将成为 LED 集成应用的新亮点。上海产业技术研究院依托国家半导体照明应用系统工程技术研究中心，重点攻克制约半导体照明产业发展的成本和可靠性等瓶颈问题，推动半导体照明行业标准的建立，提升产品的设计水平，带动上海 500 家半导体照明企业的发展。以迪士尼乐园作为集成应用的新亮点，让曾经闪耀世博的 LED 之光更加璀璨。

商业办公建筑照明方面，上海中心大厦的照明方案，充分采用国际先进的照明节能技术，合理应用智能照明控制系统，其中包括最新的高效率 LED 固态光源、数字可视化照明信息传输系统、动态感应恒流明照明技术、全方位中央绿色照明控制系统等，恪守绿色节能标准，最大限度地降低大厦的能源消耗。据统计，仅上海中心综合区域和办公楼室内照明系统，年节约标准煤超过 4000t 以上，减少二氧化碳排放约 10000t，相当于为地球种下了数十万棵树。

飞利浦照明公司将总部搬迁至位于上海漕河泾的星联科研大厦。作为飞利浦中国区的销售总部与全球灯具研发中心之一，该公司的照明设计充分展现了最先进的照明科技及现代办公楼的外立面照明趋势，在呈现飞利浦新办公楼标志性的同时，以实际典范述说飞利浦的理念——光，创见无限潜能。整个照明设计理念最大的创新点来自立面媒体屏点阵。为了突出飞利浦照明的标志性及其价值观，选取了动态的照明点阵系统与中国传统的篆字文化，摩擦出灵感的火花。在近距离尺度，"照明点亮生活"等六个篆字体依次亮起，代表着企业理念与本土化的水乳交融，提升员工自豪感的同时，增加了社会认同感；在中远距离尺度，一个个独立的篆字体联合起来，组成了更大的画卷，时而色彩斑斓，时而宁静优美，为上海这座城市增添了无穷的魅力。此外，飞利浦漕河泾新办公楼的室外照明设计，全部选用了 LED 绿色节能照明产品，通过 LED 自身的光效优势及可灵活控制的特性，结合深夜模式等节目效果的编排，相比于传统泛光照明节能 70% 以上，并最终获得了 LEED 金奖认证。

中企联合大厦项目位于上海市奉贤区南桥新城望园路与百秀路交汇处，由上海奉贤南桥新城建设发展有限公司投资开发。项目总建筑面积近 13 万 m²，包含甲级办公楼、创意办公、主题文化商业中心、创意产品展示中心等，是上海南桥新城地标性的城市精品综合楼，也是代表上海一流水准的独具特色的现代时尚文化休闲商业中心。考虑到建筑体型高大，可视范围广阔，高层塔楼的照明设计作为该项目的重点内容，采用轮廓勾边、顶部泛光、内透相结合的照明方式，具有显著的可识别性。同时，商业裙房采用内透、嵌入式灯条等方式，并将 LOGO 与橱窗相结合，很好地营造了商业氛围。此外，中企联合大厦项目还考虑了室外景观照明，广场地面采用折线铺装结合 LED 地埋条形灯的形式，并利用投影、旱喷、灯柱等丰富室外广场的夜间景观。

中华艺术宫的展陈照明设计提出了三部分内容：基础灯光、专业灯光和灯光控制；实现六大基本原则：保护性原则、高品质原则、科学合理原则、可持续发展原则、高效节能原则、人性化原则。在妥善地保护好珍贵的历史和文化展品的前提下，通过专业和先进的 LED 展陈照明技术，尽可能使展品降低光学辐射（包括可见辐射、紫外辐射和红外辐射）的损害，并为观众创造良好的视觉环境。

上海当代艺术博物馆（PSA）展陈照明设计过程中，通过创新的照明技术和一体化的照明设计，简洁、合理地布置照明器材，针对不同的艺术品采用不同的照明表现方式，并结合展厅的空间特征，解决了各类不同高度的展厅与风格迥异的当代艺术视觉呈现的问题，保障了光照环境的整体质量以及展品的光照质量，实现了艺术品与观众之间的视觉互动，体现了展厅的工业建筑风格元素。

此外，商品住宅开发商也越来越重视景观照明建设。上海严家宅三期嘉天汇通过建筑与照明高度一体化设计，利用建筑框架预留的反光槽隐藏灯具，充分发挥 LED 小巧的特点，通过间接反光的方式，均匀洗亮整体的方形框架，光色温暖柔和，营造舒适温馨的住区光环境。

照明改造工程方面，北京东路 2 号房屋修缮亮化工程以东立面、南立面为主要照明立面，西立面和北立面为次要照明立面。按照建筑的三段式风格分层次布光，表现新古典主义建筑折中风格的特点。首先，考虑日间美观与夜间效果的和谐共处。由于是改造建筑，管线及灯具隐藏成为该工程实施的难点，设计中特别注意利用线脚隐藏线缆，选用小型化高效能的灯具，其外观尽量与建筑色彩、质感达到统一。其次，北京路 2 号的外立面照明保持与外滩建筑群夜景的延续与统一。由于地处外滩历史文化风貌保护区内，且东立面为外滩的主要立面，因此需延续外滩建筑群夜景的基本色调及亮度。其控制接入外滩建筑灯光管理系统，进行统一管控。此外，节能高效的照明系统（电光源、灯具配件及控制系统）与古典的建筑在夜间融为一体，体现出夜景的典雅与辉煌。

上海 7-11 便利店已经有 50 家导入了 LED 灯具，而之后新开的店内照明将全部使用 LED 灯具，一年内可全部导入完毕。今后包括店内照明、招牌照明等都将全部使用 LED 灯具。今年所有门店预计可节省电 63 万 kW·h，达到节能降耗的目的。上海市工商局准备对大楼公共区域的照明设备进行改造，初步打算将现在使用的节能型筒灯换成 LED 灯，预计将节能 81% 以上。上海国际展览中心对其室外灯具也进行了更新与替换。

2012 年上海市举办了多处公共艺术灯光演示活动。新年伊始，上海外滩倒计时 3D 灯光秀使用了大量目前世界上最先进的照明设备。根据创意要求并结合外滩建筑独特的多凹凸、多线脚的立面特征，配备 35 台数字投影机，建筑投影的覆盖面从上海浦发银行大厦一侧横跨至海关大楼另一侧，面积超过 9000m²，规模宏大。外滩上万国博览建筑群幻化成巨大的屏幕，一幅幅或瑰丽或奇崛的画面呈现在观众眼前，给人以别样的视觉享受。

盛世中华艺术宫、上海当代艺术博物馆开馆盛典上，采用歌唱、绘画、舞蹈和投影技术联动，利用中华艺术宫的台阶和墙面 3000 多 m²，共计使用了 400 多盏电脑灯，55 台投影机。在宽 205m、纵深近 50m 的巨型台阶和建筑墙体上实现了整体投影，进行了长达 52min 的多媒体影像展示，其技术参数十分精准。将世博原址变成了一幅瑰丽的光影画卷，中外名家的书法绘画精品在中西合璧的抒情音乐伴奏下通过高科技美妙呈现。

上海中心区在中秋国庆期间打开所有夜景灯（包括节庆彩灯、内光外透等楼宇灯、户外广告灯、主要商业街橱窗灯、高架道路护栏灯，南浦、卢浦大桥以全彩亮灯），各郊区、县根据各自实际情况制定开灯范围。连续亮灯 8 天，打造出"火树银花不夜天"的美景，供广大市民、游客欣赏。

上海大宁灵石公园以"艺术、创新、绿色、生活"为主题举办上海优秀灯光作品展，要求参展作品注重装饰艺术和照明技术的结合，注重节能光源和环保材料的运用，同时还需注重光源的位置、光照的强度，以及整体的和谐度等因素。从来自全国诸多作品中挑选了 26 组作品进行展览，作品中 90% 的光源采用了 LED。作为首次专门展出景观灯光的公益活动，这次作品展充分展现灯光艺术魅力的同时体现低碳生活的理念，提升上海的创意文化形象。

3. 2012 年上海市在照明规划方面颁布实施的主要规范及政策

为适应上海市城市建设的进一步深化，照明技术高速发展及照明节能需求的不断提高，照明行业规范必须持续完善，以适应不断涌现的问题及情况。2012 年，上海市为了规范照明行业管理，指导照明项目建设，完善照明维护方法，主要完成以下重要工作：

（1）新修订的《城市环境（装饰）照明规范》发布

经过修订的《城市环境（装饰）照明规范》经上海市质量技术监督局审查批准予以发布，并于 2012 年 12 月 1 日起实施。修订后的规范使上海市景观灯光的管理工作更加有序、可控。其适用范围增加了广告、招牌和标识、灯光小品和雕塑、节庆彩灯等景观照明设计、安装以及管理的内容；规范性引用文件增加了国内外相关的最新标准；术语与定义增加与正文相关联的内容，并在禁设区、展示区、控制区进行了划分；总则以国内现行标准（JGJ/T163—2008）《城市夜景照明设计标准》为依据，将城市区位的功能性质，按照环境亮度划分为 4 个环境亮度区域。

（2）完善路灯运行维护管理体制

为改善长期以来上海市内路灯一直未能作为市政设施纳入政府管理范畴的现状，本年度上海市建设交通委与部分照明企业就业务运营模式及技术方案等进行了多次研究和探讨，希望尽可能通过市场机制进行路灯节能改造。同时，进一步明确了上海市各类路灯的运行维护和管理体制方案，并对快速路照明设施先期进行节能改造。

（3）《景观灯设施管理办法》将出台

为加强节能减排、减少光污染和规范景观照明，上海市《景观灯设施管理办法》在 2012 年度展开了紧张的制定工作。该办法将进一步明确景观照明设施设置、启闭要求，节能减排和控制光污染等措施，并提出"凡新建、更新和改造的景观灯项目，使用的节能产品必须达到 90% 以上"。

4. 2012 年于上海市举办的关于照明的主要学术论坛及重要行业会议

2012 年上海照明产业学术论坛及行业会议依旧活跃。其内容涵盖行业标准及发展趋势、新技术研发、绿色节能照明的生态环境评估及市场模式探讨、室内外光环境设计、照明产业新平台搭建等多个方面。

（1）行业标准及发展趋势论坛

半导体照明/LED 标准宣贯会（2012 年）由工业和信息化部电子信息司、消费品工业司、科技司联合举办。宣贯会于 10 月 30 日、11 月 1 日两日在上海市召开。会议主要围绕半导体照明技术标准、中国标准化工作机制与工作程序、中国半导体照明技术标准体系、中国半导体照明技术标准现状与规划设想、工程建设标准情况介绍、照明工程建设应用标准等方面对现行半导体照明/LED 相关标准进行全面梳理，并基于住建部"十二五"城市照明工作、对未来 LED 照明工程应用的思考等内容进行了深入的探讨。

中国 LED 照明论坛（2012 年）由中国照明电器协会主办，中国照明电器协会《照明》杂志编辑部承办。论坛于 7 月 18 日~7 月 20 日在上海国际会议中心召开。本届论坛以"质量、功率、立异、发展"为主题，梳理总结了目前为止我国 LED 照明产业的应用经验，国内外 LED 发展信息；研讨了产业发展趋势及相关标准；明确了 LED 照明光源、灯具、驱动、控制技术的发展方向。

照明电器学术交流研讨会（2012 年）由中国照明学会灯具专业委员会和中国照明电器协会电器附件专业委员会主办。会议主要针对照明产业形势分析，LED 室内白光照明应用分析，广东 LED 照明产品评介标杆体系，北京 IEC/TC34 工作组会议情况等方面进行了交流，并对 TM-21 进行了介绍。研讨会还对 LED 控制装置标准中主要安全和性能要求及产品常见问题进行了深入交换意见。

上海照明科技及应用趋势论坛（2012 年）探讨了照明产业的技术创新、产品创新、商业模式创新、经营模式创新、品牌运作创新，以"照明产业·创新驱动"为主题，寻找行业新的增长点，探索上海区域特色的照明生产服务体系，推动"政府引导、行业监督、企业发展"的全方位合作，引领照明产业智慧和健康发展。

（2）新技术研发论坛

2012 年度上海光源技术研发方面也取得了卓越的成就。特别是由中国无极灯产业联盟主办，12 月 20 日、21 日在沪召开的无极灯的电磁干扰研讨会，推动了无极灯生产企业的技术交流，促进了无极灯生产企业健康发展。研讨会深入研讨了电磁干扰的种类、现象和防干扰技术，电磁干扰现象和消除技术及无极灯灯具设计等方面的议题。

医学照明方面，上海目前已建立了医用半导体照明联合实验室，研究 LED 光源在医疗方面的应用。根据研究成果，LED 光源不仅对伤口愈合有比较显著的效果，还对淡化色斑、缩减皱纹等有功效。

此外，上海市计划推广 LED 家庭农场。家庭农场以 LED（发光二极管）为光源，依照植物生长规律，对于不同种类和生长阶段的蔬菜，设定不同的灯光光谱，从而集中提供植物生长发育所需的光照环境。

（3）绿色节能照明的生态环境评估及市场模式论坛

中国科协、中国照明学会于 2012 年 10 月 9 日在上海召开了"青年科学家论坛——照明对生态环境影响的量化观测与评价"，旨在探讨照明对生态环境的影响，培养照明领域优秀青年科学家。近年来，照明对生态环境、人类健康、动植物生理等的影响及研究，特别是光污染、光生理、光生物安全等方面的研究引起了人们的广泛重视，本次论坛将这些热点问题展开了深入探讨。

随着经济生活的高速发展，寻求孕育在自然环境中的可持续发展的工业发展模式是各个产业面临的重大课题。国家"十二五"规划也对城市发展中的能耗消减提出了更高的要求。在照明工业方面，随着对节能技术要求的提高，拥有高集成化、自动化、信息化的新型控制系统将进入高速增长期，释放巨大的市场潜力。照明与建筑之间是相辅相成的关系。照明与建筑的系统性融合必将大大推动建筑整体能耗的削减。基于以上理念，由中国建筑业协会主办的第六届上海国际智能建筑展览会于 2012 年 9 月 20 日~22 日在上海世博展览馆举办。本展览会是国内智能建筑业界唯一的专业展会，展会立足于高速发展的互联网和信息通信技术，通过对照明等建筑内部系统的统合控制，分时间、分场景统筹控制系统的运作方式，从而达到降低建筑整体能耗的目的。展会以品牌创立为目标，以"商业性、专业性、国际性"为原则，为科研开发者、商品制造商及终端用户打造了一个重要的交流平台。此外，新型节能光源的推广也为绿色节能照明系统起到巨大的推动作用。5 月 28 日，中国节能协会国际合作项目在上海科学节能展示馆向上海亚明照明有限公司、上海科学节能展示馆授予"中国绿色照明教育示范基地"证书与牌匾。该示范基地肩负着向全社会推广节能低碳理念，提倡节能低碳技术和产品的进步和普及应用的任务，也是上海市企事业单位、社区街道、大中小学的节能低碳照明的重要宣传教育重要场所。

近年来，新型半导体光源与人类生理健康之间的关系受到广泛的关注。特别是关于 LED 光源蓝光危害有较大争论。国家电光源质量监督检验中心（上海）副主任教授级高工、上海时代之光照明电器检测有限公司副总经理、上海市照明学会理事长俞安琪就 LED 蓝光危险性检测进行了详细的实验分析论证，发表了《LED 照明产品蓝光危害的检测分析和富蓝化的分析及建议》一文。以 GB/T 20145—2006/CIE S009/E：2002 为标准，以 CTL－0744_ 2009－lase 为判断依据，进行了大量的实验及科学的数据分析。同时，俞安琪指出蓝光危害和"富蓝化"的照明影响在金属卤化物灯和某些荧光灯中同样存在，并非 LED 光源特有的问题。

（4）室内外光环境设计论坛

光环境设计的成败直接影响使用者对光环境氛围的直观感受。探讨室内外光环境设计方法，对照明业界整体的推动作用毋庸置疑。亚洲照明设计师沙龙上海站（2012）——"建筑·视觉·光"的盛会于 2012 年 11 月 8 日在上海举行。沙龙共分为建筑环节、光的环节、视觉环节及自由讨论环节四个部分，上海知名学者、建筑师、照明设计师共同探讨了建筑、光与视觉之间的设计关系。对未来的室内外光环境设计起到了引领、指导作用。国际艺术设计与媒体院校联盟（Cumulus）主办、上海同济大学中芬创意中心承办的第二届"洲明杯"CUMULUS 国际设计大赛于 2012 年 11 月 4 日在沪召开。大赛以设计激励人文为主题，涵盖了"新照明、新希望"与"新照明、新生活"两层意义。寄望激发设计与人文的融合、将设计推向应用、推向市场。此外，11 月 11 日，第五届光影空间六方国际峰会（上海站）在复旦大学召开，会议主要探讨了建筑与光环境，照明与低碳之间的关系。

（5）照明产业新平台搭建

照明产业的产业生态复杂，产业链环节众多。因此为产业生态搭建全方位、综合性服务平台显得尤为重要。2012 年度，上海最早灯具市场——上海灯具城，在其原址建造了上海市现代照明生产性服务业功能区，成为全国首个照明产业生产性服务业平台。新的功能区将吸引国际和国内一线品牌和优质厂商、经销商入驻，同时引入研发设计、权威检测、知识产权交易、金融服务、人才服务等机构，提供专业的贸易流通、信息交流、展览展示、创业创意、网络交易等服务。平台针对照明产业链各环节进行服务配套，拓展全新的产业发展模式。对我国照明产业的综合性发展有重要意义。

5. 2012 年上海市主要照明企业动态

随着经济的快速发展，上海照明企业加快了企业经济发展方式的转变和产业结构的调整升级，逐步由传统的产品制造向新技术的应用与新产品的研发转变。2012 年以来，上海市各照明企业为提升核心竞争力采取了不同的经济发展策略。

上海亚明照明有限公司从飞利浦收回"亚"字牌后进行了一系列运作。3 月，与台湾大友国际光电、晶元光电公司合资封装高压 LED（HV－LED）模组与高压 LED（HV－LED）成品灯项目签约，掀开了两岸在 LED 功能性照明领域合作的新篇章；4 月 30 日，正式更名为亚明照明有限公司，并发布了全新的品牌战略：公司将加大 LED 研发份额，保证新产品及技术研发投入不少于年营业额的 3%，确定"亚"字牌作为公司 LED 业务的主打品牌。2012 年中，上海亚明照明有限公司获得"2012 年高效照明产品推广项目"和"半导体照明产品财政补贴推广项目"。持续的研发投入必将保证上海亚明照明有限公司在产业链上游拥有强劲的科技竞争力，逐步完善产品市场布局，引领公司创造辉煌。

上海三品照明科技有限公司于 2012 年 4 月成功研发"LED 一体化光源模组"。并于一个月后，再次推出系列家居照明灯具。其家居灯具主要针对室内照明的蜡烛灯、球泡灯及情景照明灯。上海莹辉照明科技有限公司于 2012 年 3 月揭幕"上海莹辉照明应用中心 LED 体验馆"，体验馆以 LED's PRO 为品牌，展示了 1000 余款全球同步上市的最尖端 LED 照明产品。同时，正式成立了日本 TACT 上海照明设计中心。它是国内第一家、且是唯一一协助建筑设计师对光的运用与专业化分工的设计中心。上海光联照明科技有限公司携手富昌电子 LED 照明事业部打造出浙江绍兴商业文化中心城市照明景观——柯桥景观照明亮化工程。上海广茂达照明光艺科技有限公司在富昌电子照明事业部的协助下，采用 PhilipsLumileds 照明公司的 LUXEON 亮绚 LED，研发并生产的高效环保 LED 灯具，应用于云南昆明长水国际机场，打造出国内首例运用了 LED 光艺术理念的机场。

6. 结束语

2012 年度上海市城市照明建设充满了活力与挑战。各级行政单位给照明建设产业创造了积极的发展环境。在良好的产业框架下，上海市城市照明产业无论是宏观的城市照明管理规划，还是建设项目单体照明设计方案，从高新技术交流平台的搭建，到新技术在城市公共层面的应用改造，都得到了迅速的发展和极大的提高。2012 年度上海市城市照明建设成功地完成了后世博时期承上启下的历史转型，对照明行业未来的发展起到了极大的推动作用。

用光化城市、化人文、化心灵
——天津市照明设计及照明建设发展概况综述

何秉云

（天津市照明学会）

摘　要：本文简述了天津市城市照明"十二五"规划的总体目标和定位及一轴、三心、九点、九线的靓丽夜景蓝图。介绍了 2011～2012 年以来的景观照明工程建设情况。指明海河两岸基本建设突飞猛进，是光文化建设基础条件。分析了遵循技术规范搞规划与设计、培养人才、理念的思考和转变、产业的发展进步、发展趋势研究分析、搭建交流平台等是进行照明规范建设发展的综合因素。表明城市照明设计与建设是"用光化城市、化人文、化心灵"的实践过程。

关键词：天津市；景观照明；设计；建设；发展；概况

1. 前言

经过二十余年的照明建设，津城的夜景灯光照明体系视觉效果美轮美奂，将大气洋气、清新靓丽、古今交融、中西合璧的城市风格展现得淋漓尽致。用光与影、光与色将天津地域人文景观和自然景观进行了装扮，表现了津城地域建筑、桥梁等载体的形态、结构、特点及个性特征，展现了津城的神韵、精华和灵气。这是一个用光化城市、化人文、化心灵的实践过程，为人们营造了一个美好、舒适的夜间光环境，带给人们无限的遐想和心灵触动。当我们身处其境之时，自然会体会到光与影的艺术魅力。

发展到 2012 年，天津的夜景照明建设已不仅仅是美化城市环境和丰富居民夜晚生活的重要手段，更是集聚人流、物流、资金流，促进经济繁荣的重要载体，是城市综合竞争力和环境审美需求发展到一定程度的必然表现。

2. 景观照明"十二五"规划的总体目标

根据《天津市中心城区景观照明"十二五"规划》的总体目标，天津以提高城市综合竞争力为最终目的，建立从宏观到微观全覆盖的城市照明规划体系。突出规划的综合协调作用、统筹考虑功能照明与景观照明的协调发展；经济、社会、环境均衡发展。在吸取国际先进经验的同时，坚持尊重城市历史、发扬城市文化的原则，形成融历史文化和现代文明为一体的城市风格和城市魅力。突出以人为本的理念，从人的需求和视觉特征出发，为城市生活服务，提高城市活力，倡导节能环保绿色照明，建设优良的宜居光环境。

"十二五"规划将天津的城市夜景照明建设范围扩展至 10 个城区：和平区、南开区、河西区、河东区、河北区、红桥区、北辰区外环线以内地区、西青区外环线以内地区、津南区外环线以内地区、东丽区外环线以内地区。中心城区城市照明以道路照明为基本骨架，以大中型公共建筑、桥梁等建构筑物为景观照明主体，以广场、开放性公园等公共空间为节点，以海河、风貌建筑区等为特色，形成点、线、面有机结合的天津市夜间景观。根据天津市城市总体规划、城市空间发展战略以及分区的城市设计，结合近几年城市发展的现状和今后的发展趋势，在规划范围内形成"一轴、三心、九点、九线"的主体空间布局结构。

随着城市夜景照明的不断发展，节约能源保护环境尤为重要。天津将从实际要求出发，重点突出近期与长期统筹、建设与整改并重、兼顾市政基础设施建设和夜景氛围营造。同时充分考虑城市照明建设的复杂性和规划的可实施性，建立从宏观到微观的全覆盖规划平台，提出量化标准和重点区域的控制要点，加强动态适应性和可操作性，以便更好地为管理者和设计者使用，形成以人为本、与天津大都市地位相匹配的城市特色夜景架构；形成功能完善、布局合理、景点突出的城市夜间环境，体现城市开放、包容、多元的文化特点，提升城市吸引力；提升城市照明综合品质，带动商业、旅游、娱乐、休闲、城市文化等活动的发展，实现夜景经营城市的目标。特别对城市夜间视觉架构、商业旅游发展、市民夜间活动需求等问题进行重点研究，以创建中国最佳夜景旅游城市之一，绿色照明示范城市为目标，打造大气、洋气、清新、靓丽的都市夜景形象的渤海夜明珠。

3. 构筑一轴、三心、九点、九线的靓丽夜景蓝图（见图 1）

长期以来，天津城市道路照明建设与景观照明建设不断发展，逐步构成了夜景蓝图的框架。随着城市基本建设的加快，天津的城市面貌发生了根本变化。天津市城市总体建设规划已出台，并向全社会广泛征求意见。依据天津市城市总体建设规划，及区域划分和功能定位，中心城区城市照明规划也已出台。确定了"一轴、三心、九点、九线"总体空间布局，对照明资源进行合理配置，力争打造大气、洋气、清新、靓丽的城市夜景形象。

图 1　夜景蓝图

图 2　三心

"一轴、三心、九点、九线"是以海河为轴、以城市主副中心为核心、以分区城市设计重点区域为节点，连成九条城市夜景观光线路。

"一轴"——海河是天津夜景发展主轴线，核心段为慈海桥至直沽桥。以桥梁、岸线照明为主体，以周边建筑照明为背景轮廓，水面倒影为点睛，并与道路相融合，形成"鱼骨型"的照明格局。

"三心"——是指天津夜景发展核心地域。包括小白楼城市主中心；西站城市副中心；智慧城（天钢柳林地区）城市副中心，构成展现天津城市夜景形象的中心不夜城（见图2）。

"九点"——包括鼓楼、天拖创新产业园、天塔奥体水上、行政文化中心、津滨大道商贸物流区、卫国道航空商务区、金钟河商业综合服务中心、中山路商业服务中心、光荣道文化休闲中心。

"九线"——串连"一轴"、"三心"、"九点"，是天津夜景观赏廊道，包括：意奥风情、鼓楼城市历史风貌线；奥体中心、小白楼城市现代景观线；京津公路、西站CBD城市发展景观线；柳林、天钢地区城市发展景观线；以及金钟河大街、卫国道、津滨大道、友谊路、复康路地区为代表的入市道路景观线。

中心城区城市照明规划对城市不同功能区的夜景照明进行了详细的规定。

历史风貌街区以暖色系为主色调，利用剪影、对比、重叠等照明手法凸显建筑体形、材质和细节；商业商贸街区以暖色系为照明主色调，注重商业橱窗照明的整理；金融商务街区，以白色系为主色调，突出夜景天际线，合理规划LED显示屏的布局；文体休闲街区，以暖白色系高显色的照明为主色调，适度增加绿化树木照明，显示大地景观的构图；都市宜居街区，沿街、滨水建筑以公共空间的内透照明表现载体，高层建筑按外形适当勾画顶部效果；高新产业街区，以高强度照明确立区域主体照明形象。

按照这一规划，在不同功能区内的其他景观照明将受到不同的限制。比如，在历史风貌街区严格限制广告及店招的照明，商业商贸街区广告及店招的照明也将被严格控制，而在金融商务街区将限用整体泛光照明，禁立泛光照明灯杆，限用大面积泛光广告，以保证区域内夜景照明的协调有序。

4. 海河两岸基本建设突飞猛进，是光文化建设基础条件

随着海河轴线基本建设突飞猛进，为用光化城市、化人文、化心灵提供了丰厚的载体条件。

有关数据统计：1978年天津中心城区道路面积还只有750万 m²，而30余年后的今天，中心城区道路面积为2359万 m²，与此同时，中心城区的桥梁数量也由1978年的91座增加到今天的164座，其中大型立交桥就有28座。目前，天津景观照明设施保有量达到2309栋（处），基本覆盖中心城区重要节点及周边道路，以及部分重要入市口、迎宾道路和窗口地区。天津的夜景照明建设改变了以往夜景灯光"五彩缤纷"的设计思路，主要利用冷白、暖黄两种色调，根据建筑物、风景区的整体风格，进行科学布灯，在保障灯光效果的同时，减少灯具数量。LED是光谱中没有紫外线和红外线、热量低、无频闪、不含汞元素、对温度适应性强，是一种绿色环保的光源。在灯具使用上，天津广泛采用LED照明，这种灯具比白炽灯省电90%以上，比荧光灯省电80%，而且使用寿命比荧光节能灯长10倍以上，大大减少了光源的更换和维护，降低了后期维护的成本。

另外，为了实现景观照明设施智能化管理，天津自2002年投资建设天津市夜景照明实时监控管理系统，目前已经投入使用10年，累计建设数据监控终端约2292台，视频监控终端15处，监控中心一处，基本实现了夜景照明启闭"一把闸"控制。

"三环十四射"的格局给天津道路桥梁的发展提供了良好契机。近几年，随着海河西路、东路的贯通，"七横十二纵"的道路交通骨架也基本形成，使海河周边地区成为本市道路交通最便捷通达的区域。随着进步桥、金阜桥、光华桥、富民桥、大光明桥等一批桥梁新建或改造的完成，海河处处呈现美景，生机盎然，营造了亲水、亲绿的宜居环境。新建的赤峰桥已经通车，创意大胆，河滩独塔斜拉的结构风格强劲而不笨重，桥身稳定而又不呆板，很好地诠释了桥梁建筑中力与美的和谐统一，如同一艘巨轮，65m 高的主塔犹如扬起的风帆。富民桥是现在海河上唯一的独塔不对称悬索桥，形似帆船，别具匠心。奉化桥，是让人赞叹的三跨连续中承式拱桥，使用了三条拱肋，显得格外轻盈俊俏，桥上花瓣形钢板的使用更有花瓣满桥、春意盎然之感觉，仿佛有无穷的生命力。享有"天津之眼"美名的慈海桥（永乐桥），摩天轮到达 120m 高空的时候，方圆 40km 的景致可尽收眼底，堪称世界之最。

　　地处天津站对面海河岸边的津湾广场，将与津门、津塔及嘉里中心共同构成海河岸边美丽的天际线，打造出错落有致、富有韵律的空间效果，并成为天津城市形象的标志。

　　经过三十几年的城市建设，天津海河两岸通行能力明显提高，设施规范整齐，焕然一新，一桥一景各具特色（见图 3～图 6）。道路两侧花草绿荫，移步换景使人流连忘返，充满惬意遐想，仅 2010 年海河两岸共新增绿地面积 121232m²，栽植乔木 4461 株、灌木 69286 株、新植花卉 342505 株。每天可以吸收二氧化碳，释放氧气，成为天然氧吧。

图 3

图 4

图 5

图 6

　　海河刘庄浮桥至光华桥两侧堤岸改造后总体呈欧式风格，庄重、大气，突出了以人为本的理念。堤岸多处运用曲线装饰造型，靠近海景假日社区一侧的海河西岸还配备了星级公厕。在海河东岸靠近神州花园社区附近，一个小型景观公园内的"鱼龙百戏"雕塑尤为引人注目。该组雕塑以"天津——中国北方戏曲艺术发源地"为主题，马三立、骆玉笙两座人物写实雕塑配上林立的奇石，成为海河边极具特色的旅游景点。新颖别致的绿化景观配上精美的亭廊，周边数十个社区的居民有了休闲的好去处。两岸景观充分展现身后的历史文化底蕴，与独特的自然风貌和现代化大城市气息。

　　天津城市基础设施建设发生的翻天覆地的变化，也为城市夜景照明提供了丰厚的载体。

5. 用光化城市、化人文、化心灵

　　既迥然有异而又相互包容的漕运文化、租界文化与城厢文化，三者共同支撑起天津的地域文化，构成了天津"光文化"的基本因素。在认真调查分析天津的建筑、路、桥、园林、山、水等自然、人文景观构景元素的艺术特征、历史、文化状况的基础上，按照城市景观照明规律，从宏观上定位。用光的语言，解读建筑艺术的灵魂，述说建筑师的设计理念和艺术追求；用光的彩色赋予光环境情感意识；用光的节奏展现动静变化；用光的功能特性塑造形象、构建空间、强化明暗对比、突出重点、表现细节，构画一幅幅生动的画面。用光化城市、化人文、化心灵。在认识光、研究光，运用光，创建光文化，把握光与影、光与色和谐的同时，认识城市，解读它的遗迹、它的生态、它的自然风光和历史文化。

　　（1）打造流光溢彩的"银河"

　　天津的城市景观照明规划与设计，把握了海河这条主轴线。

　　2012 年，如火如荼的海河两岸景观建设相继完成。楼高耸，水清澈，桥多姿，路平展，树茂盛，草清香，特别是桥梁，有改建的，也有新建的。天津的水、天津的桥、天津的光融为一体，构成天津的夜景。2012 年奋战 300 天市容环境综合整治、夜景照明提升改造工程全部竣工，覆盖中心城区 486 栋建筑、14 个节点、27 条道路的立体化夜景照明体系，把天津点缀成一座不夜城，也使夜景照明成为旅游的一大亮点。

如今，架在海河、津河上风姿各异的桥已经成为天津市的亮点。碧波涟漪映照着一座座桥梁的倒影，如彩虹，如珠链，如弯弓，如满月；或雄伟，或轻灵；或古风古韵，或现代气派；镶嵌在河面上，座座桥梁都孕育着美，饱含着力，跃动着快节奏的韵律，张扬着新时代的风采。一座座小桥横卧在碧水津河之上，有条石平卧，朴实轻盈；有石拱如环，挺拔高耸；有单拱双曲，纤巧玲珑，荟萃了众多的桥梁艺术，可谓天然桥梁艺术展览馆。在人们眼里，它们是一件件鬼斧神工的艺术作品。"日月双拱"的大沽桥，"群狮争雄"的狮子林桥，"欧风汉韵"的北安桥，"长虹卧波"的金刚桥，"摩天转轮"的慈海桥（永乐桥），"形同风帆"的保定桥，"飘带揽水"的蚌埠桥，"花瓣轻盈"的奉化桥，"扬帆远航"的富民桥，"巨轮扬帆"的赤峰桥，"航母横卧"的光华桥，"日月星辰"的大光明桥，"饱经沧桑"的解放桥，"平转开启"的金汤桥，"彩虹半空"的国泰桥，……彰显桥的风采，蕴含水的底蕴，构成了天津的水桥文化。亲水平台照明——以暖色调为主，改造完善地灯和景观灯，形成弯曲优美、光线柔和的亲水轮廓；堤岸景观照明——充分衬托沿河绿景，丰富绿化照明层次，用彩灯打亮两岸植物，美化堤岸景观；建筑景观照明——凸显高大建筑轮廓线，营造浓厚商业氛围，形成三岔河口等5处夜景旅游节点，彰显绚丽繁华的城市夜景；城市轮廓照明——海河沿线可视范围内天际线夜景灯光，与建筑顶部灯光相协调；码头桥梁照明——突出景观特色，配以绚丽夺目的色彩，形成水光交融的强烈视觉冲击。在围堤道，可以看到沿街新改造完成的住宅楼呈现出欧式风格，坡屋顶以暖白色投光灯沿底部向上照明，营造出一股浓浓的异域风情；在南京路沿线，建筑着重处理了建筑顶部和底部照明，远远看上去整齐划一，近处看上去各有各的特点，形成远景天际线和近景轮廓线的完美统一；金街、小白楼等商业繁华区，则着重处理沿线建筑顶部、立面、门庭、橱窗、牌匾、广告等部位的照明，营造出具有现代繁华感的夜景观照明效果。

一座座造型各异、精美别致的桥梁横跨海河海河两岸，一步一景的堤岸、温馨宜人的亲水平台、别具匠心的尊尊雕塑、婀娜多姿的花草树木，将堤岸装点得如同一幅花香伴流水、明灯照堤岸的精美画卷。

（2）文化中心夜景迷人

天津文化中心，是位于天津市河西区的市级行政文化中心。整个区域，总占地面积约90万 m^2。包括天津图书馆、天津博物馆、天津美术馆、天津大剧院、天津青少年活动中心、天津银河购物中心、生态岛等。原有场馆有天津博物馆、中华剧院、天津科技馆（见图7～图10）。

图 7

图 8

图 9

图 10

整个文化中心景观照明以放松为主要氛围，建造区域非高亮照明、局部点亮的城市绿色漫步空间。建筑物的照明，主要依靠投光灯及建筑物的内光外透体现文化中心建筑的高雅品质，利用面性照明体现石材表面的整体统一性，力求使文化中心在喧嚣的都市空间中成为市民舒适的休闲场所，同时为周边发展高密度城区提供优雅的高品质照明空间。

美术馆的照明设计主要突出静，采用冷白光，利用内光外透的方式，打亮建筑物主体，体现出建筑稳重、大气的特质。同时，在北面外延点缀不规则的灯带，建筑周边辅以地埋灯，体现出建筑物内涵深厚的艺术气息。

文化中心大剧院位于文化中心核心部位，而且体量较大，是夜景照明设计的重点区域，1.2 万 m 的光带和 4700 余 m 的大功率 LED 灯将勾勒出大剧院半圆形的建筑外形，照明设计着重突出了节能环保。

大剧院 70% 的灯具采用 LED 灯，节能效果是普通灯具的 50% 以上。同时，根据不同的需要，还可以调节灯具亮度和开启数量，比如平日里可以降低 30% 的亮度，或者让灯具间隔打开，这样既可以保证照明，又不影响夜景照明的整体效果。

此外，在大剧院内部照明上还首次使用了无缝连接技术，这种全新的应急照明技术手段，改变了以往应急照明灯具如果灯内部的电池消耗完，就有可能存在断电时不能开启的弊端，这种灯具可以在完全没有电力供应的情况下，继续发光3min，为备用电源的启用赢得时间。

6. 工程建设发展综合因素分析

（1）遵循《天津市城市景观照明工程技术规范》进行规范建设

2004 年由天津市建设管理委员会颁布的 DB 29 - 71 - 2004 J10402 - 2004《天津市城市景观照明工程技术规范》为天津市地方工程建设标准正式执行。本规范是我国首部城市景观照明工程技术规范，在天津市景观照明工程建设中起了举足轻重的作用，使景观照明工程有法可依、有章可循，从规划、设计、施工、检测、验收等各方面都有一套完整、系统的技术规范作为衡量的标准去执行。2011～2012 年，对该规范进行了修订，增加了节能要求、光污染控制、安全及施工、检测及工程验收等章节，并对个别用词不准确等地方和条款进行了修改。

（2）举办照明设计师（国家职业资格二级）培训班 培养人才

照明设计师是根据空间的功能性质，对室内外光环境进行综合设计的人员。他们的工作内容是收集相关资料并对现场进行调研和分析；建立设计环境的计算机模型；绘制设计草图；进行创意设计；绘制效果图及照明设计分析图；进行照明工程的技术设计；对照明电器产品选型；制定照明设施的安装、供配电和照明控制系统设计方案。

从宏观上分析，我国高校高端的设计人才每年都有大批的输出，但对照明设计师社会人才的需求远远大于高校人才的输出。据有关人士指出，高校只有相关的照明课题研究，没有开设照明设计专业课程，从而使设计人才职业定位模糊，深陷专业知识与实践应用双重迷雾。

2012 年，在中国照明学会的大力支持下，举办了照明设计师培训班。培养专业人才，是长期健康发展的必经之路和保障。

（3）"照明设计是黑暗的艺术"理念的思考

优美的夜景画面是设计师读懂了照明载体内涵，用心刻画的艺术品。他们用光的语言，解读建筑艺术的灵魂；用光的彩色赋予光环境情感意识；用光的节奏展现动静变化；用光的功能特性塑造形象、构建空间、强化明暗对比、突出重点、表现细节，构画一幅幅生动的画面，会使自然亲和、激情活力的现代生活情趣被揭示得淋漓尽致，会使城市具有个性化和文化特色。没有光或缺少光即为黑暗。黑暗中减少了人类的视觉信息和对视觉的冲击力。但是从另一个角度分析，黑暗也能为我们创造神秘、遮挡景物，提供隐私，营造寂静。在某些特定的条件下，黑暗也营造了人们的恐惧心理和悲观的情绪。其实黑暗和阴影也是形成空间感知的重要因素。照明设计的艺术创作，正如绘画大师作画，经常用强烈的对比来定义空间、体积，用黑暗隐藏一些无关的细节和糟粕，把人们的视觉引导到要表达的重点和核心上，使主题更加突出，重点更加明确，这就是明暗相间的作用。

照明设计师应用相得益彰的光亮和黑暗指导自己的设计，打开设计思路，从设计理念上认识少用光，用好光，营造有秩序的光，舒适的光，安静的光，干净的光，耐人回味的光。

天津的夜景效果就是照明设计师设计理念的转变，不单纯追求亮度。

（4）绿色照明产业的发展进步提供产品基础

近两年来，天津滨海新区大力发展 LED 照明产业，聚集了三安电子、三益照明设备公司等一批领先的企业。这些企业生产的绿色照明产品在走向国内外市场的同时，也点亮了滨海新区的夜空。新区的 LED 产业初具规模，产业链雏形基本形成，目前直接从事半导体照明技术和产品研发生产应用的企业达数十家。走进位于天津开发区的三益照明设备（天津）有限公司内，五光十色的 LED 照明产品将展厅装点得绚丽缤纷。该企业的产品去年在国内销售达 1500 万只。天津开发区、中新天津生态城内的部分公建设施和企业都大量应用了 LED 照明产品。

据滨海新区经信委的相关负责人介绍，滨海将支持新能源自主创新重大项目，每个项目原则上给予最高不超过 500 万元的贴息或资金补助。对列入国家、省部级的重大科技计划项目成果在新区实施转化和产业化，优先给予立项支持。其中，LED 产业重点支持 MOCVD 装备、新型衬底、高纯 MO 源等关键设备和材料，大功率芯片和器件、驱动电路及标准化模组、系统集成与应用等共性关键技术研发项目。

（5）进行"十二五期间绿色照明工程发展趋向研究课题"研究分析发展趋势

本课题分析研究了"十二五"期间发展绿色照明工程的发展趋势；国内外绿色照明建设现状；天津绿色照明的建设基础；天津"十二五"建设绿色照明的发展趋势及实现途径；确立了"十二五"期间发展绿色照明工程的发展任务，为天津市"十二五"绿色照明工程的发展献言献策。

（6）搭建交流平台促进照明建设发展

2011～2012 年期间举办了"大功率 LED 路灯照明发展科技论坛"、"2011 绿色照明与城市发展论坛"、"中国（天津）第四届现代城市光文化论坛"等大型活动。为广大照明企业提供一个展示优秀案例和绿色照明产品与技术的平台。展示了 LED 光源、灯具等新型绿色照明产品，相互交流切磋，搭建交流平台，为天津市的城市照明建设发展起到了积极的促进作用。

参 考 文 献

［1］何秉云. 光影空间与城市暗化的思考. 2013.
［2］何秉云. 灯光璀璨 津夜醉人——用光演绎天津城市夜景文化. 2012.
［3］何秉云，等. 十二五期间绿色照明工程发展趋向研究课题研究［R］. 2012.
［4］天津市中心城区景观照明"十二五"规划.

2011～2012 年重庆地区城市照明建设回顾

严永红

（重庆大学建筑城规学院；山地城镇建设与新技术教育部重点实验室）

摘 要：对 2011～2012 年重庆地区城市照明建设、管理工作重要事件进行了总结归纳；简要介绍了重庆市区具有代表性的八座特大型跨江桥梁景观照明建设项目；分别以重庆市江北观音桥商圈第三期夜景项目、云阳县市民文化中心夜景项目为例，对重庆主城区都市核心区、周边区县的夜景建设成果进行了回顾。

关键词：城市夜景照明；重庆地区；都市核心区；新城镇建设

1. 2011～2012 年重庆地区城市照明建设、管理工作重要事件汇总

2011～2012 年，在过去几年城市照明建设取得长足发展的基础上，重庆主城区进入了城市核心区夜景照明、城市地标照明示范建设及功能性照明升级阶段。2011～2012 年重庆地区城市照明建设、管理工作重要事件汇总见表 1⊖

表 1　2011～2012 年重庆地区城市照明建设、管理工作重要事件汇总表（按时间倒序排序）

序号	项目名称	网页公布日期	主要内容
1	凌月明副市长对主城区迎春灯饰建设提出四点要求	2012 年 12 月 31 日	12 月 31 日，副市长凌月明率市政委主任王元楷、副主任成肇兴对主城区迎春灯饰建设情况进行了实地检查
2	重庆市城市照明节能工作获国家住房和城乡建设部的肯定	2012 年 12 月 20 日	12 月 17～20 日，国家住房和城乡建设部对重庆市照明节能工作进行了检查。检查组认为，重庆市在新光源的推广、使用，以及夜景灯饰节能规划方面的各项工作均达到国家住房和城乡建设部的工作要求；全市的平均亮灯率、设施完好率达到99%以上，超过国家住房和城乡建设部标准，照明节能指标位居全国前列
3	北碚区 LED 绿色照明路灯安装工程推及镇街	2012 年 11 月 29 日	北碚区 LED 绿色照明路灯安装工程向镇街全面铺开，目前已陆续启动对金刀峡镇、水土镇、天府镇、澄江镇、静观镇、柳荫镇、三圣镇、复兴镇共 8 个镇街的路灯改造和新建
4	重庆市主城区部分重点灯饰按属地化管理	2012 年 10 月 29 日	为进一步提升重庆市主城区重点灯饰维护管理水平，保障重点灯饰亮灯效果，按照属地化管理原则，市政委近期对主城区部分重点灯饰管理进行了调整

（续）

序号	项目名称	网页公布日期	主要内容
5	重庆内环快速路人和立交至东环立交段顺利亮灯	2012 年 9 月 28 日	该工程施工道路全长 2km，共安装 400W 高压钠灯 112 盏，施放电缆 19800m
6	市政委推进远郊区县城市照明和户外广告设置管理工作	2012 年 7 月 16 日	为学习领会和贯彻落实市第四次党代会精神，进一步搞好城市照明、灯饰建设和户外广告设置管理工作，7 月上旬，市政委先后组织召开了渝西、渝东北、渝东南片区城市照明和户外广告设置管理工作推进会
7	北碚区全面完成 LED 绿色节能灯改造工程	2012 年 6 月 21 日	北碚区 118 条街巷的汞灯、钠灯、金属卤化物灯共计 7620 盏光源，将全部改为 LED 绿色照明灯具光源
8	九龙坡区将全面启动 2012 年无灯区改造	2012 年 6 月 1 日	九龙坡区市政园林局将继 2011 年无灯区改造以后，进一步消除杨家坪、谢家湾、石坪桥、黄桷坪、中梁山、九龙镇和二郎片区的照明盲区
9	市政委稳步推进道路照明节能工作	2012 年 5 月 10 日	启动主城背街小巷节能灯具改造，近期拟在 38 个街道片区拆除高耗低效的路灯，安装 1142 套节能灯具，此举每年可节电约 12 万 kW·h
10	市政委启动主城区市管道路下穿道照明专项整治工作	2012 年 5 月 7 日	投入资金约 150 万元，对石新路下穿道、陈家坪立交下穿道、长滨路下穿道、人民路四个车行下穿道更换及新装灯具近 300 套，改造管线 3 万多 m，改造工作将于近期完工
11	市照明局启动第二次照明设施地理信息普查	2012 年 3 月 23 日	市照明局启动第二次照明设施地理信息普查工作。本次普查历时 2 个月，主要针对 2011 年主城区市管道路所有新增的变配电设施、灯杆、灯具、窨井、电缆、智能控制终端进行普查
12	渝武高速北碚段路灯安装工程完工	2012 年 1 月 5 日	亮灯的 2300 盏路灯只是北碚城市照明设施提档升级的一小部分，明年年底，北碚区还将实现北碚城区范围和蔡家组团未达到国家照度标准的所有街巷共 13788 盏路灯光源全部升级为 LED 绿色节能照明灯具光源，并在北碚城区和蔡家组团没有路灯的支路和居民区新建 3602 盏 LED 绿色节能路灯
13	内环快速干道北环立交至虾子蝙立交段照明工程施工管理信息	2011 年 12 月 14 日	内环快速干道北环立交至虾子蝙立交段照明工程，开工时间：2011 年 5 月 18 日；竣工时间：尚未竣工验收；完成情况：施工完毕，已亮灯
14	机场路跨线桥灯饰全部亮灯	2011 年 11 月 8 日	市照明局从 10 月中旬开始全线启动机场路车行跨线桥灯饰安装工程。10 月 30 日，机场路渝航立交（机场立交）等 11 座跨线桥灯饰全部亮灯
15	主城两江十座大桥夜景灯饰全部亮灯	2011 年 10 月 9 日	本次夜景灯饰提档升级的十座大桥为菜园坝大桥、渝澳大桥（含轻轨桥）、嘉陵江大桥、石板坡长江大桥（含复线桥）、嘉华大桥、黄花园大桥、石门大桥和鹅公岩大桥
16	沙坪坝区大力推进背街小巷照明设施建设工程	2011 年 9 月 13 日	累计投资 300 余万元，完成上桥清溪路片区、凤天路华彩俊豪片区、井口先锋街片区、劳动路饮水村社区、高九路广通山庄片区、磁器口片区等 237 盏路灯的安装维护任务。下一步将协调相关单位加快工程进度，11 月前完成剩余 1002 盏路灯的建设任务
17	内环快速路东环至虾子蝙电照工程竣工	2011 年 8 月 29 日	共计安装双臂灯杆 59 根、单臂灯杆 25 根，组装灯具 143 套，施放线缆 26000 余 m，顺利完成了东环至虾子蝙电照工程建设任务
18	内环快速路北环立交段电照工程顺利竣工	2011 年 8 月 18 日	共计施放线缆 21000m，安装双臂灯杆 12 根，单臂灯杆 77 根，灯具 101 套，顺利高效地完成了线缆敷设和接线安装任务
19	重庆上半年城市照明节电 880 余万 kW·h	2011 年 7 月 4 日	今年上半年，重庆各级城市照明主管部门通过改变控制方式，改造高耗能电器、光源，使用节电器、高效节能产品等措施，我市共完成城市照明节电任务 880 余万 kW·h
20	王元楷主任带队检查主城区消灭"无灯区"工作开展情况	2011 年 4 月 28 日	4 月 26 日，重庆市市政委党组书记、主任王元楷带领相关人员对渝中、江北、沙坪坝、九龙坡、北部新区消灭"无灯区"专项工作进行了检查，听取了各区消灭"无灯区"工作的情况汇报

（续）

序号	项目名称	网页公布日期	主要内容
21	重庆主城两江六座大桥夜景灯饰工程招标公告	2011 年 4 月 1 日	重庆市嘉华大桥、重庆市渝澳大桥（含轻轨 3 号线嘉陵江跨江段）、重庆市嘉陵江大桥、重庆市黄花园大桥、重庆市石板坡长江大桥（含复线桥）、重庆市菜园坝长江大桥的夜景灯饰。项目业主为重庆市城市照明管理局，建设资金为财政资金，招标人为重庆市城市照明管理局
22	公开征集主城部分特大型桥梁景观照明提档升级设计方案	2011 年 1 月 12 日	重庆市城市照明管理局面向社会公开征集重庆市主城区部分特大型桥梁景观照明提档升级的设计方案

2. 2011～2012 年重庆地区地标性城市景观照明重点项目介绍

重庆市区特大型跨江桥梁景观照明建设

早在 2010 年，重庆市政府启动了主城区嘉陵江大桥、菜园坝长江大桥等八座跨江特大型桥梁的夜景照明设计方案征集。拟通过桥梁夜景照明的提档升级，全面提升主城"两江四岸"夜景品质，凸显重庆桥都的魅力⊖；2011 年 10 月，主城两江八座大桥夜景全部亮灯，此次桥梁夜景灯饰提档升级的八座大桥为菜园坝大桥、鹅公岩大桥、黄花园大桥、嘉陵江大桥、石板坡长江大桥、石门大桥、渝澳大桥、嘉华大桥。图 1～图 8 为这些大桥夜景照明实景照片[1]。

图 1 菜园坝大桥

图 2 鹅公岩大桥

⊖ 重庆主城区八座特大跨江大桥公开征集夜景照明提档升级方案，http://cq.cqnews.net/html/2011-01/11/content5593564.htm

图3　黄花园大桥

图4　嘉陵江大桥

图5　石板坡长江大桥

图 6　石门大桥

图 7　渝澳大桥

图 8　嘉华大桥

3. 2011～2012 年重庆地区城市景观照明建设部分优秀案例介绍

（1）重庆市江北观音桥商圈夜景第三期建设[2]

自 2008 年以来，重庆江北区分三期对江北观音桥商圈进行了夜景规划建设。经过近五年的持续建设，观音桥商圈实景照片（见图9）已成为重庆市著名的夜景品牌，其时尚、国际化风格与鲜明的地域特色的融合广受市民的喜爱。2008 年，完成了一期照明建设，重点为江北区最高建筑——未来国际等地标性建筑；2010 年完成了二期 5 栋改造建筑的照明建设，重点为北城金岗大厦、中冶大厦等；2012 年完成三期 19 个楼宇项目的夜景照明建设，重点为同聚远景大厦（见图10）、北部大厦（见图11）、北辰名都大厦（见图12）、邦兴北都等建筑。

图9　观音桥商圈实景照片

图10　同聚远景大厦实景照片

图11　北部大厦实景照片

图12　北辰名都大厦实景照片

图 13　云阳县市民文化活动中心南立面实景照片

第三期照明建设在延续前两期照明风格的基础上,注重与既有夜景环境的协调、对话,探索更为恰当的建筑个性表达方式;技术层面上,运用新的照明技术,加强控光的准确性、注重设计细节的表达,提升光的品质;通过解决新老建筑、新老夜景协调共生的矛盾,探讨了城市更新进程中的照明设计新理念。

(2)云阳县市民文化中心夜景建设[3]

重庆市云阳县市民文化活动中心及两江广场地处长江与彭溪河交汇处,拥有"一脉青山汇两江"的山水格局,与东南方向长江南岸的张飞庙遥相呼应,是云阳县的新地标。建筑由我国著名建筑设计师汤桦先生设计,造型独特,极富想象力。建筑造型灵感来源于传统书法的九宫格,由九个形状各异的院落与斜坡屋面组合而成,倾斜的顶部既是屋面也是建筑的主立面,九宫格各单元天井的位置与形状的差异,使四周斜面的坡度产生了丰富的变化。顶部的屋面大台阶直达江面,塑造出单纯而有力的江岸空间。变形的九宫格下是复杂的建筑功能、多变的空间关系,折叠、错动的表皮在带来丰富视觉体验的同时,也令人迷惑。建筑照明采用了局部泛/投光、内透光和星光的组合来表现"月光下的建筑",以看似最简单的照明手法来表达最为复杂的建筑空间关系。通过研究建筑空间关系,理清了建筑表皮各折面间的相互关系,用光对九宫格各天井所对应的四个折面中的东向折面进行表现,逸散光为相邻三个折面淡淡地抹上一层薄雾,令整个建筑似笼罩在月光下。图 13 ~ 图 16 为云阳县市民文化中心夜景实景照片。

图 14　云阳县市民文化活动中心西立面局部实景照片

| 图 15 云阳县市民文化活动中心两江广场实景 | 图 16 云阳县市民文化活动中心东立面及两江广场实景 |

4. 结束语

2011~2012年,重庆地区在进行较大规模城市核心区夜景照明示范建设的同时,顺应新型城镇化发展趋势,大大加强了各区县的城市夜景建设;城市照明管理、设计、施工水平显著提升,对周边城市的辐射、示范作用更加突出。通过强化、细化城市照明管理工作,使城市照明管理工作更加全面、深化和细致。从过去的重建设、轻管理转向了对照明建设全寿命周期的关注。

致谢:表1"2011~2012年重庆地区城市照明建设、管理工作重要事件汇总表"由罗韶华整理汇总,该文的撰写得到了重庆市市政管理委员会灯饰处刘小俭、江颖锋等同志的大力支持,在此特表示感谢!

参 考 文 献

[1]严永红,关杨.山地城市夜景照明设计探索与实践——重庆夜景照明建设二十年回顾[J].照明工程学报(中国照明工程二十年专刊),2012(23):72-77.
[2]严永红,关杨,翟逸波,等.重庆江北商圈第三期夜景照明设计文本[R].2012.
[3]严永红,曾恒志,王冬旭,等.云阳县市民文化中心夜景照明设计文本[R].2012.

南京市城市照明建设与可持续发展(2011~2012年)

沈 茹

(南京照明学会)

摘 要:2013年第二届亚洲青年运动会、2014年第二届夏季青年奥林匹克运动会将相继在南京举行。南京以"人文、宜居、智慧、绿色、集约"理念为指导,以亚青会、青奥会举办为契机,积极推动城市景观照明建设和改造,采取了一系列照明管理措施和制度,提升了南京市城市景观照明建设整体水平。

关键词:城市照明;青奥会;照明管理

1. 前言

根据南京市"十二五"规划及千日行动建设计划,为建设高品质的城市景观照明,迎接2013年亚青会及2014年青奥会,针对南京市的城市风貌、建筑风格以及人文历史景观进行总体提炼规划建设,并借鉴国内外城市夜景建设的成就、经验,结合南京市的地域、气候及古都风貌等特点,通过科学的、系统地规划引导,城市照明建设实现了可持续发展。

2. 南京城市照明建设概括

南京是一个具备深厚文化底蕴及自然人文景观的现代城市,景观照明建设按照国际化都市的水准及国家节能减排政策的要求,有重点、分主次地规划建设南京的夜间空间照明环境。彰显南京市独特的"山、水、城、林"主题,充分展现南京景观照明整体形象,增加市民生活的幸福感。

南京自2007年制定南京市城市照明总体规划以来,城市照明建设的重点不再局限于景观的层面,越来越关注对城市经济、文化、市民生活以及环保节能的影响和积极作用,照明建设逐渐系统化,更关注实际的可操作性,可以量化的部分尽可能根据实际情况提出标准指标。

近两年南京城市照明形象定位是传承古都发展历史，顺应南京城市结构，通过对不同功能区域的景观亮度、光色等规划以及对城市的各类景观元素的景观设计引导，利用高科技的现代手段，塑造南京城市夜景，烘托古城的历史文化氛围，同时体现长江流域中心城市的现代活力和时代气息。

2011～2012 年，南京市以迎亚青、青奥为契机，重点规划建设主城及河西新城景观照明建设。

主城根据南京独有的山水城林特征和空间历史痕迹，重点构建"三圈、三带、三片"景观照明系统（三圈：新街口、鼓楼、山西路；三带：城市干道迎宾带、景观带、明城墙及沿河景观带；三片：月牙湖、夫子庙、玄武湖—白马公园），构建以山水城林古都特色和现代风貌相交融的城市主轴线（中央路—中山路—中华路；汉中路——中山东路），构建滨水景观带（长江南北滨江岸线、内外秦淮河，玄武湖、莫愁湖滨水区域），构建自然景观带（滨江大道的"江—城"景观带；中山陵环陵路的"山—城—林"景观带；北京东路—北京西路的"城—林"景观带）的景观照明带，同时结合外秦淮河整治项目，延伸、完善其景观照明设施建设，形成夜间游览路线。

河西新城是亚青和青奥举办区域，各类景观照明项目正在设计、建设和实施中。2011～2012 年南京市将河西新城光环境建筑夜景照明分为"必须进行夜景照明"、"宜进行夜景照明"和"不宜进行夜景照明"这三类。其中"必须进行夜景照明"分为"重点照明"和"适当照明"两部分。"重点照明"包括了青奥文化体育轴、青奥河西大街商业休闲轴以及青奥轴区域内的文化、体育和商业类地标性建筑。"适当照明"的建筑则主要包括除"重点照明"以外的商业和文化建筑。重点打造青奥村、河西 CBD 商务办公轴、青奥公园、青奥中心、国际风情街等项目。

3. 南京城市照明管理措施

2010 年以来，南京市城市照明发展很快，对完善城市功能，改善城市环境，提高人民生活水平发挥了积极作用。为了进一步加强照明管理工作，南京市采取了一系列管理措施。

1) 加强相对落后区县绿色照明示范工程宣传，普及照明节电和保护环境的知识，增强全社会的照明节能意识和可持续发展意识。

2) 健全和完善法规、标准，建立统一管理体制。使城市照明规划设计更专业、建设施工更规范、运行监控更科学。2011 年制定了《南京市城市照明设计、施工及验收实施细则》，2012 年制定了《南京市景观照明建设导则》，强调城市照明建设要坚持"四同时"（同时规划设计、同时施工建设、同时竣工验收、同时交付使用）的原则，坚持科学性、规范性、可行性的原则，要以高效、节电、环保、安全为核心，依法管理为保障，保护环境和城市绿色照明工程健康、协调、可持续发展。

3) 理顺城市照明管理体制，将城市照明规划、建设与管理统一到一个城管局，集中行使管理职能。采用法制化、科学化、现代化的管理手段，对城市照明设施的安全运行、日常维护、节约能源、保护生态等依法进行管理，坚持节能环保的基本措施。

4. 南京市城市照明基本原则

1) 超前性原则：顺应南京市城市建设和经济发展需求，制定与南京城市景观照明相匹配的原则，明确南京近期景观照明建设内容发展和远期景观照明建设的发展方针。

2) 整体性原则：以城市规划确定的发展战略与空间格局为基础，立足城市系统协调发展，将城市景观照明与城市发展建设目标结合，形成城市照明在城市空间上的"点、线、面"构成体系，增强南京城市照明总体发展的前瞻性、系统性和可控性。

3) 操作性原则：重点突出南京文化古都和现代景观相结合的空间载体特征，以南京夜间旅游路线贯穿于城市重要景观照明，确定重点与非重点，主次分明的照明系统，促进南京夜间经济和现代服务业的发展。

4) 生态性原则：建立绿色照明技术理念与要求，使用高效、节能的照明技术，节约能源，减少能耗，保护环境，防止光污染。打造低碳城市，实现"科技之光、品质之光、生态之光"目标。

5. 南京城市照明工程成效

明确南京景观照明重点建设内容和代表名片，确定市级重点景观区域的景观照明建设内容和建设层次，按照建设色调和风格定位，明确控制区和展示区等不同区域定位。对形成"历史，现代，新城"景观照明特色区域中的重要景观照明对象实施建设。

根据南京城市市区空间特征划分和城市建设的发展，选取南京市特有的代表"历史 - 现代 - 新城"的照明对象，构建出"山水城林—和谐之光"的景观照明形象特征和空间格局。近年来共建景观照明 1300 多幢，公共景观照明近 70 多处，初步形成了一个以高层楼宇景观照明为主体，以环境景观照明为烘托、点线面相结合、高中低相辉映、以"显山露水"为原则，充分展现南京的自然和历史文化资源，以道路轴线和滨江、河流、绿带串联的景观照明效果，同时注重塑造出入口景观和标志性景观，保护视线走廊。

1) 城市主轴线南京中山东路（中山门—逸仙桥路段）景观照明提升改造成效（见图 1～图 6）。

图 1 中山门外重达 15t 的青铜辟邪照明效果

图 2 中山门进城处居民楼照明效果

图 3 中山东路南京博物院（原国立中央博物院）大门照明效果

图 4 中山东路第二历史档案馆照明效果

图 5　中山东路东宫牌坊照明效果

图 6　中山东路明故宫遗址照明效果

2）玄武湖片区及滨水景观带照明建设成效。玄奘寺、鸡鸣寺、南京站周边（新庄立交、会展中心）湖心洲、九华山山体、环湖植被、紫金山、北极阁、明城墙及秦淮河风光带等照明效果（见图7～图12）。展现了城市整体景观照明形象，塑造自然环境同历史遗迹以及城市现代风貌结合的画卷。

图7　九华山照明效果

图8　城市名片－玄武湖照明效果

图9　历史遗迹－明城墙照明效果

3）建设以奥体中心为重心，以绿博园、紫金中华、河西CBD、新城大厦行政中心等为载体的河西新城景观照明区域（见图13～图16）；

4）结合城市建设，打造一批标志性建筑及广场、交通节点。

鼓楼广场以紫峰大厦向周边辐射区域景观照明为主，形成一条现代都市文化街区（见图17～图30）。

图 10　主城城市照明现状鸟瞰

图 11　清凉门桥下秦淮河河边照明效果

图 12　秦淮河风光带照明效果

图 13　玄武湖五洲景观照明效果

图 14　江东中路 – 中泰国际广场照明效果

图 15　河西 – CBD 一期照明效果鸟瞰图

图16　河西奥体景观照明效果

图17　新城大厦行政中心照明效果

图 18　鼓楼广场－紫峰大厦照明效果

图 19　鼓楼广场附近中信大厦照明效果

图 20 鼓楼公园照明效果

图 21 山西路广场－苏宁银河照明效果

图 22　新街口广场 – 中国银行照明效果

图 23　六合南门广场 – 茉莉花雕塑照明效果

图24 大行宫广场 – 1912 街区照明效果

图25 大行宫广场照明效果

图26 重要门户 – 南京南站照明效果

图 27　重要节点 – 挹江门照明效果

图 28　阅江楼水系全景

图 29　阅江楼景区卢龙胜境照明效果

图 30　宝船公园遗址照明效果

6. 结束语

　　近年来，南京明确了景观照明重点建设内容和代表名片，确定了市级重点景观区域的景观照明建设内容和建设层次，按照建设色调和风格定位，明确了控制区和展示区等不同区域定位。对形成"历史，现代，新城"景观照明特色区域中的重要景观照明对象实施建设。如图 1～30，根据南京城市市区空间特征划分和城市建设的发展，选取了南京市特有的代表"历史 – 现代 – 新城"的照明对象，初步构建出了"山水城林—和谐之光"的景观照明形象特征和空间格局。

　　接下来的 2013～2014 年，南京为迎接亚青及青奥会的召开，将全面展示城市景观照明整体形象。将以鼓楼区、玄武区、秦淮区和建邺区，奥体组团为主。针对代表南京城市形象的城市主要出入口两侧景观照明载体，如机场连接线——龙蟠路——火车站、玄武湖片区，明城墙、秦淮河等整体形象完善。完成城市景观照明整体形象节点照明建设。实现南京市城市照明建设可持续性发展。

参 考 文 献

［1］南京市城市总体规划（2010～2020 年）.
［2］南京市国民经济和社会发展第十二个五年规划.
［3］江苏省建设厅. 江苏省城市照明专项规划编制纲要（试行）.
［4］中国市政工程协会城市照明专业委员会. 中国城市照明发展研究报告［R］.

第五篇 照明工程企事业篇

BPI 碧谱/碧谱照明设计有限公司

1. 企业简介

BPI 从 1966 年创始至今，一直活跃在照明设计领域，已经在世界各地完成了超过 5000 个照明设计工程。

BPI 所从事项目的范围很广，从小型商店空间和住宅到城市主体照明规划（如为俄亥俄州克利夫兰大学城所做的照明规划）及多用途的复杂项目（如世界上最高的建筑物的吉隆坡双子塔项目）等工程设计和项目管理领域，我们均有着卓越的经验，小到珠宝店、小型公寓照明，大到城区照明规划、城市综合体和交通枢纽照明，都包含在我们的服务范围内。

2013 年是 BPI 进入中国的第 10 年，在这 10 年中，BPI 以国际先进的设计理念和服务意识，在中国照明设计领域确立了领导者的地位，完成的照明设计和规划项目超过 500 个。在刚刚过去的 2012 年，BPI 完成的项目包括多座高档商业广场、写字楼和五星级酒店，如南宁华润万象城城市综合体、沈阳市府恒隆广场、西安皇冠假日酒店、北京 SOHU 总部大厦等，也包括北京润西山会所等小型精品项目。

BPI 的多年设计经验使我们能卓有成效地将我们的作品的建筑外观与它的设计完美融合，在过去的 40 余年里，我们的客户群体以及我们所获得的奖项可以证明我们所设计项目的成绩。这些奖项体现了专业人士及客户对我们的认可。

2. 项目案例

（1）酒店项目（见图 1 ~ 图 5）

图 1　兰州皇冠假日酒店

图 2　西安皇冠假日酒店

图 3　长白山威斯汀酒店

图 4　长白山喜来登酒店

图 5　重庆富力凯悦酒店

（2）商场项目（见图 6 ~ 图 8）

图 6　沈阳市府恒隆广场

图7 南宁万象城

图8 北京华润五彩城购物中心

（3）写字楼（见图9和图10）

图9 SOHU总部大厦

图10 南宁华润大厦

（4）会所项目（见图11和图12）

图11 北京润西山会所

图12 郑州信和索凌东路售楼会所

天津华彩电子科技工程集团有限公司

1. 企业简介

天津华彩电子科技工程集团有限公司成立于2001年，是一家集城市夜景规划、工程设计、工程施工、售后服务、国际品牌代理业务于一体的高新技术型国家一级资质照明企业。华彩集团在2011年增资至5100万元。

公司聘请了英国、美国及我国香港和台湾地区设计作为公司高级顾问，依靠专业的技术水平同照明界始终保持着良好的沟通，确保公司拥有着最前沿的照明信息。公司每年委派设计师赴法国、德国参加国际照明展会，与国际众多照明专家及专业品牌产品供应商取得沟通合作，并成为了多年来相互信任的合作伙伴。

华彩公司是城市及道路照明专业一级资质企业，主要承接全国大型室内外照明工程施工管理，主持施工的"天津之眼"永乐桥夜景照明工程，天津市友谊路沿线楼宇照明工程受到了国内照明界的高度评价，华彩公司部分施工工程也荣获了"黄山杯蚌埠龙湖大桥建设奖"参与单位、"卫国道工程鲁班奖建设奖"参与单位，"机场大道立交工程鲁班奖"参与单位等重大奖项的殊荣。

2. 项目案例

九华山大愿文化园亮化工程

豪尔赛照明技术集团有限公司

1. 企业简介

公司创立于2000年，注册资金1.2亿元，是集照明设计、施工、研发为一体的专业照明企业。公司自成立之日起，一直秉持着"夯实基础，注重实效"的经营理念，从刚刚创立时的几十人发展到现在几百人，而且已分别在上海、天津、重庆、河南、昆明、三亚、大同等地设立8家分公司以及5家子公司，包括在我国香港设立的香港豪尔赛国际照明设计有限公司。豪尔赛所设计和施工的项目中，7个项目获中照奖、2个项目获爱迪生全球照明大奖。风霜雨雪十几载，工程名就凯旋来。默默无闻创新异，光明点亮展风采！

2009年，豪尔赛照明技术集团有限公司成为首批获得由中华人民共和国住房和城乡建设部颁发的"城市及道路照明工程专业承包壹级"资质证书和"照明工程设计专项甲级"资质证书，并通过ISO9001：2000质量管理体系认证、ISO14001 - 2001环境管理体系认证、GB/T28001：2004职业健康安全管理体系认证，被权威机构评定为AAA信用等级单位。

德建名立，矩步引领。2010年，公司成功在北京人民大会堂举办"豪尔赛成立十周年"庆典活动，为豪尔赛的精彩历程增添了一抹恢弘。2012年，在上海复旦大学设立"复旦大学·豪尔赛奖教金、奖学金"，以感恩之心，树企业之典范，回馈教育，奉献社会，得到了业界的广泛赞誉。

"光无言，品自显"，秉承着"诺德、精进、沉淀、托付"的核心价值观和"铸造国际化团队，铸就世界级企业"的愿景，豪尔赛将凭借在中国照明行业领导地位的资源和技术，不断超越，为创建资源节约型社会和推动光文化发展做出更大贡献。

2. 项目案例（见图 1 ~ 图 3）

图 1　上海电影博物馆

图 2　山西大同云冈石窟

图 3　北京市门头沟区永定楼

北京海兰齐力照明设备安装工程有限公司

1. 企业简介

北京海兰齐力照明设备安装工程有限公司（HYLUN）专注于照明领域，拥有城市及道路照明工程专业承包二级资质，集照明工程设计、工程施工、设备贸易、国际品牌代理、特型产品开发、系统节能改造、系统运行管理为一体的专业化公司。

公司本着建设"艺术之光、生活之光"的品牌理念，致力于打造成一个夜景照明的梦工厂。运用光和影的艺术手法，通过现代科技的手段，为客户提供全面的照明解决方案。通过优质的生产和施工为客户打造美观舒适、高效节能、经济安全，并且可持续发展的照明系统，改善提高人们身心健康，体现现代文明的绿色照明工程。

1）我们实力：公司实力雄厚，经过多年的努力实践和培养，公司已拥有一支优秀的照明产品研发、工程设计与施工的专业团队，项目遍及北京、成都、哈尔滨、广西、浙江等地区。

目前公司已在市政道路桥梁、楼体大厦、城市景观、园林水系、室内空间等照明领域取得了优秀的工程业绩，并成功完成故宫、天安门城楼、奥运村、国家大剧院、国华电力烟囱、北辰桥、健翔桥、北京地铁、卢沟桥、开封龙亭、桃花江水系等著名照明工程。

2）展望未来：公司将继续秉承"以人为本、科技第一、创新高效"的经营理念，塑造国内领先的环境与艺术照明品牌，海兰照明将屹立于世界优秀照明行业品牌之林。

2. 项目案例（见图1～图4）

图1　天安门广场地区

图2　国家大剧院

图3　桂林桃花江

图4   卢沟桥文化旅游区

北京广灯迪赛照明设备安装工程有限公司

1. 企业简介

北京广灯迪赛照明设备安装工程有限公司是中国照明协会、北京照明协会会员企业，是光影梦幻集团旗下负责照明项目具体实施的全资子公司。

公司秉承光影梦幻集团的通过对区域文化的挖掘、分析和整理，以创新手段、震撼性的传播、战略性的策划实施，达到提升城市价值，推进城市化进程的理念。依托集团所属的跨界专家团队和优秀的设计团队，将集团"以世界先进视觉科技为手段，创新性地传播城市文化"的策划设计理念，高效率、高质量地付诸实施。

2. 项目案例

人民大学仁达大厦照明工程   江西新余总体规划照明亮化工程   西安大唐芙蓉园夜景照明工程   金融街丽思卡尔顿酒店及金融街购物中心照明工程   恭王府府邸文物保护修缮工程景观照明工程   陕西法门寺夜景照明工程   西安曲江大唐不夜城声光电互动装置项目   西安楼观台道教文化区夜景照明工程   青岛城市整体照明规划及青岛五四广场照明（见图1～图16）。

图1

图2

图 3

图 4

图 5

图 6

图 7

图 8

图 9

图 10

图 11

图 12

图 13

图 14

图 15

图 16

品能光电集团

1. 企业简介

品能科技股份有限公司于 2001 年 10 月在我国台湾地区成立（见图 1），是全球大功率超高亮度 LED 照明模组、驱动器、全彩控制系统整合的专业厂商之一。

旗下 LEDAVENUE 专业灯具品牌旨在满足市场对高端 LED 照明灯具的需求，为广大客户提供专业全面的照明解决方案，包括 LED 光学模组，LED 灯泡，室内外装饰照明，商业照明等。

品能旗下 100％持股子公司：品能光电科技（股）公司成立于 2001 年；品能光电技术（上海）有限公司成立于 2002 年；品能光电（苏州）有限公司成立于 2007 年。

格雷蒙集团于 2012 年投入 LED 应用产业，与品能光电展开战略合作，成为品能光电第一大股东。

全汉企业股份有限公司也于 2012 年成为品能光电的技术合作伙伴。

格雷蒙集团（Gredmann Group）总公司于 1978 年 7 月成立于我国台湾，目前在美国、泰国、韩国以及我国香港、上海、广州、深圳、北京等地均设有分公司，在韩国和我国台湾、广东及广西拥有 6 个全资及控股工厂。

图 1

2010 台湾格雷蒙（伟斯企业）被中华征信所（500 大服务企业）评为 234 大企业，在 2010 年在贸易产业中被评为台湾第 12 位从事 LED 光电产业材料、科技（3C 产业）材料、化工材料等销售及制造企业。

格雷蒙于 2012 年投入 LED 应用产业，目前已注入资金，成为品能第一大股东。并在惠州仲凯高新技术产业开发区投资购买约 100 亩土地，打造 LED 工业园。未来策略将携手格雷蒙原有全球通路伙伴与品能照明合作伙伴，利用领先的 LED 技术应用优势和照明方案解决能力，用心点亮绿色照明，不断推出高质量及极具创新的照明产品。为人类和自然生态和谐创造光的价值。并预计在 2014 年海外上市！

全汉企业股份有限公司（FSP GROUP）为全球第五大电源供应器专业制造企业，自 1993 年成立以来，即以优秀的经营团队，结合专业的研发实力、庞大的生产规模、优良的产品品质，在激烈的市场竞争中，不断寻求新的突破点，奠定优势。

2002 年 10 月 16 日，全汉企业正式在我国台湾挂牌上市，公司实收资本额增至 700，000 千元。

2009 年 4 月 1 日，为研发高性能、高效率工业类电源解决方案以及新能源相关电力电子产品，与业界知名人士徐明博士共同合作转投资成立南京博兰得电子科技公司。2012 年，全汉企业荣获 2012 年"台湾金奖"，成为台湾金奖最多电源类产品获奖品牌。

品能光电拥有多项 LED 定电流及 LED 动态、全彩控制系统专利，强大的研发团队，能为客户提供最佳的技术支持及提供 LED360°全方位照明解决方案。

品能光电已在全国 8 个主要城市设立办事处，提供最快速、最专业的售前售后服务。

品能光电拥有完整的 LED 照明应用核心技术及生产能力，从大功率 LED 灯具的结构设计、散热模拟技术应用、LED 透镜设计开发、MCPCB（金属散热电路板）自动化生产、驱动器到智能控制系统的设计开发生产，组成了大功率 LED 照明的核心应用技术。这正是品能团队从 2001 年以来所建立起的核心竞争优势。

2. 项目案例（见图 2）

图 2　榆林人民大厦

广州亮美集灯饰有限公司

1. 企业简介

广州亮美集灯饰有限公司（前身为广州亮而丽灯饰有限公司）于2001年8月在广州市花都区投资兴办，注册资金1000万元，是一家致力于LED照明领域产品研发、生产与销售的高新科技民营企业，同时也是花都区半导体照明技术创新联盟副理事单位，广东省照明电器协会常务理事单位，中国LED照明应用百强企业之一。

公司多年来坚持LED照明应用产品的自主研发与科技创新，并努力探索有效降低整体系统成本的可行方案，旨在重点提升建筑空间照明的高效性、专业性、舒适性与时尚性。公司的主导产品有：LED投光灯、LED泛光灯、LED洗墙灯、LED水底灯、LED壁灯、LED柔性彩虹灯、LED幻影点光源、LED灯饰控制系统等，产品广泛应用于建筑外墙的泛光、投光、轮廓照明以及桥梁、娱乐场所装饰和水景照明等领域。

公司现有厂房占地面积12000m²，全厂员工350人，其中技术中心下设的产品研发中心达45人。公司严格按照ISO 9001国际质量体系标准进行科学管理，产品相继通过3C、CE、CQC等认证，技术水平处于国内同行业领先地位。

公司通过坚持走品牌化经营的思路，已经积累了相当的技术、人才和资本优势，具备相当的生产规模和较强的研发能力，并且掌握了相关产品的关键制造技术。作为LED照明领袖品牌企业，"亮美集"具有较高的品牌知名度与良好的市场信誉，在长期的市场竞争过程中，逐步树立了资源深度获取和市场全球覆盖的经营特色，确立了行业领先地位。目前，除了国外的代理商，公司在国内大的区域市场设有15个销售网点，在国内主要大城市都有自己的销售团队，主要是推广产品和进行销售服务，包括前期推广、方案制定、产品配置、现场调试和售后服务等，立体、综合式的强大销售网络能为客户提供方便迅捷的全方位技术支持与照明系统解决方案。

凭借自身13年积累的丰富的LED灯具制造经验，强大的产品开发设计能力，精细的生产工艺流程，拥有数百项专利技术的大型灯饰控制系统和17多个系列720多种专业LED照明产品，以及快速响应工程特殊需求的能力，亮美集已成长为专业LED景观照明与建筑照明产品市场的主流供应商和领先知名品牌。

公司以"关怀客户，关心员工成长"为企业的核心经营理念，不断为客户打造优品质、高品位的LED专业照明项目，积极为中国的绿色、环保、低碳照明事业作贡献。近年成功完成的具有国际影响力的经典LED照明解决方案有：广州亚运会期间的跨珠江海印桥项目、广州市东风路夜景照明项目；上海世博会期间的中石油馆、新加坡馆、智利馆、希腊馆亮化项目；北京奥运会期间的北京南站和奥林匹克公园项目；万达集团福州仓山万达广场、长沙开福万达广场、泉州万达广场项目；西安园博会广运门项目；2006～2010年"10＋1"东盟主会场南宁项目；世界第五高住宅楼、迪拜第四高住宅楼Ocean Heights；委内瑞拉马拉开波大桥亮化项目等。

继往开来，与时俱进——2012年10月，公司斥资上亿元，坐落于花都机场高新科技产业园内建筑面积达30000m²的LED路灯生产研发基地项目正式开发建设，公司将抓住LED照明行业快速发展的良好机遇，立足现有的基础和优势，以新厂建设为契机，通过进一步扩大生产规模、加大研发技术投入、加强人才储备与培养、构建科学管理系统、建立完善的产品技术标准、提升产品品质等系列措施，实现基础设施一流，人才团队一流，产品品质一流和管理水平一流，全面提升公司的企业形象、管理水平和综合实力，努力成为LED灯具行业的一流品牌和最具竞争力的公司。

2. 项目案例（见图1～图3）

图1　万达集团福州仓山万达广场

图 2　泉州万达广场

图 3　中华回乡文化园

第六篇 国际资料篇

国际照明委员会（CIE）技术报告和指南
（CIE Technical Reports and Guides）（2011～2012）

203：2012：（including Erratum 1）：A Computerized Approach to Transmission and Absorption Characteristics of the Human Eye

173：2012：（including Erratum 1）：Tubular Daylight Guidance Systems

202：2011：Spectral Responsivity Measurement of Detectors，Radiometers and Photometers

201：2011：Recommendations on Minimum Levels of Solar UV Exposure

200：2011：CIE Supplementary System of Photometry

199：2011：Methods for Evaluating Colour Differences in Images

198：2011：Determination of Measurement Uncertainties in Photometry

198-SP1：2011：Determination of Measurement Uncertainties in Photometry-Supplement 1：Modules and Examples for the Determination of Measurement Uncertainties

197：2011：Proceedings of the 27th Session of the CIE，9-16 July 2011，Sun City，South Africa

196：2011：CIE Guide to Increasing Accessibility in Light and Lighting

195：2011：Specification of Colour Appearance for Reflective Media and Self-Luminous Display Comparisons

194：2011：On Site Measurement of the Photometric Properties of Road and Tunnel Lighting

标准（Standards）

CIE S 017/E：2011：ILV：International Lighting Vocabulary

CIE S 021/E：2011：Vehicle Headlighting Systems Photometric Performance-Method of Assessment

Colorimetry Series

ISO 11664-3：2012（E）/CIE S 014-3/E：2011：Joint ISO/CIE Standard：Colorimetry-Part 3：CIE Tristimulus Values

标准草案（Draft Standards）

CIE DS 023/E：2012 Characterization of the Performance of Illuminance Meters and Luminance Meters

研讨会论文集（Proceedings of Conferences and Symposia）

197：2011：Proceedings of the 27th Session of the CIE，9-16 July 2011，Sun City，South Africa.

x037：2012：Proceedings of CIE 2012 Lighting Quality & Energy Efficiency，September 2012，Hangzhou，China.

撤销的出版物（Withdrawn and Out-of-Print Publications）

S014-3 S014-3 Colorimetry-Part 3：CIE Tristimulus Values ISO 11664-3：2012（E）/CIE S 014-3/E：2011 CIE Tristimulus Values

国际照明委员会(CIE)2012 "照明质量和能效大会" 论文和海报目录
Proceedings of CIE 2012 "Lighting Quality and Energy Efficiency"

Contents

The following table provides an overview of the Papers and Posters presented at the Conference. The papers are published in the Proceedings in consecutive order of pre-sentation. The authors are responsible for the contents of their papers.

Keynote Speakers	Page
IT01 Cui, Y. et al. THE APPLICATIONS OF QUANTUM CONTROL TECHNOLOGIES IN LEDS FOR LIGHTING	1
IT02 Rauwerdink, K. APPLES & PEARS: WHY STANDARDISATION OF PERFORMANCE REQUIREMENTS FOR LED LUMINAIRES IS IMPORTANT	8
IT03 * Donn, M. RELEVANT DAYLIGHT DESIGN TOOLS FOR PRE – DESIGN	20
IT04 Fotios, S. , Goodman, T. RESEARCH ON LIGHTING IN RESIDENTIAL ROADS	21
IT05 Mucklejohn, S. A. RECENT ADVANCES IN LIGHTING QUALITY AND ENERGY EFFICIENCY WITH TRADITIONAL LIGHT SOURCE TECHNOLOGY	38
IT06 Stockman, A. PHYSIOLOGICALLY – BASED COLOUR MATCHING FUNCTIONS	49
IT07 * Whitehead, L. IMPROVING THE CIE COLOUR RENDERING INDEX – HOW THIS CAN BE DONE AND WHY IT MATTERS	59
IT08 Mou, T. , Shi, C. MEASUREMENT AND STANDARDIZATION ON PHOTOBIOLOGICAL SAFETY RELATED TO LED PRODUCTS	60

Oral Presentaions	Page
Mesopic Photometry and Brightness Chair: Theresa Goodman, GB & Guanrong Ye, CN	
OP01 Puolakka, M. , et al. IMPLEMENTATION OF CIE 191 MESOPIC PHOTOMETRY – ONGOING AND FUTURE ACTIONS	64

Note: * full paper has not been received.

（续）

Oral Presentaions	Page
OP02 Uchida, T. , Ohno, Y. AN EXPERIMENTAL APPROACH TO A DEFINITION OF THE MESOPIC ADAPTATION FIELD	71
OP03 Decuypere, J. , et al. MESOPIC CONTRAST MEASURED WITH A COMPUTATIONAL MODEL OF THE RETINA	77
OP04 Vidovszky – Nemeth, A. , Schanda, J. BRIGHTNESS PERCEPTION	85
Daylighting Chair: Michael Donn, NZ & Hong Liu, CN	
OP05 Chung, T. M. , Ng, R. T. H. A STUDY ON DAYLIGHT GLARE IN CELLULAR OFFICES USING HIGH DYNAMIC RANGE (HDR) PHOTOGRAPHY	95
OP06 Wienold, J. et al. QUANTIFICATION OF AGE EFFECTS ON CONTRAST AND GLARE PERCEPTION UNDER DAYLIGHT CONDITIONS	104
OP07 Stefani, O. et al. MOVING CLOUDS ON A VIRTUAL SKY AFFECT WELL – BEING AND SUBJECTIVE TIREDNESS POSITIVELY	113
Photobiological Effects (1) Chair: Tongsheng Mou, CN	
OP09 * Webb, A. R. et al. EVALUATING CIRCADIAN RESPONSES IN A SOLAR ENVIRONMENT	123
OP10 Hu, N. et al. EFFECTS OF ALERTNESS FOR STATIC AND DYNAMICAL LIGHTING AT POST – NOON	124
OP11 Sansal, K. E. et al. EFFECTS OF INDOOR LIGHTING ON DEPRESSION IN A POPULATION OF TURKISH ADOLESCENTS	130
OP12 Wojtysiak, A. et al. BIOLOGICAL EFFECTS OF LIGHT ON HUMANS – INTERNATIONAL STANDARDIZATION	135
Colour Rendering Chair: Janos Schanda, HU & Muqing Liu, CN	
OP13 Yaguchi, H. et al. TESTING OF UNIFORM COLOUR SPACE USING CORRESPONDING COLOURS UNDER DIFFERENT ILLUMINANTS	137

Note: * full paper has not been received.

Oral Presentaions	Page
OP14 Komatsubara, H. et al. COLOUR RENDERING EVALUATION OF WHITE LED ILLUMINATION BY COMPARATIVE ASSESSMENT	142
OP15 Renoux, D. et al. CONTRIBUTION TO THE ASSESSMENT AND IMPROVEMENT OF COLOUR RENDERING METRICS FOR ARTIFICIAL LIGHT SOURCES	148
OP16 Wu, Y. et al. INFLUENCES OF CULTURES AND RACES ON MEMORY COLOUR AND COLOUR QUALITY EVALUATION	159
OP17 Luo, M. R. et al. TESTING COLOUR RENDERING INDICES	168
Lighting Design (1)	Chair. Stuart Mucklejohn, GB & Xumei Zhang, CN
OP18 Sugano, S., Nakamura, Y, APPLICATION OF GLARE IMAGE TO VISUAL ENVIRONMENT DESIGN OF RESIDENCE	173
OP19 * Enger, J. VIAVISION-AWEB GUIDE FOR EFFICIENT LIGHTING DESIGN BY UNDERSTANDING OF VISUAL PERCEPTION	180
OP20 Dehoff, P. STANDARDS AND REGULATION AS DRIVERS FOR ENERGY EFFICIENCY AND LIGHTING QUALITY-SOME EUROPEAN EXPERIENCES	182
OP21 Fotios, S. et al. USER CONTROL AND SATISFACTION WITH DIFFERENT ILLUMINANCE RANGES	185
OP22 Hsu, S. -W. et al. EXPERIMENTAL EXAMINATION AND SIMULATION OF A LED INTERIOR LIGHTING SPACE	196
Photobrlological Effects (2)	Chair: Ann Webb, GB & Yiping Cui, CN
OP23 Liu, J., Wojtysiak, A. LIGHTING FOR HEALTH: BIOLOGICAL EFFECTS OF TRADITIONAL AND SSL ILLUMINATION	203
OP24 Zheng, J. et al. EVALUATION ON PHOTOBIOLOGICAL SAFETY OF LED LIGHT SOURCES FOR CHILDREN APPLICATIONS	206
OP25 Stolyarevskaya, R. l. et al. METHODOLOGY OF LUMINAIRE BLH RADIANCE MEASUREMENTS	215

Note： * full paper has not been received.

（续）

Oral Presentaions	Page
OP26 * Blumthaler, M, et al. BIOLOGICALLY WEIGHTED UNITS FOR HUMAN SKIN UV EXPOSURE – SUGGESTIONS FOR STANDARDISATION	223
OP27 Li, Q. et al. AN OPTIMIZATION OF RETINAL THERMAL HAZARD MEASUREMENT FOR REAL LIGHT SOURCES	224
Measurement of SSL（1） Chair. Yoshi Ohno, US & Yandong Lin, CN	
OP28 * lkonen, E. et al. CHARACTERIZATION OF LED LAMPS FOR ENERGY EFFICIENT LIGHTING	230
OP29 Miller, P. et al. SOLID STATE LIGHTING PERFORMANCE TESTING AT UK LIGHTING LABORATORIES	232
OP30 Zong, Y. , Hulett, J. DEVELOPMENT OF A FULLY AUTOMATED LED LIFETIME TEST SYSTEM WITH HIGH ACCURACY	239
OP31 Zhao, W. et al. EXPERIMENTAL STUDY ON TRANSIENT MEASUREMENT OF THE HIGH POWER LEDS	246
OP32 GeTloff, T. et al. DEVELOPMENT OF A NEW HIGH – POWER LED TRANSFER STANDARD	250
Lighting Design（2） Chair：Edward Ng, HK & Yonghong Yan, CN	
OP33 Szabo, F. , Schanda, J. SOLID STATE LIGHT SOURCES IN MUSEUM LIGHTING：LIGHTING RECONSTRUCTION OF THE SISTINE CHAPEL IN VATICAN	256
OP34 Fridell Anter, K. et al. A TRANS – DISCIPLINARY APPROACH TO THE SPATIAL INTERACTION OF LIGHT AND COLOUR	264
OP36 Tabet Aoul, K. A, VISUAL REQUIREMENT AND WINDOW DESIGN IN OFFICE BUILDINGS – A STUDY OF WINDOW SIZE, SHAPE, CLIMATIC AND CULTURALIMPACTS	276
OP37 Saraiji, R. , Safadi, M. Y. EFFECT OF PARTITIONS ON DAYLIGHT PENETRATION IN OPEN PLAN OFFICE SPACES	286
Street and Outdoor Lighting Chair：Ron Gibbons, US & Rongqing Liang, CN	
OP38 Zhu, X. et al. PERCEPTION STUDY OF DISCOMFORT GLARE FROM LED ROAD LIGHTING	297

Note： * full paper has not been received.

（续）

Oral Presentaions	Page
OP39 Li, W. et al. STUDY ON VISUAL PERCEPTION OF FLICKER FROM LOW – HEIGHT MOUNTED LED LUMINAIRE FOR ROAD LIGHTING	304
OP40 Liu, Y. H. et al. GLARE SENSITIVITY OF PILOTS WITH DIFFERENT AGES AND ITS EFFECTS ON VISUAL PERFORMANCE OF NIGHTTIME FLYING	310
OP41 Li, Y., Liu, G. THE EFFECTS OF ARTIFICIAL NIGHT LIGHTING ON TYPICAL MIGRATORY BIRDS IN TIANJIN	321
OP42 Song, G. et al. URBAN STREET LIGHTING APPLICATION INVESTIGATION AND SUBJECTIVE EVALUATION	328
Measurement of SSL (2)　　　Chair: Peter Blattner, CH & Yong Guan, CN	
OP43 Bergen, A. S. J., Jenkins, S. E. DETERMINING THE MINIMUM TEST DISTANCE IN THE GONIOPHOTOMETRY OF LED LUMINAIRES	337
OP44 * Wang, J. et al. RESEARCH ON THE LED THERMAL DEPENDENCE AND EFFECTS IN GONIOPHOTOMETRY MEASUREMENT	344
OP45 Chou, C. – W. et al. COMPARISON OF DIFFERENT TESTING METHODS TO MEASURE PARTIAL LED FLUX	346
OP46 Liu, H. et al. EXPERIMENTAL ESTIMATION OF THE EFFECT OF SPECTRUM DISTRIBUTION TO LED COLORIMETRIC QUANTITIES	354
Colour Quality Issues　　　Chair: Hirohisa Yaguchi, JP & Haisong Xu, CN	
OP47 Wei, M., Houser, K. W. COLOUR DISCRIMINATION OF SENIORS WITH AND WITHOUT CATARACT SURGERY UNDER ILLUMINATION FROM TWO FLUORESCENT LAMP TYPES	359
OP48 Imai, Y. et al. A STUDY OF COLOUR RENDERING PROPERTIES BASED ON COLOUR PREFERENCE IN ADAPTATION TO LED LIGHTING	369
OP49 Carreras, J. et al. METHOD TO ESTABLISH A COLOUR QUALITY AND LUMINOUS EFFICACY RANKING FOR LIGHT SOURCES	375

Note：* full paper has not been received.

（续）

Oral Presentaions	Page
OP50 Withouck, M. et al. AGE RELATED COLOUR APPEARANCE DIFFERENCES FOR UNRELATED SELF – LUMINOUS COLOURS	385
Lighting Systems Chair. Jiangen Pan, CN	
OP51 Lister, G. G. et al. MICROWAVE – POWERED METAL HALIDE DISCHARGE LIGHTING SYSTEMS	391
OP53 Hertog, W. , Carreras, J. TESTING COLOUR QUALITY AND EFFICACY LIMITS USING A MULTICHANNEL LED LIGHT ENGINE	402
OP54 Bizjak, G. et al. POSSIBLE ENERGY SAVINGS WITH LED LIGHTING FOR GROWING PLANTS	409
Improvements in Photometry and Radiometry Chair: Tony Bergen, AU & TBC, CN	
OP55 Young, R. , Haring, R. DETERMINING BANDPASS FUNCTIONS IN ARRAY SPECTRORADIOMETERS	418
OP56 Pan, J. et al. DISTANCE DEPENDENCE IN SPATIAL CHROMATICITY MEASUREMENT	426
OP57 * Shpak, M. et al. A TWO CHANNEL PHOTOPIC – SCOTOPIC LUMINANCE METER AS A BASIS FOR MESOPIC PHOTOMETRY	433
OP58 Park, S. et al. ANGULAR DEPENDENCE OF SPECTRAL RESPONSIVITY OF A PHOTOMETER AND ITS EFFECT ON SPECTRAL MISMATCH CORRECTION	435
Visual Perception and Comfort Chair: Lome Whitehead, CA & Luoxi Hao, CN	
OP59 Sekulovski, D. et al. MODELING THE VISIBILITY OF THE STROBOSCOPIC EFFECT	439
OP60 Rossi, L. et al. PUPIL SIZE UNDER DIFFERENT LIGHTING SOURCES	450
OP61 Teng – amnuay, P. , Chuntamara, C. CHARACTERISTICS OF LETTERS AND LEGIBILITY OF INTERNALLY ILLUMINATED SIGNS FOR THE VISUALLY IMPAIRED	460
OP62 Zhang, J. et al. THE INFLUENCE OF CORRELATED COLOUR TEMPERATURE OF LUMINAIRE ON OVERHEAD GLARE PERCEPTION	470
Right Lighting Chair: Jianping Liu, CN	
OP63 Lin, R. et al. THE NEW CHINESE DAYLIGHTING DESIGN STANDARD FOR BUILDINGS	477

Note: * full paper has not been received.

（续）

Oral Presentaions	Page
OP64 Zhao, J., Wang, S. RESEARCH ON ENERGY STANDARD FOR BUILDING LIGHTING	484
OP65 He, J. Z., Ng, E. USING SATELLITE DATA TO PREDICT ZENITH LUMINANCE IN HONG KONG	490
OP66 Kobav, M. B. et al. LED SPECTRA AND ITS PHOTOBIOLOGICAL EFFECTS	496

Workshops	Page
Workshop 1 (Convener: Goodman, T. M.) MESOPIC PHOTOMETRY AND ITS APPLICATION	503
Workshop 2 (Convener: Lin, Y., Hua, S.) ENERGY EFFICIENT (GREEN) LIGHTING	504
WS01 Nakamura, Y. et al. ENERGY – SAVING OFFICE LIGHTING DESIGNED WITH LUMINANCE IMAGE	505
Workshop 3 (Convener: Coyne, S.) BUILDING ENERGY REGULATIONS AND THEIRINFLUENCE ON ACHIEVING GOOD LIGHTING QUALITY IN BUILDINGS	514
Workshop 4 (Convener: Luo, M. R.) COLOUR QUALITY	515
Workshop 5 (Convener: Fotios, S.) STREET LIGHTING – ARE THE CURRENTLY RECOMMENDED LIGHTING LEVELS RIGHT?	516
Workshop 6 (Convener: Ng, E.) RAPID URBANIZATION IN ASIA MEANS DAYLIGHT DESIGN ISSUES FOR CITIES	517
WS02 Luo, T. et al. A STUDY OF THE DAYLIGHT CLIMATE IN CHINA BASED ON THE TYPICAL YEARLY DAYLIGHT ILLUMINANCE	518

Poster Presentations	Page
PP01 Yang, C. et al. RESEARCH ON THE LIGHTING OF ENTRANCE AND EXIT SEGMENTS OF CITY TUNNELS AND OUTSIDE – TUNNEL ROADS WITH VISUAL EFFICIENCY THEORY	525
PP02 Li, W. – J. ANALYSIS ON THE CURRENT ENERGY EFFICIENCY LEVEL OF DOMESTIC SELF – BALLASTED FLUORESCENT LAMPS	530
PP03 Yao, H., Li, Z. J. YAMING LIGHTING APPLICATION CENTER – FOR GREEN AND QUALITY LIGHTING	535

（续）

Poster Presentations	Page
PP04 Pujol Ramo, J. et al. NEW METHODOLOGY TO SELECT LIGHT SOURCE SPECTRAL DISTRIBUTION FOR USE IN MUSEUMS TO PROPERLY EXHIBIT AND PRESERVE ARTWORK	542
PP05 Yang, Y. , Shi, X. ANALYSIS AND EVALUATION ON LUMINAIRE EFFICACY AND COLOUR QUALITY OF LED DOWNLIGHTS	546
PP06 Tabet Aoul, K. A. WINDOWS FUNCTIONS AND DESIGN: DAYLIGHTING, VISUAL COMFORT AND WELL BEING	555
PP07 Bartsev, A. A, et al. THE ANALYSIS OF THE RUSSIAN MARKET OF LIGHTING PRODUCTION THROUGH A PRISM OF VNISI TESTING CENTRE	566
PP08 * Xu, S. , Cui, Y. SYNTHESIS OF NONTOXIC WHITE LIGHT ZNSE/ZNS/MNS QUANTUM DOTS	570
PP09 Cheng, J. et al. ELUCIDATING THE AUTONOMY OF DAYLIGHT THROUGH LIGHT – GUIDE FILMS FOR AMBIENT LIGHTING IN THE OPEN – PLAN OFFICE THROUGH IN – SITU MONITORING	571
PP10 Suzuki, T. et al. DESIGN OF LIGHT – DIFFUSING SKYLIGHTS BASED ON OPTICAL PROPERTIES – ESTIMATION AND MEASUREMENT OF LIGHTING QUALITY AND ENERGY SAVINGS	578
PP11 Luo, T. et al. A NEW LIGHTING SIMULATION TOOL – LINKING AUTOCAD2008 WITH RADI – ANCE	586
PP12 Han, T. , Zhang, X. RESEARCH ON EASY EVALUATION METHOD OF BUILDING'S SIDE DAYLIGHTING	593
PP13 * Yao, H. , Li, Z. A SMART LIGHTING SYSTEM IN A DEMO CLASSROOM	604
PP14 * Lee, Y. et al. POTENTIAL ENERGY SAVINGS OF LED FLAT LIGHTING	605
PP15 Pawlak, A. , Zaremba, K. TOLERANCES IN COMPUTER SIMULATIONS OF INDIRECT LIGHTING SYSTEMS	608

Note: * full paper has not been received.

（续）

Poster Presentations	Page
PP16 * Wang, L. ENERGY – SAVING CONTRIBUTION OF INTELLIGENT LIGHTING CONTROL SYSTEM BASED ON HORIZONTAL ILLUMINANCE IN OFFICE SPACE	614
PP17 Wang, T. et al. DEPENDENCE OF HIGH – POWER WHITE LEDS SPECTRAL CHARACTERIS – TICS ON JUNCTION TEMPERATURE	615
PP18 Godo, K. at al. DEVELOPMENT OFA TRANSFER STANDARD FOR LUMINOUS FLUX MEASUREMENT OF HIGH POWER LEDS	619
PP19 Woolliams, E. R., Goodman, T. M. EFFECT OF INSTRUMENTAL BANDPASS AND MEASUREMENT INTERVAL ON SPECTRAL QUANTITIES	623
PP20 Woolliams, E. R., Goodman, T. M. DETERMINING THE UNCERTAINTY ASSOCIATED WITH AN INTEGRATED QUANTITY CALCULATED FROM CORRELATED SPECTRAL DATA	632
PP21 Hirasawa, M., Yamauchi, Y. THERMAL EFFECTS ON OPTICAL MEASUREMENT OF THE OLED LIGHTING PANELS	643
PP22 * Dai, C. et al. DEVELOPMENT OF THE NEW NATIONAL PRIMARY SCALE OF SPECTRAL RADIANCE, SPECTRAL IRRADIANCE, COLOUR TEMPERATURE AND DISTRIBUTION TEMPERATURE	647
PP23 Lee, J. et al. ELECTRICAL – OPTICAL PARAMETER TEST METHOD FOR LED LIGHTING IN PRODUCTION	649
PP24 Park, S. et al. IMPLEMENTATION OF THE 6 – PORT INTEGRATING SPHERE PHOTOMETER AND ITS SPATIAL RESPONSE DISTRIBUTION FUNCTION	656
PP25 Niwa, K. et al. MEASUREMENT OF ANGULAR NONUNIFORMITY OF AN INTEGRATION SPHERE FOR TOTAL SPECTRAL RADIANT FLUX MEASUREMENT	659
PP26 Oshima, K. et al. INTERCOMPARISON OF TWO COLLECTION GEOMETRIES IN TOTAL LUMINOUS FLUX OF STRAIGHT TUBE TYPE LAMP MEASUREMENT: THE INTEGRATING SPHERE AND THE INTEGRATING HEMISPHERE	663

Note：* full paper has not been received.

（续）

Poster Presentations	Page
PP27 Kranicz, B. et al. INTEGRAL APPROXIMATING SUMS FOR GONIOPHOTOMETRIC MEASUREMENTS	668
PP29 * Wu, Z. et al. DIFFRACTION EFFECT IN RADIOMETRY	680
PP30 Chen, C. et al. GONIOSPECTRORADIOMETRY FOR ACCURATE MEASUREMENT OF SPATIALLY AVERAGED CHROMATICITY	681
PP31 Ouarets, S. et al. A NEW GONIOREFLECTOMETER FOR THE MEASUREMENT OF THE BIDIRECTIONAL REFLECTANCE DISTRIBUTION FUNCTION (BRDF) AT LNE – CNAM	687
PP32 Martinez – Verdu, F. et al. COMPARISON OF COLORIMETRIC FEATURES OF SOME CURRENT LIGHTING BOOTHS FOR OBTAINING A RIGHT VISUAL AND INSTRUMENTAL CORRELATION FOR GONIO – APPARENT COATINGS AND PLASTICS	692
PP33 Higashi, H. et al. THE DEVELOPMENT OF EVALUATION FOR DISCOMFORT GLAREIN LED LIGHTING OF INDOOR WORK PLACE – RELATIONSHIP BETWEEN UGR AND SUBJECTIVE EVALUATION	706
PP34 Huang, C. – S. et al. USING ELECTROENCEPHALOGRAPHY AND HEART RATE VARIABILITY TO ANALYZE THE EFFECT OF LED INDOOR ILLUMINATION ON HUMAN	713
PP35 Hardardottir, P. R. DO STANDARDS SUCH AS BREEAM SECURE LIGHTING COMFORT IN WORK ENVIRONMENT?	716
PP36 * Hara, N. , Kato, M. APPROPRIATE RANGE OF THE ILLUMINANCE COMBINATION OF TASK – AMBIENT LIGHTING	722
PP37 Zhang, M. , Wang, L. NIGHT LANDSCAPE VISUAL PERCEPTION EVALUATION SYSTEM RESEARCH FOR CHINESE ANCIENT BUIDING	724
PP38 Wang, W. et al. THE EFFECT OF DISPLAY VIBRATION ON VISUAL PERFORMANCE OF PILOTS	731
PP39 Yokoyama, R. et al. THE EFFECTS OF THE LUMINESCENCE AREA OF LIGHTING ON THE IMPRES – SION OF SPACE	741

Note：* full paper has not been received.

（续）

Poster Presentations	Page
PP40 Tu, H. – W. et al. COMPARISON OF USING DIALUX SOFTWARE AND CCD IMAGING PHOTOMETER TO MEASURE SPACE LUMINANCE	748
PP41 Luo, M. R. RECIPE FORMULATION FOR FUNCTIONAL LED LAMPS	753
PP42 Yamauchi, Y. , Hirasawa, M. EVALUATION OF NON – UNIFORMITY OF THE STIMULUS WITH LUMINANCE GRADIENT	756
PP43 ltayama, T. et al. PERCEPTUAL SENSITIVITY TO THE COLOUR CHANGE OF TEMPORALLY MODULATED STIMULUS – TOWARDS INDEXING VIEW ANGLE DEPENDENCY OF OLED PANELS	760
PP44 Lu, C. C. et al. EFFECT OF 10 – MIN LIGHT EXPOSURE ON SUBSEQUENT SLEEP DURING BRIEF AWAKENING IN THE MIDDLE OF NIGHT	770
PP45 Lee, C. – H. et al. EFFECT OF EVENING LIGHTING TO SLEEP QUALITY USING LED LIGHT SOURCES OF VARIABLE CIRCADIAN ACTION RATIOS	777

第七篇 照明工程运营及管理篇

2012 年全国城市照明节能专项检查情况介绍

赵建平

（中国建筑科学研究院建筑环境与节能研究院，
国家建筑工程质量监督检验中心采光照明质检部）

1. 概述

为贯彻落实国务院"十二五"节能减排工作任务和《"十二五"城市绿色照明规划纲要》，2012 年 12 月住房城乡建设部对全国 59 个地级及以上城市的照明节能工作进行了专项监督检查。检查组共抽检了 59 个城市的 781 个城市照明项目，其中道路照明项目 549 个，景观照明项目 232 个，对照《住房城乡建设部办公厅关于组织开展 2012 年度住房城乡建设领域节能减排监督检查的通知》（建办科〔2012〕43 号）中有关要求和《城市照明节能专项检查评分细则》，综合考核了受检城市的城市照明节能工作完成情况。我院受住建部委托承担了本次全国城市照明节能专项检查的检查细则的制订工作，本细则的制订得到了住建部相关部门领导及部分城市照明管理机构的精心指导及协助。

2. 检查目的及依据

（1）检查目的

1）贯彻落实《城市照明管理规定》、《"十二五"城市绿色照明规划纲要》以及国家有关城市照明节能规定的情况；

2）落实《城市夜景照明设计规范》、《城市道路照明设计标准》中有关能耗、照明技术指标规定和节能措施的情况；

3）地级及以上城市和东中部地区县级城市完成城市照明规划情况；

4）城市道路照明淘汰低效照明产品的情况；

5）严格控制景观照明建设规模、公用设施及大型建筑物等景观照明能耗的情况。

（2）检查依据

1）国家有关城市照明的相关文件；

2）《"十二五"城市绿色照明规划纲要》；

3）《城市照明管理规定》〔建设部令第 4 号〕（2010 年 7 月 1 日起实施）；

4）《城市夜景照明设计规范》（CJJ 45—2006）；

5）《城市道路照明设计标准》（JGJ/T 163—2008）。

3. 检查内容及方法

检查内容主要包含了检查依据的相关文件及标准规定的需要考核的项目，见表 1。

表 1　考核项目及内容

序号	考核项目	内　容（24）
1	管理机制（10 分）	城市照明管理机构建设/职责是否明确、管理是否到位、运作是否有效/法规建设/节能管理制度和节能奖惩制度/执行情况
2	规划建设（18 分）	城市照明专项规划/照明设计/工程建设
3	维护管理（15 分）	设施监管/道路照明装灯率/主干道亮灯率/次干道亮灯率/道路设施完好率
4	照明质量（20 分）	道路照明质量达标率/景观照明质量达标率
5	照明节能（30 分）	功率密度值达标率/景观照明能耗控制/节电率/照明节能产品应用率/高耗、低效照明产品淘汰情况/能耗统计/信息监管
6	试点示范（5 分）	—
7	宣传教育（2 分）	—

首先由受检城市的城市照明主管部门提供城市照明工程项目清单，由检查组抽查。检查组从重要街道（区）、大型公

建、公园广场、重要的建（构）筑物等城市照明工程中抽查景观照明工程项目 3~5 个，城市道路 3~5 条（地级及以下城市 3 条，地级以上城市 5 条）。检查组根据检查结果，现场完成《城市照明节能专项检查表》（见附件 1）。

4. 检查评分细则

（1）管理机制考核（10 分）

共设有 5 项考核指标，每项 2 分。专家通过查看相关文件、听取汇报及现场了解情况判断每项指标的得分。

1）城市照明管理机构建设：共设两档分值，"机构健全，统筹管理"可得 1~2 分，分值范围为 1 < 得分 ≤ 2；"机构重叠、多头管理"得 0~1 分，分值范围为 0 ≤ 得分 ≤ 1。

"机构健全，统筹管理"的含义主要是，具有明确的城市照明主管部门，可以实现城市功能照明和景观照明的集中管理。不存在部门重复建设、多头管理或市区管理交叉、职责不分等问题。专家可根据实际情况判断给出得分。

2）职责是否明确、管理是否到位、运作是否有效：设两档分值，"职责明确、管理到位、运作有效"得 1~2 分，分值范围为 1 < 得分 ≤ 2；"职责基本明确，管理基本到位"得 0~1 分，分值范围为 0 ≤ 得分 ≤ 1。

"职责明确、管理到位、运作有效"的含义为，部门间的管理权限和责任分工明确，且具有畅通的管理渠道和完善的协调机制。相关部门可以协调配合、积极联动，能够科学组织城市照明的规划、设计、建设、验收及运营维护等环节。

3）法规建设：设 3 档分值，"具有完善的本级人大或政府颁发的城市照明管理法规和本省、市出台的相关标准规范"，即城市照明管理法规和相关标准规范两者皆有，得 1~2 分，分值范围为 1 < 得分 ≤ 2；"具有完善的本级人大或政府颁发的城市照明管理法规或本省、市出台的相关标准规范"即城市照明管理法规和相关标准规范两者有其一，得 0~1 分，分值范围为 0 < 得分 ≤ 1；"无相关文件"得 0 分。专家可根据资料的有无和具体的内容给出得分。

4）节能管理制度和节能奖惩制度：设 3 档分值，重点考核城市照明节能管理的制度建设情况。"具有健全的节能管理制度和节能奖惩制度"的情况可得 1~2 分，分值范围为 1 < 得分 ≤ 2；"有相关制度，但不健全"可得 0~1 分，分值范围为 0 < 得分 ≤ 1，无相关制度得 0 分。专家可根据制度的制定情况和具体的内容综合给出得分。

5）执行情况：设 2 档分值，考核针对所制定的法规制度的自查和检查情况。"认真执行，成效显著"得 1~2 分，分值范围为 1 < 得分 ≤ 2。"执行不到位，成效不明显"得 0~1 分，分值范围为 0 < 得分 ≤ 1。

（2）规划建设考核（18 分）

考核城市照明专项规划、照明设计和工程建设三项内容，其中照明专项规划 8 分，照明设计和工程建设各 5 分，专家可通过查看相关文件、当年台账等资料判断每项指标的得分。

1）城市照明专项规划：设 4 档分值，重点考核城市照明专项规划的编制单位、编制内容的规范性和完整性，以及是否履行法定审批程序等。编制单位具城市规划资质、以城市总体规划为依据、内容完整，并获同级人民政府批准四项条件都具备可得 6~8 分，分值范围为 6 < 得分 ≤ 8；当其他条件具备，但未获同级人民政府批准的情况下可得 4~6 分，分值范围为 4 < 得分 ≤ 6；在未获同级人民政府批准，且内容不完整（即缺少道路照明、景观照明和节能篇章中的任一项或两项）的情况下可得 2~4 分，分值范围为 2 < 得分 ≤ 4。未编制或编制单位无规划资质的两种情况下都得 0 分。

2）照明设计：设 3 档分值，重点考核设计单位是否具有相应的设计资质、是否满足照明专项规划、是否进行施工图审查三方面的内容。其中前两项为必要内容缺少两者其一便得 0 分；满足前两项内容并进行施工图审查可得 3~5 分，分值范围为 3 < 得分 ≤ 5；不进行施工图审查可得 1~3 分，分值范围为 1 ≤ 得分 ≤ 3。

3）工程建设：设 3 档分值，重点考核施工单位是否具有相应施工资质、建设过程是否有监理、是否实施照明工程项目专项验收、档案资料保存是否完整四方面内容。其中施工单位资质和照明工程专项验收两项为必要内容缺一即得 0 分。全部满足可得 3~5 分，分值范围为 3 < 得分 ≤ 5。其他内容具备，但建设过程无监理的情况可得 1~3 分，分值范围为 1 ≤ 得分 ≤ 3。

（3）维护管理考核（15 分）

考核城市照明设施监管和设施运行质量两项内容，其中照明设施监管 3 分，设施运行质量 12 分，通过查看相关文件、当年台账等资料并结合现场查看判断每项指标的得分。

1）设施监管：设三项内容，每项各占 1 分，得分范围均为 0 ≤ 得分 ≤ 1。该项指标中的"照明设施"包括道路照明设施和景观照明设施。专家可根据评分表中的具体评价标准给出相应的得分。

2）设施运行质量：包括道路照明装灯率、主干道亮灯率、次干道亮灯率、道路照明设施完好率四项指标，每项各 3 分，都设有为 0、1、2、3 四档分值。达到《纲要》发展目标中对各项指标的要求即得 3 分，专家可根据评分表中的具体评价标准给出相应的得分。

（4）照明质量考核（20 分）

包括道路照明质量达标率和景观照明质量达标率两项内容，每项各 10 分。通过现场测试和主观评价给出每项指标的得分。

1）道路照明质量达标率：设 3 档分值，达到《纲要》规定的 85% 以上即得 10 分，小于 75% 得 0 分，75% ~ 85% 间每个百分点对应 0.91 分，根据城市规模可选择 5 ~ 10 条道路进行测试。现场测试项目应包括城市道路路面照度、均匀度、眩光限制值、环境比，测试值在《城市道路照明设计标准》（CJJ45）规定标准值的 ± 10% 范围内都视为符合要求，有一项测试项目不符合标准要求该条道路照明质量即为不合格。并应同时检查测试道路的功率密度值，功率密度值不满足要求也视为不合格。当合格率介于 75% ~ 85% 之间时可按以下公式计算得分：

$$Y = [(X - 0.75) \times 100 + 1] \times 0.91$$

式中 Y——得分；X——百分值。

2）景观照明质量达标率：设 3 档分值，达到 80% 以上即得 10 分，小于 60% 得 0 分，60% ~ 80% 间每个百分点对应 0.47 分，根据城市规模可选择 5 ~ 10 个景观照明项目进行查看。专家在现场查看时应结合城市规模、周边环境及地理位置进行综合主观评价。当合格率介于 60% ~ 80% 之间时可按以下公式计算得分：

$$Y = [(X - 0.6) \times 100 + 1] \times 0.47$$

式中 Y——得分；X——百分值。

（5）照明节能考核（30 分）

重点考核城市照明节能水平、节能产品及技术应用和能耗统计三项内容，共有 7 项考核指标，通过查看相关文件、当年台账等资料并结合现场查看给出每项指标的得分。

1）功率密度值达标率（不含景观照明）：设 3 档分值，达到 100% 得 9 分；小于 70% 得 0 分；70% ~ 100% 间每个百分点对应 0.29 分。现场抽查 10 条道路的设计图样核算照明功率密度值是否达标，也可在现场与图样计算数据进行核对。

2）景观照明能耗控制：该指标共设有 3 档分值，考核对城市景观照明的管理和控制情况。"对景观照明实行统一管理，制定了照明分级开、关灯时间和相关制度规定"可得 1 ~ 2 分，分值范围为 1 < 得分 ≤ 2，"没有对景观照明实行统一管理，但制定了照明分级开、关灯时间和相关制度规定"可得 0 ~ 1 分，分值范围为 0 < 得分 ≤ 1，两者皆无得 0 分。专家可根据实际情况在对应范围内给出相应得分。

3）节电率：设 3 档分值，以年节电 3% 为标准，年节电 ≥3% 得 6 分，年节电 0% 得 0 分，0% ~ 3% 间每个百分点对应 2 分。应根据台账进行核算后给出相应的得分。节电率计算公式为

单位功率耗电量 = 年总耗电量/年装灯总功率

其中，每年新装灯的总功率按 1/2 计算。

4）照明节能产品应用率：设 3 档分值，照明节能产品应用率 ≥90% 可得 6 分，小于 70% 得 0 分，70% ~ 90% 间每个百分点对应 0.29 分。查看台账和产品招投标合同给出相应的得分。

5）高耗、低效照明产品淘汰情况：设 2 档分值，已全面淘汰高耗、低效照明产品可得 3 分。在检查中发现道路照明中存在汞灯、白炽灯，道路功能照明中使用多光源无控光器的低效灯具，景观照明中使用强力探照灯或大功率泛光灯（1000W 以上）三种情况之一即得 0 分。

6）能耗统计：该指标只设有 0 ~ 3 分 1 档分值，进行城市照明能耗统计是指城市照明管理部门建立了城市照明能耗统计制度，并开展了相关工作。现场查看台账给出相应得分。

7）信息监管：该指标只设有 0 ~ 1 分 1 档分值，建设有城市照明能耗信息监管系统是指建设了城市照明网络平台，利用了信息化手段建立了城市照明能耗信息监管系统。

（6）试点示范评价（5 分）

开展了试点示范项目，并制定有相应的技术导则或标准规范可得 3 ~ 5 分，分值范围为 3 < 得分 ≤ 5；开展了试点示范项目，但没有制定有相应的技术导则或标准规范可得 1 ~ 3 分；分值范围为 1 < 得分 ≤ 3，没有试点示范项目得 0 分。通过查看相关文件和现场查看情况给出每项指标的得分。

（7）宣传教育评价（2 分）

对应"管理机构或主管部门参加了国家、省主管部门组织的培训，组织有关人员进行了照明节能专业技术或理论培训、组织了节能宣传活动、发放了节能宣传资料"三方面的要求，通过查看相关文件给出每项指标的得分。

5. 检查结果及分析

总体上看，各地积极贯彻落实国务院"十二五"节能减排工作任务和《"十二五"城市绿色照明规划纲要》的各项要求，加强城市照明规划编制工作和城市照明能耗管理，城市照明质量进一步提升。检查结果见住建部办公厅发布的"关于 2012 年城市照明节能工作专项监督检查情况的通报"。

附件1：城市照明节能专项检查表

城市：　　　　　　　　检查日期：

考核项目	具体内容		评分标准	得分范围	得分	检查方法	扣分原因
管理机制（10分）	管理机构（4分）	1. 城市照明管理机构建设（2分）	机构健全、统筹管理	1~2		查看相关文件，现场了解情况，听取汇报	
			机构重叠、多头管理	0~1			
		2. 职责是否明确、管理是否到位，运作是否有效（2分）	职责明确、管理到位、运作有效	1~2		查看相关文件、现场了解情况，听取汇报	
			职责基本明确，管理基本到位	0~1			
	法规制度（6分）	1. 法规建设（2分）	具有完善的本级人大或政府颁发的城市照明管理法规和本省、市出台的相关标准规范	1~2		查看相关文件，现场了解情况，听取汇报	
			具有完善的本级人大或政府颁发的城市照明管理法规或本省、市出台的相关标准规范	0~1			
			无相关文件	0			
		2. 节能管理制度和节能奖惩制度（2分）	具有健全的节能管理制度和节能奖惩制度	1~2		查看相关文件，现场了解情况，听取汇报	
			有相关制度，但不健全	0~1			
			无相关制度	0			
		3. 执行情况（2分）	认真执行，成效显著	1~2		查看相关文件，现场了解情况，听取汇报	
			执行不到位，成效不明显	0~1			
规划建设（18分）	城市照明专项规划（8分）		规划编制单位具有城市规划资质、以城市总体规划为依据、内容完整（包括道路照明、景观照明、节能篇章），并获同级人民政府批准	6~8		查看相关文件	
			规划编制单位具有城市规划资质、以城市总体规划为依据、内容完整，但未获同级人民政府批准	4~6			
			规划编制单位具有城市规划资质、以城市总体规划为依据，内容不完整、未获同级人民政府批准	2~4			
			未编制或编制单位无资质	0			
	照明设计（5分）		设计单位具有相应设计资质、满足照明规划并进行施工图审查	3~5		查看相关文件、台账	
			设计单位具有相应设计资质、满足照明规划，但未进行施工图审查	1~3			
			设计单位无资质或不满足规划（包括无规划）	0			
	工程建设（5分）		施工单位具有相应施工资质、建设过程有监理、实施照明工程项目专向验收、档案资料完整	3~5		查看相关文件、台账	
			施工单位具有相应施工资质、实施照明工程项目专项验收、档案资料完整，但建设过程无监理	1~3			
			施工单位无相应施工资质或照明工程项目无专项验收	0			

（续）

考核项目	具体内容		评分标准	得分范围	得分	检查方法	扣分原因
维护管理（15分）	设施监管（3分）		照明设施全部纳入监管，责任单位明确	0～1		查看相关文件、台账	
			设施监管计划翔实，并按计划实施维护	0～1			
			考核台账完整、奖惩分明	0～1			
	设施运行质量（12分）	1. 道路照明装灯率（3分）	100%	3		查看相关台账及控制系统，现场抽取10～15条道路查看	
			95%≤装灯率<100%	2			
			90%≤装灯率<95%	1			
			<90%	0			
		2. 主干道亮灯率（3分）	98%	3		查看相关台账及控制系统，现场抽取5～10条道路查看	
			96%≤亮灯率<98%	2			
			95%≤亮灯率<96%	1			
			<95%	0			
		3. 次干道亮灯率（3分）	次干道、支路≥96%	3		查看相关台账及控制系统，现场抽取5～10条道路查看	
			93%≤亮灯率<96%	2			
			90%≤亮灯率<93%	1			
			<90%	0			
		4. 道路设施完好率（3分）	≥95%	3		查看相关台账及控制系统，现场抽取5～10条道路查看	
			93%≤设施完好率<95%	2			
			90%≤设施完好率<93%	1			
			<90%	0			
照明质量（20分）		1. 道路照明质量达标率（10分）	≥85%	10		现场抽取5-10条道路查看，75%～85%间每个百分点对应0.91分	
			75%≤达标率<85%	0～10			
			<75%	0			
		2. 景观照明质量达标率（10分）	≥80%	10		现场抽取5～10个景观照明查看，60%～80%间每个百分点对应0.47分	
			60%≤达标率<80%	0～10			
			<60%	0			
照明节能（30分）	节能量（17分）	1. 功率密度值达标率（9分）	100%	9		现场检查10条道路，70%～100%间每个百分点对应0.29分	
			70%≤达标率<100%	0～9			
			<70%	0			
		2. 景观照明能耗控制（2分）	对景观照明实行统一管理，制定了照明分级开、关灯时间和相关制度规定	1～2		查看相关文件，台账	
			没有对景观照明实行统一管理，但制定了照明分级开、关灯时间和相关制度规定	0～1			
			没有对景观照明实行统一管理，也没有制定开、关灯时间和相关制度规定	0			
		3. 节电率（6分）	年节电≥3%	6		查看相关文件，台账，0%～3%间每个百分点对应2分	
			年节电0%～3%	0～6			
			年节电0%	0			

（续）

考核项目	具体内容		评分标准	得分范围	得分	检查方法	扣分原因
照明节能（30分）	节能产品及技术应用（9分）	1. 照明节能产品应用率（6分）	≥90%	6		查看台账并现场抽取10个点查看70%～90%间每个百分点对应0.29分	
			70%≤应用率<90%	0～6			
			<70%	0			
		2. 高耗、低效照明产品淘汰情况（3分）	已全面淘汰高耗、低效照明产品	3		查看台账并现场抽取10～15个点查看，有所列使用高耗、低效照明产品不得分	
			支路以上道路照明中存在汞灯、白炽灯	0			
			道路功能照明中使用多光源无控光器的低效灯具				
			景观照明中使用强力探照灯或大功率泛光灯（1000W以上）				
	能耗管理（4分）	1. 能耗统计（3分）	开展了城市照明能耗统计工作	0～3		查看相关文件	
		2. 信息监管（1分）	建设有城市照明能耗信息监管系统	0～1		查看相关文件	
试点示范（5分）			开展了照明节能新产品、新技术、新方法的试点示范，并制定有相应的技术导则或标准规范	3～5		查看相关文件，现场了解情况	
			开展了照明节能新产品、新技术、新方法的试点示范，但没有制定有相应的技术导则或标准规范	1～3			
			没有开展照明节能新产品、新技术、新方法的试点示范	0			
宣传教育（2分）			管理机构或主管部门参加了国家、省主管部门组织的培训，组织有关人员进行了照明节能专业技术或理论培训，组织了节能宣传活动，发放了节能宣传资料	0～2		查看相关文件	

总分：　　　　　　　　　　　检查人员签字：

2012 广州国际灯光节组织与实施

蓝柳和
（广州市照明建设管理中心）

1. 广州国际灯光节的定位

（1）具有一定的国际影响力

目前，除广交会、亚运会之外，广州还没有具有较强国际影响力的文化、学术交流活动。因此在文化、学术交流活动中处于被动地位，对文化、学术的影响力也较小。在照明行业，除每年举办的光亚展之外，也缺少一个真正的国际化的交流平台，因此我们致力于将广州国际灯光节打造成具有国际影响力的集照明科技、照明设计、照明项目实施、咨询服务等于一体的国际化交流平台。

（2）国内领先

广州，作为世界著名港口城市，中国首批历时文化名城，被称为中国的"南大门"，城市建设已经取得相当大的成绩，且广东的照明产业在国内占据了很大的份额，这些都为广州创办国际灯光节创造了基础性的条件，因此在此基础上，广州于 2011 年创办了首届国际灯光节，在国内属首创，处于领先地位。

在举办灯光节的过程中，我们不仅仅出于打造炫丽的灯光表演、展现高新照明科技为目的，而是将灯光作为传播城市文化的媒介和载体。因为，城市文化在很大程度上决定着一座城市的影响力，如耶路撒冷的宗教信仰、巴塞罗那的艺术气息，北京的"京派"文化实力不可置疑，上海的"海派"文化引领整个长三角地区，而广州作为岭南文化之"根"，也具有自身的鲜明特色，是拥有 2200 多年历史的文化名城、海上丝绸之路发源地，并拥有"羊城"、"花城"、"千年商都"、"美食购物天堂"和"历史文化名城"等美誉。但是，一味的推崇岭南文化的振兴和发展，免不了落入俗套，在"文化概念"铺天盖地的今天，找到一个城市的兴奋点至关重要。目前，经济基础决定影响力的说法已有不同看法，在新形势下，广州应该更多地关注于"软实力"的提升，让市民的精神生活得到提升。光是一种传递文化的媒介，光能使人得到一种最辉煌、最壮观、最直接的一种视觉体验。

因此，应将广州国际灯光节作为城市的一个兴奋点、岭南文化传播的媒介，不仅要打造成展示照明科技的盛会，更应是地域文化完美展现的舞台。

2. 广州举办灯光节的优势

（1）产业优势

举办高水平的灯光节，应做好以下几个方面工作：第一，要有专业化的设计，即有专业背景的设计师来做照明设计；第二，灯光作品用的设备应是专业级的设备；第三，专业化的施工；第四，合理的现场管理；第五，及时的部门之间的工作协调。且灯光节应与城市的照明资源基础、照明水平相适应，广东的照明产业优势为举办灯光节提供了良好的基础条件。

世界照明产业正迅速发展，尤其是 LED 产业技术，已成为照明行业的主导。依据广东照明产业现状分析，广东已形成一个集照明产品制造、照明设计、照明工程施工、照明技术咨询服务等于一体的完整产业链。根据最新统计，广东省LED 照明企业有 2600 家，LED 产品占全国 70%，广州市照明产品占广东省 30%，珠三角地区已成为 LED 照明产业集聚区，奠定了珠三角在全国乃至全球照明行业的主导地位，在"珠三角"乃至华南地区的起着辐射及龙头带动作用。

产业发展不仅仅是简单的技术、应用等硬性指标的比拼，更需要一个平台加强行业之间的交流，从国内走向国际，因而举办灯光节既是照明企业的需求，也是政府提高影响力的需求。

（2）城市现有照明基础较好

广州夜景照明工程覆盖范围约 200km²。包括珠江前航道（从白鹅潭至琶洲大桥，跨越 12 座桥梁）约 21km 的两岸景观，新中轴线（从火车东站到广州塔）约 4.6km 的高层建筑，花园酒店周边，越秀区、天河区、荔湾区、海珠区、白云区、黄埔区的城市主干道两侧建筑物以及全市 20 层以上高层建筑，共约 3696 栋建（构）筑物。

广州的夜景照明从点、线、面三个层次进行管理。点——重点区域建（构）筑物，如广州塔、四大公建、保利中心、发展中心、农业银行、花园酒店、珠江桥梁等；线——珠江沿岸一、二、三线建筑物景观和新中轴线的建筑物景观；面——外环以内 200km²，共约 3696 栋建（构）筑物。重点区域、珠江沿岸一线、新中轴线主要建（构）筑物的景观照明基本实现了"三遥"控制，为我市举行重大活动、节日庆典实现了可控，也为举办灯光节提供了良好的基础条件。

（3）市民参与热情较高

随着市民生活水平的提高，一般的城市设施难以满足市民与大众的精神需求，而唯有文化艺术享受才是市民永远追求的生活目标，因为艺术可以为人们带来幸福感和更丰富的色彩。根据市委、市政府加快城市转型升级和建设幸福广州的决心，以及一系列的文化服务于民的举措，提升了市民参与文化建设和享受文化氛围的自豪感、对城市的认同感和幸福感。

根据首届灯光节的反映，市民给予了比较高的评价，因此市民参与基础文化建设、享受文化氛围的热情是成功举办灯光节又一基础。据统计，首届灯光节共吸引游客 500 万人，第二届灯光节共吸引游客 700 万人。

3. 组织

（1）成立 2012 年广州国际灯光节组织委员会

为更好地组织协调灯光节的各项工作，成立了 2012 年广州国际灯光节组织委员会（以下简称组委会）。组委会由市领导挂帅，市政府办公厅、市委外宣办、市公安局、市建委、市交委、市城管委、市经贸委、市财政局、市工商局、市外事办、市旅游局、市林业和园林局、市协作办、市科信局、市物价局、市地税局、市卫生局、市海事局、越秀区政府、海珠区政府、荔湾区政府、天河区政府、广州供电局、市城投集团、市照明中心、广州市锐丰音响科技股份有限公司等部门和单位的领导作为成员。

组委会下设组委会办公室，以及 4 个工作组：协调组、安全组、设施组、新闻组。组委会办公室设在市建委，负责统筹协调灯光节有关工作以及日常事务的运营管理；协调组由市政府办公厅、市建委、市经贸委、市财政局、市工商局、市外事办、市科信局、市协作办、市物价局、市地税局、市城投集团、广州市锐丰音响科技股份有限公司组成，主要负责灯光节总体协调、督办、检查及相关会务工作；安全组由市公安局、市交委、广州供电局、市卫生局、市海事局、市科信局、市应急办、市地铁总公司组成，负责做好灯光节安保、交通组织及疏导、消防及相关应急预案等工作；设施组由市建委、市城管委、市林业和园林局、越秀区政府、海珠区政府、荔湾区政府、天河区政府、广州供电局、市城投集团、市照明中心、新中轴公司、广州市锐丰建声灯光音响器材工程安装有限公司组成，负责做好现场实施、灯光保障、环卫保洁、电力安全等工作；新闻组由市委外宣办、市旅游局、市政府办公厅新闻信息处、市政府办公厅政务信息中心组成，主要负责灯光节宣传及新闻报道工作。

（2）运作模式

灯光节采用"政府搭台、企业唱戏"的模式，市政府在灯光节中起主导作用，提供政策支持、主导设计方案、对外联络及宣传，免费提供场地等；承办单位负责艺术灯光展的灯光节点施工及设备采购、开闭幕式组织与实施，以及创意灯光作品大赛与粤夜华灯摄影大赛的组织实施等。

本届灯光节主办方也依法选取了设计、监理、安保、策划咨询等单位共同参与灯光节有关工作，在这种模式下，减少了质量、安全隐患，加快了工作的开展。

（3）与两大主办方的合作

市政府作为灯光节的主发起方，承担着统筹管理、组织协调等主要工作，最大限度地提供政策支持以及集结社会资源，充分引导灯光节市场化运作模式良性发展；中国照明学会是集照明技术的创新、研发及应用为一体的专业机构，拥有一批国内照明领域的专家、学者，在灯光节举办中充分发挥了中国照明学会的资源优势；国际灯光城市协会（LUCI）是联合城市照明管理者与照明专业人士，以灯光为工具，促进城市经济、社会、文化的发展的国际协会，拥有大量国际资源以及丰富的举办国际灯光节的经验，为此次举办广州国际灯光节提供了宝贵经验，更为提高广州国际灯光节的国际影响力发挥了重要作用。

4. 实施

（1）灯光节

2012 年 12 月 15 日晚，在广州花城广场举办了 2012 广州国际灯光节开幕式，开幕式上演了 3D 激光歌舞秀、杂技、时尚音乐秀、小提琴演奏、钢琴演奏等节目，让现场观众大饱眼福。著名电影《海上钢琴师》真实演奏者，"英国皇家御用钢琴师"马克西姆·姆尔维察则在现场演绎了《野蜂飞舞》《克罗地亚狂想曲》等动人心扉的乐曲。除此之外，开幕式邀请了来自世界各地将近 40 名世界级的选美冠军助阵开幕式，打造了一场气势恢宏又时尚绚丽的灯光演出。举办项目如下：

1）艺术灯光展：灯光节艺术灯光展示在海心沙及花城广场展开，此次艺术灯光展围绕着"大自然与城市共生，科技带动文化发展"，通过"天地有大美"、"人之言说"、"诗意地栖居"三大主题，从多个角度打造梦幻的灯光节效果。现场有 24 个艺术灯光节点和 15 个创意灯光作品在海心沙和花城广场进行了长达一个月的展示。

2）闭幕式：2013 年 1 月 11 日晚，在广州四季酒店举办了 2012 广州国际灯光节闭幕式特别晚会，广州市政府陈如桂常务副市长、中国照明学会窦林平秘书长、市建委侯永铨主任以及承办单位、协办单位等各方代表出席了灯光节闭幕式，闭幕式对 2012 广州国际灯光节做了全面回顾和总结，并对 2013 广州国际灯光节进行了展望。同时，还举办了创意灯光作品大赛、粤夜华灯摄影大赛以及积极贡献奖的颁奖典礼。

3）其他活动：

①创意灯光作品大赛：为增加灯光展示的多样性、创意性，以及吸引更多照明届人士参与灯光节，本届灯光节承办方组织了创意灯光作品大赛。参与本届灯光节的创意灯光作品共 15 个：蘑菇、鸟语花香、光舫、冰之钻、追光、环艺光雕、家–光巢、作揖礼、新视界、筷之殇、地噬、愚、少即多、天鹅湖、功夫，于灯光节期间在花城广场和海心沙进行了展示。本次创意灯光作品大赛通过大众评审、专家评审两部分，评出金奖 1 名，银奖 5 名，铜奖 9 名，并在灯光节闭幕式上举行了颁奖典礼。

②粤夜华灯摄影大赛：为留住灯光节的每个精彩瞬间，本届灯光节承办方组织了粤夜华灯摄影大赛。精彩的开幕式展现了史无前例的激光灯光互动表演，艺术灯光展展示了浪漫多彩的灯光效果、虚实结合的投影画面，为摄影爱好者们提供了绝佳的光效拍摄机会。本次摄影大赛根据所有提交的参赛作品，按照网络人气首先选出 50 组，再根据专业评委的意见，综合评选出一等奖 1 名、二等奖 2 名、三等奖 3 名，并在灯光节闭幕式上举行了颁奖典礼。

（2）实施方式

1）政府协调：

① 灯光节组委会：组委会各成员单位根据职责分工协调解决灯光节组织实施过程中出现的各种问题。

② 海心沙现场指挥部：现场指挥部是为灯光节主办方和承办方提供工作部署和工作协调的临时工作场所，大大提高了工作效率。

2）企业实施：承办方充分发挥了自身的优势条件，将灯光节开闭幕式、创意灯光作品大赛、摄影大赛等进行承办，同时将艺术灯光展的作品安装等工作分包给相应的专业单位进行实施。此种实施方式充分利用了优势互补，集中主要力量将自身最优势的地方展现出来。

3）第三方监管：为了更好地把控灯光节项目从工程进度、质量、安全及效果能达到预期规划的要求，本届灯光节引入了第三方监管，通过对材料质量、施工进度、施工质量、施工安全的监管，保障灯光节期间节点的电气线路、灯光、设施、参观人流及活动现场安保情况等正常运行。

5. 总体评价

为充分总结灯光节的举办经验和存在的问题，本届灯光节组织了经验交流与探讨主题会议，并委托了专业咨询评估机构从项目规划、策划组织、工程实施等方面深入调研，进行评估，并对未来举办灯光节提出了实现可持续发展的思路与建议。

（1）经验交流与探讨主题会议

2013 年 1 月 18 日，广州国际灯光节经验交流与探讨主题会议在海心沙 1 号会议室顺利举行。会议总结了灯光节各项工作及成果，并对灯光节的举办提出了很多有价值的建议。

在主题演讲环节，北京清华同衡规划设计研究院光环境研究所副所长陈海燕总结了 2012 广州国际灯光节规划设计情况。天津市建筑设计研究院华怡建源工作室总监王振伟、飞利浦 Color Kinetics 公司战略市场和质量保证部总监吉姆·安德森分别介绍了 2012 年里昂灯光节和飞利浦参加的节庆灯光项目（麻省理工 150 周年庆典灯光、阿姆斯特丹灯光节等）。

在互动对话环节，广州良业照明总经理胡其昌、深圳金照明董事长李志强、广州泓博照明总经理张红云、广州名实照明总经理黄敏聪等与会嘉宾围绕灯光节对城市灯光建设及行业推广的意义、如何做到人与灯光的和谐发展、如何打造具有当地特色的灯光节、未来广州国际灯光节的创意及发展方向等主题，展开了激烈的讨论。嘉宾一致认为，未来灯光节应是以本土传统文化为核心内容、国际化技术手段为载体的国际化灯光节。同时，靠个体力量难以搞好灯光节，主办方需为各单位、企业创造更多参与机会。

（2）举办效果

根据评估分析，其举办效果得到了社会的认可：

1）国内城市认可：首届灯光节期间，一些兄弟城市来到广州考察灯光节，并提出城市不仅仅是需要白天美丽，还要有晚上的美丽，只有这样城市才可以有文化，城市的亮丽也不仅仅是发展旅游、满足生活的需要，更是传递文化气息、提升城市品位、促进经济发展的要求。本届灯光节共有来自武汉、南宁、大连、哈尔滨、昆明、上海、包头、成都等近 20 个国内城市的代表团来我市参观考察，给予了较高的评价。

灯光节不仅得到了广州市市民人民的认可，而得到了国内兄弟城市的认可，更成为了广州和国内友好城市交流合作的纽带。

2）专家认可：灯光节不仅仅要展示一台灯光秀、一场大型活动，而是一个推广照明科技以及绿色、节能、环保的理念的平台，因此在灯光节设施实施前期，我们对灯光节现场灯光设施施工方案组织了 2 次专家论证，并根据专家论证报告对施工方案进行完善，施工方案中采用的技术标准、施工方法、工艺、机具等得到专家的一致肯定后组织实施，同时照明专家也对灯光节采用的艺术表现手法和宣传的理念给予了肯定。

灯光节实施完成以后，专家对本届灯光节实施效果给出了这样的评价：虽然灯光节整体实施效果与设计效果存在差距，但最终各节点仍能够按设计要求完工。

在创意灯光作品的评奖过程中，我们组织了专家对创意灯光作品进行评审，并结合灯光节组委会成员意见以及网络投票，综合评选出金、银、铜奖。

3）市民认可：城市照明质量的提高，是不断提高城市照明的安全性和舒适性的前提，也是实现以人为本目标的关键所在。本届灯光节应以构建绿色生态与健康文明的城市照明光环境为目标，结合市民关注及周围环境的变化来考虑灯光的设计，充分围绕"零能耗照明、理性照明、健康照明"的理念进行展示，融合技术与艺术，稳妥地开展城市照明节能新产品、新技术、新方法的应用示范。

灯光节的绝大多数观众都是市民群众，市民群众的感受、认可以及对艺术享受的需求是灯光节继续存活并持续举办的核心。针对灯光节举办效果，我们发放了 500 份问卷调查，其结果是，在满意度方面，非常满意的人占 10%，比较满意的人占 40%，满意的人占 30%，感觉一般的人占 20%；在期望值方面，希望灯光节持续举办的市民占 89%。

4）媒体认可：媒体由于其特殊的性质和职能，它不仅仅是在简单的传播信息，它在社会生活中的作用不可忽视，它既是党和政府的喉舌，也是公民维护合法权益的渠道，它是当之无愧的除立法、司法、行政之外的"第四势力"，媒体的评论也基本是社会中各种看法的综合。

针对今年灯光节的举办效果，我们查询了 1000 条媒体微博，统计结果如下：85% 的媒体对本届灯光节的举办表示赞叹，认为灯光节为市民生活带来乐趣，最受欢迎的项目是蘑菇和变形金刚；有 9.6% 的媒体觉得项目太少，缺乏新意；有 4.2% 的媒体认为开幕式人太多了，影响了观赏；另有 0.7% 的媒体依然质疑灯光节浪费资源，担忧会产生光污染；还有 0.5% 的媒体觉得灯光节的宣传太少，大部分都是通过旅游或者经过花城广场才听说有灯光节。

媒体的认可也表达社会对举办灯光节需求，也是灯光节持续举办的动力。

（3）评估结论

本届灯光节不仅从举办效果进行评估分析，也针对项目投入、实施进度、安全、经济效益等进行了评价，根据评价结果，今年灯光节综合评定等级为良好。

6. 2013 灯光节计划

根据今年灯光节的项目策划安排，灯光节的内容在继续保留 2012 年灯光节内容的基础上，增加了另外一些活动，具体计划如下：

2013 年 11 月 14 日～2013 年 12 月 14 日在花城广场和海心沙。

上海景观灯光的发展与管理

郑景文

（上海市市容景观事务中心）

1. 上海景观灯光的发展历程和现状

（1）上海景观灯光的发展历程

上海景观灯光的大规模建设历史是从"数量型"到"质量型"、从分散建设到有计划地整体推进、从运用一般光源到应用新科技手段的逐步发展提升过程。

初创和发展阶段（1989～2001 年）：建成覆盖市中心 6 个区（包括徐家汇、衡山路、华山路、淮海路、四川路和新客站地区）全长 40km 的景观灯光"小环线"和全长 50 多 km 的"大环线"。

提升阶段（2001～2007 年）：从分散型建设到有计划地整体推进，从运用一般光源到融入新科技的手段提升，体现了从"亮起来"向"美起来"、从"数量型"向"质量型"的转变。目前，景观灯光路线总长度达 140 多 km，景观灯光覆盖面积已达到 100km²。

规划引领阶段：编制《上海市中心城重点地区景观灯光发展布局方案（海上风情）》（以下简称《布局方案》）。以《布局方案》为龙头，以迎接世博会举办为契机，建设与经济社会发展相协调、体现上海历史文化特色的景观灯光体系，实现可持续发展、和谐发展。

（2）上海景观灯光的特点

上海是中西文化的融汇之地，繁华、璀璨的夜景灯光充分体现了"海纳百川、兼容并蓄"的海派文化特点。

主要有八大类灯光群体：

1）以外滩为代表的近代欧式建筑泛光照明群；

2）以浦东新区陆家嘴为代表的现代建筑灯光群体；

3）以豫园为代表的中国古典建筑灯光；

4）以淮海路为代表的橱窗透亮、灯光隧道和楼宇灯光；

5）以徐家汇地区为代表的广场舞美效果灯光；

6）以人民广场、新华路为代表的庭院绿地灯光；

7）以南京路步行街为代表的商业旅游街；

8）以东方明珠，南浦、杨浦大桥，高架道路为代表的标志性建筑灯光群体。

（3）上海景观灯光的总体布局

在《布局方案》中，对上海中心城区的景观灯光进行了统筹规划布局，对各区县提出了既各具特色、又整体协调的区域和风格要求，确定发展重点，建设体现上海特色、具有国际水平的城市景观灯光体系，以充分展现上海城市的历史文化底蕴和社会经济发展状况，丰富市民及游客的文化生活内容，促进城市商业、旅游等服务业及相关产业的发展。中心城区景观灯光总体布局为"3＋2＋4"，即 3 个景观灯光核心区域，2 条景观灯光环线和 4 个城市副中心的区域观灯中心。

"3"：包括人民广场及周边地区、南京路商业街和黄浦江两岸地区，集中体现并代表上海的景观灯光。

"2"：2 条景观灯光环线（小环线、大环线），使所经各观灯区域既特色鲜明，又相互协调。

"4"：包括五角场、花木、徐家汇和真如，重点营造体现各城市副中心特色的区域观灯中心。

整体布局中，以"3"为核心，以"2"为连接，形成错落有致、明暗有序、各区域既各具特色又协调统一的景观灯光格局。

2. 主要工作措施

根据上海的社会和经济特点，在景观灯光的建设和管理工作中，主要依靠社会各界力量进行合力推进，政府相关部门着力做好规划引领和规章规范的宣传、执行。主要做法如下：

1）建设和管理纳入城市长效管理；

2）以重大节庆活动为发展契机；

3）与商业、旅游发展紧密结合；

4）运用科技手段，实行集中控制。

3. 面临主要问题

国内外城市景观灯光的发展趋势已经逐渐清晰：以规划为龙头、合理布局、依法管理、提升城市形象、促进经济发展。以此为对照，上海的景观灯光发展还面临着很多问题。

1）建设和管理工作中缺乏强有力的推进手段；

2）缺乏完善、强制性的技术标准体系；

3）灯光设计滞后于建筑设计；

4）灯光设计缺乏艺术性。

4. 下阶段重点工作

针对面临的主要问题和技术发展趋势，在十二五期间，主要需要从完善规范、提升管理水平和推进节能环保等方面进行景观灯光的新一轮提升。

1）编制并推进实施景观灯光规划；

2）推进技术标准应用实施；

3）推行与主体建筑建设的"三同时"；

4）提倡绿色照明。

发展中的城市照明

许小荣

（北京市城市照明管理协会）

在城市发展中，伴随着城市经济和环境建设的发展，城市照明近十年来飞速发展。道路照明，从城市重点道路亮灯率92%，到统筹城乡、消灭无灯路、亮灯率98%；景观照明，从简单的轮廓照明到建设逐渐形成规模，覆盖城市的重点道路和区域。目前，在全国不同城市都呈现出特色、风貌、格局、规模各异且照明功能完备、丰富多彩的夜景照明环境。城市照明在城市环境建设和风貌中，已经成为不可或缺的重要内容，成为改变城市面貌，提升城市形象的重要工作，日益受到社会和政府管理部门的关注。城市照明发展到一个新阶段，需要与之相适应的管理要求。

（1）住房城乡建设部颁布的《城市照明管理规定》，是对城市照明行业发展情况的总结，为现阶段城市照明（道路照明、景观照明）的建设、管理和发展提出明确的要求。据此，研究制定符合实际工作需要、顺应行业发展要求的实施细则是非常必要的。

（2）城市照明建设、投资、运行维护管理主体多元化、多渠道的特点，促进了城市照明的快速发展，同时也是今后可持续发展的核心问题。

建设、运行、维护主体多元化主要体现在：建设主体，有政府多部门（道路、园林、河湖、市容）、开发商、业主等；运行、维护主体，有施工企业、专业维护单位等。为保障城市照明安全运行及可持续发展，适应城市发展和行业发展的需要，应依法加强统一规范管理，建立长效机制，依托信息化技术，实施智能控制，提高城市照明管理的能力和水平。

1）加强依法管理：健全法规体系，明确管理主体、职能、管理机制、管理要求及法律责任，为依法行政，实施有效管理提供法律依据和准则。

2）科学规范管理：为保障城市照明的可持续发展，应坚持科学的态度和方法，不断完善城市照明建设、运行、维护及管理等标准体系建设；研究建立城市照明的统计指标体系；实施城市照明智能化控制；开展节能环保新产品、新技术、新工艺科学应用工作；加强对城市照明建设管理发展中热点、难点问题解决的研究，不断推进城市照明建设、管理的科学发展。

3）实施规划控制：城市照明建设及管理的有序发展，应该牢牢抓住规划的龙头作用。根据城市总体规划和环境建设的要求，研究制定城市照明发展规划，使不同部门和建设主体实施的设施建设及运行管理都按照规划实施。总体控制城市照明的有序发展。

4）发挥社团和企业的作用：为做好政府管理工作，充分发挥城市照明相关学会、协会等社团组织在城市照明行业健康发展中的规范作用，充分发挥照明企业在照明设计、施工、运行、维护等实践活动中的积极作用，为政府研究、决策、宣传等管理工作提供支持。

北京市城市照明协会 2012 年 5 月正式成立。在北京市城市照明管理工作中，发挥政府和企业联系、沟通的桥梁和纽带作用，在城市照明行业搭建起技术交流和公共服务的平台，努力开展服务企业、服务社会和服务政府的工作，为行业规范、行业自律、行业发展及政府管理工作发挥积极的作用。

城市景观照明的价值取向

荣浩磊

（北京清华城市规划设计院）

1. 引言

回顾我国城市景观照明的发展，其驱动力主要来自两个方面：层出不穷的"大事件"和商业竞争对"眼球经济"的关注。除了民众对更高生活水平的追求外，城市争取吸引资源的竞争压力以及相应产生的展示欲，是建设投入的主要动机；同时中国的高速城市化进程，为景观照明提供了充足的载体；经济水平的提高提供了投资保障；国家行政机构作为主要的建设方则意味着强大的执行力，以上四项条件，推动我国城市景观照明进入高速建设发展已逾 20 年，取得了显著的成绩，但同时可以看到提升的空间仍非常巨大。追根溯源，笔者以为只有梳理城市景观照明的发展脉络，了解它的缘起和目的，发掘它的核心价值所在，才能使其进入理性的可持续发展。

2. 历史回顾

城市景观照明在世界上成为潮流的时间并不太长。18 世纪初到 20 世纪初，欧洲城市夜间户外纯功能性的照明逐渐普及，以解决机动车的视觉辨识；20 世纪 50 年代，de Boer 首先提出在道路照明中应增加对视觉舒适性的考虑，到 70 年代，美国开始使用照明作为"建筑材料"直接表现空间，1980 年，Caminada 和 van Bommel 最早提出了对居民、步行者需要进行系统研究，并强调人身安全和社会治安，主要是提出了街道照明应在一个安全距离上保证人面部的可辨识性，这以后，里昂等城市通过景观照明建设，刺激商业、旅游的城市复兴计划获得成功，"城市美化"运动（专指景观照明，我国常称"城市亮化"）开始大行其道，直至现在，进入 21 世纪后，城市照明对市民情绪的影响和生活的互动成为重点（见图 1）。

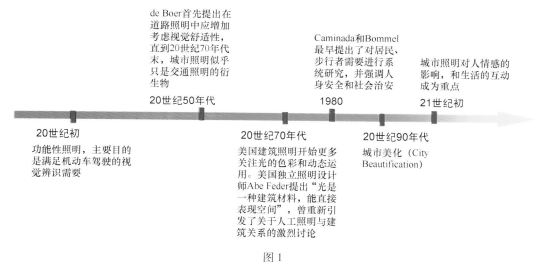

图 1

电气照明进入中国之前，中国城市的户外空间很少出现永久性照明，火光源时代户外照明的使用，一是源于城市夜间的商贸活动和夜市；二是节日"张灯结彩"的风俗。进入电器照明时代以后，直到 1989 年以前，中国城市照明以道路照明为主，只有特大城市核心地区的标志性建筑，才会在节日开启一些轮廓照明；以 1989 年上海外滩照明为契机，在 1989 ~ 1999 年间，中国的城市景观照明进入了初始阶段，建设动机主要是配合重大政治庆典，营造欢庆气氛，以"亮起来"为目标，手法以泛光照明为主。1999 ~ 2003 年可称为中国城市照明的普及阶段。政府希望通过城市照明美化城市形象，拉动商业和旅游；开发商和业主希望借助照明手段，突出表现自己的项目（见图 2）。

这一时期的城市照明追求高诱目性，对光污染与节能缺少有力的控制手段。照明手法趋向于多样化。到了 2004 年，

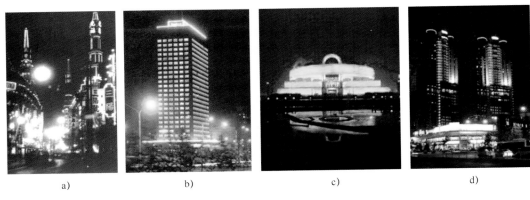

图 2

中国城市照明建设在量的方面已达到相当的规模，但由于发展太快，常处于粗放的自由发展阶段，基本上只关注视觉刺激，以亮为美，以色彩繁复为美，以动态闪烁为美，当时业主的要求往往是"新、奇、特"或"跑、跳、闪"（见图3）。到 21 世纪初，人们开始厌倦喧嚣艳俗的视觉表演，与国外同行的交流也带来很多有益的影响。照明建设开始出现理性回归的趋向，不再一味地追求亮度和规模，开始寻求精品的出现，政府导向强调科学的发展观，希望城市照明走上可持续发展的道路。

图 3

3. 存在问题

目前城市景观照明在理念方面，注重"文化内涵"、"绿色照明"、"可持续发展"已达成舆论共识。但实践中仍存在表面化理解，简单化操作的问题，如牵强地使用龙凤等具象元素表现"文化"；不顾技术条件是否成熟，简单认为使用 LED 产品就是绿色照明，风能太阳能互补灯具 就是可持续发展等（见图4）。在组织立项阶段，很多城市景观照明往往是由"大事件"推动，缺乏从资金投入和社会经济效益的平衡方面进行严谨的可行性论证，随意性很大；在设计环节，许多城市的景观照明方案往往是由行政主管领导仅凭设计效果图，以个人好恶确定最终方案，这种"权力审美"的结果往往倾向于急功近利，以国外著名城市为范本"贪大求洋"的做法。在这种情况下，很多先进的理念只能停留在口号和做秀的层面上。

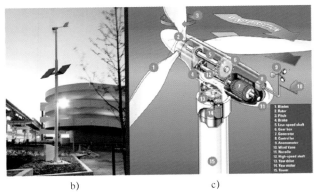

图 4

要解决以上问题，首先应全面准确地了解城市景观照明的内涵与外延，目前在相同的称谓下，对其存在着三种理解：一是对景观的照明，是对既有载体，环境空间的重塑；二是观赏性的照明，具有突出风格或表现意味的主题照明，光表演，强调戏剧性的效果，三是照明设施景观，灯光小品、光雕塑、特型灯具成为视觉焦点。这三者应以第一种类型为主，其余两种为辅，适应不同城市发展阶段的需求（见图5）。

图5

首先从广义上讲，城市景观照明可泛指一切公共空间可见，以照明为主要或重要手段，希望吸引人们观赏的视觉展示。其核心要素包括：景观视觉（物质空间的视觉感受）、城市活力（市民生活的切实改善、鲜明的人文地理特征以及对旅游经济的拉动）与可持续发展（节能与环保）三个主要方面。

其次从技术层面上讲，应明确规划设计各阶段应包含的技术内容。对于规划，应建立起包括城市总体规划，城市分区规划、街道或重点区域详细规划的完整规划体系，确立从空间到时间上全覆盖的规划管理平台；对于设计，应规范完善流程，包括方案设计、深化设计、产品品质验证与确认，以及现场调试四大步骤。主管部门应形成技术监管能力。

最后也是最重要的，在于对城市景观照明的价值有一个全面的了解，我们认为，城市景观照明存在四项主要的价值取向：美学价值、人文价值、经济价值、生态价值。只有大家对城市景观照明的目的（为什么需要）、价值判断（怎样才是好的）和协调（几种价值取向的平衡）有了共识，在共同的价值观下，城市景观照明建设才有可能获得理想的结果。

4. 多元价值

首先，毫无疑问，城市景观照明最受关注，最为大众所接受的价值体现在美学方面。它可以有选择地表现城市载体，使空间形态更具品质感，空间层次更为清晰，同时也能为市民提供优美的夜间游憩场所，提高居民的生活质量。城市景观照明从城市角度讲，综合评价的重点在于建立空间秩序，从街道和近人尺度讲，单项评价的重点在于色彩美、形体美、肌理美、空间美、虚实美等。目前，照明理念的更新与发展对城市照明提出更高的要求。城市景观照明曾一度陷入勾边、亮化、彩化的误区，但通过照明美化城市不是单纯表现产品的多样和炫目，而是要创造合理、舒适、宜居的光环境，并引导民众对更本质意义上光的美的理解，那就是自然的光的美（见图6）。

图6

其次，城市景观照明具备突出的人文价值。如前所述，中国的城市化进程极为迅速，相当多的城市在最近二三十年间经历了大拆大建，城市的记忆传承随同历史遗存一起消失了，新建筑的材料、风格、体量又趋于类同，结果就是千城一面。而城市景观照明则能用较小的代价，在大尺度上表现城市的特征内涵，迅速形成城市特征意象。其综合评价的重点在于是否能够通过视觉的传达，表现城市的个性和城市的精神，使人们对城市产生一致的认同感，单项评价的重点在于对载体环境特色文化、历史风貌、建筑风格的展现程度。如2011重庆渝中半岛的城市景观照明规划，从现实自然环境和历代诗词画作中，提炼"山、水、雾、舟、林"五个特征意象，将其视觉化赋形与渝中半岛的五大空间组团，构成新的群山意象。同时，采用先进的控制系统，用灯光在短时间内再现渝中半岛建成的历史过程（见图7）。

a)

b)

图 7

第三，是城市景观照明具有突出的经济价值。其综合评价的重点在于塑造城市夜间形象的同时，刺激和引导城市夜晚观光旅游、休闲娱乐、购物消费等活动，带来城市综合经济效益的提高。单项评价的重点在于是否使投资人受益、项目实际投资与预期投资水平是否吻合、日常维护费用是否合理的综合评价。如龙门石窟夜间旅游项目一度收益不佳，究其原因，是夜间景观照明仅试图将白天的部分载体还原，实际上如不增加信息量，难以吸引白天已经游览过的游客再次夜游，文化遗产营销，不是只能以纯粹的、科研的方式展览，经科学地艺术地编排的表演能有力推动历史文化遗产和旅游业的发展。后来，我们看到照明技术的发展带来效果突破的可能性，决定在不破坏文物的前提下，用灯光重塑金身，唤起游客对千年前的色彩幻想、追忆（见图 8）。项目完成后，带来了可观的经济、社会与文化效益。

最后，是城市景观照明中对于生态价值的关注，其综合评价的重点在于环保、节能，对城市景观照明可持续发展能力的综合考察。单项评价的重点在于是否推行合理的设计标准，采用环保高效的照明设备、防治光污染。节能环保是每个设计师应如同本能反应一样融入到设计过程中的原则，而这绝不仅仅表现在高效灯具和光源的替代使用上，更重要的是规划阶段的布局选择，科学的照明标准的设定，合理的照明方式以及完善的验收监管和运行维护上。

5. 小结

以上短文，是笔者试图结合近年的一些实践项目，对城市景观照明的价值作简单梳理，以作城市照明管理者和规划设计界同行参考，祝中国城市景观照明的价值得到越来越充分的发掘，为城市带来越来越多经济、社会与文化效益，得到越来越多人的认可，对社会做出更多的贡献！

a)

b)

c)

图 8

第八篇 附录

第七、八届中照照明奖获奖项目名单

第七届中照照明奖照明工程设计奖获奖名单（室内）

获奖项目	获奖单位	年份	奖项	等级
天津港国际油轮码头（客运大厦）室内照明工程	中建（北京）国际设计顾问有限公司	2012 年	工程设计奖（室内）	二等奖
中央电视台（新址）主楼室内照明工程	松下电器（中国）有限公司北京第二分公司	2012 年	工程设计奖（室内）	三等奖
上海东方体育中心（综合馆）功能照明工程	玛斯柯照明设备（上海）有限公司	2012 年	工程设计奖（室内）	三等奖
福州三坊七巷民居建筑文化交流中心室内照明工程	福建省福州大学土木建筑设计研究院城市照明研究所	2012 年	工程设计奖（室内）	三等奖

第七届中照照明奖照明工程设计奖获奖名单（室外）

获奖项目	获奖单位	年份	奖项	等级
西安"天人长安塔"夜景照明工程	碧谱照明设计（上海）有限公司	2012 年	工程设计奖（室外）	一等奖
国家游泳中心夜景照明工程	北京市国有资产经营有限责任公司国家游泳中心	2012 年	工程设计奖（室外）	一等奖
北京宛平城地区夜景照明工程	北京海兰齐力照明设备安装工程有限公司	2012 年	工程设计奖（室外）	一等奖
	库柏电气（上海）有限公司			
西安楼观台道教文化区夜景照明工程	北京广灯迪赛照明设备安装工程有限公司	2012 年	工程设计奖（室外）	一等奖
重庆园博园夜景照明工程	北京良业照明技术有限公司	2012 年	工程设计奖（室外）	一等奖
遵义湄潭县天壶公园及城区重点建/构筑物夜景照明工程	重庆筑博照明工程设计有限公司	2012 年	工程设计奖（室外）	二等奖
	重庆大学城市规划与设计研究院			
上海市浦江双辉大厦夜景照明工程	北京富润成照明系统工程有限公司	2012 年	工程设计奖（室外）	二等奖
上海南京西路 1788 号地块夜景照明工程	上海东旭景观照明工程有限公司	2012 年	工程设计奖（室外）	二等奖
昆山莲湖公园夜景照明	上海栢荣景观工程有限公司	2012 年	工程设计奖（室外）	二等奖
杭州西湖孤山夜景照明工程	杭州市城乡建设设计院有限公司	2012 年	工程设计奖（室外）	二等奖
	杭州西湖风景名胜区岳庙管理处			
杭州六和塔景区夜景照明工程	杭州市建筑设计研究院有限公司	2012 年	工程设计奖（室外）	二等奖
	杭州西湖风景名胜区钱江管理处			
北京阜石路立交桥夜景照明工程	北京海兰齐力照明设备安装工程有限公司	2012 年	工程设计奖（室外）	二等奖
北京东华门大街夜景照明工程	央美光成（北京）建筑设计有限公司	2012 年	工程设计奖（室外）	二等奖
北京昌平草莓国际博览园夜景照明工程	北京豪尔赛照明技术有限公司	2012 年	工程设计奖（室外）	二等奖
"广州国际灯光节"夜景照明工程	北京清华城市规划设计研究院光环境设计研究所	2012 年	工程设计奖（室外）	二等奖
南京西路 1788 号地块泛光照明分包工程	上海东旭景观照明工程有限公司	2012 年	工程设计奖（室外）	二等奖

（续）

获奖项目	获奖单位	年份	奖项	等级
东华门大街夜景照明规划设计	央美光成（北京）建筑设计有限公司	2012 年	工程设计奖（室外）	二等奖
郑州大学第一附属医院门诊医技楼景观照明工程	河南新中飞照明电子有限公司	2012 年	工程设计奖（室外）	二等奖
天津利顺德大饭店改造夜景照明工程	北京维特佳照明工程有限公司 天津大学建筑设计研究院	2012 年	工程设计奖（室外）	二等奖
丹东鸭绿江大桥灯光亮化工程设计	辽宁省装饰工程总公司	2012 年	工程设计奖（室外）	二等奖
新乡市宏力大道卫河中桥景观照明工程	河南禧明灯光环境艺术有限公司	2012 年	工程设计奖（室外）	二等奖
西六环阜石路立交桥、涌雕塑照明景观建设	北京海兰齐力照明设备安装工程有限公司	2012 年	工程设计奖（室外）	二等奖
江西婺源茶博府公馆夜景照明工程	南京基恩光电设备有限公司	2012 年	工程设计奖（室外）	二等奖
遵义道真县城区夜景照明工程	重庆筑博照明工程设计有限公司 山地城镇建设与新技术教育部重点实验室	2012 年	工程设计奖（室外）	三等奖
中山岐江河滨夜景照明工程	广州良业照明工程有限公司	2012 年	工程设计奖（室外）	三等奖
中国科学院学术会堂夜景照明工程	中科院建筑设计研究院有限公司 光环境设计研究所	2012 年	工程设计奖（室外）	三等奖
天津环球金融中心夜景照明工程	北京富润成照明系统工程有限公司	2012 年	工程设计奖（室外）	三等奖
四川都江堰龙池景区夜景照明工程	四川大光明城市照明工程有限公司	2012 年	工程设计奖（室外）	三等奖
四川成都广播电视塔夜景照明工程	上海大峡谷光电科技有限公司 上海城市之光灯光设计有限公司	2012 年	工程设计奖（室外）	三等奖
深圳欢乐海岸都市文化娱乐区东区夜景照明工程	深圳凯铭电气照明有限公司	2012 年	工程设计奖（室外）	三等奖
上海"第一钢市"大厦夜景照明工程	上海光联照明科技有限公司 上海同景照明电器有限公司	2012 年	工程设计奖（室外）	三等奖
加蓬体育场功能照明工程	北京昊朗机电设备有限公司	2012 年	工程设计奖（室外）	三等奖
河南省体育中心游泳跳水馆夜景照明工程	河南新中飞照明电子有限公司	2012 年	工程设计奖（室外）	三等奖
海淀区中关村天桥夜景照明工程	北京市市政工程设计研究总院 北京市易和永颐环境艺术设计有限公司	2012 年	工程设计奖（室外）	三等奖
广州琶洲 WESTIN 酒店夜景照明工程	广东省工业设备安装公司 广州合众源建筑技术发展有限公司	2012 年	工程设计奖（室外）	三等奖
包头体育会展区夜景照明工程	北京良业照明技术有限公司	2012 年	工程设计奖（室外）	三等奖
天津市文化中心大剧院景观照明工程	天津华彩电子科技工程集团有限公司	2012 年	工程设计奖（室外）	三等奖
地铁西红门（4 号线延长段大兴线）高架桥体夜景照明工程	北京豪尔赛照明技术有限公司	2012 年	工程设计奖（室外）	三等奖
深圳高速公路照明工程节能灯源的"合同能源管理"项目	东莞勤上光电股份有限公司	2012 年	工程设计奖（室外）	三等奖
北京海淀区中关村一号天桥夜景照明设计	北京市市政工程设计研究总院	2012 年	工程设计奖（室外）	三等奖
东湖沙湖连通工程——亮化工程 I 标段	武汉金东方环境设计工程有限公司	2012 年	工程设计奖（室外）	三等奖

（续）

获奖项目	获奖单位	年份	奖项	等级
宁波国际金融服务中心夜景照明工程	上海亚意舍建筑设计咨询有限公司 库柏电气（上海）有限公司	2012 年	工程设计奖（室外）	三等奖
北京南海子郊野公园夜景照明工程	北京奥尔环境艺术有限公司	2012 年	工程设计奖（室外）	三等奖
资阳九曲河及广场夜景照明工程	陕西天和照明设备工程有限公司	2012 年	工程设计奖（室外）	提名奖
重庆南滨路阳光 100 建筑夜景照明工程	北京新时空照明工程有限公司	2012 年	工程设计奖（室外）	提名奖
天津团泊现代农业示范园夜景照明工程	光缘（天津）科技发展有限公司	2012 年	工程设计奖（室外）	提名奖
松原镜湖（中湖）夜景照明工程	长春为实照明科技有限公司	2012 年	工程设计奖（室外）	提名奖
六安淠河夜景照明工程	深圳市名家汇城市照明科技有限公司	2012 年	工程设计奖（室外）	提名奖
锦州辽沈战役纪念馆夜景照明工程	北京东方煜光环境科技有限公司	2012 年	工程设计奖（室外）	提名奖
鹤壁淇水乐园滨河夜景照明工程	河南新飞利照明科技有限责任公司	2012 年	工程设计奖（室外）	提名奖
成都天府广场夜景照明工程	四川普瑞照明工程有限公司	2012 年	工程设计奖（室外）	提名奖
长沙橘子洲沙滩公园夜景照明工程	深圳市博之辉建设工程有限公司	2012 年	工程设计奖（室外）	提名奖
北京门城主要大街夜景照明工程（二期）	北京金时佰德技术有限公司	2012 年	工程设计奖（室外）	提名奖
天津生态城国家动漫园产业综合示范园 01－01 地块动漫大厦工程	天津海纳天成景观工程有限公司	2012 年	工程设计奖（室外）	提名奖
武汉辛亥革命博物馆泛光照明工程	北京富润成照明系统工程有限公司	2012 年	工程设计奖（室外）	提名奖
厦门汇金国际中心夜景工程	锐高照明电子（上海）有限公司 深圳市金达照明股份有限公司	2012 年	工程设计奖（室外）	提名奖
天津中粮体验中心照明设计	北京清华城市规划设计研究院光环境设计研究所	2012 年	工程设计奖（室外）	提名奖
大花冠景观小品	北京奥尔环境艺术有限公司	2012 年	工程设计奖（室外）	提名奖
天津市红桥区水游城景观照明工程 A/B 标段	北京东方煜光环境科技有限公司	2012 年	工程设计奖（室外）	提名奖
北京大兴宾馆夜景照明工程	深圳市高力特实业有限公司	2012 年	工程设计奖（室外）	提名奖
武夷山度假区主街（大王峰路）建筑立面整治夜景工程（第一标段）	青岛金鑫照明装饰工程有限公司	2012 年	工程设计奖（室外）	提名奖
国道 205 深圳段及地铁 3 号线沿线灯光夜景照明工程	深圳市锦粤达科技有限公司	2012 年	工程设计奖（室外）	提名奖
北京大兴宾馆夜景照明工程	深圳市高力特实业有限公司	2012 年	工程设计奖（室外）	提名奖
潍坊白浪河综合整治夜景照明工程	中建（北京）国际设计顾问有限公司	2012 年	工程设计奖（室外）	提名奖

第七届中照照明奖教育与学术贡献奖获奖名单

获奖项目	获奖单位及个人	等级
《绿色照明 200 问》	中国照明学会科普工作委员会、北京照明学会	一等奖
照明教育中的学术探索与创新实践	郝洛西	一等奖
《灯具特殊要求系列国家标准宣贯教材》	国家灯具质量监督检验中心	二等奖
《绿色照明概论》	刘虹	二等奖
《电视灯光技术与应用》	王京池	二等奖
《英汉光源与照明词典》	陈大华　李文鹏　龙奇	二等奖

（续）

获奖项目	获奖单位及个人	等级
GB7000.1-2007《灯具第一部分：一般要求与试验》国家标准宣贯教材	国家灯具质量监督检验中心	三等奖
《城镇光环境与绿色照明》	陈亢利	
生活环境中人工光源紫外辐射的测定及对人体皮肤健康的影响	田燕	
面向光源照明行业的创新型人才培养模式探索与实践	大连工业大学光子学研究所	
城市照明设计理论系列书籍	李农	

第八届中照照明奖照明工程设计奖获奖名单（室外）

获奖项目	获奖单位	等级
大同市云冈石窟园区夜景照明工程	豪尔赛照明技术集团有限公司 北京对棋照明设计有限公司 雷士（北京）光电工程技术有限公司	一等奖
山东台儿庄古城夜景照明工程	北京中辰泰禾照明电器有限公司——张帆工作室	一等奖
湖州喜来登月亮酒店夜景照明工程	黎欧思照明（上海）有限公司 宁波华强灯饰照明有限公司 上海光联照明科技有限公司	一等奖
郑州会展宾馆夜景照明工程	河南新中飞照明电子有限公司	一等奖
安徽九华山地藏菩萨露天铜像景区夜景照明工程	北京清华同衡规划设计研究院有限公司	二等奖
昆山文化艺术中心夜景照明工程	上海柏荣景观工程有限公司	二等奖
无锡大剧院夜景照明工程	上海同城照明工程有限公司	二等奖
重庆金佛山天星小镇夜景照明工程	全景国际照明顾问有限公司 中照全景（北京）照明设计有限公司 重庆黎昌园林有限责任公司	二等奖
北京门头沟定都峰景区定都阁夜景照明工程	北京海兰齐力照明设备安装工程有限公司	二等奖
天津文化中心夜景照明工程	中央美术学院建筑学院建筑光环境研究所 央美光成（北京）建筑设计有限公司	二等奖
海南香水湾君澜度假酒店夜景照明工程	英国莱亭迪赛灯光设计合作者事务所（中国分部）	二等奖
天津光合谷（天沐）温泉度假酒店夜景照明工程	光缘（天津）科技发展有限公司	二等奖
抚顺"生命之环"夜景照明工程	飞利浦（中国）投资有限公司	二等奖
北京门头沟区永定楼夜景照明工程	豪尔赛照明技术集团有限公司北京对棋照明设计有限公司	二等奖
上海电影博物馆夜景照明工程	豪尔赛照明技术集团有限公司 北京对棋照明设计有限公司	二等奖
沈阳赛特奥特莱斯购物中心夜景照明工程	北京富润成照明系统工程有限公司弗曦照明设计顾问（上海）有限公司	二等奖
上海东林寺夜景照明工程	上海亚明照明有限公司	二等奖
福建世界客属文化交流中心夜景照明工程	福建省建筑设计研究院华东建筑设计研究院有限公司	二等奖
武汉万达中心夜景照明工程	深圳市金照明实业有限公司	二等奖

（续）

获奖项目	获奖单位	等级
重庆云阳县市民文化活动中心广场及重点建筑夜景照明工程	山地城镇建设与新技术教育部重点实验室 重庆筑博照明工程设计有限公司	二等奖
杭州钱江隧道照明工程	山西光宇半导体照明股份有限公司	三等奖
重庆轨道交通三号线一期工程高架车站及区间夜景照明工程	重庆市轨道交通（集团）有限公司	三等奖
北京金融街中心区 E10 项目夜景照明工程	北京新时空照明技术有限公司中建二局第三建筑工程有限公司	三等奖
北京通州滨河森林公园重点区域夜景照明工程	北京亮都丽景环境艺术工程有限公司	三等奖
上海北京东路 2 号夜景照明工程	上海东旭景观照明工程有限公司	三等奖
青岛远雄国际广场夜景照明工程	山东万得福装饰工程有限公司 库柏电气（上海）有限公司	三等奖
西宁香格里拉城市花园夜景照明工程	江苏伟业房地产开发有限公司 乐雷光电技术（上海）有限公司 上海德奕灯光设计有限公司 上海罗曼照明有限公司	三等奖
北京西城区园林市政管理中心绿道一期夜景照明工程	深圳市高力特实业有限公司	三等奖
桂林桃花江流域九岗岭至桃花江桥两岸夜景照明工程	北京海兰齐力照明设备安装工程有限公司	三等奖
嘉峪关世纪金桥夜景照明工程	中科院建筑设计研究院有限公司光环境设计研究所	三等奖
深圳锦绣中华夜景照明工程	昆明伊裕达工贸有限公司	三等奖
青岛李沧万达广场夜景照明工程	深圳市标美照明设计工程有限公司	三等奖
郑州苏荷中心夜景照明工程	河南省泛光照明工程有限公司	三等奖
鄂尔多斯康巴什新区乌兰木伦河大桥夜景照明工程	鄂尔多斯市城投亮化工程有限公司	三等奖
江西婺源县"一江两岸"夜景照明工程	南京基恩照明科技有限公司	三等奖
杭州城隍阁夜景照明工程	杭州西湖风景名胜区吴山景区管理处 杭州市亮灯监管中心	三等奖
杭州中国湿地博物馆及西溪天堂酒店区夜景照明工程	杭州市城乡建设设计院有限公司 杭州市西湖区城市管理局 杭州市亮灯监管中心	三等奖
北京密云县鼓楼东西大街、滨河路及白河景观带夜景照明工程	北京良业照明技术有限公司	三等奖
京包高速公路（五环路－六环路段）上地铁路分离式立交夜景照明工程	北京申安投资集团有限公司 中铁工程设计咨询集团有限公司电气化工程设计研究院	三等奖
龙门石窟景区夜景照明工程	同方股份有限公司 北京清华同衡规划设计研究院有限公司	三等奖
海口新海航大厦夜景照明工程	北京紫晶之光科技发展有限公司	优秀奖
西安临潼芷阳广场办公楼夜景照明工程	北京广灯迪赛照明设备安装工程有限公司	优秀奖
北运河景观七孔桥及燃灯塔夜景照照明工程	北京市易禾永颐环境艺术设计有限公司	优秀奖

（续）

获奖项目	获奖单位	等级
合肥华侨广场夜景照明工程	上海领路人照明工程有限工程 上海光联照明科技有限公司 北京厚德城市照明规划设计院	优秀奖
成都华润二十四城万象城夜景照明工程	四川普瑞照明工程有限公司 栋梁国际照明设计（北京）中心有限公司	优秀奖
重庆江北观音桥商圈夜景照明工程	山地城镇建设与新技术教育部重点实验室 重庆筑博照明工程设计有限公司	优秀奖
成都仁恒置地广场夜景照明工程	全景国际照明顾问有限公司 四川普瑞照明工程有限公司	优秀奖
上海星联科研大厦1号楼夜景照明工程	飞利浦（中国）投资有限公司	优秀奖
陕西略阳城市夜景照明工程	西安力澜装饰工程有限公司	优秀奖
中华世纪坛夜景照明工程	北京申安投资集团有限公司	优秀奖
杭新景高速公路延伸线（之江大桥）工程	浙江晶日照明科技有限公司	优秀奖
北京冯村沟夜景照明工程	北京金时佰德技术有限公司	优秀奖
哈尔滨防洪纪念塔夜景照明工程	南昌美霓光环境科技发展有限公司	优秀奖
山东临沂沂河沿岸广场夜景照明工程	北京清城华筑建筑设计研究院有限公司临沂市路灯维护管理处	优秀奖
西安西咸新区周陵产业园道路照明工程	浙江晶日照明科技有限公司	优秀奖
襄阳一江两岸夜景照明工程	深圳市大雅源素照明设计有限公司	优秀奖
新疆克拉玛依市会展中心（一期工程）夜景照明工程	深圳市金达照明股份有限公司 广州合众源建筑技术发展有限公司 上海光联照明科技有限公司	优秀奖
吉林省松原市天鹅湖夜景照明工程	长春为实照明科技有限公司	优秀奖

第八届中照照明奖照明工程设计奖获奖名单（室内、功能性照明）

获奖项目	获奖单位	等级
人民大会堂万人大礼堂室内照明工程	人民大会堂管理局 中国建筑科学研究院 东莞勤上光电股份有限公司 河北立德电子有限公司 浙江北光照明科技有限公司 北京星光影视设备科技股份有限公司	一等奖
新清华学堂观众厅室内照明工程	清华大学建筑设计研究院有限公司	一等奖
上海星联科研大厦1号楼室内照明工程	飞利浦（中国）投资有限公司	一等奖
无锡五印坛城室内照明工程	上海艾特照明设计有限公司 乐雷光电（上海）有限公司 锐高照明电子（上海）有限公司	一等奖
昆明长水国际机场室内照明	雷士（北京）光电工程技术有限公司 北京建筑设计研究院	一等奖
上海龙美术馆室内照明工程	北京周红亮照明设计有限公司	二等奖
工人体育场国安训练场场地照明	北京信能阳光新能源科技有限公司	二等奖
上海当代艺术博物馆室内照明工程	上海瑞逸环境设计有限公司 上海傲特盛照明电器有限公司 同济大学建筑设计研究院（集团）有限公司	二等奖

（续）

获奖项目	获奖单位	等级
北京星德宝 BMW？5S 中心室内照明工程	照奕恒照明设计（北京）有限公司	三等奖
贵阳奥林匹克体育中心主体育场（工程 B 标段）场地照明工程	北京紫晶之光科技发展有限公司	三等奖
新世界购物中心室内照明工程	飞利浦（中国）投资有限公司	三等奖
成都双流国际机场 T2 航站楼室内照明工程	四川九洲光电科技股份有限公司 成都双流国际机场建设工程指挥部 中国建筑西南设计研究院有限公司	三等奖
成都地铁一号线室内照明工程	四川新力光源股份有限公司	优秀奖
中国石化余家海服务区室内照明工程	飞利浦（中国）投资有限公司	

第八届中照照明奖科技创新奖获奖名单

获奖项目	获奖单位	等级
GO-R5000 全空间快速分部光度计	杭州远方光电信息股份有限公司	一等奖
LED 隧道灯	山西光宇半导体照明股份有限公司	二等奖
硅衬底 LED 路灯	江西省晶和照明有限公司	二等奖
LED 大功率庭院灯（JRB5）	浙江晶日照明科技有限公司	二等奖
交流 LED 光引擎	四川新力光源股份有限公司	二等奖
基于大功率集成 LED 封装、灯具导热散热先进复合材料的路灯	陕西唐华能源有限公司	二等奖
LED 灯光远程无线同步联动控制方法及系统	上海大峡谷光电科技有限公司	三等奖
6.5W LED 球泡灯	上舜照明（中国）有限公司	三等奖
基于集中供电技术的直流载波多网融合无极调控 LED 路灯智能控制系统	广州奥迪通用照明有限公司	三等奖
小功率一体化无极荧光灯	浙江开元光电照明科技有限公司	三等奖
LED 智能灯光系统及灯具	杭州鸿雁电器有限公司	三等奖
纯铝薄板散热大功率 LED 路灯	杭州华普永明光电股份有限公司	三等奖
成像灯 ECLIPSE600 SS807SW/SC	广州市雅江光电设备有限公司	三等奖
LED 球泡灯	山西光宇半导体照明股份有限公司	优秀奖
室内 LED 综合节能照明灯	上海三思电子工程有限公司 深圳市地铁集团有限公司 中铁二院工程集团责任有限公司	优秀奖
LED 大功率庭院灯（JRB3）	浙江晶日照明科技有限公司	优秀奖
无极荧光灯台灯	浙江开元光电照明科技有限公司	优秀奖
9.5W LED 球泡灯	上舜照明（中国）有限公司	优秀奖
LED 大功率投光灯（JRF3）	浙江晶日照明科技有限公司	优秀奖

2010～2012 年《照明工程学报》优秀论文获奖名单

一等奖 （5 个）

LED 照明产品检测方法中的缺陷和改善的对策（Vol. 21，No. 4，2010）　　　　　　　　　作者：俞安琪

评价 LED 道路照明灯具配光性能的两个重要指标——从配光设计角度谈 LED 道路照明节能（Vol. 21，No. 4，2010）
　　作者：邹吉平

探索未来城市照明的创新与可持续发展之路——上海世博园区夜景照明总体规划回顾（Vol. 22，No. 1，2011）
　　　　　　　　　　　　　　　　　　　　　　　　　　　　　　　　　作者：郝洛西、林怡、杨秀

大功率 LED 路灯的光生物安全测试与分析（Vol. 22，No. 6，2011）　　作者：陈慧挺、蔡喆、吴晓晨、彭振坚、黄骏

国家体育场（鸟巢）体育照明设计（Vol. 23，No. 1，2012）　　　　　　　　　　　　　　作者：姚梦明

二等奖 （15 个）

城市居住区室外光环境评价指标研究（Vol. 21，No. 1，2010）　　　作者：马剑、姚鑫、刘刚、苏晓明

管壁厚度和方波电源频率对氯化氪准分子灯效率的影响（Vol. 21，No. 3，2010）　作者：庄晓波、朱绍龙、张善端

基于 GIS 的地域性光气候信息系统（Vol. 21，No. 4，2010）　　　　　作者：王爱英、金海、李雯雯

用数码相机研究隧道洞外景物亮度（Vol. 21，No. 6，2010）　　　　作者：孙春红、陈仲林、杨春宇

LED 灯光辐射对人皮肤的影响（Vol. 21，No. 6，2010）　　　　　　作者：田燕、王京池、高丽伟

一种实现均匀照明的 LED 反射器设计（Vol. 22，No. 2，2011）　　作者：陈巧云、朱向冰、倪建、陈瑾

LED 光电参数测试仪法向发光强度示值校准的测量不确定度探讨（Vol. 22，No. 2，2011）　　　　作者：马瑶

白光 LED 颜色质量评价方法研究（Vol. 22，No. 3，2011）　　作者：程雯婷、孙耀杰、童立青、林燕丹

建立和完善 LED 灯具的国家标准体系的研究（Vol. 22，No. 3，2011；Vol. 23，No. 1，2012）
　　　　　　　　　　　　　　　　　　　　　　　　　　作者：施晓红、杨樾、王晔、陈超中

建筑侧窗采光简化评估方法的研究（Vol. 23，No. 3，2012）　　　　　　作者：张昕、韩天辞

灯具配光与照明节能的关系（Vol. 23，No. 4，2012）　　　　　　作者：张耀根、高飞、李山林

基于 LED 自由曲面反射器设计软件研究（Vol. 23，No. 4，2012）　　作者：刘正权、孙耀杰、林燕丹

图像式街道亮度计在道路照明测试中的开发和应用基于 LED 自由曲面反射器设计软件研究（Vol. 23，No. 5，2012）
　　　　　　　　　　　　　　　　　　　　　　　　　　作者：王书晓、张滨、罗涛、赵建平

人民大会堂万人大礼堂及周边厅室照明节能改造示范工程（Vol. 23，No. 6，2012）　　　　作者：周伟良

光源光谱能量分布对行人视觉作业的影响研究回顾（Vol. 23，No. 6，2012）　　　　作者：杨秀、郝洛西

优秀论文奖 （30 个）

人工光照对迁徙类鸣禽行为影响个案实验研究（Vol. 21，No. 3，2010）　作者：马剑、刘博、刘刚、王洪珍

基于采光能效概念的住宅采光窗口设计研究（Vol. 21，No. 4，2010）　作者：张滨、李桂文、赵建平

RGB - LED 背光系统的散热研究（Vol. 21，No. 4，2010）　作者：蔡勇、邵旭敏、沈嘉平、黄忠、吴明光

西汉高速公路隧道照明系统的评估研究（Vol. 21，No. 5，2010）　作者：涂耘、王少飞、张琦、邓欣、陈建忠、李科

基于 LED 照明技术的媒体立面设计（Vol. 21，No. 5，2010）　　　　　　作者：林怡、郝洛西

世博轴景观和室内照明工程设计（Vol. 22，No. 1，2011）　　　　　　　　　　　作者：邵颉

中国馆夜景照明浅析（Vol. 22，No. 1，2011）　　　　　　　　　作者：段金涛、朱步军

基于正交设计的强光射灯对夜空影响的试验研究（Vol. 22，No. 2，2011）　作者：刘鸣、马剑、张宝刚、王丹、刘刚

基于经济评价的照明节电改造方案（Vol. 22，No. 2，2011）　　作者：杨源、李伟华、周署、贺洪玉

基于光气候理论的隧道洞外景物亮度研究（Vol. 22，No. 3，2011）　作者：孙春红、杨春宇、陈仲林

建筑景观照明材质色光情感定量化研究（Vol. 22，No. 3，2011）　　作者：牛盛楠、朱溢楠、刘刚

LED 灯具及控制装置绝缘电阻和电气强度试验要求（Vol. 22，No. 3，2011）　　作者：郭卫军、俞安琪

基于 FPGA 的网络化 HID 电子镇流器控制芯片的研究（Vol. 22，No. 4，2011）　作者：马磊、童立青、林燕丹、孙耀杰

广州亚运会开幕式场馆——海心沙岛照明设计（Vol. 22，No. 4，2011）　作者：荣浩磊、陈海燕、吴威、周浩

纳秒脉冲电源驱动提高 KrCl * 准分子灯辐射效率的实验研究（Vol. 22，No. 4，2011）

作者：吴晓震、刘克富、区琼荣、李柳霞

天然光光照度典型年数据的研究与应用（Vol. 22，No. 5，2011）　　　作者：罗涛、燕达、林若慈、王书晓

相机结合 HDR 图像技术在博物馆光环境分析中的应用与验证（Vol. 22，No. 5，2011）　　　作者：王嘉亮

武汉市城市景观照明总体规划体系研究（Vol. 22，No. 5，2011）　　作者：张明宇、马剑、孙晓飞、姚鑫

国内 LED 照明应用探讨（Vol. 22，No. 6，2011）　　　　　　　　　　作者：窦林平

基于不同驱动条件下白光 LED 照明频闪问题的研究（Vol. 22，No. 6，2011）　　　作者：杨光

建筑方案的天然采光性能分析方法（Vol. 23，No. 1，2012）　　　　　作者：夏春海

铁路客站天然采光现状及优化设计研究（Vol. 23，No. 1，2012）　　作者：罗涛、燕达、张野、彭琛、刘燕、杨允礼

基于生理和心理效应的公路隧道入口段照明质量检测方法（Vol, 23，No. 2，2012）

作者：张青文、涂耘、胡英奎、翁季、陈建中、黄珂

室内自然光照度自适应神经模糊预测方法研究（Vol. 23，No. 2，2012）　　作者：冯冬青、平燕娜、刘新玉

低照度彩光对人眼非视觉生物效应的影响（Vol. 23，No. 3，2012）　　作者：柴颖斌、孙耀杰、林燕丹

CIE 中间视觉光度学模型的分析和应用（Vol. 23，No. 3，2012）　　　作者：庄鹏

大功率 LED 对水生动植物生长的影响（Vol. 23，No. 3，2012）

作者：杨景发、杜明月、温翠娇、白璐、国唯唯、郭建立、刘记祥

中间视觉亮度条件下常用光源透雾性研究（Vol. 23，No. 5，2012）　　作者：徐何辰、饶丰、薛文涛、谈茜

LED 在地下车库照明工程的应用（Vol. 23，No. 6，2012）　　　　作者：邝树奎、王云峰、高杰

中日两国住宅照明对比研究（Vol. 23，No. 6，2012）

作者：孙明明、贺晓阳、邹念育、张云翠、井上容子、宫本雅子、國嶋道子

地方照明学会名录

	通信地址	邮编	区号	电话
上海照明学会	上海市四平路 1239 号同济大学行政北楼 307 室	200092	021	65980454
北京照明学会	北京市朝阳区大北窑厂坡村甲 3 号	100022	010	67736971
天津照明学会	天津市鞍山西道三潭东里 7 号楼 6 门 211 室	300192	022	27497609
河南省照明学会	河南省郑州市郑东新区民生路 1 号	450046	0371	87520112
浙江省照明学会	浙江省杭州天目山路 222 号 2 号楼	310013	0571	85127760
重庆市照明学会	重庆市江北滨路聚贤岩 1 号	400024	023	67012580
辽宁省照明学会	辽宁省沈阳市铁西新区沈辽路宁管 4 号楼 2-2-1	110141	024	25287591
南京照明学会	江苏省南京市中山东路 218 号长安国际中心 2706 室	210002	025	84650175
哈尔滨照明学会	黑龙江省哈尔滨道里区友谊路大民兴街民安小区 34 栋 4-601 室	150010	0451	84534940
广东省照明学会	广东省广州市海珠区新港东路海诚东街 6 号	510330	020	89883079
新疆维吾尔自治区照明学会	新疆乌鲁木齐市光明路 125 号	830002	0991	13809940598
陕西省照明学会	陕西省西安市 123 信箱八室	710065	029	88288297
江苏省照明学会	江苏省南京市下关区金川门外 5 号	210015	025	58806997
深圳市照明学会	广东省深圳市罗湖区宝岗路祥福雅居彩云阁 1812 房间	518023	0755	25979962
长春照明学会	吉林省长春市经开区武汉路 1600 号	130000	0431	84888232
福建省照明学会	福建省福州市工业路 523 号福州大学东门行政办公楼附楼二层	350001	0591	87430670
山东省照明学会	山东省济南市二环东路 3966 号	250100	0531	83531920
吉林省照明学会	吉林省长春市东南湖大路 998 号金鼎大厦 17 层	130022	0431	88602986

2011~2012年新增中国照明学会高级会员名单

刘迪强	窦林平	江海洋	程 晖	杨海峰	周 鸣	周洪伟	刘士平	陈兆祥	郝海存
王士元	何朝晖	宿为民	徐杰宏	许建胜	欧阳容	王 缅	刘智宏	何 涛	门志强
马 彬	马小偁	王小鹏	王立新	王建立	王林波	韦启军	左兴一	吕荣昌	依建全
许 楠	许小荣	许志刚	许福贵	吴永强	吴宝宁	吴春海	张青虎	李 河	李旭亮
李树华	杨小平	杨云胜	陈 琪	陈月明	牛盛楠	李英远	杨 贇	何 健	贺国甫
高健雄	任 见	余 亮	杜 军	洪振斌	周书会	杨龙雄	边 宇	韩起文	穆怀恂
王文丽	管雪松	李 光	张 阔	张蔚东	沈 立	巢勇强	朱 虹	陈 赤	梁 冰
徐志刚	苏耀康	刘 鸣	刘素平	杨 波	王 刚	胡国剑	曾清华	张 重	李 杰
薛继起	刘 剑	梁 伟	谢家琪	沈海平	周小丽	陈玉梅	陈志明	陈建新	陈程章
周名嘉	周明杰	官 勇	林志明	武立忠	郑 迪	郑见伟	姚梦明	查世翔	查跃丹
段显春	洪晓松	赵纯雨	徐松炎	翁 季	袁 樵	梁荣庆	阎振国	黄 慧	黄庆梅
曾广军	童俊国	樊维亚	潘汝荣	薛 源	戴宝林	刘 峰			

2011~2012年新增中国照明学会团体会员名单

哈尔滨东科光电科技股份有限公司
木林森股份有限公司
北京芯海节能科技有限公司
深圳市健利丰光科技有限公司
中昊丰源(北京)科技有限公司
德泓(福建)光电科技有限公司
北京宜生创投科技发展有限公司
广州纽菲德光电科技有限公司
深圳市科利尔照明科技有限公司
深圳珈伟光伏照明股份有限公司
福建省恒大光电科技有限公司
鑫赞光电(深圳)有限公司
上海因思得照明有限公司
北京金时佰德技术有限公司
福建省照明学会
安徽四通照明科技有限公司
深圳市佳比泰电子科技有限公司
北京易安成新能源科技有限公司
北京东方煜光环境科技有限公司
北京雅展展览服务有限公司
厦门格绿能光电有限公司
广州市浩洋电子有限公司
杭州中港数码技术有限公司
东莞三星电机有限公司
河北兴亚亮化照明工程有限公司
北京中港联合环境工程有限公司

浙江鸿运照明科技有限公司
四川华体灯业有限公司
深圳市航嘉驰源电气股份有限公司
北京嘉禾锦业照明工程有限公司
深圳市裕富照明有限公司
广州明方光电技术有限公司
浙江中企实业有限公司
广州意霏讯信息科技有限公司
协鑫光电科技控股有限公司
嘉能照明有限公司
北京星光影美影视器材有限公司
天楹(上海)光电科技有限公司
北京昌辉基业照明工程有限公司
国家大剧院
厦门冠宇科技有限公司
广东朗视光电技术有限公司
上海光联照明科技有限公司
上海集一光电工程有限公司
江苏森莱浦光电科技有限公司
成都暮光照明设计有限公司
上海政太化工有限公司
上海东湖霓虹灯厂有限公司
北京子云光道照明设计有限公司
克兹米商贸(上海)有限公司
陕西地平线照明设计工程有限公司
无锡实益达电子有限公司

广州奥迪通用照明有限公司

日照市旭日广告装饰工程有限公司

唐山市夜景亮化广告管理服务中心

唐山博维贝特科技开发有限公司

上海本方光电科技有限公司

玛斯柯照明设备（上海）有限公司

北京倍佳伲照明设计安装工程有限公司

吴江新地标节能光源科技有限公司

苏州耀城照明工程设计有限公司

天津海纳天成景观工程有限公司

中科院建筑设计研究院有限公司

山西新秀丽照明工程有限公司

苏州和影上品照明设计有限公司

北京爱奥尼标牌制作有限公司

北京北方蔡氏照明电器有限公司

上海现代建筑装饰环境设计研究院有限公司

北京龙人盛世城市景观环境工程有限公司

福斯华电器贸易（上海）有限公司

中山市华电科技照明有限公司

山西彩虹标识照明工程有限公司

大连大众亮典传媒有限公司

北京鹰目照明设备制造有限公司

北京唐龙伟业景观工程有限公司

北京宜能照明工程有限公司

河北信诺仁合广告有限公司

北京瑞迪华盛科技发展有限公司

惠州市西顿工业发展有限公司

杭州鸿雁电器有限公司

北京合立星源光电科技有限公司

浙江朗文节能技术有限公司

上海震坤行贸易有限公司

北京柯林斯达电子科技发展有限公司

北京海兰齐力照明设备安装工程有限公司

天通控股股份有限公司

深圳市金照明实业有限公司

湖北诺亚光电科技有限公司

东莞市银禧光电材料科技有限公司

邯郸市天之虹光电科技有限公司

河北神洲亮化照明工程有限公司

上海明凯照明有限公司

大连圣邦亮化工程有限公司

广州市胜亚灯具制造有限公司

乐雷光电技术（上海）有限公司

美好众光（北京）节能科技有限公司

深圳市鑫盛凯光电有限公司

内蒙古阿尔斯伦景观照明工程有限责任公司

深圳市华之美半导体有限公司

深圳市雷凯光电技术有限公司

广州仰光文化传播有限公司

福建方圆建设开发有限公司

北京恩普广告有限公司

宁夏华艺景观照明工程有限公司

山东布莱特辉煌新能源有限公司

厦门光莆电子股份有限公司

河北彩峰亮化照明工程有限公司

大塚电子（上海）有限公司

杭州罗莱迪思照明系统有限公司

北京安尚照明工程设计有限公司

光莹照明设计咨询（上海）有限公司

江西省晶和照明有限公司

太原欣美照明装饰工程有限公司

四川畅洋泰鼎科技有限公司

吉林省雷士照明有限公司

欧普照明股份有限公司

广州凯图电气股份有限公司

晶科电子（广州）有限公司

杭州纳晶照明技术有限公司

福建中科锐创光科技有限公司

天津海堡特光电工程有限公司

杭州大胜照明工程有限公司

山东金世博光电工程有限公司

元丰天成（北京）标识有限公司

北京星光斯达机电设备有限公司

陕西唐华能源有限公司

秦皇岛迪特照明科技有限公司

四川九洲光电科技股份有限公司

蒙自市城市路灯管理大队

浙江华泰电子有限公司

大连世纪长城光电科技有限公司

北京光正世纪照明工程有限公司

北京嘉信高节能科技有限公司

北京福芮特兰照明工程有限公司

北京勤上光电科技有限公司

北京厚德城市照明规划设计院有限公司

北京城光日月科技有限公司

上海领路人照明工程有限公司

真明丽集团——鹤山市银雨照明有限公司

上海柏荣景观工程有限公司

浙江海振电子科技有限公司

上海天航智能工程有限公司

江西环都景观照明工程有限公司

北京光华丽得照明工程有限公司

北京亚明金鼎照明灯具有限公司

北京中辰筑合照明工程有限公司

广州市德晟照明实业有限公司

晋城市沁明科技有限公司

2011～2012 年颁发证书的高级照明设计师名单

北京高级第 3 期(2011. 10. 17～10. 26)

曾广军	陈宣平	淡文远	刁　旭	丁云高	郭　平	何　鹏	蒋亚楠	解　辉	李　杰
李　霞	李向菁	李　众	马金柱	任庆伟	沈　葳	施恒照	孙彦飞	汪建平	王　芹
王彦龙	吴　云	张林生	张　祁	杨罗定	关　力	鲁　瑶	徐小荣	严　雄	李劲锋
于骄阳	焦建国	张　晖	张洪伟	贾　冰	周　军				

北京高级第 4 期(2012. 12. 8～12. 19)

白瑜星	代　云	戴　军	邓雄文	冯丽萍	苟永斌	顾锦涛	顾　全	韩俊昌	姜　川
康承古	匡红飞	李　宏	李建华	李　牧	刘小红	鲁晓祥	王梓硕	徐庆辉	徐文戡
许　楠	杨　杰	张明宇	甄　振	祝宏伟	许满霞	罗玉霞	朱　宇	蔡中武	郭　宁
李　辛	刘洪海	束　旻	徐　坤	余　亮	张清云	张少平	周　勇	宋昌斌	

2011～2012 年颁发证书的中级照明设计师名单

北京中级第 8 期(2011. 4. 15～5. 15)

范洁琼	顾锦涛	黄海霞	孔令峰	陆晓峰	马　佳	孟袁欢	莫鲲鹏	齐　新	佟宇航
王　飞	王惠蒙	王建凤	王亚南	王　勇	王再迁	魏　华	易清申	张金玲	史婧玲
唐秋宝	郝英勃	宋亚飞	黄田雨	张　丽	郭永先	张　重			

广州中级第 9 期(2011. 6. 1～7. 6)

蔡　智	陈金洪	苟青松	何永昌	胡垂才	黄雅荣	蒋军志	李剑光	刘　胜	马卫平
庞家强	尚　婧	时　佳	孙永奇	王全权	王祥伟	谢　丹	杨　涛	叶会明	俞　超
张　艳	张道强	张小慧	朱建祥	邹红浩	陈嘉宁	陈丽莹	李　峰	李海洋	杨荣标
陈德嘉	陈凯旋	邓　斌	董晓峰	黄建平	李伟杰	刘　建	宋荣建	汤　建	涂雄波
杨　波									

广州中级第 10 期(2011. 8. 29～9. 29)

蔡　奕	陈　奇	戴文生	何宏光	胡象银	李光雄	李　华	李胜辉	李晓鹏	彭玉媛
谭正红	吴波平	严　莹	杨　卿	杨家琼	张林炜	罗绪华	党　旭	李东飞	洪　路
闫　凯									

上海中级第 11 期(2011. 10. 10～11. 9)

陈百钢	陈　罡	程　一	崔建强	傅创业	黄　彦	嵇　景	江建国	凌伟沪	邵戎镝
申春明	宋凤珍	唐徽祥	田学艺	王　娟	吴　津	吴毅恒	谢梦红	姚祖和	叶知珏
张敦喜	郑宏博	周名胜	蔡　新	应劲松	王　恩	李永芳	林家伟	马仁凯	刘东来
胡先水	陈　皓	金　盛	蒋署勋	戴　宏	宋德民	黄　萍	施　尉	袁　蓉	张　倩
姚永胜									

广州中级第 12 期(2012.3.22~4.23)

陈鹤翔　牙海滨　梁志锋　牛德民　张　浩　陈明建　李　华　欧阳智海　谭雨生　杨哲川
杨卓凡　曾　静　郑福平　周广郁　钟伟思　谢家荣　周　亮　朱　伟　吴铁辉　柏汉成
陈小科　殷文祥　吴慧慧　梁启芹

北京中级第 13 期(2012.7.9~8.8)

曹玉静　陈天钰　杜宗泽　范新华　郭　靖　韩　磊　何枚洁　贺文良　黄　岗　黄晶晶
季洪卫　李　晓　李　杨　吕佳川　祁　晗　宋　超　唐　莉　唐　旭　涂文新　王凤青
文　章　吴海舰　吴金印　吴生海　徐伶俐　袁　浩　张　帆　张小胜　赵　蕾　杨永茹
张　博　王玉鹏　吴国敬　谢永清　杨锦丰　李向阳　马龙晓　宋　申　王　禄　王天才
张鑫淼　唐　茜　孙　巍　孟晓琰

上海中级第 14 期(2012.8.13~9.12)

孙燕娜　屠佳璎　孙凯君　施春艳　王晓云　沈云霞　吴　雪　丁　瑜　舒　彬　扈　靖
张先军　丁淦元　张　炜　汪　成　许　金　钟家顺　朱　峰　陶斌寿　贺学平　陈典虎
左　旋　王　嘉　徐志松　赵　飞　武　奇　付春明　魏茂森　李　伟　孟宪立　杨　栋
黄佳君　丁建锋　雍志国　王栋和　刘　涛　陈　杰　文宏昌　俞　睿　潘文军　胡兴彬

广州中级第 15 期(2012.8.27~9.27)

戴传斌　马坚武　罗　琪　朱理东　高广德　杨宸东　王志平　方　峻　李　峰　张　辉
蔡佳节　陶智军　钟鉴辉　孙　新　廖　南　孙铁峰　庞　云　汪　蕾　廖琼凯　黄　斌
樊志强　杨　敏　张在友　周　晶　周武俊　陈兆祥　杜佳芸　杨景欣　向春英

天津中级第 16 期(2012.10~11)

高元鹏　吴晓娜　李晓华　任爱华　沙丽娜　闫云磊　史学训　冯　颖　崔阴梧　张　毅
安仲侃　杨　超　孙　蓓　刘雨生　马　鑫　李　燊　宋彦明　封士伟　张　文　未召弟
韩远苗　袁志霞　张树清　王　茹　张小康　封润成　于　江

青岛中级第 17 期(2012.11.1~11.29)

常克峰　陈　朝　陈彦复　高　宏　谷振永　郭　森　韩彦明　何　勖　林翠红　刘　勤
刘元辉　吕庆明　吕为阳　苏茂亮　孙　宁　孙文正　谭永顺　唐玉兰　王　贝　王颖慧
王永锋　王中刚　徐文戡　张保良　郑德京　周德燕　周文忠　朱静雅　曹慧芳　戚同艳

2011～2012 年颁发证书的助理照明设计师名单

广州助理第 3 期(2011.3.23～4.22)

陈 喆 蓝 建 李 丹 李 棋 马鑫杰 唐仁杰 王晓伟 王仪超 温余萍 杨明鼎
郑 熠 周 源

北京助理 2 期(2011.7.18～8.17)

程文峰 何枚洁 何延龙 黄 超 刘 超 刘 蕾 师 伟 宋 婷 宋 巍 王永成
相丽琨 张寒隽 张 鸥 刘 洪

北京助理第 6 期(2012.10.14～11.8)

边海军 胡丛雯 辛 云 马 旭 李 涛 区联发 唐守林 赵万銎 王伟志 常 俏
雷 裕 孙思萌 吴 楠 廖 妮 刘瑞峰 张 延 董春帅 康 旭

广州助理第 4 期(2012.6.25～7.25)

肖 黎 王 强 范丰源 洪依林 陈小明 朱 亭 周韶姝 周 郡 赵春艳 张景彬
颜杜华 罗文秀 陆谚华 刘盛针 刘 青 刘 超 梁根立 孔冠霖 黄逸昕

青岛助理第 5 期(2012.7～8)

杨吉发 任福强 关丽华 毕思涵 谷雁南 王颖慧 王红军 吕为阳 韩同辉 朱 勇
张 湘 孙文萍 苏茂亮 石 炎 尚 勇 聂新锋 林学威 东国锋 曹慧芳 洪庆宪

《中国照明工程年鉴（2013）》编辑委员会委员名录

姓　名	中国照明工程年鉴 编委会任职	职称职务	工作单位
丁　杰	委员	教授级高工	航空工业设计院
丁新亚	委员	教授级高工/电气总工	新疆维吾尔自治区建筑设计院
王大有	委员	秘书长	北京照明学会
王立雄	委员	教授	天津大学建筑学院
王京池	委员	高工	中央电视台
王锦燧	委员	名誉理事长	中国照明学会
任元会	委员	教授级高工	中国航空工业规划设计研究院
刘　虹	委员	副研究员	国家发改委能源所中国绿色照明促进办公室
刘升平	委员	理事长	中国照明电器协会
刘木清	委员	教授	复旦大学
刘世平	委员	副理事长	中国照明学会
刘　丹	特邀委员	总经理	广州亮美集灯饰有限公司
华树明	委员	教授级高工	国家电光源质量监督检验中心（北京）
江　波	委员	总经理	北京维特佳照明工程有限公司
牟宏毅	委员	所长	中央美术学院建筑学院 建筑光环境研究所
许东亮	委员	高级建筑师	栋梁国际照明设计有限公司
阮　军	委员	副秘书长	国家半导体工程研发及产业联盟
严永红	委员	教授	重庆大学建筑城规学院
吴一禹	委员	高级照明设计师	福州大学土木建筑设计研究院城市照明设计所
吴初瑜	委员	教授级高工	北京电光源研究所
吴　玲	委员	秘书长	国家半导体照明工程及研发产业联盟
吴恩远	委员	教授级高工/电气总工	山东省建筑设计院
张　敏	委员	教授级高工	中央电视台
张绍纲	委员	教授级高工	中国建筑研究院物理研究所
张耀根	委员	教授级高工	中国建筑研究院物理研究所
李　农	委员	教授	北京工业大学建筑与城市规划学院
李炳华	委员	教授级高工	中建国际设计顾问公司
李铁楠	委员	研究员	中国建筑科学研究院建筑物理所光学室
李景色	委员	教授级高工	中国建筑科学研究院建筑物理研究所
李国宾	委员	研究员	上海华东设计院
李树华	特邀委员	董事长	天津市华彩电子科技工程有限公司
杜　异	委员	教授	清华大学美术学院
杨　波	委员	总经理	玛斯柯照明设备（上海）有限公司
杨臣铸	委员	教授级高工	中国计量科学研究院
杨春宇	委员	教授	重庆大学建筑城规学院
杨　铭	委员	教授	北大医学部天然仿生药物实验室
汪　猛	委员	电气总工/教授级高工	北京市建筑设计研究院
汪幼江	委员	高工	上海同济城市规划设计院
肖　辉	委员	教授	同济大学电子与信息工程学院

（续）

姓　名	中国照明工程年鉴编委会任职	职称职务	工作单位
肖辉乾	委员	教授级高工	中国建筑科学研究院建筑与环境节能研究院
邱佳发	特邀委员	董事长	品能科技股份有限公司
邴树奎	委员	副总工程师	总后建筑设计研究院
陈大华	委员	教授	复旦大学光源与照明工程系
陈超中	委员	总经理	上海市照明灯具研究所
陈燕生	委员	秘书长	中国照明电器协会
陈　琪	委员	教授级高工/电气总工	建设部建筑设计院
周名嘉	委员	教授级高工/电气总工	广州市建筑设计院
周太明	委员	教授	复旦大学电光源研究所
庞蕴繁	委员	教授级高工	深圳市照明学会
林志明	特邀委员	总经理	碧谱照明设计有限公司
林若慈	委员	教授级高工	国家建筑工程质量监督检验中心采光照明工程质检部
林燕丹	委员	副教授	复旦大学
林延东	委员	研究员	中国计量科学研究院光学所
姚梦明	委员	照明设计总监	飞利浦（中国）投资有限公司照明部
荣浩磊	委员	所长	清华同衡规划研究院
赵　铭	委员	总经理	北京星光影视设备科技股份有限公司
赵建平	委员	研究员	中国建筑科学研究院建筑与环境节能研究院
赵跃进	委员	高工	中国标准化研究院
郝洛西	委员	教授	同济大学建筑与城规学院
俞安琪	委员	教授级高工	上海照明学会
夏　林	委员	教授级高工/电气总工	同济大学建筑设计院
徐长生	委员	研究员	中科建筑设计研究有限责任公司
徐　华	委员	教授级高工	清华大学建筑设计研究院
徐　淮	委员	理事长	中国照明学会
郭伟玲	委员	教授	北京工业大学光电子技术实验室
高　飞	委员	副秘书长/副主编	中国照明学会《照明工程学报》
崔一平	委员	教授	东南大学电子工程学院
阎慧军	委员	高工/电气总工	西安航天神舟建筑设计院北京分院
常志刚	委员	教授	中央美术学院建筑学院
曹卫东	特邀委员	总经理	北京海兰齐力照明设备安装工程有限公司
章海骢	委员	教授级高工	上海照明学会
萧弘清	委员	教授	台湾区照明灯具输出业同业公会
詹庆旋	委员	教授	清华大学建筑学院
窦林平	委员	秘书长	中国照明学会
戴宝林	特邀委员	总经理	北京豪尔赛照明技术有限公司
熊　江	委员	教授级高工/电气总工	中南建筑设计院
戴德慈	委员	研究员	清华大学建筑设计研究院
鄢　庆	特邀委员	总经理	北京广灯迪赛照明设备安装有限公司